住房城乡建设部土建类学科专业"十三五"规划教材
高校土木工程专业规划教材

钢结构设计
（第二版）

王燕　李军　刁延松　主编

中国建筑工业出版社

图书在版编目（CIP）数据

钢结构设计/王燕，李军，刁延松主编. —2 版. —北京：
中国建筑工业出版社，2019.9（2024.6 重印）
住房城乡建设部土建类学科专业"十三五"规划教材　高校
土木工程专业规划教材
ISBN 978-7-112-24054-8

Ⅰ．①钢…　Ⅱ．①王…②李…③刁…　Ⅲ．①钢结构-结
构设计-高等学校-教材　Ⅳ.①TU391.04

中国版本图书馆 CIP 数据核字（2019）第 167763 号

本书重点介绍钢结构的设计方法，具体内容包括轻型门式刚架结构设计、重型厂
房钢结构设计、多层及高层钢结构设计等。本书编写过程中结合有关工程实例，对建
筑钢结构的设计方法及构造要求等内容进行了详细的讲述。每章都有一定数量的习题
和思考题，有助于读者理解内容。

本书在第一版基础上，依据新颁布的《钢结构设计标准》GB 50017—2017 进行了
较大篇幅的更新和修订。本书为国家精品课程配套教材，可作为土木工程专业和其他
相近专业本科生钢结构设计课程的教材，也可作为相关设计人员的自学参考用书。

责任编辑：吉万旺　辛海丽
责任校对：赵听雨　党　蕾

住房城乡建设部土建类学科专业"十三五"规划教材
高校土木工程专业规划教材

钢　结　构　设　计
（第二版）

王　燕　李　军　刁延松　主编

*

中国建筑工业出版社出版、发行（北京海淀三里河路 9 号）
各地新华书店、建筑书店经销
北京红光制版公司制版
建工社（河北）印刷有限公司印刷

*

开本：787 毫米×1092 毫米　1/16　印张：24　插页：1　字数：580 千字
2019 年 10 月第二版　　2024 年 6 月第十三次印刷
定价：58.00 元
ISBN 978-7-112-24054-8
（34551）

前　　言

近年来我国建筑钢结构得到了前所未有的快速发展和大量应用，2018 年钢产量已经达到 9.2 亿 t，占全球钢产量的 51.3%，钢材的质量、品种、规格等都有了很大发展，钢结构的工程设计与施工水平得到了全面提升，建筑用钢的品种和性能已达到国际先进水平，国家对钢结构人才的需求与日俱增。为使土木工程专业教学适应国家建设需要，依据钢结构设计相关技术规范和规程，吸取了有关科研成果，编写了本书。全书较为系统地介绍了轻型门式刚架结构设计、重型厂房钢结构设计、多层及高层钢结构设计等内容。

本书在第一版基础上，依据新颁布的《钢结构设计标准》GB 50017—2017 进行了较大篇幅的更新和修订。

轻型门式刚架结构设计中包括了轻型屋面、檩条、墙梁及门式刚架的设计及构造等内容。为使学习者能够深入掌握和理解轻型门式刚架结构的设计方法，本书第 2 章第 7 节针对门式刚架工程设计实例进行了全面的介绍。

重型厂房钢结构设计包括结构布置、支撑体系、厂房柱的设计、屋盖结构设计以及吊车梁设计等内容。

多层钢结构设计包括多层钢结构的结构体系和结构布置、荷载特点、分析方法、楼（屋面）结构和框架柱的设计以及框架节点设计等内容。

高层钢结构设计部分主要强调不同于多层钢结构设计部分的内容，从高层钢结构的结构体系和结构布置、荷载特点、计算分析以及支撑框架设计等角度阐述。

本书是在已有钢结构基本知识的基础上，进一步学习钢结构的设计方法。编写过程中结合有关工程实例，对建筑钢结构的设计方法及构造要求等方面内容讲述的较为详细。可作为土木工程专业和其他相近专业本科学生有关钢结构设计课程的教材，也可作为相关设计人员的参考书籍。本书每章都有一定数量的习题和思考题，有助于读者理解内容，便于自学。

本书由王燕教授主编，负责章节大纲的确定及全书内容的修改和定稿。具体分工为：第 1、2 章由王燕教授编写，第 3 章由刁延松教授编写，第 4 章由李军副教授编写。

本书的编写和出版得到了国家精品资源共享课建设经费资助。在编写过程中还得到了有关专家、同行及中国建筑工业出版社的大力支持和帮助，在此表示衷心的感谢。

限于编者水平，错误和不足之处在所难免，诚恳欢迎读者在使用本书过程中对发现的错误、疏漏和不妥给予批评和指正。

青岛理工大学土木工程学院

2019 年 7 月

目　　录

第1章 绪 论

1.1 我国钢结构的发展现状及应用

随着我国经济建设的快速发展，钢结构在工业及民用建筑房屋中的应用日益广泛，如轻型、重型工业厂房，高层、超高层写字楼，大跨度体育场馆，机场，高铁站，绿色装配式建筑等。特别是近年来，我国钢结构科学技术和工程建设得到了空前规模的发展，钢结构的设计、制造和安装已达到国际领先水平。钢结构与传统建筑结构相比，具有抗震、低碳、节能、环保、绿色等优势，符合我国对建筑节能的要求和可持续发展的战略国策。钢结构与其他建筑结构形式相比，具备抗震性能好、建设周期短、施工速度快、施工现场对环境污染小、房屋拆除后材料可重复使用等优点。特别是装配式钢结构建筑更是一种绿色、低碳、可循环利用的绿色智慧型建筑，经过 20 多年的积累和发展，我国装配式钢结构建筑从设计、施工、安装、研发等技术体系越来越成熟。住建部颁布的《"十三五"装配式建筑行动方案》明确指出，到 2020 年，全国装配式建筑占新建建筑的比例达到 15%以上。近年来，我国的城市和乡村已经建设和竣工了大批装配式钢结构住宅项目。

在我国已建成的高层、超高层钢结构建筑中，1999 年建成的地上 88 层，地下 3 层，结构顶高 420.5m 的上海金茂大厦（图 1-1a），在 20 世纪令世人瞩目，核心筒通过各层楼盖梁及伸臂桁架与周边巨型翼柱相连，形成了一个整体抗侧力结构体系（图 1-1b）。2007 年建成的上海环球金融中心大厦（图 1-2a）地上 101 层，地下 3 层，总建筑面积为 38 万 m²，

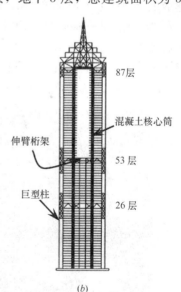

87层

混凝土核心筒

伸臂桁架

53层

巨型柱

26层

(a)   (b)

图 1-1 上海金茂大厦

(a) 立面图；(b) 结构体系示意图

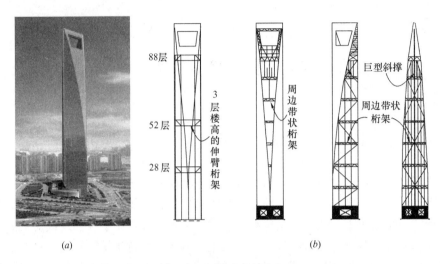

(a)　　　　　　　　　　　　　(b)

图 1-2　上海环球金融中心

(a) 立面图；(b) 结构体系示意图

结构顶高为 492.5m，该大厦上部结构采用了由巨型柱、巨型斜撑和周边带状桁架构成的巨型框架结构，钢筋混凝土核心筒（79 层以上为带混凝土端墙的钢支撑核心筒），连系核心筒和巨型结构柱间的外伸臂桁架组成的三重抗侧力结构体系（图 1-2b），此体系共同承担了由风和地震引起的倾覆弯矩，巨型框架结构与核心筒两个结构体系承担了由风和地震引起的剪力。2009 年竣工的中央电视台新台址 CCTV 采用钢支撑筒体结构体系（图 1-3），主楼由两栋分别为 234m 的塔楼 1 和 194m 的塔楼 2 组成，塔楼双向 6°倾斜，并由 14 层、56m 高、悬挑长度达 75m、重 1.8 万 t 的悬臂钢结构连接，单体建筑面积为 47.3 万 m^2，筒体结构采用了 Q390、Q420 及 Q460 等高强度钢材，钢构件最大板厚达到 100mm。2015 年建成的上海中心大厦高 632m，地下 5 层，地上 127 层，总建筑面积约 58 万 m^2，结构采用了"巨型框架—核心筒—伸臂桁架"抗侧力结构体系，建筑造型独特，外观宛如一条盘旋升腾的巨龙，盘旋上升，形成以旋转 120°且建筑截面自下朝上收分缩小的外部立面（图 1-4）。2018 年建成的北京中国尊高 528m，地下 8 层，地上 108 层，总建筑面积约 43.7 万 m^2，结构采用含有巨型柱、巨型斜撑及转换桁架的外框筒以及含有组

图 1-3　北京 CCTV 新台址

图 1-4　上海中心大厦

合钢板剪力墙的核心筒,形成了巨型钢-混凝土筒中筒结构体系。"尊"的构思源于中国传统礼器宝尊的意象,其外形自下而上自然缩小,形成稳重大气的金融形象,同时顶部逐渐放大,最终形成双曲线建筑造型(图1-5)。

在机场航站楼建筑中,2018年投入使用的广州白云国际机场T2航站楼划分为航站楼主楼与指廊两部分,总建筑面积63.4万 m^2(图1-6)。航站楼钢屋盖面积约为25万 m^2,下部结构为钢筋混凝土框架结构,上部屋盖结构体系为网架结构,主楼采用加肋网架并局部采用抽空处理。航站楼结构超长,平、立面布置复杂,屋盖形状为自由曲面。T2航站楼的投入使用,使机场产能

图1-5 北京中国尊

进一步释放、客货吸纳能力得到进一步提升。2019年10月将投入运营的北京大兴国际机场航站楼呈五指廊造型(图1-7),建筑造型如展翅的钢铁凤凰,结构线条如行云流水,气

图1-6 广州白云国际机场

(a)

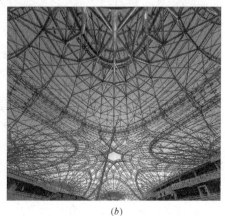

(b)

图1-7 北京大兴国际机场

(a)机场俯视图;(b)屋面钢结构

3

势恢宏，总建筑面积达到 103 万 m^2，是目前全世界最大的机场航站楼。核心区屋盖钢结构造型复杂，由若干不规则自由曲面组合而成，为不规则曲面球节点双向交叉桁架结构，主要节点为焊接球，部分受力较大区域采用铸钢球节点，支撑结构通过三向固定铰支座、单向滑动铰支座或销轴支座与钢屋盖连接。

在高铁站建筑中，2010 年投入使用的广州南站（图 1-8），总面积为 36 万 m^2，主体结构采用站桥共柱形式，屋面采用大跨度钢结构，钢屋盖投影面积 21 万 m^2，钢屋盖总用钢量达 7.9 万 t，站房与雨棚钢结构造型如层层上扬的多片巨大的岭南芭蕉叶，屋盖钢结构包括无站台柱雨棚、主站房弧形钢屋盖、中央采光带、入口大厅四部分，无站台柱雨棚采用钢桁架支撑的预应力索拱结构，主站房钢屋盖、中央采光带、入口大厅悬挑结构为钢桁架支撑的预应力索拱和索壳两种结构的弧形组合钢结构体系。

(a) (b)

图 1-8 广州高铁站南站
(a) 车站俯视图；(b) 屋面钢结构

2006 年建成的上海火车站南站总面积为 4.2 万 m^2（图 1-9a），是第一座采用圆形平面的火车站，屋盖直径为 275m，屋顶标高为 42.0m。整个屋面结构由径向布置的 18 根 Y 形大梁支撑，大梁在外端又分叉成复合的 Y 形，支撑在内外两圈柱子上，大梁最内端相互支撑在内压环上，形成带中间内压环的草帽形空间刚架结构体系（图 1-9b）。

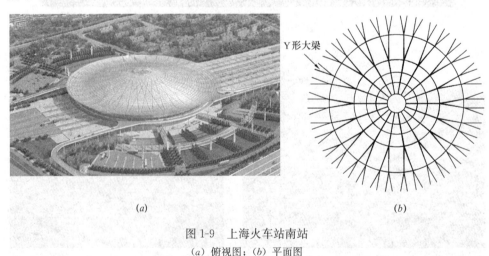

Y形大梁

(a) (b)

图 1-9 上海火车站南站
(a) 俯视图；(b) 平面图

在体育场馆建筑中，2008 年建成的北京国家体育场"鸟巢"作为第 29 届北京奥林匹克运动会的主体育场（图 1-10），以其独特的建筑造型及重要性吸引了全世界的目光。工

图 1-10　国家体育场"鸟巢"

程主体结构呈空间马鞍椭圆形，南北长 333m，东西宽 294m，高 69m，主桁架围绕屋盖中间"鸟巢"共布置有 24 根钢桁架柱，交叉布置的主桁架与屋面及立面的次结构一起形成了"鸟巢"的特殊建筑造型。鸟巢主桁架主要杆件为箱形截面，钢板最大厚度为 110mm。2008 年投入使用的建于北京工业大学校园内的奥运会羽毛球比赛馆（图 1-11a），钢屋盖跨度 93m，悬挑跨度 15m，采用上弦单层球面网壳、撑杆与预应力拉索组成的张弦穹顶结构（图 1-11b、c）。张弦穹顶结构是一种新型的预应力钢结构，它结合了索穹顶和单层网架的优点，通过调整环向索的预拉力，可以使作用在弦支穹顶上部网壳的索和撑杆产生与荷载作用方向相反的变形和内力，减小上部结构的荷载效应，使杆件内力分布均匀，减小甚至消除穹顶对于下部结构的水平推力。2005 年竣工的我国第十届运动会主体育场南京奥林匹克中心（图 1-12a），其钢结构屋盖包括 V 形支撑（图 1-12b），以 45°斜置的南北向跨度为 360.06m 的主拱以及由多道平行箱梁组成的马鞍形屋面罩棚等，其中主拱为空间管桁架结构，最高点为拱顶，标高达 65m。

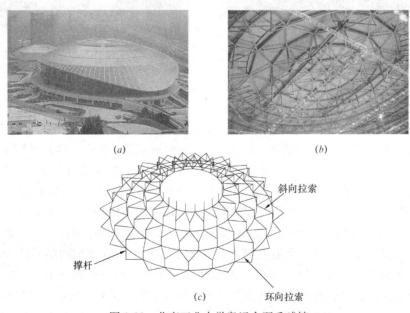

(a)　　　　　　　　　　　　　　(b)

斜向拉索

撑杆

(c)　　环向拉索

图 1-11　北京工业大学奥运会羽毛球馆
(a) 外观图；(b) 张弦穹顶结构；(c) 下部撑杆和拉索

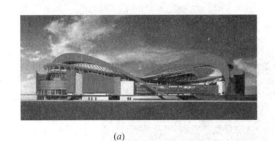
(a)

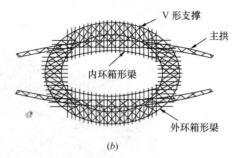

V形支撑

主拱

内环箱形梁

外环箱形梁

(b)

图 1-12　南京奥林匹克中心

(a) 立面图；(b) 屋盖平面图

在大型剧院、会展中心建筑中，1998 年建成的上海大剧院，平面尺寸为 100.4m×90m 的双向正交空间桁架结构（图 1-13）。2002 年建成的广州国际会展中心，采用跨度为 126m 的张弦立体桁架结构（图 1-14）。2007 年建成的北京国家大剧院（图 1-15a），椭圆形平面，长轴 212m，短轴 142m，采用双层空腹肋环形网壳钢结构屋盖（图 1-15b）。2018 年建成投入使用的凤凰之舟位于青岛黄岛区金沙滩（图 1-16），主体结构采用大跨度异形空间结构，建筑高度 62m，建筑面积 3.9 万 m²，钢结构整体造型为凤凰展翅，由凤头、嘴部、凤身、颈部、背部、两翼、尾部组成，其中凤凰嘴部设计为亚洲最高的海上蹦极平台，屋盖钢结构采用大跨异形双曲空间结构，两翼为立面斜柱环梁及悬挑钢梁组成，尾部单层网壳及悬挑环梁均通过中部形成的拱和背部桁架实现大跨度悬挑。

图 1-13　上海大剧院

图 1-14　广州国际会展中心

在装配式钢结构住宅中，由远大集团建设的"长沙新方舟宾馆"（图 1-17）于 2011 年竣工，地面以上 30 层，总建筑面积 1.7 万 m²，该建筑采用远大可建体系进行建造，从空地打桩，到钢结构搭建，到建筑内部装修的整个过程总施工时间仅为 15d，创造了国内装配式钢结构建筑最快的施工进度记录。2015 年天津子牙尚林苑（白领宿舍）一期项目（图 1-18）采用 5 种不同尺寸规格的预制化模块形成建筑整体造型，楼座标准层建筑面积约 900m²，由 32 个箱体模块组成，楼梯间和电梯间采用钢结构框架体系，其余部位采用预制装配式钢模块体系。济南东城花苑项目（图 1-19）采用杭萧钢构第三代产品钢管束组合结构住宅体系，由多个 U 型钢及矩形管并排连接在一起形成钢管束，同时在钢管束内部浇筑混凝土形成钢管混凝土束组合剪力墙，作为建筑的主要承重构件和抗侧力构件的结构体系。2017 年由莱钢集团承建的淄博文昌嘉苑项目，全部采用装配式钢结构，项目总建筑面积 120 万 m²，是目前国内在建最大的钢结构住宅项目（图 1-20）。

(a)

双层空腹肋环形钢网壳屋盖

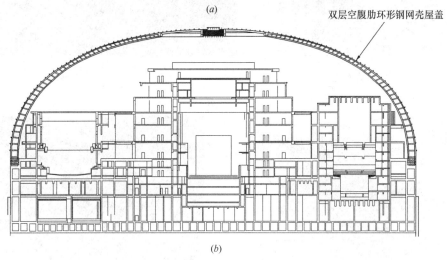

(b)

图 1-15　北京国家大剧院

（*a*）外观图；（*b*）剖面图

图 1-16　青岛黄岛区金沙滩凤凰之舟

在工业建筑中，上海宝钢、武钢、鞍钢、邯钢等冶金联合企业的许多车间，都采用了规模巨大的钢结构厂房。轻钢门式刚架结构由于结构构件和围护结构的系列化和定型化、用钢量省、制作工业化、施工周期短、经济效益高等特点，在单层轻型厂房、仓库、大型商场等得到了大量和迅速应用，目前国内每年都有几千万平方米的轻型门式刚架建筑物竣工。

图 1-17　长沙新方舟宾馆　　　　　　　　图 1-18　天津子牙尚林苑

图 1-19　济南东城花苑　　　　　　　图 1-20　淄博文昌嘉苑钢结构住宅小区

从 1996 年至今，我国钢产量一直位居世界第一，2018 年中国钢产量已经达到 9.283 亿 t，占全球钢产量的 51.3%，已经远超其他发达国家，为全球第一大产钢国。钢材的质量、品种、规格等都有了很大发展，完全能够满足国内建筑钢结构的使用和需求。以上情况说明，我国钢结构在各方面都取得了巨大成就，近年来建成的许多著名钢结构工程标志着我国在这个领域方面的科学研究、设计、制造和施工已达到高超的技术水平。

1.2　基本设计原则

房屋钢结构的设计应保证结构或构件在使用荷载作用下能安全可靠的工作，既要满足使用要求，又要符合经济要求。因此，结构设计要解决的根本问题是在结构的可靠性和经济性之间选择一种最佳的平衡，满足结构的安全性、经济性、适用性及耐久性使用要求。

房屋钢结构应遵照现行国家设计规范、规程、标准的要求进行设计、施工和监理。这些现行的设计规范、规程、标准提炼和凝聚了现代钢结构技术研究的最新成果,是房屋钢结构安全的重要保证。常用的钢结构国家设计规范、规程、标准有《建筑结构荷载规范》GB 50009,《建筑抗震设计规范》GB 50011,《钢结构设计标准》GB 50017,《冷弯薄壁型钢结构技术规范》GB 50018,《门式刚架轻型房屋钢结构技术规范》GB 51022 及《高层民用建筑钢结构技术规程》JGJ 99 等,此外还应遵照与结构设计相关的专业标准。

房屋钢结构设计,除疲劳计算外,均采用以概率论为基础的极限状态设计方法,用分项系数设计表达式进行计算。所有承重结构或构件均应按承载能力极限状态进行设计以保证安全,再按正常使用极限状态进行校核以保证适用性。

1.2.1 承载能力极限状态

当结构或构件达到最大承载力、出现疲劳破坏或达到不适于继续承载的变形状态时,该结构或构件即达到承载能力极限状态。按承载能力极限状态设计钢结构时,应考虑荷载或荷载效应的基本组合,必要时尚应考虑荷载或荷载效应的偶然组合。当结构或构件出现下列状态之一时,即认为超过了承载能力极限状态:

(1) 结构构件或连接因超过材料强度而破坏,或因过度变形而不适于继续承载;

(2) 整个结构或其一部分作为刚体失去平衡;

(3) 结构转变为机动体系;

(4) 结构或结构构件丧失稳定;

(5) 结构因局部破坏而发生连续倒塌;

(6) 地基丧失承载力而破坏;

(7) 结构或结构构件疲劳破坏。

1.2.2 正常使用极限状态

当结构或构件达到正常使用的某项规定限值状态时,该结构或构件即达到正常使用极限状态。按正常使用极限状态设计钢结构时,应考虑荷载或荷载效应的标准组合,对钢与混凝土组合梁尚应考虑准永久组合。当结构或构件出现下列状态之一时,即认为超过了正常使用极限状态:

(1) 影响正常使用或外观的变形;

(2) 影响正常使用或耐久性能的局部破坏;

(3) 影响正常使用的振动;

(4) 影响正常使用的其他特定状态。

计算结构或构件的强度、稳定性以及连接的强度时,应采用荷载设计值(荷载标准值乘以荷载分项系数);计算疲劳时,应采用荷载标准值。对于直接承受动力荷载的结构:在计算强度和稳定性时,动力荷载设计值应乘以动力系数;在计算疲劳和变形时,动力荷载标准值不乘动力系数。计算吊车梁或吊车桁架及其制动结构的疲劳和挠度时,吊车荷载应按作用在跨间内荷载效应最大的一台吊车确定。

设计钢结构时,应根据结构破坏可能产生的后果,采用不同的安全等级。对一般房屋钢结构的安全等级应取为二级,但对于跨度大于或等于 60m 的大跨度结构,如大会堂、体育馆和飞机库等屋盖的主要承重结构,安全等级宜取为一级。

钢结构的可靠度采用可靠指标度量,可靠指标在分项系数中考虑。钢结构构件的承载能力极限状态的可靠指标不应小于表 1-1 的规定。

结构构件承载力极限状态的可靠指标　　　　　　表 1-1

破坏类型	安全等级		
	一级	二级	三级
延性破坏	3.7	3.2	2.7
脆性破坏	4.2	3.7	3.2

房屋结构设计应满足表 1-2 的设计使用年限的规定。设计使用年限是设计规定的一个时期，也就是结构或构件在正常设计、正常施工、正常使用和正常维护下可按预定目的使用。

设计使用年限　　　　　　表 1-2

类别	设计使用年限（年）	示例
1	5	临时性建筑结构
2	25	易于替换的结构构件
3	50	普通房屋和构筑物
4	100	标志性建筑和特别重要的建筑结构

当房屋建筑位于抗震设防烈度为 6 度及 6 度以上的地区时，应进行抗震设计。抗震设防目标是：当遭受低于本地区设防烈度的多遇地震影响时，结构一般不受损坏或不需修理即可继续使用；当遭受相当于本地区抗震设防烈度的地震影响时，结构可能损坏，经一般修理或不需修理仍可继续使用；当遭受高于本地区抗震设防烈度预估的罕遇地震影响时，结构不致倒塌或发生危及生命安全的严重破坏。

根据使用功能的重要性，房屋建筑分为以下四种抗震设防类别：（1）特殊设防类，简称甲类建筑，重大建筑工程和地震时可能发生严重次生灾害的建筑；（2）重点设防类，简称乙类建筑，地震时使用功能不能中断或需要尽快恢复的建筑；（3）标准设防类，简称丙类建筑，除甲、乙、丁类以外的一般建筑；（4）适度设防类，简称丁类建筑，使用上人员稀少且震损不致产生次生灾害的抗震次要建筑。房屋建筑抗震设防类别应按现行国家标准《建筑工程抗震设防分类标准》GB 50223 的规定进行确定。对各抗震设防类别建筑的抗震设防标准在《建筑抗震设计规范》GB 50011 中有明确规定。

1.3 荷载及荷载组合

1.3.1 荷载
作用在房屋钢结构上的荷载可分为以下三类：
（1）永久荷载，包括结构自重、预拉力及作用于结构上的设备、管道自重等；
（2）可变荷载，包括楼面活荷载、屋面活荷载和积灰荷载、风荷载、雪荷载、吊车荷载、施工或检修荷载、地震作用、温度作用等；
（3）偶然荷载，包括爆炸力、撞击力等。
结构设计时，对不同荷载应采用不同的代表值：对永久荷载，应采用标准值；对可变荷载，应根据设计要求采用标准值、组合值、频遇值或准永久值；对偶然荷载，应按建筑结构使用的特点确定其代表值。荷载的标准值和组合值按《建筑结构荷载规范》GB 50009 的规定取用；地震作用和地震作用组合时，可变荷载组合值按《建筑抗震设计规范》GB 50011 的规定使用。

1.3.2 荷载组合

建筑结构设计应根据使用过程中在结构上可能同时出现的荷载，按承载能力极限状态和正常使用极限状态分别进行荷载（效应）组合，并取各自最不利的效应组合进行设计计算。

荷载效应组合应符合下列原则：

（1）屋面均布活荷载与雪荷载不同时考虑，设计时取两者中较大值；

（2）积灰荷载与屋面均布活荷载或雪荷载两者中较大者同时考虑；

（3）施工或检修荷载只与屋面材料及檩条自重荷载同时考虑；

（4）对于自重较轻的屋盖，应验算在风吸力作用下屋架杆件、檩条等在永久荷载与风荷载组合下杆件截面应力反号的影响。此时，永久荷载的分项系数取 1.0。

1.3.2.1 承载能力极限状态设计表达式

结构构件、连接及节点应采用下列承载能力极限状态设计表达式：

持久设计状况、短暂设计状况

$$\gamma_0 S \leqslant R \tag{1-1}$$

地震设计状况

多遇地震
$$S \leqslant R/\gamma_{RE} \tag{1-2}$$

设防地震
$$S \leqslant R_k \tag{1-3}$$

式中 γ_0——结构重要性系数，对安全等级为一级或使用年限为 100 年及以上的结构构件，γ_0 不应小于 1.1；对安全等级为二级或使用年限为 50 年的结构构件，γ_0 不应小于 1.0；对安全等级为三级的结构构件，γ_0 不应小于 0.9；

S——承载能力极限状态下作用组合的效应设计值，对持久或短暂设计状况应按作用的基本组合计算；对地震设计状况应按作用的地震组合计算；

R——结构构件的承载力设计值；

R_k——结构构件的承载力标准值；

γ_{RE}——承载力抗震调整系数，如表 1-3 所示。

承载力抗震调整系数 表 1-3

构件或连接	受力状态	γ_{RE}
梁、柱、支撑、螺栓、节点、焊缝	强度	0.75
柱、支撑	稳定	0.80

1. 荷载基本组合的效应设计值 S 应从下列荷载组合值中取用最不利的效应设计值确定：

（1）由可变荷载控制的效应设计值，应按下式进行计算：

$$S = \sum_{j=1}^{m} \gamma_{Gj} S_{Gjk} + \gamma_{Q1} \gamma_{L1} S_{Q1k} + \sum_{i=2}^{n} \gamma_{Qi} \gamma_{Li} \psi_{ci} S_{Qik} \tag{1-4}$$

式中 γ_{Gj}——第 j 个永久荷载的分项系数，当永久荷载效应对结构不利时，应取 1.3；当永久荷载效应对结构有利时，不应大于 1.0；

γ_{Qi}——第 i 个可变荷载的分项系数，其中 γ_{Q1} 为主导可变荷载 Q_1 的分项系数，一般情况下取 1.5；对标准值大于 $4kN/m^2$ 的工业房屋楼面结构的活荷载，应取 1.3；

γ_{Li}——第 i 个可变荷载考虑设计使用年限的调整系数，其中 γ_{L1} 为主导可变荷载 Q_1 考虑设计使用年限的调整系数；

S_{Gjk}——按第 j 个永久荷载标准值 G_{jk} 计算的荷载效应值；

S_{Qik}——按第 i 个可变荷载标准值 Q_{ik} 计算的荷载效应值，其中 S_{Q1k} 为诸可变荷载效应中起控制作用者；

ψ_{ci}——第 i 个可变荷载 Q_i 的组合值系数；

m——参与组合的永久荷载数；

n——参与组合的可变荷载数。

（2）由永久荷载控制的效应设计值，应按下式进行计算：

$$S = \sum_{j=1}^{m} \gamma_{Gj} S_{Gjk} + \sum_{i=1}^{n} \gamma_{Qi} \gamma_{Li} \psi_{ci} S_{Qik} \tag{1-5}$$

式中　γ_G——第 j 个永久荷载的分项系数，对由永久荷载效应控制的组合应取 1.35。

对结构的倾覆、滑移或漂浮验算，荷载的分项系数应满足有关的建筑结构设计规范的规定。

楼面和屋面活荷载考虑设计使用年限的调整系数 γ_L 应按表 1-4 采用；对雪荷载和风荷载，应取重现期为设计使用年限。

楼面和屋面活荷载考虑设计使用年限的调整系数 γ_L 　　　表 1-4

结构设计使用年限（年）	5	50	100
γ_L	0.9	1.0	1.1

2. 荷载偶然组合的效应设计值 S 可按下列规定采用：

（1）用于承载能力极限状态计算的效应设计值，应按下式进行计算：

$$S = \sum_{j=1}^{m} S_{Gjk} + S_{Ad} + \psi_{f1} S_{Q1k} + \sum_{i=2}^{n} \psi_{qi} S_{Qik} \tag{1-6}$$

式中　S_{Ad}——按偶然荷载标准值 A_d 计算的荷载效应值；

ψ_{f1}——第 1 个可变荷载的频遇值系数；

ψ_{qi}——第 i 个可变荷载的准永久值系数。

（2）用于偶然事件发生后受损结构整体稳固性验算的效应设计值，应按下式进行计算：

$$S = \sum_{j=1}^{m} S_{Gjk} + \psi_{f1} S_{Q1k} + \sum_{i=2}^{n} \psi_{qi} S_{Qik} \tag{1-7}$$

1.3.2.2　正常使用极限状态设计表达式

对于正常使用极限状态，应根据不同的设计要求，采用荷载的标准组合、频遇组合或准永久组合，并应按下列设计表达式进行设计：

$$S \leqslant C \tag{1-8}$$

式中　S——荷载效应组合的设计值（挠度或位移）；

C——结构或结构构件达到正常使用要求的规定限值，见 1.5 节。

荷载标准组合的效应设计值 S 应按下式进行计算：

$$S = \sum_{j=1}^{m} S_{Gjk} + S_{Q1k} + \sum_{i=2}^{n} \psi_{ci} S_{Qik} \tag{1-9}$$

荷载频遇组合的效应设计值 S 应按下式进行计算：

$$S = \sum_{j=1}^{m} S_{Gjk} + \psi_{f1} S_{Q1k} + \sum_{i=2}^{n} \psi_{qi} S_{Qik} \tag{1-10}$$

荷载准永久组合的效应设计值 S 应按下式进行计算：

$$S = \sum_{j=1}^{m} S_{Gjk} + \sum_{i=1}^{n} \psi_{qi} S_{Qik} \tag{1-11}$$

1.4　材料选用及设计指标

1.4.1　结构用钢材

结构用钢材应具有较高的强度、足够的变形能力、良好的加工能力，同时还应具有适应低温、有害介质侵蚀（包括大气锈蚀）以及重复荷载作用等的性能。《钢结构设计标准》GB50017 推荐的碳素结构钢中的 Q235 钢和低合金高强度钢中的 Q345 钢、Q390 钢、Q420 钢是符合以上要求的。其中，Q 是屈服强度中"屈"的汉语拼音的字首，后接的阿拉伯数字表示屈服强度的大小，单位为 N/mm^2，阿拉伯数字越大，表示强度和硬度越大，塑性越低。碳素结构钢 Q235 钢根据质量等级及脱氧方法等，可按下式表示：

质量等级分为 A、B、C、D 四级，由 A 到 D 表示质量由低到高。不同质量等级对冲击韧性（夏比 V 形缺口试验）的要求有区别，对化学成分的要求也有不同。根据脱氧程度不同，钢材分为沸腾钢、镇静钢和特殊镇静钢，并用汉语拼音的字首分别表示为 F、Z 和 TZ。对 Q235 钢来说，A、B 两级钢的脱氧方法可以是 F、Z，C 级钢只能是 Z，D 级钢只能是 TZ。用 Z 和 TZ 表示牌号时也可以省略。

低合金钢 Q345 钢、Q390 钢、Q420 钢、Q460 钢按质量等级分为 B、C、D、E 四级，由 B 到 E 表示质量由低到高。不同质量等级对冲击韧性（夏比 V 形缺口试验）的要求有区别，对碳、磷、硫、铝的要求也有不同。低合金钢的脱氧方法为镇静钢和特殊镇静钢，B 级钢只能是 Z，C、D、E 级钢只能是 TZ。用 Z 和 TZ 表示牌号时也可以省略。

现将其表示方法举例如下：

Q235AF——屈服强度为 235N/mm²，A 级沸腾钢；

Q235A——屈服强度为 235N/mm²，A 级镇静钢；

Q235B——屈服强度为 235N/mm²，B 级镇静钢；

Q235C——屈服强度为 235N/mm²，C 级镇静钢；

Q235D——屈服强度为 235N/mm²，D 级特殊镇静钢；

Q345B——屈服强度为 345N/mm²，B 级镇静钢；

Q390D——屈服强度为 390N/mm²，D 级特殊镇静钢；

Q420E——屈服强度为 420N/mm²，E 级特殊镇静钢。

就钢材的力学性能而言，其屈服强度、抗拉强度、伸长率、冷弯性能、冲击韧性及碳、硫、磷的含量等是从各个不同的方面来衡量钢材质量的重要指标，进行结构设计时，应根据结构的特点选用适宜的钢材。

结构钢材的选用应遵循技术可靠、经济合理的原则，综合考虑结构的重要性、荷载特征（静载、动载或地震作用）、结构形式、应力状态（疲劳应力、残余应力）、连接方法（焊接或栓接）、工作环境（温度、湿度及环境腐蚀）、钢材厚度（对强度、韧性、抗层状撕裂性能有影响）和价格等因素，选用合适的钢材牌号和材性保证项目。

承重结构所用的钢材应具有屈服强度、抗拉强度、断后伸长率和硫、磷含量的合格保证，对焊接结构尚应具有碳当量的合格保证。焊接承重结构以及重要的非焊接承重结构采用的钢材应具有冷弯试验的合格保证；对直接承受动力荷载或需验算疲劳的构件所用钢材尚应具有冲击韧性的合格保证。

A 级钢仅可用于结构工作温度高于 0℃ 的不需要验算疲劳的结构，且 Q235A 钢不宜用于焊接结构。需验算疲劳的焊接结构，当工作温度高于 0℃ 时，其质量等级不应低于 B 级；当工作温度不高于 0℃ 但高于 −20℃ 时，Q235、Q345 钢不应低于 C 级，Q390、Q420 及 Q460 钢不应低于 D 级；当工作温度不高于 −20℃ 时，Q235 钢和 Q345 钢不应低于 D 级，Q390 钢、Q420 钢、Q460 钢应选用 E 级。需验算疲劳的非焊接结构，其钢材质量等级要求可较上述焊接结构降低一级但不应低于 B 级。吊车起重量不小于 50t 的中级工作制吊车梁，其质量等级要求应与需要验算疲劳的构件相同。

工作温度不高于 −20℃ 的受拉构件及承重构件的受拉板材厚度或直径不宜大于 40mm，质量等级不宜低于 C 级；当钢材厚度或直径不小于 40mm 时，其质量等级不宜低于 D 级；重要承重结构的受拉板材宜满足现行国家标准《建筑结构用钢板》GB/T 19879 的要求。

由于钢板厚度增大，硫、磷含量过高会对钢材的冲击韧性和抗脆断性能造成不利影响，因此承重结构在低于 −20℃ 环境下工作时，钢材的硫、磷含量不宜大于 0.030%；焊接构件宜采用较薄的板件；重要承重结构的受拉厚板宜选用细化晶粒的钢板。

表 1-5 给出了在不同使用条件下的各种类型的结构构件宜采用的钢材牌号，可供使用参考。

钢板质量等级选用 表 1-5

		工作温度（℃）		
		$T>0$	$-20<T\leqslant0$	$-40<T\leqslant-20$
不需验算疲劳	非焊接结构	B（允许用 A）	B	B	受拉构件及承重结构的受拉板件： 1. 板厚或直径小于 40mm：C； 2. 板厚或直径不小于 40mm：D； 3. 重要承重结构的受拉板材宜选建筑结构用钢板
	焊接结构	B（允许用 Q345A～Q420A）			
需验算疲劳	非焊接结构	B	Q235B Q390C Q345GJC Q420C Q345B Q460C	Q235C Q390D Q345GJC Q420D Q345C Q460D	
	焊接结构	B	Q235C Q390D Q345GJC Q420D Q345C Q460D	Q235D Q390E Q345GJD Q420E Q345D Q460E	

当焊接承重结构采用的钢板厚度大于 40mm 且钢板在其厚度方向受拉时，为防止出现钢板的层状撕裂，应采用厚度方向性能钢板，也称 Z 向钢。Z 向钢的材质应符合现行国家标准《厚度方向性能钢板》GB/T 5313 的规定。对于防腐蚀要求较高的承重结构，可采用耐候钢，其质量要求应符合现行国家标准《焊接结构用耐候钢》GB/T 4172 的规定。

用于抗震设防区的承重结构用钢材，其抗拉强度实测值与屈服强度实测值的比值（也称强屈比）不应小于 1.2，钢材应有明显的屈服台阶，伸长率 d_5 应大于 20%，并应有良好的可焊性和合格的冲击韧性。钢材的物理性能指标应按表 1-6 采用。

钢材的物理性能指标   表 1-6

弹性模量 E （N/mm^2）	剪变模量 G （N/mm^2）	线膨胀系数 α （以每摄氏度级计）	质量密度 ρ （kg/m^3）
2.06×10^5	79×10^3	12×10^{-6}	7850

热轧钢材的强度设计值，应根据钢材厚度或直径按附表 1-1 采用，冷弯薄壁型钢的强度设计值按附表 1-2 采用。

1.4.2 连接

1.4.2.1 焊接

焊接连接是目前钢结构最主要的连接方法，它具有不削弱杆件截面、构造简单和加工方便等优点。钢结构的焊接方法有电弧焊、电渣焊、气体保护焊和电阻焊等。对用于热轧钢材钢结构的焊缝，其强度设计值按附表 1-3 采用。对用于冷弯薄壁型钢结构的焊缝强度设计值按附表 1-5 采用。

表 1-7 给出了常用钢材焊接材料的选用推荐，可供使用参考。

常用钢材的焊接材料选用匹配推荐表   表 1-7

母材				焊接材料			
GB/T 700 和 GB/T 1591 标准钢材	GB/T 19879 标准钢材	GB/T 4171 标准钢材	GB/T 7659 标准钢材	焊条电弧焊 SMAW	实心焊丝气 体保护焊 GMAW	药芯焊丝气 体保护焊 FCAW	埋弧焊 SAW
Q235	Q235GJ	Q235NH Q295NH Q295GNH	ZG270-480H	GB/T 5117 E43XX E50XX E50XX-X	GB/T 8110 ER49-X ER50-X	GB/T 10045 E43XTX-X E50XTX-X GB/T 17493 E43XTX-X E49XTX-X	GB/T 5293 F4XX-H08A GB/T 12470 F48XX-H08 MnA
Q345 Q390	Q345GJ Q390GJ	Q355NH Q345GNH Q345GNHL Q390GNH	—	GB/T 5117 E50XX E5015、16-X	GB/T 8110 ER50-X ER55-X	GB/T 10045 E50XTX-X GB/T 17493 E50XTX-X	GB/T 5293 F5XX-H08MnA F5XX-H10Mn2 GB/T 12470 F48XX-H08MnA F48XX-H10Mn2 F48XX-H10Mn2A

母材				焊接材料			
Q420	Q420GJ	Q415NH	—	GB/T 5117 E5515、16-X	GB/T 8110 ER55-X	GB/T17493 E55XTX-X	GB/T 12470 F55XX-H10Mn2A F55XX-H08MnMoA
Q460	Q460GJ	Q460NH	—	GB/T 5117 E5515、16-X	GB/T 8110 ER55-X	GB/T 17493 E55XTX-X E60XTX-X	GB/T 12470 F55XX-H08 MnMoA F55XX-H08 Mn2MoVA

注：1. 表中 X 为对应焊材标准中的焊材类别；

2. 当所焊接头的板厚大于或等于 25mm 时，宜采用低氢型焊接材料；

3. 被焊母材有冲击要求时，熔敷金属的冲击功不应低于母材的规定。

1.4.2.2 螺栓

（1）普通螺栓

普通螺栓连接主要用在结构的安装连接以及可拆装的结构中。其优点是拆装便利，安装时不需要特殊设备，操作较简便。普通螺栓可采用符合现行国家标准《碳素结构钢》GB/T 700 规定的 Q235A 级钢制成，可分为 A 级、B 级和 C 级。A 级和 B 级属精制螺栓，其抗剪和抗拉性能良好，但制造和安装复杂，故较少采用。C 级属粗制螺栓，抗拉性能良好，但抗剪性能较差，当用于承受静力荷载和间接承受动力荷载结构中的次要连接、不承受动力荷载的可拆卸结构的连接或临时固定构件用的安装连接时，可利用其抗剪性能。因而轻型钢屋架与支撑连接，一般采用普通螺栓 C 级，受力较大时可用安装螺栓定位、现场焊接受力的连接方法。对用于热轧钢材钢结构的螺栓连接的强度设计值按附表 1-4 采用。对用于冷弯薄壁型钢结构的 C 级普通螺栓连接的强度设计值按附表 1-6 采用。

（2）高强度螺栓

高强度螺栓的性能等级有 10.9 级（20MnTiB 钢和 35VB 钢）和 8.8 级（40B 钢、45号钢和 35 号钢），级别划分的小数点前数字是螺栓热处理后的最低抗拉强度，小数点后数字是屈强比（屈服强度 f_y 与抗拉强度 f_u 的比值），如 10.9 级钢材的最低抗拉强度是 $1000N/mm^2$，屈服强度是 $0.9 \times 1000 = 900N/mm^2$。高强度螺栓连接和普通螺栓连接的主要区别是：普通螺栓扭紧螺帽时螺栓产生的预拉力很小，由板面挤压力产生的摩擦力可以忽略不计。普通螺栓连接抗剪时依靠孔壁承压和栓杆抗剪来传力。高强度螺栓除了其材料强度高之外，施工时还给螺栓杆施加很大的预拉力，使被连接构件的接触面之间产生挤压力，因此板面之间垂直于螺栓杆方向受剪时有很大的摩擦力。依靠接触面间的摩擦力来阻止其相互滑移，以达到传递外力的目的，因而变形较小。高强度螺栓抗剪连接分为摩擦型连接和承压型连接。前者以滑移作为承载能力的极限状态，后者的极限状态和普通螺栓连接相同。高强度螺栓摩擦型连接只利用摩擦传力这一工作阶段，具有连接紧密、受力良好、耐疲劳、可拆换、安装简单以及动力荷载作用下不易松动等优点，因此在轻型门式刚架的梁柱连接节点中广泛应用。高强螺栓预拉力值见表 1-8。

高强度螺栓预拉力值（kN）   表 1-8

螺栓的性能等级	螺栓的公称直径（mm）					
	M16	M20	M22	M24	M27	M30
8.8 级	80	125	150	175	230	280
10.9 级	100	155	190	225	290	355

1.5 变形规定及构件的容许长细比

为了不影响结构或构件的正常使用和观感，设计时应对结构或构件的变形（挠度或侧移）规定相应的限值。当有实践经验或有特殊要求时，可根据不影响正常使用和观感的原则对规定进行适当调整。

1.5.1 受弯构件的挠度容许值

受弯构件包括吊车梁、楼盖梁、屋盖梁、工作平台梁、屋盖檩条以及墙架构件等，其挠度不宜超过表 1-9 所列的容许值。冶金工厂或类似车间中设有工作级别为 A7、A8 级吊车的车间（表 1-10），其跨间每侧吊车梁或吊车桁架的制动结构，由一台最大起重机横向水平荷载（按荷载规范取值）所产生的挠度不宜超过制动结构跨度的 1/2200。

受弯构件的挠度容许值   表 1-9

项次	构件类别	挠度容许值	
		$[\nu_T]$	$[\nu_Q]$
1	吊车梁和吊车桁架（按自重和起重量最大的一台吊车计算挠度） （1）手动起重机和单梁起重机（含悬挂起重机） （2）轻级工作制桥式起重机 （3）中级工作制桥式起重机 （4）重级工作制桥式起重机	$l/500$ $l/750$ $l/900$ $l/1000$	—
2	手动或电动葫芦的轨道梁	$l/400$	—
3	有重轨（重量等于或大于 38kg/m）轨道的工作平台梁 有轻轨（重量等于或大于 24kg/m）轨道的工作平台梁	$l/600$ $l/400$	—
4	楼（屋）架梁或桁架、工作平台梁（第三项除外）和平台板 （1）主梁或桁架（包括设有悬挂起重设备的梁和桁架） （2）仅支承压型金属板屋面和冷弯型钢檩条 （3）除支承压型金属板屋面和冷弯型钢檩条外，尚有吊顶 （4）抹灰顶棚的次梁 （5）除（1）～（4）款外的其他梁（包括楼梯梁） （6）屋盖檩条 　支承压型金属板屋面者 　支承其他屋面材料者 　有吊顶 （7）平台板	 $l/400$ $l/180$ $l/240$ $l/250$ $l/250$ $l/150$ $l/200$ $l/240$ $l/150$	 $l/500$ $l/350$ $l/300$ — — — —

项次	构件类别	挠度容许值	
		$[\nu_T]$	$[\nu_Q]$
5	墙架结构（风荷载不考虑阵风系数） （1）支柱（水平方向） （2）抗风桁架（作为连续支柱的支承时，水平位移） （3）砌体墙的横梁（水平方向） （4）支承压型金属板的横梁（水平方向） （5）支承其他墙面材料的横梁（水平方向） （6）带有玻璃窗的横梁（竖直和水平方向）	— — — — — $l/200$	$l/400$ $l/1000$ $l/300$ $l/100$ $l/200$ $l/200$

注：1. l 为受弯构件的跨度（对悬臂梁和伸臂梁为悬伸长度的2倍）；

2. $[\nu_T]$ 为永久和可变荷载标准值产生的挠度（如有起拱应减去拱度）的容许值；$[\nu_Q]$ 为可变荷载标准值产生的挠度容许值；

3. 当吊车梁或吊车桁架跨度大于12m时，其挠度容许值 $[\nu_T]$ 应乘以0.9的系数；

4. 当墙面采用延性材料或与结构采用柔性连接时，墙架构件的支柱水平位移容许值可采用1/300，抗风桁架（作为连续支柱的支承时）水平位移容许值可采用1/800。

吊车的工作等级与工作级别的对应关系 表1-10

工作制等级	轻级	中级	重级	超重级
工作级别	A1～A3	A4，A5	A6，A7	A8

1.5.2　结构的位移容许值

1.5.2.1　单层钢结构水平位移限值

在风荷载标准值作用下，单层钢结构柱顶水平位移不宜超过表1-11的数值：

风荷载作用下单层钢结构柱顶水平位移容许值 表1-11

结构体系	吊车情况	柱顶水平位移
排架、框架	无桥式起重机	$H/150$
	有桥式起重机	$H/400$

注：H 为柱高度，当围护结构采用轻型钢墙板时，柱顶水平位移要求可适当放宽。

　　无桥式起重机时，当围护结构采用砌体墙，柱顶水平位移不应大于 $H/240$，当围护结构采用轻型钢墙板且房屋高度不超过18m时，柱顶水平位移可放宽至 $H/60$；有桥式起重机时，当房屋高度不超过18m，采用轻型屋盖，吊车起重量不大于20t，工作级别为A1～A5，且吊车由地面控制时，柱顶水平位移可放宽至 $H/180$。

　　在冶金厂房或类似车间中设有工作级别为A7、A8级吊车的厂房柱和设有中级和重级工作制吊车的露天栈桥柱，在吊车梁或吊车桁架的顶面标高处，由一台最大吊车水平荷载（按荷载规范取值）所产生的计算变形值不宜超过表1-12所列的容许值。

吊车水平荷载作用下柱水平位移（计算值）容许值　　　　　表 1-12

项次	位移的种类	按平面结构图形计算	按空间结构图形计算
1	厂房柱的横向位移	$H_c/1250$	$H_c/2000$
2	露天栈桥柱的横向位移	$H_c/2500$	
3	厂房和露天栈桥柱的纵向位移	$H_c/4000$	

注：1. H_c为基础顶面至吊车梁或吊车桁架的顶面的高度；

　　2. 计算厂房或露天栈桥柱的纵向位移时，可假定吊车的纵向水平制动力分配在温度区段内所有的柱间支撑或纵向框架上；

　　3. 在设有 A8 级吊车的厂房中，厂房柱的水平位移（计算值）容许值不宜大于表中数值的 90%；

　　4. 在设有 A6 级吊车的厂房中，柱的纵向位移宜符合表中的要求。

1.5.2.2　多高层钢结构位移角限值

在风荷载标准值作用下，有桥式起重机时，多层钢结构的弹性层间位移角不宜超过 1/400；无桥式起重机时，多层钢结构的弹性层间位移角不宜超过表 1-13 的数值。

层间位移角容许值　　　　　表 1-13

结构体系			层间位移角
框架、框架-支撑			1/250
框-排架	侧向框-排架		1/250
	竖向框-排架	排架	1/150
		框架	1/250

注：1. 对室内装修要求较高的建筑，层间位移角宜适当减小；无墙壁的建筑，层间位移角可适当放宽；

　　2. 当围护结构可适应较大变形时，层间位移角可适当放宽；

　　3. 在多遇地震作用下，多层钢结构的弹性层间位移角不宜超过 1/250。

高层建筑钢结构在风荷载和多遇地震作用下弹性层间位移角不宜超过 1/250。

1.5.2.3　大跨度钢结构位移限值

在永久荷载与可变荷载的标准组合下，结构的最大挠度不宜超过表 1-14 中的容许挠度值。

非抗震组合时大跨度钢结构容许挠度值　　　　　表 1-14

结构类型		跨中区域	悬挑结构
受弯为主的结构	桁架、网架、斜拉结构、张弦结构等	$L/250$（屋盖） $L/300$（楼盖）	$L/125$（屋盖） $L/150$（楼盖）
受压为主的结构	双层网壳	$L/250$	$L/125$
	拱架、单层网壳	$L/400$	—
受拉为主的结构	单层单索屋盖	$L/200$	
	单层索网、双层索系以及横向加劲索系的屋盖、索穹顶屋盖	$L/250$	

注：1. 表中 L 为短向跨度或者悬挑跨度；

　　2. 索网结构的挠度为预应力之后的挠度。

网架与桁架可预先起拱，起拱值可取不大于短向跨度的 1/300；当仅为改善外观条件时，结构挠度可取永久荷载与可变荷载标准值作用下的挠度计算值减去起拱值，但结构在可变荷载下的挠度不宜大于结构跨度的 1/400；对于设有悬挂起重设备的屋盖结构，其最大挠度值不宜大于结构跨度的 1/400，在可变荷载下的挠度不宜大于结构跨度的 1/500。

在重力荷载代表值与多遇竖向地震作用标准值下的组合最大挠度值不宜超过表 1-15 的限值。

地震作用组合时大跨度钢结构容许挠度值   表 1-15

结构类型		跨中区域	悬挑结构
受弯为主的结构	桁架、网架、斜拉结构、张弦结构等	$L/250$（屋盖） $L/300$（楼盖）	$L/125$（屋盖） $L/150$（楼盖）
受压为主的结构	双层网壳、弦支穹顶	$L/300$	$L/150$
	拱架、单层网壳	$L/400$	—

注：表中 L 为短向跨度或者悬挑跨度。

1.5.3 构件的容许长细比

（1）轴心受压构件的容许长细比宜符合下列规定：

跨度等于或大于 60m 的桁架，其受压弦杆、端压杆和直接承受动力荷载的受压腹杆的长细比不宜大于 120。轴心受压构件的长细比不宜超过表 1-16 规定的容许值。

受压构件的长细比容许值   表 1-16

构件名称	容许长细比
轴心受压柱、桁架和天窗架中的压杆	150
柱的缀条、吊车梁或吊车桁架以下的柱间支撑	150
支撑	200
用以减小受压构件计算长度的杆件	200

注：1. 验算容许长细比时，可不考虑扭转效应；

2. 计算单角钢受压构件的长细比时，应采用角钢的最小回转半径，但计算在交叉点相互连接的交叉杆件平面外的长细比时，可采用与角钢肢边平行轴的回转半径；

3. 当轴心受压构件内力设计值不大于承载能力的 50% 时，容许长细比值可取 200。

（2）受拉构件的容许长细比宜符合下列规定：

除对腹杆提供平面外支点的弦杆外，承受静力荷载的结构受拉构件，可仅计算竖向平面内的长细比；中级、重级工作制吊车桁架下弦杆的长细比不宜超过 200；在设有夹钳或刚性料耙等硬钩起重机的厂房中，支撑的长细比不宜超过 300；受拉构件在永久荷载与风荷载组合作用下受压时，其长细比不宜超过 250；跨度等于或大于 60m 的桁架，其受拉弦杆和腹杆的长细比，承受静力荷载或间接承受动力荷载时，不宜超过 300，直接承受动力荷载时，不宜超过 250；受拉构件的长细比不宜超过表 1-17 的容许值。柱间支撑按拉杆设计时，竖向荷载作用下柱子的轴力应按无支撑时考虑。

受拉构件的容许长细比

表 1-17

构件名称	承受静力荷载或间接承受动力荷载的结构			直接承受动力荷载的结构
	一般建筑结构	对腹杆提供平面外支点的弦杆	有重级工作制起重机的厂房	
桁架的构件	350	250	250	250
吊车梁或吊车桁架以下柱间支撑	300	—	200	
除张紧的圆钢外的其他拉杆、支撑、系杆等	400	—	350	—

注：验算容许长细比时，在直接或间接承受动力荷载的结构中，计算单角钢受拉构件的长细比时，应采用角钢的最小回转半径，但计算在交叉点相互连接的交叉杆件平面外的长细比时，可采用与角钢肢边平行轴的回转半径。

第2章 门式刚架结构设计

2.1 概 述

单层工业厂房一般采用门式刚架作为主要承重骨架，用冷弯薄壁型钢做檩条、墙梁，以压型金属板做屋面、墙面，采用岩棉、玻璃丝棉等作为保温隔热材料并设置支撑的一种轻型房屋结构体系，如图 2-1 所示。

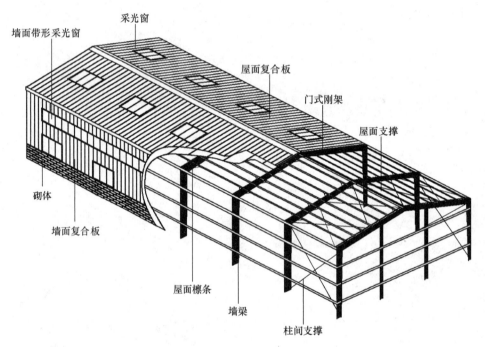

图 2-1 轻型门式刚架结构房屋的组成

2.1.1 门式刚架轻钢结构的应用范围

（1）轻型屋盖的单层大跨度结构，如大型仓库、展览厅、超市、车站候车室、码头建筑等各类公共场馆建筑等，门式刚架跨度不大于 48m，檐口高度不大于 18m。

（2）各类工业厂房，一般吊车起重量不大于 20t，桥式吊车工作级别为 A1～A5，悬挂吊车起重量不大于 3t。

2.1.2 门式刚架轻钢结构的建筑技术特点

（1）柱网布置灵活

传统的结构形式由于受屋面板、墙板尺寸的限制，柱距多为 6m，当门式刚架结构的围护体系采用金属压型板，柱网布置可以不受模数的限制，柱距大小主要根据使用要求和用钢量来确定。

（2）自重轻

围护结构由于采用压型金属板及冷弯薄壁型钢等材料组成，屋面、墙面的质量都很轻，即作用在门式刚架上的永久荷载很小，因此主刚架可以设计的较轻。根据国内的工程实例统计，单层门式刚架轻钢结构的用钢量一般为 $20 \sim 40 kg/m^2$；在相同的跨度和荷载条件情况下自重仅为钢筋混凝土结构的 $1/20 \sim 1/30$。由于厂房结构的自重很轻，在相同地震烈度下，门式刚架轻钢结构的地震反应较小，一般情况下，地震作用参与的内力组合对刚架梁、柱构件的设计不起控制作用。

（3）工业化程度高，综合经济效益高

门式刚架轻钢结构的主要构件和配件均可以在工厂加工，质量易于保证。构件制作的工业化程度高，现场安装方便，施工周期短，除基础施工外，基本为干作业，可以不受气候等环境影响。此外，还可作为可拆卸重复使用的临建房屋。因此综合经济效益高。

（4）门式刚架轻钢结构体系的整体稳定性可以通过檩条、墙梁及隅撑等保证，从而减少了屋盖支撑及系杆的数量，同时支撑可以采用张紧的圆钢做成，很轻便。

（5）门式刚架轻钢结构的杆件较薄，对制作、涂装、运输、安装的要求高。在门式刚架轻钢结构中，焊接构件中板的厚度应不小于 3.0mm；冷弯薄壁型钢构件中板的厚度应不小于 1.5mm；压型钢板的厚度应不小于 0.5mm。由于板件的宽厚比较大，构件在外力的撞击下容易发生局部变形。同时，锈蚀对构件截面削弱带来的后果也较为严重。

2.2 门式刚架轻钢结构的组成

门式刚架轻型结构主要是由梁、柱、檩条、墙梁、支撑、屋面及墙面板等构件组成的一种轻型门式刚架结构体系，如图 2-1 所示。对需要设有起重设备的厂房还需设有吊车梁。

（1）横向承重结构

横向承重结构由屋面梁、钢柱和基础组成，如图 2-2 所示。由于其外形类似门式，一般简称为门式刚架结构。门式刚架结构是轻型单层工业厂房的基本承重结构，厂房所承受的竖向荷载、横向水平荷载以及横向水平地震作用均是通过门式刚架承受并传至基础。

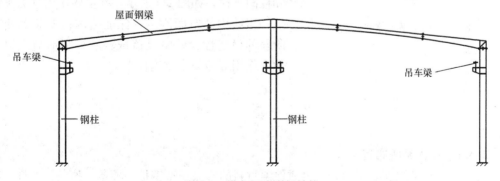

图 2-2 横向门式刚架结构

（2）纵向框架结构

纵向框架结构由纵向柱列、吊车梁、柱间支撑、刚性系杆和基础等组成，如图 2-3 所示。主要作用是保证厂房的纵向刚度和稳定性，传递和承受作用于厂房端部山墙以及通过屋盖传来的纵向风荷载、吊车纵向水平荷载、温度应力以及地震作用等。

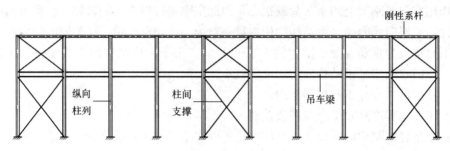

图 2-3　纵向框架结构

（3）屋盖结构

屋盖一般采用有檩体系，即屋面板支承在檩条上，檩条支承在屋面梁上。在屋盖结构中，屋面板起围护作用并承受作用在屋面板上的竖向荷载以及水平风荷载。屋面刚架横梁是屋面的主要承重构件，主要承受屋盖结构自重以及由屋面板传递的活荷载。

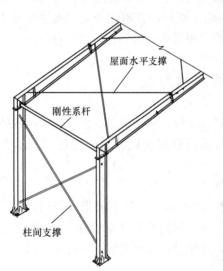

图 2-4　屋面水平支撑和柱间支撑

（4）墙面结构

墙面结构包括纵墙和山墙，主要是由墙面板（一般为压型钢板）、墙梁、系杆、抗风柱以及基础梁所组成。墙面结构主要承受墙体、构件的自重以及作用于墙面上的风荷载。

（5）吊车梁

轻型单层工业厂房的吊车梁简支于钢柱的钢牛腿上，主要承受吊车竖向荷载、横向水平和纵向水平荷载，并将这些荷载传递至横向门式刚架或纵向框架结构上。

（6）支撑

轻型单层工业厂房的支撑包括屋面水平支撑和柱间支撑，如图 2-4 所示，其主要作用是为了加强厂房结构的空间刚度，保证结构在安装和使用阶段的稳定性，并将风荷载、吊车制动荷载以及地震作用等传至承重构件上。

2.3　屋　　面

2.3.1　屋面系统布置

门式刚架轻型屋面系统由带有轻质保温材料的彩涂压型钢板、檩条、拉条、撑杆、隅撑、屋面支撑等构件组成的轻型屋面系统，如图 2-1 所示。

2.3.2　屋面水平支撑

轻型门式刚架体系中的屋面水平支撑主要包括屋面横向水平支撑和纵向支撑（通长刚

性系杆），布置原则为：

（1）屋面横向水平支撑应尽量布置在温度区段端部的第一开间，如图 2-5 所示。当需要布置在第二开间时，应在第一开间相应位置设置刚性系杆，利于山墙风荷载的传递。

（2）屋面横向水平支撑应尽量与下部纵向框架的柱间支撑布置在同一个开间，以确保形成几何不变体系，提高厂房结构的整体刚度。

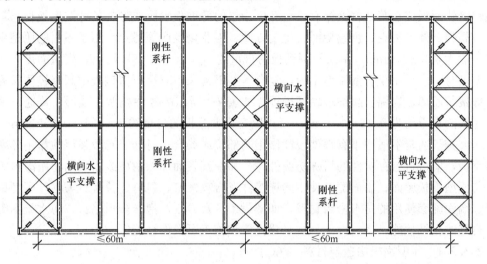

图 2-5　屋面横向水平支撑及刚性系杆布置图

（3）当温度区段长度大于 60m 时，应每隔不大于 60m 设置一道横向水平支撑。

（4）在厂房边柱柱顶和屋脊等刚架转折处，应沿房屋全长设置刚性系杆，如图 2-5 所示。

屋面交叉布置的横向水平支撑宜按拉杆进行设计，可以采用带张紧装置（花篮螺栓）的十字交叉圆钢截面，也可采用单角钢截面。当采用带张紧装置的圆钢截面时，圆钢与构件之间的夹角应在 30°～60°范围内，宜接近 45°。安装时，十字交叉的圆钢穿过梁腹板，在腹板的另一侧固定在支撑垫块上，如图 2-6（a）、（b）所示。

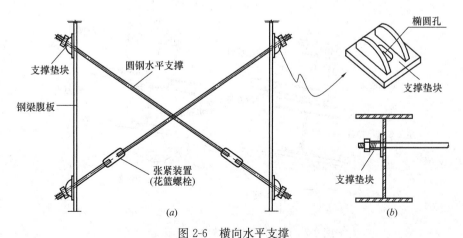

图 2-6　横向水平支撑

（a）圆钢水平支撑；（b）水平支撑与梁腹板连接图

屋面水平支撑中的刚性系杆可由檩条兼作。此时，檩条应按压弯杆件进行承载力的验算。当檩条不能满足设计要求时，应在柱顶和屋脊等刚架斜梁间设置由圆钢管、H型钢或双角钢等截面组成的通长刚性系杆。

2.3.3 压型钢板特点

压型钢板是目前轻型屋面有檩体系中应用最广泛的屋面材料，是由镀锌冷轧薄钢板、镀铝锌冷轧薄板或在其基材上涂有彩色有机涂层的薄钢板辊压成型的各种波形板材。具有轻质、高强、外形美观、色彩艳丽、施工方便、工业化生产等特点。用于屋面的压型钢板板厚一般为 $0.5\sim1.0$mm。单层压型钢板的自重约为 $0.10\sim0.15$kN/m²。当屋面带有保温隔热要求时，应采用复合型压型钢板，复合压型钢板采用双层压型钢板中间夹轻质保温材料，如聚苯乙烯、岩棉、超细玻璃纤维等，如表 2-1 所示的各种类型。波形、普通、承接式夹芯板的自重约为 $0.12\sim0.15$kN/m²，填充式夹芯板的自重约为 $0.24\sim0.25$kN/m²。

压型钢板通常不适用于有强烈侵蚀作用的部位或场合。对处于有较强侵蚀作用环境的压型钢板，应进行有针对性的特殊防腐处理，如在其表面加涂耐酸或耐碱的专用涂料等。

与压型钢板屋面、墙面配套使用的连接件有自攻螺钉、射钉、拉铆钉等，与压型钢板屋面、墙面配套使用的防水密封材料，如密封条、膏、胶，泡沫塑料堵头、防水垫圈等应具有良好的粘结性能、密封性能、抗老化性能和施工可操作性能等。

2.3.3.1 压型钢板构造与材料

1. 基本构造

（1）压型钢板的节点连接

用于屋面的压型钢板可分为单层压型钢板和复合压型钢板，单层压型钢板适用于没有保温隔热要求的建筑屋面，复合压型钢板适用于有保温隔热要求的建筑屋面。屋面、墙面压型钢板与檩条、墙梁之间的连接主要采用自攻螺钉进行连接，如图 2-7 所示，自攻螺钉的间距不宜大于 300mm，为增强抗风能力，屋面檐口处固定压型钢板的自攻螺钉应加密。

铺设单层高波压型钢板屋面时，应在檩条上设置固定支架（图 2-8），檩条上翼缘的宽度应比固定支架跨度大 10mm。固定支架与檩条之间用自攻螺钉连接，每波设置一个。单层低波压型钢板可以不设固定支座，宜在波峰处采用带有防水密封胶垫的自攻螺钉与檩

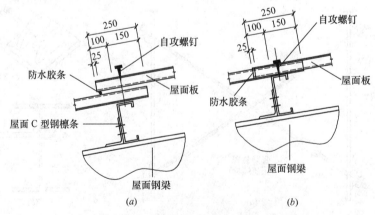

图 2-7 屋面板与檩条连接示意图（一）

（a）安装顺序图；（b）安装完成图

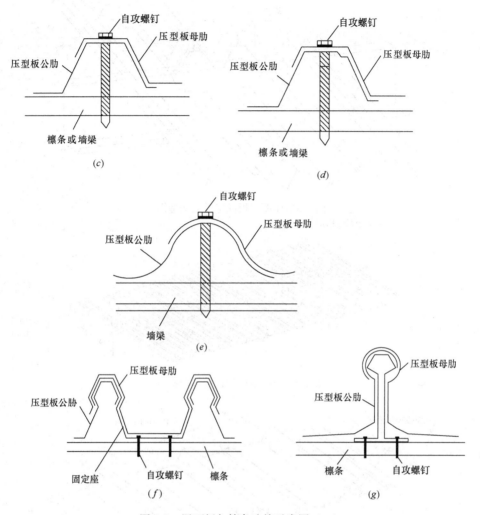

图 2-7　屋面板与檩条连接示意图（二）

（c）搭接式普通构造；（d）搭接式带防水腔构造；（e）搭接式波浪形构造；

（f）扣合式屋面构造；（g）扣合式屋面构造

条连接，连接件可以每波或隔波设置一个，但每块低波压型钢板不得少于 3 个自攻螺钉。

（2）压型钢板搭接

压型钢板之间的搭接主要考虑板搭接处的防风、防雨、防潮等构造合理，施工简便。

压型钢板宜采用长尺寸板材，以减少板长方向的搭接。压型钢板的搭接分为沿长度方向搭接（图 2-9）和沿侧向搭接（图 2-10）。

压型钢板沿长度方向的搭接端必须与支撑构件（檩条、墙梁等）有可靠的连接，搭接部位应设置密封防水胶带。屋面压型钢板搭接长度 L_d 应满足以下条件：

波高≥70mm 的高波屋面压型钢板：L_d≥350mm

波高<70mm 的低波屋面压型钢板：

屋面坡度≤1/10 时，L_d≥250mm；

屋面坡度>1/10 时，L_d≥200mm

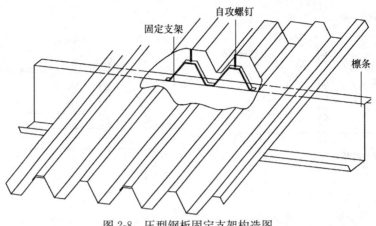

图 2-8 压型钢板固定支架构造图

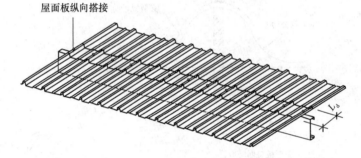

图 2-9 压型钢板沿长度方向搭接

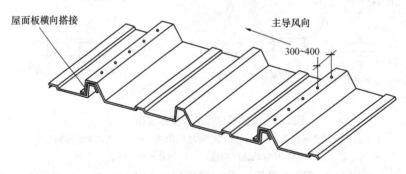

图 2-10 压型钢板沿侧向搭接

对墙面压型钢板：$L_d \geqslant 120$mm

屋面压型钢板侧向搭接应与建筑物的主导风向一致。可以采用搭接式、扣合式和咬合式等方式。当侧向采用搭接式连接时，一般搭接一波，特殊情况也可搭接两波。搭接处采用自攻螺钉紧固，自攻螺钉应设置在波峰上，并带有防水密封胶垫，对于低波压型钢板，自攻螺钉间距一般为 300～400mm；对于高波压型钢板，自攻螺钉间距一般为 700～800mm。

当侧向采用扣合式或咬合式连接时，应在檩条上设置与压型钢板波形相配套的专门固定支座，支座与檩条采用自攻螺钉连接，压型钢板搁置在固定支座上。

2. 材料

压型钢板截面形式较多，根据压型钢板的截面波型和表面处理情况，压型钢板的分类、特点、截面形式及适应范围见表 2-1。

压型钢板的分类、特点、截面形式及适应范围　　　　　　　表 2-1

分类原则	类别	特点	使用范围	截面形式
单层压型钢板	低波型	波高小于 50mm	墙面围护材料	
	中波型	波高在 50～75mm	组合楼板、一般屋面围护材料	
	高波型	波高大于 75mm	组合楼板、屋面荷载较大的屋面围护材料	
复合压型钢板	波型式	中间填塞聚氨酯或者聚苯乙烯保温隔热材料，整体刚度大	适用于屋面荷载较大有保温隔热要求的屋面围护材料	
	普通式	中间填塞聚苯乙烯	适用于有保温隔热要求的屋面围护材料	
	承接式	中间填塞聚氨酯或者聚苯乙烯保温隔热材料	适用于有保温隔热要求的墙面围护材料	
	填充式	中间填充岩棉或玻璃丝棉保温隔热材料	适用于有保温隔热要求及防火等级要求较高的屋面围护材料	保温棉　间隔金属件

2.3.3.2　压型钢板几何特性

压型钢板板厚较薄，如果截面各部分板厚不变，它的截面特性可采用"线性法"计算。线性法是指将平面薄板由其"中轴线"代替，根据中轴线计算截面各项几何特性后，再计入板厚 t 的影响。按线性法计算与精确法计算相比，略去了各转折处圆弧过渡的影响，与精确计算相比其误差影响约为 $0.4\% \sim 4.0\%$。

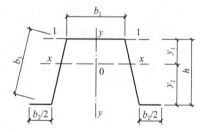

图 2-11　压型钢板计算单元

压型钢板的截面特性可用单槽口作为计算单元，分析其截面几何特性，如图 2-11 所示。

计算单元总长度：

$$\sum b = b_1 + b_2 + 2b_3 \tag{2-1}$$

对 1-1 轴取矩：

$$\sum by = 2b_3 \times \frac{h}{2} + b_2 \times h = h(b_2 + b_3) \tag{2-2}$$

截面形心：

$$y_1 = \frac{\sum by}{\sum b} = \frac{h(b_2 + b_3)}{b_1 + b_2 + 2b_3} \tag{2-3}$$

$$y_2 = h - y_1 = \frac{h(b_1 + b_3)}{b_1 + b_2 + 2b_3} \tag{2-4}$$

计算单元对形心轴 x-x 轴的惯性矩：

$$I_x = \left[b_1 y_1^2 + b_2 y_2^2 + 2 \times \frac{b_3 h^2}{12} + 2 b_3 \left(\frac{h}{2} - y_1 \right)^2 \right] t \tag{2-5}$$

$$= \frac{th^2}{\sum b} \left(b_1 b_2 + \frac{2}{3} b_3 \sum b - b_3^2 \right) \tag{2-6}$$

上翼缘对形心轴 x-x 轴的全截面抵抗矩：

$$W_x^s = I_x / y_1 = \frac{th \left(b_1 b_2 + \frac{2}{3} b_3 \sum b - b_3^2 \right)}{b_2 + b_3} \tag{2-7}$$

下翼缘对形心轴 x-x 轴的全截面抵抗矩：

$$W_x^x = \frac{I_x}{y_2} = \frac{th \left(b_1 b_2 + \frac{2}{3} b_3 \sum b - b_3^2 \right)}{b_1 + b_3} \tag{2-8}$$

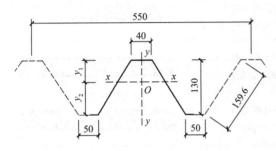

图 2-12 W-550 型压型钢板截面

【例题 2-1】如图 2-12 所示，计算 W-550 型压型钢板的截面几何特性，板厚取 $t = 0.8$mm。

【解】取图中实线部分作为计算单元，求解截面各项几何特性。

$h = 130$mm，$b_1 = 40$mm，

$b_2 = 25 \times 2 = 50$mm，$b_3 = 159.6$mm

计算单元总长度：$\sum b = b_1 + b_2 + 2 b_3 = 40 + 50 + 2 \times 159.6 = 409.2$mm

截面形心：$y_1 = \dfrac{h(b_2 + b_3)}{\sum b} = \dfrac{130 \times (50 + 159.6)}{409.2} = 66.6$mm

$y_2 = 130 - 66.6 = 63.4$mm

计算单元对形心轴的惯性矩：

$$I_x = \frac{th^2}{\sum b} \left(b_1 b_2 + \frac{2}{3} b_3 \sum b - b_3^2 \right)$$

$$= \frac{0.8 \times 130^2}{409.2} \left(40 \times 50 + \frac{2}{3} \times 159.6 \times 409.2 - 159.6^2 \right) = 663006 \text{mm}^4$$

上翼缘对形心轴全截面抵抗矩：

$$W_x^s = I_x / y_1 = \frac{663006}{66.6} = 9955 \text{mm}^3$$

下翼缘对形心轴全截面抵抗矩：

$$W_x^x = I_x / y_2 = \frac{663006}{63.4} = 10457.5 \text{mm}^3$$

2.3.3.3 有效宽度

压型钢板和用于檩条、墙梁的卷边 C 型钢、Z 型钢都属于冷弯薄壁型钢构件，这类构件允许板件受压屈曲并利用其屈曲后强度。因此，在其强度和稳定性计算公式中截面特性可以按有效截面进行计算。

压型钢板受压翼缘有效截面如图 2-13 所示，计算压型钢板的有效截面时应扣除图中

所示阴影部分面积，b_e 应根据第 2.4.6.1 节确定。对于翼缘宽厚比较大的压型钢板则需要通过在上翼缘设置足够刚度的纵向中间加劲肋和纵向边加劲肋（图 2-14），以保证翼缘受压时截面全部有效。纵向中间加劲肋的截面刚度应符合公式（2-9）的设计要求，纵向边加劲肋截面刚度应符合公式（2-10）的设计要求：

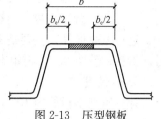

图 2-13 压型钢板
有效截面示意图

$$I_{is} \geqslant 3.66t^4\sqrt{\left(\frac{b_s}{t}\right)^2 - \frac{27100}{f_y}} \quad 且 \quad I_{is} \geqslant 18t^4 \quad (2\text{-}9)$$

$$I_{es} \geqslant 1.83t^4\sqrt{\left(\frac{b}{t}\right)^2 - \frac{27100}{f_y}} \quad 且 \quad I_{es} \geqslant 9t^4 \quad (2\text{-}10a)$$

$$I_{es} = a^3 t \sin^2\theta/12 \quad (2\text{-}10b)$$

式中 I_{is}——中间加劲肋截面对平行于被加劲板件之形心轴的惯性矩；

         I_{es}——边加劲肋截面对平行于被加劲板件截面之形心轴的惯性矩；

         a——卷边的高度；

         θ——加劲肋与被加劲板之间的夹角；

         b_s——如图 2-14 所示，子板件的宽度；

         b——边加劲板件的宽度；

         t——板件的厚度；

         f_y——材料的屈服强度。

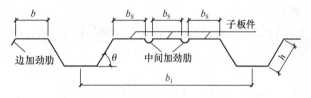

图 2-14 带有纵向加劲肋压型钢板的截面

2.3.3.4 荷载和荷载组合

1. 荷载

压型钢板用做屋面板的荷载主要有永久荷载和可变荷载。

（1）永久荷载

当屋面板为单层压型钢板时，永久荷载仅为压型钢板的自重，当采用表 2-1 所示的复合压型钢板时，作用在底板（下层压型钢板）上的永久荷载除其自重外，还需考虑保温材料和龙骨的重量。

（2）可变荷载

在计算屋面压型钢板的可变荷载时，除需考虑屋面均布活荷载、雪荷载和积灰荷载外，还需考虑施工检修集中荷载，一般取 1.0kN。当检修集中荷载大于 1.0kN 时，应按实际情况取用。当按单槽口截面受弯构件设计屋面板时，需要按下列方法将作用在一个波距上的集中荷载折算成板宽度方向上的线荷载，如图 2-15 所示。

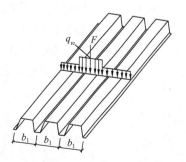

$$q_{re} = \eta \frac{F}{b_1} \quad (2\text{-}11)$$

图 2-15 板上集中荷载换
算为均布线荷载

式中 q_{re}——折算荷载；

         F——集中荷载；

b_1——压型钢板的一个波距；

η——折算系数，由试验确定，无试验数据时，可取 $\eta=0.5$。

进行上述换算，主要是考虑到相邻槽口的共同工作作用提高了板承受集中荷载的能力。折算系数取 0.5，则相当于在单槽口的连续梁上，作用了一个 $0.5F$ 的集中荷载。

2. 荷载组合

计算压型钢板的内力时，主要考虑两种荷载组合：

(1) 1.3×永久荷载＋1.5×max{屋面均布活荷载，雪荷载}

(2) 1.3×永久荷载＋1.5×施工检修集中荷载换算值

当需考虑风吸力对屋面压型钢板的受力影响时，还应进行下式的荷载组合：

(3) 1.0×永久荷载＋1.5×风吸力荷载

屋面板和墙板的风荷载系数不同于刚架计算，应按《门式刚架轻型房屋钢结构技术规范》4.2.2 的规定取用。

2.3.3.5 强度和挠变形计算

压型钢板的强度和挠度可取一个波距或整块压型钢板的有效截面，按受弯构件计算，内力分析时，可将檩条视为压型钢板的支座，考虑不同荷载组合，按多跨连续梁进行分析。

(1) 压型钢板的抗弯承载力应满足以下要求：

$$\sigma_{\max} = \frac{M_{\max}}{W_{efn}} \leqslant f \tag{2-12}$$

式中 $M_{\max}$——压型钢板计算跨内的最大弯矩；

W_{efn}——压型钢板有效净截面抵抗拒；

f——压型钢板的强度设计值。

(2) 压型钢板腹板的剪应力应符合下列公式的要求：

当 $h/t < 100\sqrt{\dfrac{235}{f_y}}$ 时　　　　　$\tau \leqslant \tau_{cr} = \dfrac{8550}{(h/t)}\sqrt{\dfrac{f_y}{235}}\tau \leqslant f_v$　　(2-13a)

当 $h/t \geqslant 100\sqrt{\dfrac{235}{f_y}}$ 时　　　　　$\tau \leqslant \tau_{cr} = \dfrac{855000}{(h/t)^2}$　　(2-13b)

式中 τ——腹板的平均剪应力；

τ_{cr}——腹板的临界剪应力；

h/t——腹板的高厚比。

(3) 压型钢板支座处腹板的局部受压承载力计算：

$$R \leqslant R_w = \alpha t^2 \sqrt{fE}(1-0.1\sqrt{r/t})(0.5+\sqrt{0.02l_c/t})[2.4+(\theta/90)^2] \tag{2-14}$$

式中 R——一块腹板承担的集中荷载或支座反力；

R_w——一块腹板的局部受压承载力设计值；

α——系数，中间支座取 $\alpha=0.12$，端部支座取 $\alpha=0.06$；

t——腹板厚度；

r——腹板与翼缘处内弯角半径，如无资料可取 $1.5t$（对应 90°）或 $2.5t$（对应 45°），其余角度线性插值；

f——压型钢板的设计强度；

l_c——支座处的支承长度，$10mm \leqslant l_c \leqslant 200mm$，端部支座可取 $l_c=10mm$，可按表 2-2 取；

θ——腹板倾角（$45° \leqslant \theta \leqslant 90°$）。

压型钢板腹板局部受压承载力的计算系数取值　　　　　　　　表 2-2

集中荷载或支座反力位置	α	l_c (mm)
集中荷载或支座反力距悬臂端 $\leqslant 1.5h_w$ 时 集中荷载距最近支座 $\leqslant 1.5h_w$ 时	0.04	10
集中荷载或支座反力距悬臂端 $> 1.5h_w$ 时 集中荷载距最近支座 $> 1.5h_w$ 时 中间支座处支座反力时	0.08	实际支承长度

注：h_w 为压型钢板高度。

（4）压型钢板同时承受弯矩 M 和支座反力 R 的截面，应满足下列要求：

$$M/M_u \leqslant 1.0 \tag{2-15}$$

$$R/R_w \leqslant 1.0 \tag{2-16}$$

$$M/M_u + R/R_w \leqslant 1.25 \tag{2-17}$$

式中　M_u——截面的极限抗弯承载力设计值，$M_u = W_e f$，用于檩条计算时，当为双檩条嵌套搭接按双檩条计算时，应乘以 0.8 的折减系数；

R_w——腹板的局部受压承载力设计值，用于檩条计算时，当为双檩条嵌套搭接按双檩条计算时，应乘以 0.8 的折减系数。

（5）压型钢板同时承受弯矩 M 和剪力 V 的截面，应满足下列要求：

$$\left(\frac{M}{M_u}\right)^2 + \left(\frac{V}{V_u}\right)^2 \leqslant 1.0 \tag{2-18}$$

式中　V_u——腹板的抗剪承载力设计值，$V_u = (ht \cdot \sin\theta)\tau_{cr}$。

（6）压型钢板的变形计算及规定

压型钢板的挠度应采用有效截面计算，当等距离布置檩条或墙梁支撑连续压型钢板时，则由端跨控制挠度的计算。在均布荷载作用下，不同支撑条件的压型钢板的挠度应满足下列公式：

$$\omega_{max} \leqslant [\omega] \tag{2-19}$$

式中　ω_{max}——由荷载标准值及压型钢板有效截面计算的最大挠度值，如表 2-3 所示；

$[\omega]$——压型钢板的挠度容许值。根据《冷弯薄壁型钢结构技术规范》GB 50018 的规定，对屋面板，当屋面坡度小于 1/20 时，$[\omega]=1/250$；当屋面坡度大于 1/20 时，$[\omega]=1/200$；对墙面板，$[\omega]=1/150$；对楼面板，$[\omega]=1/200$。

不同支承情况下压型钢板的跨中最大挠度计算公式　　　　　　表 2-3

类型	图示	计算公式
多跨连续板		$\omega_{max} = \dfrac{2.7q_k L^4}{384EI_{ef}}$ (2-20a)

类型	图示	计算公式
简支板	 q L $\omega_{\max}$	$\omega_{\max} = \dfrac{5q_k L^4}{384 EI_{ef}}$ (2-20b)
悬臂板	 q L $\omega_{\max}$	$\omega_{\max} = \dfrac{q_k L^4}{8 EI_{ef}}$ (2-20c)

注：表中公式里 q_k——作用于压型钢板上的均布荷载标准值；

        L——压型钢板的计算跨度；

        I_{ef}——压型钢板的有效截面惯性矩。

以上压型钢板的强度和挠度计算，均考虑压型钢板在均布荷载作用下的受力状态。但压型钢板是由很薄的钢板辊压而成，如果让其承受局部集中荷载，压型钢板容易产生局部屈曲，所以在施工或使用阶段应尽量避免集中荷载直接作用在压型钢板上。特殊情况下，应把局部集中荷载分散作用在压型钢板的固定支架所在的位置上，并且荷载不应超过固定支架和螺栓各自的容许强度。

2.4 冷弯薄壁型钢檩条

2.4.1 檩条的截面形式

轻钢门式刚架结构屋面为轻型维护材料，檩条宜采用冷弯薄壁型钢构件，其截面形式主要有 Z 形卷边和 C 形卷边两种，如图 2-16 (a)、(b)、(c) 所示。当檩条跨度大于 9m 或屋面荷载较大时，宜采用高频焊 H 型构件或热轧轻型槽钢，如图 2-16 (d)、(e) 所示。当屋面荷载较大或檩条跨度大于 9m 时，也可以选用轻型格构式檩条，格构式檩条又分为平面桁架式和空间桁架式，平面桁架式檩条可分为两类：一类由角钢和圆钢制成（图 2-17）；一类由冷弯薄壁型钢制成（图 2-18）。这种檩条平面内刚度大，用钢量较低，但制作较复杂，且侧向刚度较差，需要与屋面材料、支撑等组成稳定的空间结构，适用于屋面荷载或檩距相对较小的屋面结构。空间桁架式檩条横截面呈三角形，由图 2-19 所示，由①、②、③三个平面桁架组成了一个完整的空间桁架体系，称为空间桁架式。这种檩条结构合理，受力明确，整体刚度大，但制作加工复杂，用钢量大，适用于跨度、荷载和檩距均较大的情况。冷弯薄壁型钢檩条截面一般采用基板为 1.5～3.0mm 厚的薄钢板在常温下辊压而成，由于制作、安装简单，用钢量省，是目前轻型钢结构屋面工程中应用最普遍

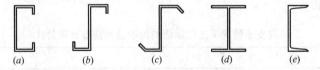

图 2-16 实腹式檩条

(a) 卷边 C 型钢；(b) 卷边 Z 型钢；(c) 斜卷边 Z 型钢；

(d) 高频焊接 H 型钢；(e) 热轧槽钢

的截面形式。本节只重点介绍冷弯薄壁型钢实腹式檩条的设计和构造，空腹式檩条和格构式檩条的设计可以参阅相关设计手册。

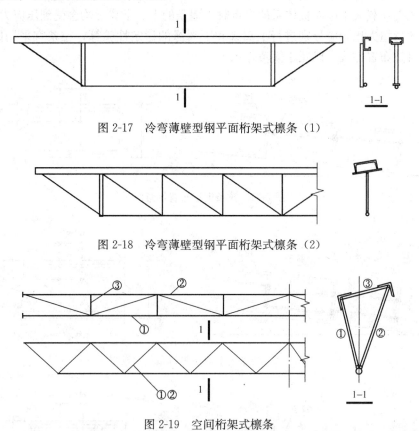

图 2-17　冷弯薄壁型钢平面桁架式檩条（1）

图 2-18　冷弯薄壁型钢平面桁架式檩条（2）

图 2-19　空间桁架式檩条

2.4.2　檩条的布置与构造

檩条的布置与设计应遵循以下构造要求：

（1）实腹式檩条可通过檩托与刚架斜梁相连，檩托可用角钢（图 2-20a）或钢板（图 2-20b）焊接而成。檩条端部与檩托的连接螺栓沿檩条高度方向不得少于 2 个，螺栓的直径根据檩条的截面大小取 M12～M16。

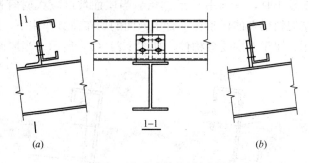

(a) (b)

图 2-20　实腹式檩条端部连接

（2）檩条可设计成单跨受弯构件，对于高频焊 H 型构件或热轧轻型槽钢可设计为多跨静定梁受弯构件。

（3）冷弯开口薄壁型钢檩条的侧向抗弯能力较弱，稳定性较差，需要通过拉条上层布置（图 2-21）或拉条上下双层平行布置（图 2-22）来增强檩条的侧向抗弯刚度。轻型屋面体系的风揭荷载大于屋面板体系的自重时，檩条的上、下翼缘均会受到压应力作用，并导致檩条的弯扭失稳，应分别进行上翼缘和下翼缘的稳定性验算，拉条宜采用图 2-23 所示的上下对拉布置方式，以减小倾覆作用。

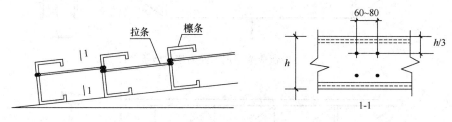

图 2-21　拉条上层布置示意图

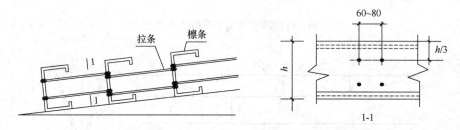

图 2-22　拉条上下双层平行布置示意图

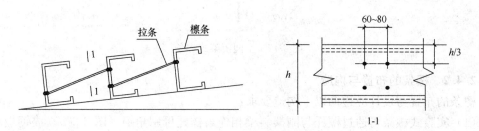

图 2-23　拉条上下对拉布置示意图

（4）当屋面坡度较小时，宜选用 C 形檩条。当屋面坡度较大时宜选用 Z 形檩条，有利于受力。设置在刚架斜梁上的檩条在垂直于地面的均布荷载作用下，绕截面两个形心主轴方向都有弯矩作用，属于双向受弯构件，如图 2-24（a）所示。当屋面坡度小于 1/3 时，

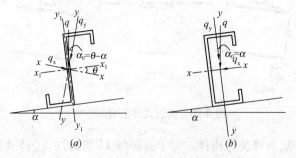

图 2-24　Z 形檩条和 C 形檩条受力图

C形檩条侧向的荷载分量q_x很小，因此由q_x产生的绕y-y轴的弯矩M_y可忽略不计，此时檩条接近于单向受弯构件。此外，当C形檩条开口朝向屋脊方向时，沿形心主轴y轴方向的荷载q_y会因为荷载偏离剪切中心，使檩条具有向屋脊方向倾斜和弯曲的趋势，有利于檩条受力，如图2-24（b）所示。当屋面坡度大于1/3时，Z形檩条重力荷载q与形心主轴y轴夹角较小，此时Z形檩条接近于单向受弯构件。

（5）卷边C形和Z形檩条上翼缘肢尖（或卷边）应朝向屋脊方向，以减小屋面荷载偏心引起的扭转。

（6）为减少檩条在使用和施工期间的侧向变形和扭转，应在檩条跨间位置按下列原则设置拉条：

1）当檩条跨度$l{\leqslant}4m$时，可不设置拉条或撑杆；

2）当檩条跨度$4m{<}l{\leqslant}6m$时，应在檩条跨中设置一道拉条，如图2-25（a）所示；

3）当檩条跨度$6m{<}l{\leqslant}9m$时，应在檩条跨度三分点处各设置一道拉条，如图2-25（b）所示；

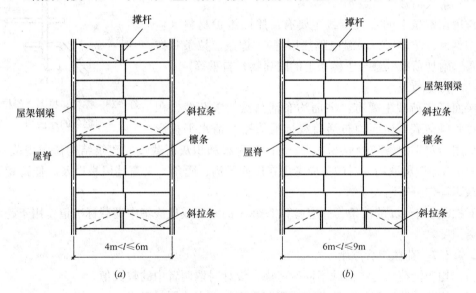

图2-25　拉条、斜拉条和撑杆的布置

当仅设置拉条时，由于拉条的刚度较弱，在水平分力q_x的作用下，屋面檩条仍有可能产生侧向失稳和变形，如图2-26所示。因此，为保证拉条能够将中间支点的力传到刚度较大的构件，需要在屋脊或檐口处设置如图2-25所示的斜拉条和刚性撑杆，以确保屋面系统的整体稳定性。拉条与檩条之间的连接构造如图2-27所示，位于屋脊两侧的檩条，可用钢管（图2-27）、角钢或槽钢相连。撑杆、拉条、斜拉条与檩条连接如图2-28所示。

当屋面自重大于风吸力作用时，拉条应设置在离檩条上翼缘不大于1/3腹板高度处，如图2-27所示；当风吸力起控制作用时，檩条下翼缘受压，拉条应设置在离檩条下翼缘不大于1/3腹板高度处。

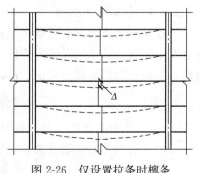

图2-26　仅设置拉条时檩条产生的侧向位移

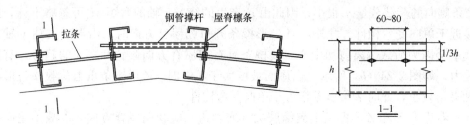

图 2-27　拉条与檩条连接

2.4.3　檩条荷载和荷载组合

2.4.3.1　荷载

实际工程中檩条所承受的荷载主要有永久荷载和可变荷载。

（1）永久荷载

作用在檩条上的永久荷载主要有：屋面维护材料（包括压型钢板、防水层、保温或隔热层等）、檩条、拉条和撑杆自重、附加荷载（悬挂于檩条上的附属物）自重等。

（2）可变荷载

屋面可变荷载主要有：屋面均布活荷载、雪荷载、积灰荷载和风荷载。屋面均布活荷载标准值按受荷水平投影面积取用，对于檩条一般取 0.5kN/m²；雪荷载和积灰荷载按《建筑结构荷载规范》GB 50009 或当地资料取用，对檩条应考虑在屋面天沟、阴角、天窗挡风板以及高低跨相接处的荷载不均匀分布增大系数。

对檩距小于1m的檩条，尚应验算 1.0kN 的施工或检修集中荷载标准值作用于跨中时的檩条强度。

2.4.3.2　荷载组合原则

（1）均布活荷载与雪荷载不同时考虑，设计时取两者中的较大值；

（2）积灰荷载应与均布活荷载或雪荷载中的较大值同时考虑；

（3）施工或检修集中荷载与均布活荷载或雪荷载不同时考虑；

（4）当风荷载较大时，应验算在风吸力作用下，永久荷载和风荷载组合下截面应力反号的情况，此时永久荷载的分项系数取 1.0。

2.4.4　檩条内力分析

设置在刚架斜梁上的檩条在垂直于地面的均布荷载作用下，沿截面两个形心主轴方向都有弯矩作用，属于双向受弯构件。在进行内力分析时，首先要把均布荷载 q 分解为沿截面形心主轴方向的荷载分量 q_x、q_y，如图 2-29 所示。

$$q_x = q\sin\alpha_0 \tag{2-21a}$$
$$q_y = q\cos\alpha_0 \tag{2-21b}$$

式中　q——檩条竖向均布线荷载设计值；

α_0——q 与形心主轴 y 轴的夹角：对 C 形或 H 形截面 $\alpha_0 = \alpha$，α 为屋面坡度；对 Z 形截面，$\alpha_0 = |\theta - \alpha|$，$\theta$ 为 Z 形截面形心主轴 x 轴与平行于屋面轴 x_1 的夹角。

对设有拉条的简支檩条（和墙梁），由 q_y、q_x 分别引起的 M_x 和 M_y 按表 2-4 计算。

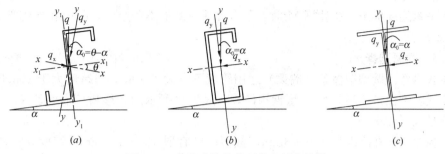

图 2-29　实腹式檩条截面的主轴和荷载

檩条（墙梁）的内力计算表　　　　　　　　　　　　　　　　表 2-4

拉条设置情况	由 q_y 产生的内力		由 q_x 产生的内力		计算简图
	$M_{x\max}$	$V_{x\max}$	$M_{y\max}$	$V_{y\max}$	
无拉条	$\dfrac{1}{8}q_y l^2$	$\dfrac{1}{2}q_y l$	$\dfrac{1}{8}q_x l^2$	$\dfrac{1}{2}q_x l$	$q_x(q_y)$，跨度 l，$M_x(M_y)$，$V_x(V_y)$
跨中有一道拉条	$\dfrac{1}{8}q_y l^2$	$\dfrac{1}{2}q_y l$	拉条处负弯矩 $\dfrac{1}{32}q_x l^2$	拉条处最大剪力 $\dfrac{5}{16}q_x l$	q_y，M_x，V_x；q_x（$l/2$、C、$l/2$），M_y，V_y
三分点处各有一道拉条	$\dfrac{1}{8}q_y l^2$	$\dfrac{1}{2}q_y l$	拉条处负弯矩 $\dfrac{1}{90}q_x l^2$	拉条处最大剪力 $\dfrac{q_x l}{5}$	q_y，M_x，V_y；q_x（$l/3$、C、$l/3$、D、$l/3$），M_y，V_y

注：在计算 M_y 时，将拉条作为侧向支承点，按双跨或三跨连续梁计算。

对于多跨连续檩条，在计算 M_y 时，不考虑活荷载的不利组合，跨中和支座弯矩都近似取 $0.1q_yl^2$。

2.4.5 截面选择

实腹式冷弯薄壁型钢檩条（墙梁）适用跨度不宜大于 10m，当跨度大于 10m 时，宜采用桁架式轻型檩条或高频焊 H 型钢构件等。图 2-30 所示的 Z 形和 C 形檩条（墙梁）的截面宜满足以下要求：

（1）板厚 t 取值范围为 1.5~3mm，截面高度宜取 150~300mm，宽度 b 宜取 50~90mm。卷边高厚比不宜大于 13，卷边宽度与翼缘宽度之比 $0.25 < b/t \leqslant 0.326$。卷边高度取值可按下列公式计算：

$$a = 15 + (b - 50) \times 0.2 \tag{2-22}$$

式中　a——卷边高度（mm）；

　　　b——翼缘宽度（mm）。

（2）C 形檩条（墙梁）应采用 90°的卷边，Z 形檩条（墙梁）应采用 60°的斜卷边，以方便连接及运输。

（3）当檩条（墙梁）跨度小于或等于 6m 时，宜设计简支梁，可采用 Z 形和 C 形檩条（墙梁）。

（4）当檩条（墙梁）跨度大于 6m 时，宜设计为连续梁，以减小内力，增强构件刚度。

（5）檩条（墙梁）截面高度初选时应考虑屋面荷载和跨度要求，檩条（墙梁）截面高度 h 通常取檩条跨度 l 的 1/35~1/50。

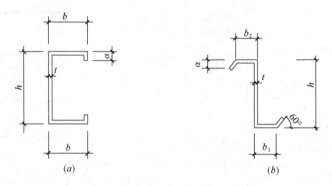

图 2-30　檩条截面

2.4.6 承载力计算

2.4.6.1 有效截面的计算

压型钢板及用于檩条、墙梁的卷边 C 型钢和 Z 型钢都属于冷弯薄壁构件，这类板件都具有一定的屈曲后强度，即当板件受压屈曲后还能继续抵抗超过屈曲荷载的轴向荷载，板的这种特性称为屈曲后强度。如图 2-31 所示，薄板在到达弹性理论临界荷载 σ_{cr} 时开始发生侧向挠曲，超过此点后，薄板的刚度随侧向挠度增加而增大。

板的屈曲后强度在冷弯薄壁构件中非常重要，因为薄板虽然在较小应力状态下就可能发生屈曲，但却有能力抵抗较大的荷载而不致破坏。板的屈曲后性能与柱子不同，在屈曲发生之后，薄板仍然具有继续抵抗荷载的能力，而柱则发生失稳破坏。图 2-32 所示为薄板受轴向压力作用后板内的应力分布图。从图中可以看出，薄板在轴向压力 N_y 作用下，受荷载作用后板件由于两边支撑板件的约束作用，屈曲之前沿 x 轴板宽方向均匀分布的应力 σ_y，屈曲后为非均匀分布，在 $x=0$、a 处的板件呈现最大应力 σ'_y，而中间部分由于两边支撑板件约束作用减弱，部分截面因发生屈曲失稳而退出工作，出现最小应力。沿 y 轴方向的应力 σ_x，在 $y=0$、b 处，出现压应力，而在板中央则出现了拉应力。拉应力的存在有助于增强板的抗侧向屈曲能力，防止板件达到临界荷载后而引起屈曲破坏。所以薄板显示出屈曲后强度的原因在于板件屈曲后中面出现了横向拉应力。因此，对于冷弯薄壁型钢构件允许板件受压屈曲并利用其屈曲后强度，在其强度和稳定性计算公式中截面特性应以有效截面为准。冷弯薄壁型钢构件的截面由各种不同类型的板件组成，通常把这些板件按对边的支承条件分为四类：①加劲板件，两纵边均与其他板件相连接的板件。②部分加劲板件，一纵边与其他板件相连接，另一纵边由卷边加劲的板件。③非加劲板件，一纵边与其他板件相连接，另一纵边为自由边的板件。④中间加劲板件，两纵边均与其他板件相连接且中部有中间加劲肋的板件。如图 2-33 所示，箱形截面构件的腹板和翼缘板都是加劲板件；卷边槽形截面构件的腹板是加劲板件，翼缘是部分加劲板件；槽形截面构件的腹板是加劲板件，翼缘是非加劲板件；宽厚比很大、在中间设有中间加劲肋的板件是中间加劲板件。

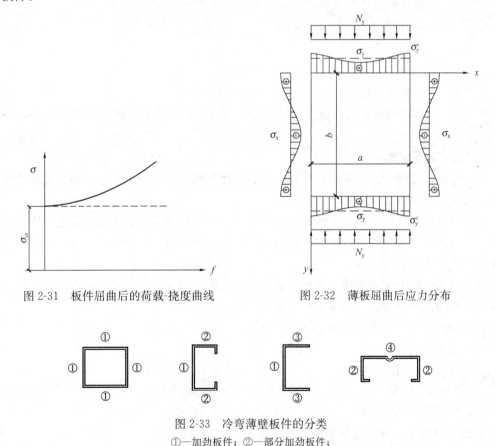

图 2-31 板件屈曲后的荷载-挠度曲线   图 2-32 薄板屈曲后应力分布

图 2-33 冷弯薄壁板件的分类

①—加劲板件；②—部分加劲板件；

③—非加劲板件；④—中间加劲板件

加劲板件，部分加劲板件和非加劲板件的有效宽厚比应按下列公式计算：

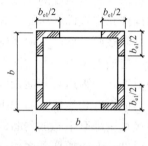

图 2-34 受压板件
的有效截面图

$$\frac{b_e}{t} = \begin{cases} \dfrac{b_c}{t} & \text{当 } b/t \leqslant 18\alpha\rho \text{ 时} \quad (2\text{-}23a) \\[2mm] \left(\sqrt{\dfrac{21.8\alpha\rho}{b/t}} - 0.1\right)\dfrac{b_c}{t} & \text{当 } 18\alpha\rho < b/t < 38\alpha\rho \text{ 时} \quad (2\text{-}23b) \\[2mm] \dfrac{25\alpha\rho}{b/t} \cdot \dfrac{b_c}{t} & \text{当 } b/t \geqslant 38\alpha\rho \text{ 时} \quad (2\text{-}23c) \end{cases}$$

式中　b、t——板件的宽度及厚度；

　　b_e——板件有效宽度，如图 2-34 所示的阴影范围；

　　α——计算系数，$\alpha = 1.15 - 0.15\psi$，当 $\psi < 0$ 时，取 $\alpha = 1.15$；

　　ψ——压应力分布不均匀系数，$\psi = \sigma_{min}/\sigma_{max}$；

　　σ_{max}——受压板件边缘的最大压应力（N/mm^2）取正值，如图 2-36 所示；

　　σ_{min}——受压板件另一边缘的应力（N/mm^2），以压应力为正，拉应力为负，如图 2-36 所示；

　　b_c——板件的受压区宽度，当 $\psi \geqslant 0$ 时，$b_c = b$；当 $\psi < 0$ 时，$b_c = b/(1-\psi)$；

　　ρ——计算系数；

$$\rho = \sqrt{205 k_1 k / \sigma_1} \qquad (2\text{-}24)$$

　　k——板件受压稳定系数，按公式（2-25）确定；

　　k_1——板组约束系数，按公式（2-26）采用；若不计相邻板件的约束作用，可取 $k_1 = 1$。

σ_1 应按下列规定确定：

（1）在轴心受压构件中应根据构件最大长细比所确定的稳定系数 φ 与钢材强度设计值 f 的乘积（φf）作为 σ_1。

（2）对于压弯构件，截面上各板件的压应力分布不均匀系数 ψ 应由构件毛截面按强度计算，不考虑双力矩的影响。最大压应力板件的 σ_1 取钢材的强度设计值 f，其余板件的最大压应力按 ψ 推算。

（3）对于受弯及拉弯构件，截面上各板件的压应力分布不均匀系数 ψ 及最大压应力应由构件毛截面按强度计算，不考虑双力矩的影响。

受压板件的稳定系数 k 可按下列公式计算：

（1）对于加劲板件

当 $1 \geqslant \psi > 0$ 时　　　　　$k = 7.8 - 8.15\psi + 4.35\psi^2$　　　（2-25a）

当 $0 \geqslant \psi \geqslant -1$ 时　　　　$k = 7.8 - 6.29\psi + 9.78\psi^2$　　　（2-25b）

（2）对于部分加劲板件

① 最大压应力作用于支承边时（图 2-35a）

当 $\psi \geqslant -1$ 时　　　　　$k = 5.89 - 11.59\psi + 6.68\psi^2$　　（2-25c）

② 最大压应力作用于部分加劲边时（图 2-35b）

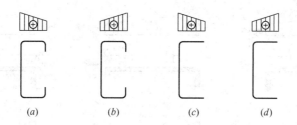

图 2-35　部分加劲板和非加劲板的应力分布示意图

当 $\psi \geqslant -1$ 时 $\qquad k = 1.15 - 0.22\psi + 0.045\psi^2$ (2-25d)

（3）对于非加劲板件

① 最大压应力作用于支承边时（图 2-35c）

当 $1 \geqslant \psi > 0$ 时 $\qquad k = 1.70 - 3.025\psi + 1.75\psi^2$ (2-25e)

当 $0 \geqslant \psi > -0.4$ 时 $\qquad k = 1.70 - 1.75\psi + 55\psi^2$ (2-25f)

当 $-0.4 \geqslant \psi \geqslant -1$ 时 $\qquad k = 6.07 - 9.51\psi + 8.33\psi^2$ (2-25g)

② 最大压应力作用于自由边时（图 2-35d）

当 $\psi \geqslant -1$ 时 $\qquad k = 0.567 - 0.213\psi + 0.071\psi^2$ (2-25h)

受压板件的板组约束系数 k_1 应按下列公式计算：

当 $\xi \leqslant 1.1$ 时 $\qquad k_1 = 1/\sqrt{\xi}$ (2-26a)

当 $\xi > 1.1$ 时 $\qquad k_1 = 0.11 + 0.93/(\xi - 0.05)^2$ (2-26b)

$$\xi = \frac{c}{b}\sqrt{\frac{k}{k_c}}$$ (2-26c)

式中 b——计算板件的宽度；

　　　c——与计算板件相邻的板件的宽度；如果计算板件两边均有邻接板件时，即计算板件为加劲板件时，取压应力较大一边的邻接板件的宽度；

　　　k——计算板件的受压稳定系数，由公式（2-25）确定；

　　　k_c——邻接板件的受压稳定系数，由公式（2-25）确定。

其中 k_1' 为 k_1 的上限值，当 $k_1 > k_1'$ 时，取 $k_1 = k_1'$。对于加劲板件 $k_1' = 1.7$；对于部分加劲板件 $k_1' = 2.4$；对于非加劲板件 $k_1' = 3.0$。当计算板件只有一边有邻接板件，即计算板件为非加劲板件或部分加劲板件，且邻接板件受拉时，取 $k_1 = k_1'$。

部分加劲板件中卷边的高厚比不宜大于 12，卷边的最小高厚比应根据部分加劲板的宽厚比按表 2-5 采用。

卷边的最小高厚比　　　　　　　　　　表 2-5

b/t	15	20	25	30	35	40	45	50	55	60
a/t	5.4	6.3	7.2	8.0	8.5	9.0	9.5	10.0	10.5	11.0

注：a——卷边高度；b——带卷边板件的宽度；t——板厚。

当受压板件的宽厚比大于公式（2-23）规定的有效宽厚比时，受压板件的有效截面应按图 2-36 所示的位置将截面的受压部分扣除其超出部分（即图中不带斜线部分）来确定，截面的受拉部分全部有效。

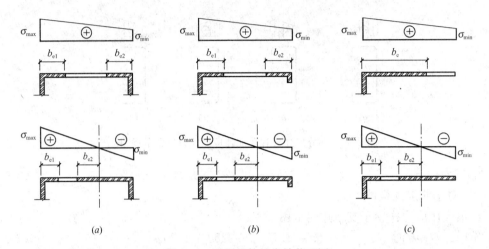

图 2-36 受压板件的有效截面图

(a) 加劲板件；(b) 部分加劲板件；(c) 非加劲板件

图 2-36 中的 b_{e1} 和 b_{e2} 按下列规定计算：

对于加劲板件：当 $\psi \geqslant 0$ 时 $\qquad b_{e1} = \dfrac{2b_e}{5-\psi}$，$b_{e2} = b_e - b_{e1}$ $\qquad$ (2-27a)

$\qquad\qquad$ 当 $\psi < 0$ 时 $\qquad b_{e1} = 0.4b_e$，$b_{e2} = 0.6b_e$ $\qquad$ (2-27b)

对于部分加劲板件及非加劲板件：$b_{e1} = 0.4b_e$，$b_{e2} = 0.6b_e$ $\qquad$ (2-27c)

式中 b_e、ψ 按公式 (2-23) 确定。

2.4.6.2 檩条的截面承载力计算

实腹式檩条冷弯薄壁型钢檩条（墙梁）应采用有效净截面计算强度，采用有效截面计算稳定应力和构件的变形，采用毛截面计算稳定性。当 Z 形和 C 形檩条（墙梁）的截面符合 2.4.5 的截面设计要求时，公式 (2-25) 板件的受压稳定系数可按下面要求取值：

(1) 腹板取 23.0；

(2) 翼缘取 3.0；

(3) 卷边取 0.425。

当屋面板刚度较大并与檩条之间有可靠连接，屋面能阻止檩条侧向位移和扭转时，实腹式檩条可仅做强度计算，不做整体稳定性计算。

抗弯强度： $\qquad\qquad\qquad \dfrac{N}{A_e} + \dfrac{M_{x1}}{W_{enx1}} \leqslant f \qquad\qquad$ (2-28a)

抗剪强度： $\qquad\qquad\qquad \dfrac{3V_{max}}{2h_0 t} \leqslant f_v \qquad\qquad$ (2-28b)

整体稳定，上翼缘受压时： $\qquad \dfrac{N}{\varphi_{min} A_e} + \dfrac{M_{x1}}{\varphi_{bx} W_{ex1}} \leqslant f \qquad\qquad$ (2-28c)

下翼缘受压： $\qquad \dfrac{1}{\chi}\left(\dfrac{N}{A_e} + \dfrac{M_{x1}}{W_{ex1}}\right) + \dfrac{M'_y}{W_{fly}} \leqslant f \qquad\qquad$ (2-28d)

式中 $\quad M_{x1}$ ——跨中绕 $x_1 - x_1$ 轴的最大弯矩；

$\qquad W_{enx1}$ ——关于 $x_1 - x_1$ 轴的最小有效净截面抗弯模量；

V_{max}——最大剪力，对于嵌套搭接的双檩条段，取总剪力的 60% 值分配在单檩条上；

h_0——腹板高度；

t——单檩条厚度（mm）；

φ_{bx}——在重力荷载作用下檩条上翼缘受压时的整体稳定系数，屋面板能约束檩条上翼缘的扭转时，可取 $\varphi_{bx}=0.9$，否则按 2.4.6 节的式（2-30a）计算；

f——钢材的抗拉、抗压和抗弯强度设计值；

f_v——钢材的抗剪强度设计值；

M'_y——垂直荷载引起的檩条自由下翼缘的侧向弯矩，当自由下翼缘受拉时 $M'_y=0$；

χ——风揭力作用下，屋面板约束檩条上翼缘扭转时的檩条稳定系数，当有内衬板约束下翼缘的侧向位移或扭转，或下翼缘受拉应力时，$\chi=1.0$；

W_{fly}——自由翼缘加 1/5 腹板高度的截面模量；

N——檩条的轴向力；

A_e——檩条的有效截面积；

φ_{min}——檩条较大长细比对应的轴压稳定系数。

注：当为双檩条时，上述公式中的几何特性按双檩条计算，可不用计算稳定性。

2.4.7 檩条的整体稳定性计算

当屋面不能阻止檩条侧向位移和扭转时，应按下式计算檩条的稳定性：

$$\frac{M_x}{\varphi_{bx}W_{enx}}+\frac{M_y}{W_{eny}}\leqslant f \qquad (2\text{-}29)$$

式中 M_x、M_y——对截面主轴 x、y 轴的弯矩设计值（N·mm）；

W_{enx}、W_{eny}——对截面主轴 x、y 轴的有效净截面模量（对冷弯薄壁型钢）或净截面模量（对热轧型钢）（mm³）；

φ_{bx}——梁的整体稳定系数，冷弯薄壁型钢受弯构件绕强轴的整体稳定性系数 φ_{bx}，按下式确定：

$$\varphi_{bx}=\frac{4320Ah}{\lambda_y^2 W_x}\xi_1\left(\sqrt{\eta^2+\zeta}+\eta\right)\frac{235}{f_y} \qquad (2\text{-}30a)$$

$$\eta=2\xi_2 e_a/h \qquad (2\text{-}30b)$$

$$\zeta=\frac{4I_w}{h^2 I_y}+\frac{0.165 I_t}{I_y}\left(\frac{l_0}{h}\right)^2 \qquad (2\text{-}30c)$$

式中 λ_y——梁在弯矩作用平面外的长细比；

A——檩条毛截面面积；

h——檩条截面高度；

l_0——檩条梁的侧向计算长度，$l_0=\mu_b l$；

μ_b——檩条梁的侧向计算长度系数，按表 2-6 采用；

l——梁的跨度；

ξ_1、ξ_2——系数，按表 2-6 采用；

e_a——横向荷载作用点到弯心的垂直距离：对于偏心压杆或当横向荷载作用在弯心
时 $e_a = 0$；当荷载不作用在弯心且荷载方向指向弯心时 e_a 为负，而离开弯心
时 e_a 为正；

W_x——檩条对 x 轴的受压边缘毛截面模量；

I_w——檩条毛截面扇形惯性矩；

I_y——檩条对 y 轴的毛截面惯性矩；

I_t——檩条扭转惯性矩。

如按上列公式算得 φ_{bx} 值大于 0.7，则应以 φ'_{bx} 值代替 φ_{bx}，φ'_{bx} 值应按下式计算：

$$\varphi'_{bx} = 1.091 - \frac{0.274}{\varphi_{bx}} \tag{2-31}$$

均布荷载作用下简支檩条的 ξ_1、ξ_2 和 μ_b 系数 表 2-6

系数	跨间无拉条	跨中一道拉条	三分点两道拉条
μ_b	1.0	0.5	0.33
ξ_1	1.13	1.35	1.37
ξ_2	0.46	0.14	0.06

在式（2-28a）和式（2-29）中的截面模量都用的有效截面，其值应根据第 2.4.6.1
节的规定计算，但檩条是双向受弯构件，翼缘的正应力非均匀分布，确定其有效宽度的计
算比较复杂。对于和屋面板牢固连接并承受重力荷载的卷边 C 型钢、Z 型钢檩条，经过分
析得出翼缘全部有效的范围如下，可按下列简化公式计算：

当 $h/b \leqslant 3.0$ 时　　　　　　$\dfrac{b}{t} \leqslant 31\sqrt{205/f}$ (2-32a)

当 $3.0 < h/b \leqslant 3.3$ 时　　　　$\dfrac{b}{t} \leqslant 28.5\sqrt{205/f}$ (2-32b)

式中　h、b、t——分别为檩条的截面高度、翼缘宽度和板件厚度。

规范 GB50018 附录中卷边 C 型钢和卷边 Z 型钢的规格，多数都在上述范围之内，但
这两种截面的卷边宽度应符合表 2-5 的规定。当选用公式（2-32）范围外的截面时，应根
据第 2.4.6.1 节按有效截面进行验算。

2.4.8 变形计算

实腹式檩条应验算垂直于屋面方向的挠度，对两端简支檩条，应按下式进行验算：

C 形薄壁型钢檩条　　　　　$\omega = \dfrac{5q_{ky}l^4}{384EI_x} \leqslant [\omega]$ (2-33a)

Z 形薄壁型钢檩条　　　　　$\omega = \dfrac{5q_{ky_1}l^4}{384EI_{x_1}} \leqslant [\omega]$ (2-33b)

式中两个荷载分量 q_{ky}、q_{ky_1} 分别为两种薄壁型钢檩条垂直于屋面坡度方向上的线荷载
分量标准值；$[\omega]$ 为挠度容许值，见表 2-7。

檩条的容许挠度限值	表 2-7
支撑压型金属板屋面	$\dfrac{l}{150}$
支撑其他屋面材料	$\dfrac{l}{200}$
有吊顶	$\dfrac{l}{240}$

注：l 为檩条跨度。

【例题 2-2】 某轻型门式刚架结构的屋面，采用带有保温层的彩钢夹芯板，自重为 0.30kN/m^2，雪荷载为 0.50kN/m^2，屋面均布活荷载取 0.3kN/m^2。檩条采用冷弯薄壁卷边 Z 型钢，如图 2-37 所示，截面尺寸为 Z160×60×20×2.5，钢材为 Q235A。檩条跨度 $l=6.0\text{m}$，檩距为 1.1m，屋面坡度为 $\dfrac{1}{4}$（屋面坡角 $\alpha=14°02'$）。檩条跨中设置一道拉条，试验算该檩条的强度和挠度是否满足设计要求。

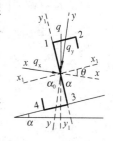

图2-37 Z形截面示意图

【解】（1）檩条的毛截面几何特性

由附表 4-20 可查得，Z160×60×20×2.5 截面几何特性：$I_x=323.13\text{cm}^4$；$I_{x1}=288.12\text{cm}^4$；$(W_x)_1=44.0\text{cm}^3$；$(W_x)_2=34.95\text{cm}^3$；$I_y=23.14\text{cm}^4$；$(W_y)_1=9.00\text{cm}^3$；$(W_y)_2=8.71\text{cm}^3$；$\theta=19°59'$，$\alpha=14°02'$，$\alpha_0=\theta-\alpha=5°57'$。

（2）荷载计算

① 永久荷载标准值

彩钢夹芯屋面板	0.30kN/m^2
檩条自重	0.05kN/m^2
合计	0.35kN/m^2

② 可变荷载标准值

不上人屋面的均布活荷载	0.30kN/m^2
雪荷载	0.50kN/m^2
检修、施工集中荷载	1.0kN

（3）荷载组合

① 恒荷载＋max｛屋面均布活荷载，雪荷载｝

荷载标准值　　$q_k=(0.35+0.50)\times1.1=0.935\text{kN/m}$

荷载设计值　　$q=(1.3\times0.35+1.5\times0.50)\times1.1=1.326\text{kN/m}$

② 恒荷载＋检修或施工集中荷载

检修集中荷载 1kN 的等效均布荷载：$2\times1.0/(1.1\times6)=0.303\text{kN/m}^2$，作用在檩条上的荷载标准值为：

$$q_k=(0.35+0.303)\times1.1=0.718\text{kN/m}<0.935\text{kN/m}$$

荷载设计值为：

$$q=(1.3\times0.35+1.5\times0.303)\times1.1=1.0\text{kN/m}<1.326\text{kN/m}$$

所以第 1 种荷载组合起控制作用。

（4）檩条内力

按第 1 种荷载组合计算檩条内力：

$$M_{x'max} = \frac{1}{8}q_{y'}l^2 = \frac{1}{8}q\cos\alpha l^2 = \frac{1}{8} \times 1.326 \times \cos5°57' \times 6^2 = 5.789\text{kN} \cdot \text{m}$$

$$V_{y'max} = \frac{1}{2}q_{y'}l = \frac{1}{2}q\cos\alpha l = \frac{1}{2} \times 1.326 \times \cos14°02' \times 6 = 3.859\text{kN}$$

（5）有效截面计算

根据有效截面的简化公式（2-32）和表 2-5：

$$\frac{h}{b} = \frac{160}{60} = 2.67 < 3.0 ，\frac{b}{t} = \frac{60}{2.5} = 24 < 31\sqrt{\frac{205}{205}} = 31 ，且 \frac{a}{t} = \frac{20}{2.5} = 8 > 6.3 ，$$

故檩条全截面有效。

（6）强度验算

$$\sigma_{max} = \frac{M_{x'max}}{W_{enx'}} = \frac{5.789 \times 10^6}{44 \times 10^3} = 131.57\text{N}/\text{mm}^2 < f = 205\text{N}/\text{mm}^2$$

$$\tau_{max} = \frac{3V_{y'max}}{2h_0t} = \frac{3 \times 3.859 \times 10^3}{2 \times 160 \times 2.5} = 14.47\text{N}/\text{mm}^2 < f_v = 120\text{N}/\text{mm}^2$$

故强度满足要求。

（7）挠度验算

$$\omega_{ymax} = \frac{5q_{ky}l^4}{384EI_{x_1}} = \frac{5 \times 0.935 \times \cos14°02' \times 6000^4}{384 \times 2.06 \times 10^5 \times 288.12 \times 10^4} = 26.44\text{mm} < \frac{l}{150} = \frac{6000}{150} = 40\text{mm}$$

檩条挠度满足设计要求。

（8）拉条计算

拉条所受力即为檩条跨中侧向支点的支座反力，则

$$N = 0.625q_xl = 0.625 \times q\sin\alpha_0 \cdot l = 0.625 \times 1.326 \times \sin5°57' \times 6 = 0.515\text{kN}$$

拉条所需面积 $A_{min} = \frac{N}{f} = \frac{515}{0.95 \times 215} = 2.52\text{mm}^2$

按构造取 $\phi8$ 拉条（$A = 50.3\text{mm}^2$）。

说明：（1）上述计算中拉条仅承担该檩条的侧向力，若有若干根檩条拉接时，尚需以所拉接檩条数（n）乘以 A_{min} 来确定拉条所需截面面积。

（2）求 A_{min} 时，圆钢设计强度取 $215\text{kN}/\text{m}^2$，并考虑 0.95 的折减系数。

【例题 2-3】 某轻型门式刚架结构的屋面，采用彩钢夹芯板（自重为 $0.20\text{kN}/\text{m}^2$），檩条采用冷弯薄壁卷边 C 型钢，如图 2-38 所示截面尺寸为 C180×70×20×2.2，钢材为 Q235A。檩条跨度为 6.0m，檩距为 1.5m，屋面坡度为 1/10（α=5.71°）。檐口距地面高度 8m，屋脊距地面高度 9.2m。雪荷载为 $0.20\text{kN}/\text{m}^2$，屋面的均布活荷载为 $0.50\text{kN}/\text{m}^2$，基本风压为 $0.40\text{kN}/\text{m}^2$，地面粗糙度为 B 类。试验算该檩条的承载力和挠度是否满足设计要求。

【解】（1）檩条的毛截面几何特性

查附表 4-19 可得，C180×70×20×2.2 截面的毛截面几何特性为：$A=7.52\text{cm}^2$，$I_x = 374.90\text{cm}^4$，$I_y = 48.97\text{cm}^4$，$W_x = 41.66\text{cm}^3$，$W_{ymax} = 23.19\text{cm}^3$，$W_{ymin} = 10.02\text{cm}^3$；$i_x = 7.06\text{cm}$，$i_y = 2.55\text{cm}$，$e_0 = 5.14\text{cm}$，$x_0 = 2.11\text{cm}$，$I_w = 3165.62\text{cm}^6$，$I_t = 0.1213\text{cm}^4$。

（2）荷载计算

① 永久荷载标准值：

夹芯板	0.20kN/m^2
檩条自重（包括拉条）	0.05kN/m^2
	0.25kN/m^2

② 可变荷载标准值：

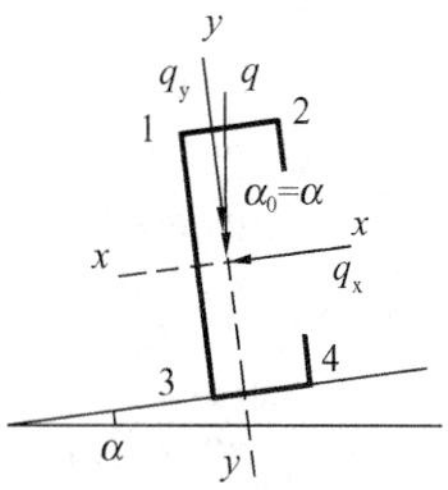

按《建筑结构荷载规范》GB 50009，当房屋高度小于 10m 时，取风荷载高度变化系数 $\mu_z=1.0$。按《门式刚架轻型房屋钢结构技术规范》GB 51022 表 4.2.2-4a，风荷载体型系数 $\mu_s=+0.10\log A-1.18$（中间区），其中 $A=1.5\times6=9\text{m}^2$，算得 $\mu_s=-1.08$。垂直于屋面的风荷载标准值（吸力）为：

图 2-38 檩条截面力系图

$$\omega_k=\beta\cdot\mu_s\cdot\mu_z\cdot\omega_0=-1.08\times1.0\times0.4=-0.432\text{kN/m}^2$$

③ 考虑以下两种荷载组合：

a. 永久荷载与屋面活荷载组合

檩条线荷载：

$$q_k=(0.25+0.50)\times1.5=1.125\text{kN/m}$$
$$q=(1.3\times0.25+1.5\times0.50)\times1.5=1.613\text{kN/m}$$
$$q_x=q\sin5.71°=0.160\text{kN/m}$$
$$q_y=q\cos5.71°=1.605\text{kN/m}$$

弯矩设计值：

$$M_x=q_yl^2/8=1.605\times6^2/8=7.22\text{kN}\cdot\text{m}$$
$$M_y=q_xl^2/32=0.160\times6^2/32=0.18\text{kN}\cdot\text{m}$$
$$V_x=q_yl/2=1.605\times6/2=4.815\text{kN}$$

b. 永久荷载与风荷载（吸力）组合

檩条线荷载：

$$q_k=(0.25-0.432)\times1.5=-0.273\text{kN/m}$$
$$q=(1.0\times0.25-1.5\times0.432)\times1.5=-0.597\text{kN/m}$$
$$q_x=q\sin5.71°=-0.059\text{kN/m}$$
$$q_y=q\cos5.71°=-0.594\text{kN/m}$$

弯矩设计值：

$$M_x=q_yl^2/8=-0.594\times6^2/8=-2.673\text{kN}\cdot\text{m}$$
$$M_y=q_xl^2/32=-0.059\times6^2/32=-0.07\text{kN}\cdot\text{m}$$
$$V_x=q_yl/2=-0.594\times6/2=-1.782\text{kN}$$

（3）有效截面计算

如图 2-39 所示，先按毛截面计算截面 1、2、3、4 点的正应力：

$$\sigma_1=\frac{M_x}{W_x}+\frac{M_y}{W_{ymax}}=\frac{7.22\times10^6}{41.66\times10^3}+\frac{0.18\times10^6}{23.19\times10^3}=181.1\text{N/mm}^2$$

$$\sigma_1=\frac{M_x}{W_x}-\frac{M_y}{W_{ymin}}=\frac{7.22\times10^6}{41.66\times10^3}-\frac{0.18\times10^6}{10.02\times10^3}=155.3\text{N/mm}^2$$

$$\sigma_1=-\frac{M_x}{W_x}+\frac{M_y}{W_{ymax}}=-\frac{7.22\times10^6}{41.66\times10^3}+\frac{0.18\times10^6}{23.19\times10^3}=-165.5\text{N/mm}^2$$

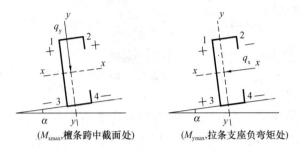

(M_{xmax},檩条跨中截面处)　(M_{ymax},拉条支座负弯矩处)

图 2-39　檩条应力符号图

(图中符号：压应力为正，拉应力为负)

$$\sigma_1 = -\frac{M_x}{W_x} - \frac{M_y}{W_{ymin}} = -\frac{7.22 \times 10^6}{41.66 \times 10^3} - \frac{0.18 \times 10^6}{10.02 \times 10^3} = -191.3 \text{N/mm}^2$$

① 受压板件的稳定系数

a. 腹板

腹板为加劲板件，$\psi = \sigma_{min}/\sigma_{max} = \sigma_3/\sigma_1 = -165.5/181.1 = -0.914 \geqslant -1$，由公式（2-25b）可得：$k = 7.8 - 6.29\psi + 9.78\psi^2 = 7.8 - 6.29 \times (-0.914) + 9.78 \times (-0.914)^2 = 21.719$

b. 上翼缘板

上翼缘为部分加劲板件，最大压应力作用于支承边，$\psi = \sigma_{min}/\sigma_{max} = \sigma_2/\sigma_1 = 155.3/181.3 = 0.858 \geqslant -1$，由公式（2-25c）可得：

$k = 5.89 - 11.59\psi + 6.68\psi^2 = 5.89 - 11.59 \times 0.858 + 6.68 \times 0.858^2 = 0.863$

② 受压板件的有限宽度

a. 腹板

$k = 21.719$，$k_c = 0.863$，$b = 180$mm，$c = 70$mm，$t = 2.2$mm，$\sigma_1 = 181.1$N/mm^2，由公式（2-26c）可得：

$$\xi = \frac{c}{b}\sqrt{\frac{k}{k_c}} = \frac{70}{180}\sqrt{\frac{21.719}{0.863}} = 1.951 > 1.1$$

按公式（2-26b）计算的板组约束系数为：

$$k_1 = 0.11 + 0.93/(\xi - 0.05)^2 = 0.11 + 0.93/(1.951 - 0.05)^2 = 0.367$$

根据式（2-23）、式（2-24）

$$\rho = \sqrt{205 k_1 k/\sigma_1} = \sqrt{205 \times 0.367 \times 21.719/181.1} = 3.004$$

由于 $\psi < 0$，则 $\alpha = 1.15$，$b_c = b/(1-\psi) = 180/(1+0.914) = 94.04$mm

$b/t = 180/2.2 = 81.82$，$18\alpha\rho = 18 \times 1.15 \times 3.004 = 62.18$，$38\alpha\rho = 38 \times 1.15 \times 3.004 = 131.27$，所以 $18\alpha\rho < b/t < 38\alpha\rho$，计算得到截面的有效宽度为：

$$b_e = \left(\sqrt{\frac{21.8\alpha\rho}{b/t}} - 0.1\right)b_c = \left(\sqrt{\frac{21.8 \times 1.15 \times 3.004}{81.82}} - 0.1\right) \times 94.04 = 80.82 \text{mm}$$

由公式（2-27b）可得：$b_{e1} = 0.4b_e = 0.4 \times 80.82 = 32.33$mm，$b_{e2} = 0.6b_e = 0.6 \times 80.82 = 48.49$mm。

b. 上翼缘板

$k = 0.863$，$k_c = 21.719$，$b = 70$mm，$c = 180$mm，$t = 2.2$mm，$\sigma_1 = 181.1$N/mm^2，由

公式（2-26c）可得：

$$\xi = \frac{c}{b}\sqrt{\frac{k}{k_c}} = \frac{180}{70}\sqrt{\frac{0.863}{21.719}} = 0.513 < 1.1$$

按公式（2-26a）计算的板组约束系数为：

$$k_1 = 1/\sqrt{\xi} = 1/\sqrt{0.513} = 1.396$$

按式（2-23）、式（2-24）

$$\rho = \sqrt{205k_1k/\sigma_1} = \sqrt{205 \times 1.396 \times 0.863/181.1} = 1.168$$

由于 $\psi > 0$，则 $\alpha = 1.15 - 0.15\psi = 1.15 - 0.15 \times 0.858 = 1.021$，$b_c = b = 70\text{mm}$，$b/t = 70/2.2 = 31.82$，$18\alpha\rho = 18 \times 1.021 \times 1.168 = 21.47$，$38\alpha\rho = 38 \times 1.021 \times 1.168 = 45.32$，所以 $18\alpha\rho < b/t < 38\alpha\rho$，计算得到截面的有效宽度为：

$$b_e = \left(\sqrt{\frac{21.8\alpha\rho}{b/t}} - 0.1\right)b_c = \left(\sqrt{\frac{21.8 \times 1.021 \times 1.168}{31.82}} - 0.1\right) \times 70 = 56.27\text{mm}$$

由公式（2-27c）可得：$b_{e1} = 0.4b_e = 0.4 \times 56.27 = 22.51\text{mm}$，

$$b_{e2} = 0.6b_e = 0.6 \times 56.27 = 33.76\text{mm}。$$

c. 下翼缘板

下翼缘板全截面受拉，全部有效。

③ 有效净截面模量

上翼缘板的扣除面积宽度为：$70 - 56.27 = 13.73\text{mm}$；腹板的扣除面积宽度为：$94.09 - 80.82 = 13.27\text{mm}$，同时在腹板的计算截面有一 $\phi12$ 的拉条连接孔（距上翼缘板边缘 40mm），扣除面积位置大于孔的位置，所以腹板的扣除面积宽度按 13.27mm 计算，如图 2-40 所示。有效截面模量为：

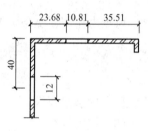

图 2-40　檩条有效截面图

$$W_{enx} = \frac{374.90 \times 10^4 - 13.73 \times 2.2 \times 90^2 - 13.27 \times 2.2 \times (90-40)^2}{90}$$
$$= 38.126\text{cm}^3$$

④ 有效截面模量

上翼缘板的扣除面积宽度为：$70 - 59.19 = 10.81\text{mm}$；腹板的扣除面积宽度为：$94.09 - 84.93 = 9.16\text{mm}$，不计孔洞削弱，如图 2-40 所示。有效截面模量为：

$$W_{ex} = \frac{374.90 \times 10^4 - 13.73 \times 2.2 \times 90^2 - 13.27 \times 2.2 \times (90-40)^2}{90}$$
$$= 38.126\text{cm}^3$$

$$W_{ey} = W_{eymin}$$
$$= \frac{48.97 \times 10^4 - 13.73 \times 2.2 \times (13.73/2 + 22.51 - 21.1)^2 - 13.27 \times 2.2 \times (21.1 - 2.2/2)^2}{70 - 21.1}$$
$$= 9.733\text{cm}^3$$

（4）强度计算

屋面能阻止檩条侧向失稳和扭转，按公式（2-28a）计算 1、2 点的强度为：

$$\sigma_{max} = \frac{M_x}{W_{enx}} = \frac{7.22 \times 10^6}{38.126 \times 10^3} = 189.4\text{N/mm}^2 < f = 205\text{N/mm}^2$$

$$\tau_{max} = \frac{3V}{2h_0 t} = \frac{3 \times 4.815 \times 10^3}{2 \times 180 \times 2.2} = 18.2 \text{N/mm}^2 < f_v = 120 \text{N/mm}^2$$

强度满足要求。

（5）稳定计算

永久荷载与风吸力组合下的弯矩小于永久荷载与屋面可变荷载组合下的弯矩，檩条的有效截面模量已求得，根据公式（2-30）计算受弯构件的整体稳定性系数 φ_{bx}：

查表 2-6，跨中无侧向支撑，$\mu_b = 1.0$，$\xi_1 = 1.13$，$\xi_2 = 0.46$，$l_0 = 1.0 \times 6000 = 6000 \text{mm}$

$$e_a = e_0 - x_0 + b/2 = 51.4 - 21.1 + 70/2 = 65.3 \text{mm （取正值）}$$

$$\eta = 2\xi_2 e_a/h = 2 \times 0.46 \times 65.3/180 = 0.334, \quad \lambda_y = l_0/i_y = 6000/25.5 = 235.29$$

$$\zeta = \frac{4I_\omega}{h^2 I_y} + \frac{0.165 I_t}{I_y}\left(\frac{l_0}{h}\right)^2 = \frac{4 \times 3165.62 \times 10^6}{180^2 \times 48.97 \times 10^4} + \frac{0.165 \times 1213}{48.97 \times 10^4}\left(\frac{6000}{180}\right)^2 = 1.252$$

$$\varphi_{bx} = \frac{4320 Ah}{\lambda_y^2 W_x}\xi_1\left(\sqrt{\eta^2 + \zeta} + \eta\right)\left(\frac{235}{f_y}\right)$$

$$= \frac{4320 \times 752 \times 180}{235.29^2 \times 41.66 \times 10^3} \times 1.13 \times \left(\sqrt{0.334^2 + 1.252} + 0.334\right) = 0.430 < 0.7$$

风吸力作用使檩条下翼缘受压，按公式（2-29a）计算稳定性为：

$$\sigma = \frac{M_x}{\varphi_{bx} W_{ex}} + \frac{M_y}{W_{ey}} = \frac{2.673 \times 10^6}{0.43 \times 38.126 \times 10^3} + \frac{0.07 \times 10^6}{9.733 \times 10^3}$$

$$= 170.24 \text{N/mm}^2 < 205 \text{N/mm}^2$$

稳定性满足要求。

（6）挠度计算

按公式（2-33a）计算的挠度为：

$$\omega = \frac{5q_{ky}l^4}{384EI_x} = \frac{5}{384} \times \frac{1.125 \times \cos 5.71° \times 6000^4}{2.06 \times 10^5 \times 374.9 \times 10^4} = 24.5 \text{mm} < l/150 = 40 \text{mm}$$

挠度满足要求。

（7）拉条计算

拉条所受力即为檩条跨中侧向支点的支座反力，则

$$N = 0.625q_x l = 0.625 \times 0.160 \times 6 = 0.6 \text{kN}$$

拉条所需面积 $A_{min} = N/f = 600/(0.95 \times 215) = 2.94 \text{mm}^2$

按构造取 $\phi 10$ 的拉条（$A = 78.5 \text{mm}^2$）。

2.5 墙 梁

2.5.1 墙梁布置

门式刚架中支承轻型墙体的墙梁多采用冷弯薄壁卷边 C 型钢、Z 型钢等（图 2-41）。

(a)　　　　　　　　(b)

图 2-41 墙梁的截面形式

（a）C 形截面；（b）Z 形截面

墙梁主要承受墙板传递来的水平风荷载及墙板自重，墙梁两端支承于建筑物的承重柱或墙架柱上。当墙板自承重时，墙梁上可不设拉条。为了减小墙梁的竖向挠度，应在墙梁上设置拉条，并在最上层墙梁处设置斜拉条将拉力传至刚架柱。当墙梁的跨度 l 为 4～

6m 时，可在跨中设置一道拉条，当 l 大于 6m 时，应在跨间三分点处设置两道拉条。拉条作为墙梁的竖向支承，利用斜拉条将拉力传给柱。当斜拉条所悬挂的墙梁数超过 5 个时，宜在中间设置一道斜拉条，这样可将拉力分段传给柱，墙梁应尽量等间距设置，但在布置时应考虑门窗洞口等细部尺寸。墙梁拉条布置如图 2-42 所示。

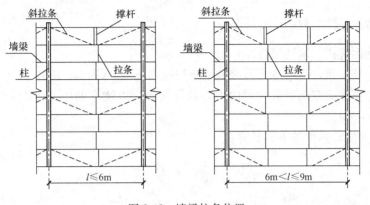

图 2-42　墙梁拉条位置

2.5.2　墙梁的计算

2.5.2.1　墙梁荷载

墙梁上的荷载主要有竖向荷载和水平风荷载，竖向荷载有墙板自重和墙梁自重，墙板自重及水平风荷载可根据《建筑结构荷载规范》GB 50009 查取，墙梁自重根据实际截面确定，初选截面时可近似地取 0.5kN/m。

墙梁的荷载组合按以下情况进行计算：

（1）1.3×竖向永久荷载＋1.5×水平风压力风荷载（迎风）

（2）1.3×竖向永久荷载＋1.5×水平风吸力风荷载（背风）

2.5.2.2　内力计算

1. 正应力

（1）当墙梁两侧均挂有墙板，且墙梁与墙板牢固连接时，墙梁的计算简图如图 2-39 （a）所示，截面的抗弯强度按下式计算：

$$\sigma = \frac{M_x}{W_{enx}} + \frac{M_y}{W_{eny}} \leqslant f \qquad (2-34)$$

式中　M_x、M_y——计算截面上绕 x、y 轴的弯矩，当绕 x、y 轴的弯矩最大值不在同一截面时，应对 M_x 最大值及其同一截面的 M_y 以及 M_y 的最大值及其同一截面的 M_x 两种情况分别进行计算。

W_{enx}、W_{eny}——对截面两个形心主轴 x、y 轴的有效净截面抵抗矩。

（2）当墙梁单侧挂设墙板时，如图 2-43 （b）所示，由于竖向荷载 q_x 和水平风荷载 q_y 均不通过墙梁弯曲中心 A，墙板不能有效阻止墙梁的扭转，此时墙梁将产生双弯扭力矩 B，在均布荷载作用下任意截面处的双弯扭力矩 B 为：

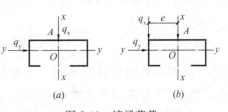

图 2-43　墙梁荷载
（a）双侧挂墙板；（b）单侧挂墙板

$$B = \frac{m}{k^2}\left[1 - \frac{\mathrm{ch}k\left(\dfrac{l}{2} - z\right)}{\mathrm{ch}\dfrac{kl}{2}}\right] \tag{2-35a}$$

跨中最大双弯扭力矩：$B_{\max} = 0.01\delta \cdot m \cdot l^2$ (2-35b)

式中　k——弯扭特性系数，$k = \sqrt{\dfrac{GI_t}{EI_w}}$；

　I_t、I_w——截面抗扭、扇性惯性矩；

　　δ——计算系数，由《冷弯薄壁型钢结构技术规范》GB 50018 中表 A.4.1 可查得；

　　m——计算截面双向荷载对弯曲中心的合扭矩，以绕弯曲中心逆时针方向为正，$m = q \cdot e$。

墙梁的截面抗弯强度按下式计算：

$$\frac{M_x}{W_{enx}} + \frac{M_y}{W_{eny}} + \frac{B}{W_\omega} \leqslant f$$

式中　B——验算截面处的双弯扭力矩；

　W_ω——验算截面处的毛截面扇性抵抗矩。

2. 剪应力

墙梁的抗剪强度按下式计算：

$$\tau_x = \frac{3V_{x\max}}{4b_0 t} \leqslant f_v \tag{2-36a}$$

$$\tau_y = \frac{3V_{y\max}}{2h_0 t} \leqslant f_v \tag{2-36b}$$

式中　$V_{x\max}$、$V_{y\max}$——墙梁竖向荷载及水平风荷载设计值所产生的最大剪力设计值；

　　b_0、h_0——墙梁翼缘和腹板的计算高度，取相交板件连接处两内弧起点的距离；

　　　t——墙梁壁厚；

　　　f_v——钢材的抗剪设计强度。

3. 整体稳定

当墙梁两侧均挂设墙板，或单侧挂设墙板的墙梁承担迎风水平荷载时，由于墙梁的主要受压竖向板件与墙板有牢固连接，一般认为能保证墙梁的整体稳定性，不需验算；对于单侧挂设墙板的墙梁作用有背风风荷载时，由于墙梁的主要受压竖向板件未与墙板牢固连接，在构造上不能保证墙梁的整体稳定性，应按下式计算其整体稳定性：

$$\frac{M_x}{\varphi_{bx}W_{ex}} + \frac{M_y}{W_{ey}} + \frac{B}{W_\omega} \leqslant f \tag{2-37}$$

式中　φ_{bx}——单向弯矩 M_x 作用下墙梁的整体稳定系数，按式（2-30）计算。

W_{ex}、W_{ey}——对截面两个形心主轴 x、y 轴的有效毛截面抵抗矩。

4. 刚度

在水平风荷载作用下，墙梁为一简支梁；在竖向荷载作用下，拉条作为墙梁的竖向支

承点，墙梁为连续梁。墙梁在竖向和水平方向的最大挠度均不应大于墙梁的容许挠度，即

$$\omega_{\max} \leqslant [\omega] \qquad (2\text{-}38)$$

式中　$[\omega]$——墙梁的容许挠度，对于压型钢板、瓦楞铁墙面（水平方向），$[\omega] = l/$ 150，对于窗洞顶部的墙梁（水平方向和竖向），$[\omega] = l/200$，且其竖向挠度不得大于 10mm，否则会影响门窗扇的关启。

5. 拉条

墙梁计算时，拉条作为墙梁的竖向支承点，因此拉条所受拉力即为墙梁承受竖向荷载 q_x 时拉条支承点处的支座反力，由表 2-4 可求得拉条的拉力 N_l，则拉条所需的截面面积为：

$$A_n = N_l/f \qquad (2\text{-}39)$$

式中　A_n——拉条的净截面面积，拉条直径不宜小于 10mm。

　　　f——拉条的设计强度，拉条通常由圆钢制作，圆钢强度应乘以 0.95 的折减系数。

2.5.3　墙梁的构造

2.5.3.1　墙梁与墙板的连接

采用压型钢板作墙板时，可通过两种方式与墙梁固定：在压型钢板波峰处用直径为 6mm 的勾头螺栓与墙梁固定（图 2-44a）。每块墙板在同一水平处应有 3 个螺栓与墙梁固定，相邻墙梁处的勾头螺栓位置应错开；采用直径为 6mm 的自攻螺栓在压型钢板的波谷处与墙梁固定。每块墙板与同一水平处应有 3 个螺钉固定，相邻墙梁的螺钉应交错设置，在两块墙板搭接处另加设直径 5mm 的拉铆钉予以固定，如图 2-44（b）所示。

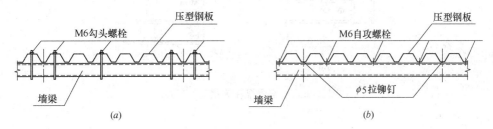

图 2-44　压型钢板与墙梁的连接

(a) 勾头螺栓；(b) 攻丝螺栓

2.5.3.2　墙梁与柱的连接

墙梁与柱通常采用檩托进行连接，如图 2-45 所示。檩托与钢柱焊接，墙梁与檩托通过普通螺栓连接。

当山墙紧靠房屋端柱时，即端部墙板突出不大时，通常在墙角处不设墙架柱，可将端部墙梁支承于纵向墙梁上（图 2-46a）；当端部墙板突出较大时，端部墙梁应支承在加设的墙架柱上（图 2-46b）。

2.5.3.3　墙梁与拉条、撑杆的连接

拉条、撑杆与墙梁的连接如图 2-47（a）所示。为了减少墙板自重对墙梁的偏心影响，当墙梁两侧挂墙板时，拉条应连接在墙梁重心处（图 2-47b）；当墙梁单侧挂墙板时，拉条应连接在墙梁挂墙板的一侧（图 2-47c）。

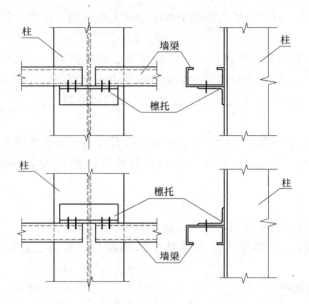

图 2-45 墙梁与柱的连接

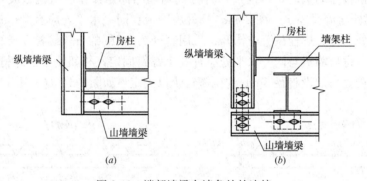

图 2-46 端部墙梁在墙角处的连接

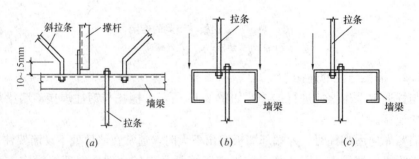

图 2-47 拉条、撑杆与墙梁的连接

【例题 2-4】墙梁跨度 $l=5.0\text{m}$，间距 1.5m，如图 2-48 所示。跨中设置一道拉条，双侧挂有等厚度墙板。墙梁初选截面为卷边 C 型钢 C120×60×20×3.0，墙梁与拉条均采用 Q235 钢，墙梁荷载标准值：单侧墙板自重 0.124kN/m²；墙梁自重 0.060kN/m；迎风风荷载 0.768kN/m，背风风荷载 0.480kN/m，如图 2-49 所示。试验算所选墙梁是否满足设计要求，并选取拉条及斜拉条截面尺寸。

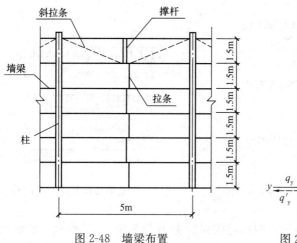

图 2-48　墙梁布置　　　　　　图 2-49　墙梁荷载

【解】1. 荷载计算

恒荷载标准值（墙板＋墙梁）

$$q_{kx} = 0.124 \times 2 \times 1.5 + 0.060 = 0.432 \text{kN/m}$$

活荷载标准值（风荷载）

迎风 $q_{ky} = 0.768 \text{kN/m}$；

背风 $q'_{ky} = 0.480 \text{kN/m}$；

荷载设计值

恒荷载：$q_x = 1.3 \times 0.432 = 0.562 \text{kN/m}$

风荷载：迎风 $q_y = 1.5 \times 0.768 = 1.152 \text{kN/m}$；

背风 $q'_y = 1.5 \times 0.48 = 0.72 \text{kN/m}$

荷载组合按以下两种情况计算：（1）$q_x + q_y$

（2）$q_x + q'_y$

2. 内力计算

（1）竖向荷载 q_x 产生的弯矩 M_y

由于墙梁跨中竖向设有一道拉条，可视为墙梁支承点，弯矩图如图 2-50 所示，根据表 2-4 可得最大剪力为：

$$|M_{ymax}| = M_B = \frac{1}{32} q_x l^2 = \frac{1}{32} \times 0.562 \times 5^2 = 0.439 \text{kN} \cdot \text{m}$$

$$M_1 = M_2 = \frac{1}{64} q_x l^2 = \frac{1}{64} \times 0.562 \times 5^2 = 0.219 \text{kN} \cdot \text{m}$$

（2）水平风荷载 q_y、q'_y 产生的弯矩 M_x、M'_x

墙梁在水平风荷载作用下，弯矩图如图 2-51 所示，则：

迎风 $M_{xmax} = M_B = \frac{1}{8} q_y l^2 = \frac{1}{8} \times 1.152 \times 5^2 = 3.6 \text{kN} \cdot \text{m}$

背风 $M'_{xmax} = M_B = \frac{1}{8} q'_y l^2 = \frac{1}{8} \times 0.72 \times 5^2 = 2.25 \text{kN} \cdot \text{m}$

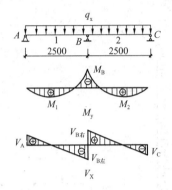

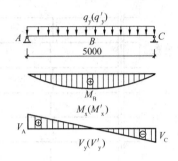

图 2-50　竖向荷载作用下的内力图　　　　图 2-51　水平荷载作用下的内力图

（3）在竖向荷载 q_x 作用下，两跨连续梁的剪力图如图 2-50 所示，根据表 2-4 可得最大剪力为：

$$V_{xmax} = \frac{5}{16}q_x l = 0.3125 \times 0.562 \times 5 = 0.878 \text{kN}$$

由图 2-51 所示：

迎风　$V_{ymax} = V_A = 0.5 q_y l = 0.5 \times 1.152 \times 5 = 2.88 \text{kN}$

背风　$V'_{ymax} = V_A = 0.5 q'_y l = 0.5 \times 0.72 \times 5 = 1.8 \text{kN}$

3. 截面验算

初选墙梁截面为冷弯薄壁卷边 C 型钢，截面尺寸为 C120×60×20×3.0，截面特性如下：

$A = 7.65 \text{cm}^2$；$I_x = 170.68 \text{cm}^4$；$W_x = 28.45 \text{cm}^3$；$i_x = 4.72 \text{cm}$；$I_y = 37.36 \text{cm}^4$；$W_{ymax} = 17.74 \text{cm}^3$；$W_{ymin} = 9.59 \text{cm}^3$；$i_y = 2.21 \text{cm}$

由弯矩 M_x、M'_x、M_y 引起的截面各角点应力符号如图 2-52 所示，以压应力为正，拉应力为负。

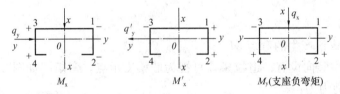

图 2-52　截面各点应力符号

（1）由于墙梁两侧均挂设墙板，可以不计双弯扭力矩 B 的影响，即 $B=0$，各板件端部的应力值为：迎风　$\sigma_i = \frac{M_x}{W_{xi}} + \frac{M_y}{W_{yi}}$

$$\sigma_1 = -\frac{3.6 \times 10^6}{28.45 \times 10^3} - \frac{0.439 \times 10^6}{17.74 \times 10^3} = -151.28 \text{ N/mm}^2$$

$$\sigma_2 = -\frac{3.6 \times 10^6}{28.45 \times 10^3} + \frac{0.439 \times 10^6}{9.59 \times 10^3} = -80.76 \text{ N/mm}^2$$

$$\sigma_3 = \frac{3.6 \times 10^6}{28.45 \times 10^3} - \frac{0.439 \times 10^6}{17.74 \times 10^3} = 101.79 \text{ N/mm}^2$$

$$\sigma_4 = \frac{3.6 \times 10^6}{28.45 \times 10^3} + \frac{0.439 \times 10^6}{9.59 \times 10^3} = 172.31 \text{ N/mm}^2$$

背风 $\sigma_i = \frac{M'_x}{W_{xi}} + \frac{M_y}{W_{yi}}$

$$\sigma_1 = \frac{2.25 \times 10^6}{28.45 \times 10^3} - \frac{0.439 \times 10^6}{17.74 \times 10^3} = 54.34 \text{ N/mm}^2$$

$$\sigma_2 = \frac{2.25 \times 10^6}{28.45 \times 10^3} + \frac{0.439 \times 10^6}{9.59 \times 10^3} = 124.86 \text{ N/mm}^2$$

$$\sigma_3 = -\frac{2.25 \times 10^6}{28.45 \times 10^3} - \frac{0.439 \times 10^6}{17.74 \times 10^3} = -103.83 \text{ N/mm}^2$$

$$\sigma_4 = -\frac{2.25 \times 10^6}{28.45 \times 10^3} + \frac{0.439 \times 10^6}{9.59 \times 10^3} = -33.31 \text{ N/mm}^2$$

（2）确定有效截面

根据公式（2-32）和表 2-5：

$\frac{h}{b} = \frac{120}{60} = 2.0 < 3.0, \frac{b}{t} = \frac{60}{3} = 20 < 31\sqrt{\frac{205}{205}} = 31$，且 $\frac{a}{t} = \frac{20}{3} = 6.7 > 6.3$，故墙梁全截面有效。

由于各组成板件截面全部有效，故墙梁的有效截面特性即为毛截面特性。考虑到墙梁跨中设有一道拉条，设开孔孔径为 $d = 10\text{mm}$，则扣孔之后墙梁的净截面特性为：

$$A_{en} = 765 - 10 \times 3 = 735 \text{mm}^2$$

$$x_{on} = \frac{765 \times 21.06 - 10 \times 3 \times 1.5}{735} = 21.86 \text{mm}$$

$$\Delta l = 21.86 - 21.06 = 0.8 \text{mm}$$

$$I_{enx} = 170.68 \times 10^4 - \frac{1}{12} \times 3 \times 10^3 = 170.66 \times 10^4 \text{mm}^4$$

$$W_{enx} = 28.44 \times 10^3 \text{mm}^3$$

$$I_{eny} = (37.36 \times 10^4 + 765 \times 0.8^2) - 10 \times 3 \times (21.06 + 0.8 - 1.5)^2 = 36.17 \times 10^4 \text{mm}^4$$

$$(W_{eny})_{max} = W_{eny1} = \frac{36.17 \times 10^4}{21.06 + 0.8} = 16.55 \times 10^3 \text{mm}^3$$

$$(W_{eny})_{min} = W_{eny4} = \frac{36.17 \times 10^4}{60 - 21.06 - 0.8} = 9.5 \times 10^3 \text{mm}^3$$

（3）强度验算

1）正应力

因采用双侧挂板，主要受压翼缘（即迎风：板件 3-4；背风：板件 1-2）均与墙板连接，墙板能阻止墙梁发生侧向弯曲失稳，故仅验算强度即可。

$$\sigma_i = \frac{M_x}{W_{enxi}} + \frac{M_y}{W_{enyi}} \leqslant f$$

则：

$$\sigma_1 = -\frac{3.6 \times 10^6}{28.44 \times 10^3} - \frac{0.439 \times 10^6}{16.55 \times 10^3} = -153.11 \text{N/mm}^2 < 205 \text{N/mm}^2$$

$$\sigma_2 = -\frac{3.6 \times 10^6}{28.44 \times 10^3} + \frac{0.439 \times 10^6}{9.5 \times 10^3} = -80.37 \text{N/mm}^2 < 205 \text{N/mm}^2$$

$$\sigma_3 = \frac{3.6 \times 10^6}{28.44 \times 10^3} - \frac{0.439 \times 10^6}{16.55 \times 10^3} = 100.06 \text{N}/\text{mm}^2 < 205 \text{N}/\text{mm}^2$$

$$\sigma_4 = \frac{3.6 \times 10^6}{28.44 \times 10^3} + \frac{0.439 \times 10^6}{9.5 \times 10^3} = 172.79 \text{N}/\text{mm}^2 < 205 \text{N}/\text{mm}^2$$

2）剪应力

竖向剪应力　　$\tau_x = \dfrac{3V_{max}}{4b_0 t} = \dfrac{3 \times 0.878 \times 10^3}{4 \times (60 - 2 \times 3) \times 3} = 4.06 \text{ N/mm}^2 < f_v = 120 \text{ N/mm}^2$

水平剪应力　　$\tau_x = \dfrac{3V_{max}}{2h_0 t} = \dfrac{3 \times 2.88 \times 10^3}{2 \times (120 - 2 \times 3) \times 3} = 12.6 \text{ N/mm}^2 < f_v = 120 \text{ N/mm}^2$

故墙梁的弯曲正应力、剪应力均满足设计要求。

（4）刚度验算

竖向：按两跨连续梁计算

$$\omega_{xmax} = \frac{q_{kx} l^4}{3070 E I_y} = \frac{0.432 \times 5000^4}{3070 \times 2.06 \times 10^5 \times 37.36 \times 10^4} = 1.14 \text{mm}$$

$$< [\omega] = \begin{cases} \dfrac{l}{200} = \dfrac{5000}{200} = 25 \text{mm} \\ 10 \text{mm} \end{cases}$$

水平方向：因两侧均有墙板约束可不必验算该方向的挠度。

刚度验算满足设计要求。

4. 拉条计算

当跨中设有一道拉条时，拉条所受的拉力为：

$$N_l = 0.625 q_x l = 0.625 \times 0.562 \times 5 = 1.756 \text{kN}$$

拉条所需截面面积：

$$A_n = \frac{N_l}{f} = \frac{1.756 \times 10^3}{0.95 \times 215} = 8.6 \text{mm}^2$$

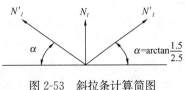

图 2-53　斜拉条计算简图

选取 1φ10 拉条，截面面积为 78.0mm²，可承担 9 根墙梁的竖向支承作用。

利用斜拉条将竖向拉力传递给柱，当其只承担一根墙梁传递的竖向拉力时，其计算简图如图 2-53 所示；由图 2-48 可得，斜拉条所受拉力为：

$$N'_l = \frac{N_l}{2\sin\alpha} = 1.3 N_l = 1.3 \times 1.756 = 2.3 \text{kN}$$

斜拉条所需截面面积：$A_n = \dfrac{N'_l}{f} = \dfrac{2.3 \times 10^3}{0.95 \times 215} = 11.3 \text{ mm}^2$

选取 1φ10 斜拉条，截面面积为 78mm²，可承担 7 根墙梁的斜向拉条作用，满足设计要求。

2.6　门式刚架结构

2.6.1　轻型门式刚架结构概述

1. 结构类别

轻型门式刚架结构的类别形式多样，可以根据跨度、结构外形、构件形式、截面形式、结构选材等几个方面来划分。

（1）按跨度划分，主要分为单跨、双（多）跨连续刚架或中间摇摆柱刚架，如图2-54（a）～（c）所示。

（2）按结构外形划分，有单坡和双坡。如图 2-54（f）、（g）所示。屋面坡度宜取 1/8～1/20，在雨水较多的地区宜取其中的较大值。

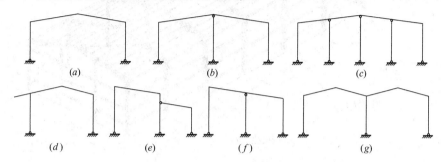

图 2-54　门式刚架简图

（a）单跨刚架；（b）双跨刚架；（c）多跨刚架；（d）带挑檐刚架；
（e）带毗屋刚架；（f）单坡刚架；（g）双跨四坡刚架

（3）按构件形式划分，主要分为实腹式刚架和格构式刚架。实腹式刚架的横截面一般为焊接 H 形截面或热轧 H 形截面，如图 2-55（a）所示，H 形截面形式简单，受力性能好，实际工程中应用较多。格构式刚架的截面一般为矩形或三角形，如图 2-55（b）所示。

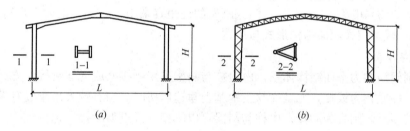

图 2-55　门式刚架的形式图

（4）按截面形式划分，有等截面和变截面刚架。变截面与等截面相比，前者可以适应弯矩变化，节约材料，但在构造连接以及加工制作等方面不如等截面方便，故当刚架跨度较大或房屋较高时，才设计成变截面。变截面构件通常改变腹板的高度，必要时也可改变腹板厚度。结构构件在安装单元内一般不改变翼缘截面，当必要时，可改变翼缘厚度。

2. 应用范围

（1）具有轻型屋盖的单层大跨度结构，如大型仓库、大型场馆建筑等，跨度不宜大于48m，檐口高度不宜大于18m。

（2）各类工业厂房，一般吊车起重量不宜大于20t，桥式吊车工作级别为 A1～A5，悬挂吊车起重量不宜大于3t。

3. 建筑尺寸

（1）跨度：门式刚架的跨度应取横向刚架柱轴线间的距离；柱的轴线可取通过柱下端（较小端）中心的竖向轴线，如图2-56所示。

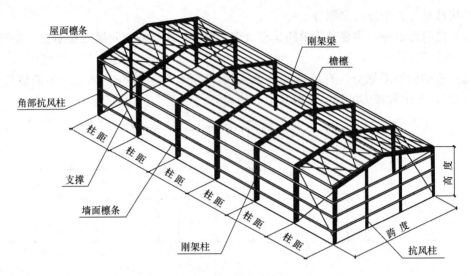

图 2-56 门式刚架建筑尺寸

（2）高度：门式刚架的高度应取柱脚底面至柱轴线与斜梁轴线相交点的高度；高度应根据使用要求的室内净高确定，有吊车的厂房应根据轨顶标高和吊车净空要求确定；斜梁的轴线可取通过变截面梁段最小端中心与斜梁上表面平行的轴线。

（3）柱距：门式刚架的柱距为柱网轴线沿房屋纵向的距离。

门式刚架的单跨跨度不宜大于 48m，当边柱截面高度不相同时，沿纵向柱外侧应对齐；门式刚架的高度为 4.5～12m，门式刚架的柱距宜采用 6～9m，最大不宜超过 12m。

2.6.2 轻型门式刚架结构形式与布置

1. 结构形式

门式刚架结构为平面结构体系，由边柱与斜梁采用刚接（或近似刚接）方式组成，一般情况下，柱底宜为铰接，尤其在软土地基上建造厂房时。当有较大吊车或有局部夹层或檐口高度较高时，则宜为刚接；中柱与斜梁可以刚接（或近似刚接）也可铰接，承载有吊车的中柱与屋面梁应采用刚接。垂直于门式刚架的方向应布置屋面的横向水平支撑和柱间支撑构成桁架式结构体系，与平面门式刚架共同组成空间稳定结构体系。支撑体系宜采用交叉支撑较为经济，当柱间支撑不能采用交叉支撑时，可采用梁-柱组成门式支撑。在门式刚架主体结构上布置屋面檩条和墙梁用来承受围护体系上的各种荷载，其结构组成如图 2-56 所示。

（1）主体结构柱和屋面梁可设计为实腹式 H 形构件或格构式构件，为节省用钢量，构件可根据弯矩图分布设计成变截面形式，柱底根据建筑物刚度的需要可设计成刚接或铰接，实腹式构件虽然用钢量稍多一点，但其制作简单方便，应用广泛。

（2）次结构屋面檩条、墙梁可采用冷弯薄壁型钢构件为宜，当柱距大于 12m 时，采用桁架式檩条较为经济，作为受弯构件组成的次结构，通过螺栓连接于主体刚架，用来承受围护板传来的各种荷载，并将其传给主体结构；主体结构支承次结构，但次结构对主体结构有侧向支撑作用，可提高主体结构的整体稳定性。

（3）围护体系围护板由辊压成型的金属薄板或其他轻型材料复合构成，通过一定的方式连接于次结构，用来承受风、雪、施工等荷载；次结构支承围护板，但围护板对次结构有侧向支撑作用，在一定程度上可提高次结构的整体稳定性。

（4）围护板与次结构连接在一起，故而在围护板平面内具有较强的抗剪刚度，或称作蒙皮效应，此蒙皮效应使得平面受力体系的门式刚架具有一定的空间结构性能，参见图2-57。

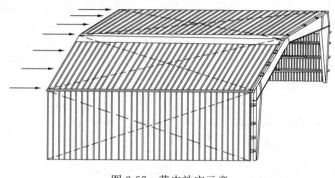

图 2-57　蒙皮效应示意

（5）屋面支撑与柱间支撑宜按拉杆进行设计，宜采用张紧的交叉圆钢支撑；当结构含有 5t 以上吊车时，柱间支撑应采用角钢或其他型钢支撑；夹层结构部分的柱间支撑应采用角钢支撑或其他型钢支撑。

（6）将不同尺寸的门式刚架元素按照建筑需要进行排列组合，可得到如下各种结构形式，见图 2-58：（a）带局部夹层；（b）带气楼、带女儿墙、带披屋；（c）多跨单脊双坡；（d）单斜坡；（e）带挑檐；（f）高低跨组合；（g）多跨多脊多坡；（h）桁架式门式刚架，可以满足各种单层建筑结构的需要。

（7）跨中柱子上、下端为铰接的摇摆柱，连续布置不宜超过 3 根，见图 2-58（e）；当屋面梁跨度大于 24m 时，摇摆柱连续布置不宜超过 2 根；当屋面梁跨度大于 36m 时，不宜做成摇摆柱。

（8）当刚架单跨超过 60m，采用桁架式门式刚架较为经济，见图 2-58（h）。

2. 结构布置

（1）柱网布置与建筑的生产工艺或使用需要密切相关，对建筑物的造价有直接影响，一般情况下：柱网尺寸较小时用钢量少，但总的基础造价会增加；柱网尺寸大，使用较方便，但用钢量较大，故需综合考虑，从结构方面考虑有以下原则：

1）跨度以 21～27m 较为经济；

2）柱距以 6～10m 为宜，以适合选用冷弯薄壁型钢檩条；

3）屋面坡度常取 3%～12%，在雨水较多的地区宜取较大值。

（2）建筑定位轴线宜按以下定义：

1）门式刚架的高度，应取地坪至柱轴线与斜梁轴线交点的距离，高度应根据使用要求的室内净高确定，有吊车的厂房应根据轨顶标高和吊车净空要求确定。

2）檐口高度取地坪至檐口檩条上表面的距离。

3）柱的轴线可取通过柱下端（较小端）中心的竖向轴线；工业建筑边柱的定位轴线宜取柱外皮。斜梁的轴线可取通过变截面梁段最小端中心与斜梁上表面平行的轴线。

4）门式刚架的宽度，可取房屋侧墙墙梁外皮之间的距离，当边柱宽度不等时，其外

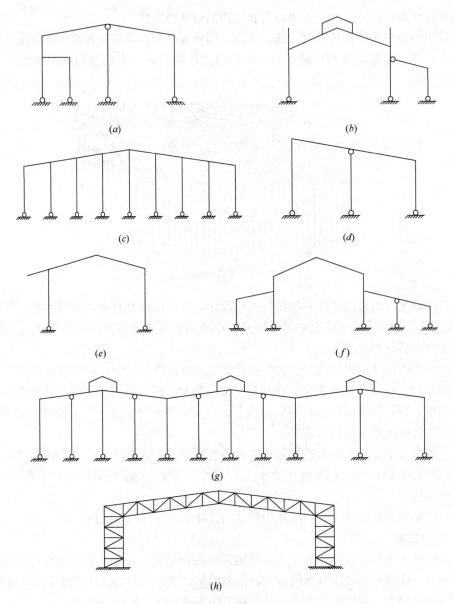

图 2-58 门式刚架的形式

(*a*) 带局部夹层；(*b*) 带气楼、带女儿墙、带披屋；(*c*) 多跨单脊双坡；(*d*) 单斜坡；

(*e*) 带挑檐；(*f*) 高低跨组合；(*g*) 多跨多脊多坡；(*h*) 桁架式门式刚架

侧应对齐。

5）门式刚架的长度，应取梁段山墙墙梁外皮之间的距离。

（3）满足以下条件，可不设结构的温度伸缩缝且免于计算结构的温度应力，如图2-59温度区段结构平面布置图所示：

1）横向温度区间不大于 150m；

2）当纵向构件采用螺栓连接，纵向温度区间不大于 300m；

3）当纵向构件采用焊缝连接，纵向温度区间不大于 120m；

4）带有吊车的结构，纵向温度区间不大于 120m；

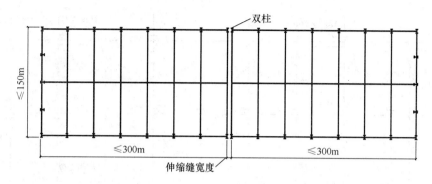

图 2-59　温度区段结构平面布置图

5）对于钢筋混凝土夹层结构，纵向温度区间不大于 60m。

（4）不满足以上条件需设置温度伸缩缝或计算温度应力，伸缩缝构造可采用两种做
法：对简单的门式刚架结构，使檩条的连接采用螺栓长圆孔，见图 2-60，且在该处均设置允许膨胀的防水包边板。对于带钢筋混凝土夹层结构或带有吊车的结构，应尽量减小柱支撑的间距，当需设置温度伸缩缝时，宜设置双柱。厂房横向总宽度较大的，采用高低跨的布置，可显著降低温度应力。

（5）支撑布置应符合以下要求：

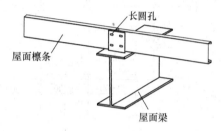

图 2-60　檩条长圆孔构造图

1）在温度区段或分期建设的区段中，应设立能独立构成空间稳定结构的支撑体系。

2）夹层结构部分应按地震力作用点，尽量对称布置柱间支撑，避免结构发生扭转。

3）柱间支撑不必每个柱列都布置，但带柱间支撑的柱列间距不宜超过 60m；同一柱列的柱间支撑间距不宜超过 45m，见图 2-61，同一柱列不宜布置刚度相差较大的柱间支撑。

4）一般情况下，无需设置纵向水平支撑，但对以下情况应设置屋盖纵向水平支撑：

① 当有空中驾驶室的桥式吊车时；

② 当有抽柱时，在抽柱区段及两端向外延伸一个柱间设置屋面纵向水平支撑；

③ 当有高低跨相连时。

5）当以下情况中有两种同时出现时，宜在边柱位置设置通长的屋盖纵向水平支撑与横向水平支撑共同形成封闭式支撑体系：

① 檐口高度超过 15m；

② 在海边或陆地大风地区；

③ 建筑平面为非矩形，但独立结构体系没有按矩形划分，是连为一个整体受力的结构体系；

④ 刚架柱距大于 10m。

（6）墙架结构

1）山墙可设置由斜梁、抗风柱和墙面檩条组成的山墙墙架，抗风柱可直接铰接支承斜梁，利用墙面板蒙皮效应可将山墙架按无侧移刚架计算，如墙面有通长开洞，不便利用蒙皮效应，则应设置柱间交叉拉杆支撑，仍按无侧移刚架计算，或将边柱与屋盖梁刚接形

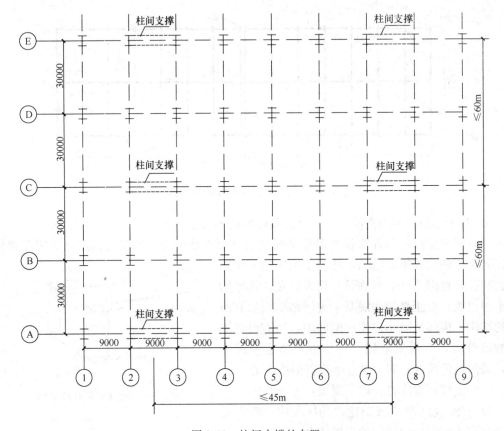

图 2-61　柱间支撑的布置

成门式刚架，按门式刚架设计。

2）当抗震设防烈度不高于 8 度时，外墙可采用金属压型板材或砌体结构；但外墙不宜采用嵌砌方式；当为 9 度时，外墙宜采用金属压型墙板或其他柔性材料组成的轻质墙板。

2.6.3　设计依据与应用软件

1. 设计依据

门式刚架钢结构的荷载取值主要按照现行国家标准《建筑结构荷载规范》GB 50009，但风荷载体型系数的取值尚应参考现行国家标准《门式刚架轻型房屋钢结构技术规范》GB 51022，结构设计主要按照现行国家标准《钢结构设计标准》GB 50017、《冷弯薄壁型钢结构技术规范》GB 50018。国内标准（规范）没有给出相应计算方法的，例如，风吸力作用下檩条的稳定计算、斜屋面上檩条倾覆力计算、圆钢支撑端部的连接强度计算等，可参考欧美规范 AISI、EC31-1-3 等；超常规截面的屋面梁构件在檩条加隔撑约束体系下的平面外计算长度，也不能套用现有的标准（规范）来计算，需参考国内外有关研究成果，其文献资料见本章节的参考文献。

2. 应用软件

门式刚架设计计算的应用软件主要有中国建筑设计研究院的 PKPM 中的 STS 及包含的工具箱、同济大学建筑设计院编制的 3D3S、国外的 STAAD/Pro 软件等，其中关于风吸力作用下檩条稳定计算应用目前的商业软件计算与实际工程相差较大，宜根据相关设计标准进行验算。不同的计算软件各有其适用范围和适用条件，其参数的选用与确定应尽量符合实际工程情况。

2.6.4 设计一般规定

（1）单层门式刚架轻型房屋钢结构自重小，当抗震设计烈度为不超过 7 度时，一般不需要考虑抗震设计；当为 8 度及以上时，横向刚架和纵向框架需进行抗震验算；当设有夹层或 20t 及以上吊车时，应进行抗震验算。

（2）需要进行抗震设计的结构应符合现行国家标准《建筑抗震设计规范》GB 50011 的规定，可采用底部剪力法计算结构的地震力，抗震构件承载力应满足下式要求：

$$S_E \leqslant R/\gamma_{RE} \tag{2-40}$$

式中 S_E——考虑多遇地震作用时，荷载和地震作用效应组合的设计值；

    R——结构构件的承载力设计值；

    γ_{RE}——承载力抗震调整系数，取 0.85；计算柱子和支撑的稳定时，取 0.9。

需要考虑结构抗震设计时，应按 GB 50011 采取相应的抗震构造措施。

（3）门式刚架的变形计算，可不考虑螺栓孔引起的截面削弱，其柱顶侧移限制宜符合表 2-8 的规定；受弯构件的挠度与跨度比限制宜符合表 2-9 的规定。

刚架的柱顶位移限值 表 2-8

吊车情况	其他情况	柱顶位移限值
不设吊车	当采用轻型钢板墙时	$h/60$
	当采用砌体墙时	$h/100$
设有桥式吊车时	当吊车有驾驶室时	$h/400$
	当吊车由地面操作时	$h/180$

注：1. 表中 h 为刚架柱高度；

    2. 对于设有悬挂和壁式悬臂吊车时，位移限值可较设有地面操作的桥式吊车时适当放宽。

受弯构件的挠度与跨度比限值 表 2-9

	构件类别	挠度限值
竖向挠度	门式刚架斜梁	
	仅支撑压型金属板屋面和冷弯型钢檩条（活荷载或雪荷载）	1/180
	有悬挂吊车	1/400
	尚有吊顶	1/240
	有吊顶且抹灰	1/360
	檩条	
	仅支撑压型金属板屋面（活荷载或雪荷载）	1/150
	尚有吊顶	1/240
	有吊顶且抹灰	1/360
水平挠度	墙梁	
	仅支撑压型金属墙板	1/100
	支撑砌体墙	1/180 且≤50mm
	支撑玻璃幕墙	1/360
	抗风柱	1/180

注：1. 对于悬臂梁，按悬臂伸长度的 2 倍计算受弯构件的跨度；

    2. 斜梁的挠度尚需满足排水坡度的改变不超过设计坡度的 1/3。

（4）为方便施工，门式刚架构件的连接（包括柱底节点），宜设计成端板式连接，边柱与屋面梁应设计成刚接，中柱与屋盖梁可以刚接也可铰接，均采用施加预拉力的高强度螺栓；柱底宜采用普通锚栓连接，可以设计为刚接，也可设计为铰接。由于端板式连接很难达到理想的刚接条件，也很难达到理想的铰接条件，因此，按照理想模式所计算的结构变形，对于按刚接模式计算的结果可放大 25%；对于按铰接模式计算的结果可减小 25%。

（5）结构构件的受拉强度应按净截面计算，受压强度应按有效净截面计算，稳定性应按有效截面计算，变形和各种稳定系数均可按毛截面计算。

（6）一般情况下，土建的容许偏差较大，轻钢结构构件在制作时的焊接变形较大，因此，在设计锚栓和螺栓孔定位及孔径时，应考虑这两个因素，针对不同的构件及不同的受力状况，设计不同的锚栓和螺栓孔标准，以方便现场安装施工。

2.6.5 荷载与作用

2.6.5.1 一般规定

（1）门式刚架轻钢结构采用的设计荷载包括永久荷载、吊挂荷载、风荷载、雪荷载、屋面活荷载、吊车荷载、积灰荷载、地震作用和温度作用。

（2）吊挂荷载是除永久荷载以外的其他任何材料的自重，包括机械通道、管道、喷淋设施、电气设施、顶棚等。一般可取 $0.1 \sim 0.5 kN/m^2$。此类荷载应按实际作用可一并计入恒荷载考虑，但当风吸力为主导作用效应时，对作用位置和（或）作用试件具有不确定性的吊挂荷载不应考虑其参与组合。

2.6.5.2 荷载计算

1. 恒荷载

恒荷载由建筑结构的自重（但可包括永久吊挂荷载）组成，因门式刚架钢结构自重轻，一般约为 $0.3 kN/mm^2$，故需要考虑风吸力作用下的荷载组合工况，此时恒荷载的分项系数应取 1.0 或 0.9。

2. 活荷载

（1）不上人的屋面活荷载取值为 $0.5 kN/m^2$，当计算单元的刚架负荷面积超过 $60m^2$ 时，活荷载可按 $0.3 kN/m^2$ 取值。

（2）对于刚架的计算，活荷载分布宜按屋面满布和半边（一坡）屋面满布两种情况分别计算。

（3）屋面檩条活荷载应按 $0.5 kN/m^2$ 计算，对于嵌套搭接组成的连续檩条，活荷载分布应适当考虑不利分布情况，可仅取一跨作用有活荷载计算其跨中最大弯矩。

3. 风荷载

门式刚架轻钢结构计算时，风荷载作用面积应取垂直于风向的最大投影面积，垂直于建筑物表面的单位面积风荷载标准值应按下式计算：

$$\omega_k = \beta \mu_s \mu_z \omega_0 \tag{2-41}$$

式中　ω_k——风荷载标准值（kN/m^2）；

ω_0——基本风压，按现行国家标准《建筑结构荷载规范》GB 50009 的规定值采用；

μ_z——风荷载高度变化系数，按现行国家标准《建筑结构荷载规范》GB 50009 的规定值采用；当高度小于 10m 时，应按 10m 高度处的数值采用；

μ_s——风荷载体型系数，在考虑内、外风压最大值的组合，且含阵风系数；

β——系数,计算主刚架时取 1.1;计算檩条、墙梁、屋面板和墙面板及其连接时,取 $\beta=1.5$。

4. 屋面雪荷载

(1) 雪荷载除按本节规定外,应按现行国家标准《建筑结构荷载规范》GB 50009 的规定采用。

(2) 对于刚架可按全跨积雪的均匀分布情况采用;对于屋面板和檩条应按积雪不均匀分布的最不利情况采用。

5. 地震作用

(1) 对于普通门式刚架结构,当抗震设防烈度小于 8 度;或吊车吨位不超过 20t 且设防烈度不大于 7 度时,可不考虑抗震设计。

(2) 当含有钢筋混凝土夹层结构时,应按照现行国家标准《建筑抗震设计规范》GB 50011 进行抗震设计。

对于有局部钢筋混凝土楼板的夹层情况,可仅考虑局部夹层钢结构部分按抗震规范设计,对其他结构部分如扩大一倍地震力内力组合仍不控制设计时,可不考虑抗震设计。

(3) 一般情况下,可按房屋的两个主轴方向分别计算水平地震作用,应考虑偶然偏心的影响,每层质心沿垂直于地震作用方向的偏移值可按下式采用:

矩形平面: $\qquad e_i = \pm 0.05L_i$ (2-42)

其他平面: $\qquad e_i = \pm 0.172r_i$ (2-43)

式中　e_i——第 i 层的质心偏移量,各楼层质心偏移方向相同;

$\quad L_i$——第 i 层垂直于地震作用方向的建筑物长度;

$\quad r_i$——第 i 层相应质量所在楼层平面的回转半径。

6. 荷载效应组合

(1) 屋面均布活荷载不与雪荷载同时考虑,应取两者中的较大值。

(2) 风荷载不与地震作用同时考虑。

(3) 各种荷载效应组合在以下公式中选用:

1) 活(或雪)荷载控制之一　$S = 1.3S_{Gk} + 1.5S_{Qk}$ (2-44)

2) 活(或雪)荷载控制之一　$S = 1.3S_{Gk} + 0.7 \times 1.5S_{Qk}$ (2-45)

3) 活(或雪)荷载控制之二　$S = 1.3S_{Gk} + 1.5S_{Qk} + 0.6 \times 1.5S_{wk}$ (2-46)

4) 活(或雪)荷载控制之二　$S = 1.3S_{Gk} + 0.7 \times 1.5S_{Qk} + 1.5S_{wk}$ (2-47)

5) 风荷载控制之一　$S = 1.0S_{Gk} + 1.5S_{wk}$ (2-48)

6) 水平地震作用控制　$S = 1.2S_{GE} + 1.3S_{Ehk} + (0.5 \times 1.3S_{Evk})$ (2-49)

7) 竖向地震作用控制　$S = 1.2S_{GE} + 0.5 \times 1.3S_{Ehk} + 1.3S_{Evk}$ (2-50)

8) 竖向地震作用控制　$S = 1.0S_{GE} + 1.3S_{Ehk}$ (2-51)

9) 温度作用组合之一　$S = 1.0S_{Gk} + 1.4S_{Tk}$ (2-52)

10) 温度作用组合之一　$S = 1.2S_{Gk} + 1.4S_{Tk} + 0.7\gamma_Q S_{Qk}$ (2-53)

式中　　　S——结构构件的内力组合标准值(用于计算变形)或设计值(用于计算承载能力);

S_{Gk}、S_{Qk}、S_{wk}、S_{Tk}——分别为永久荷载标准值效应、活荷载标准值效应、风荷载标准值效应和温度作用标准值效应;

S_{GE}——考虑地震作用时的重力荷载代表值效应；

S_{Ehk}、S_{Evk}——分别为多遇地震时水平作用标准值效应和竖向作用标准值效应；

　注：1. 应尽量采取措施，削减温度效应；

　　　2. 温度效应是一种结构内部自相平衡的内力，对温度效应可以进行折减；例如厂房纵向全螺栓连接时，可以乘以折减系数 0.35；也可以对强度设计值提高 25%，例如横向框架计算时；

　　　3. 轻钢厂房，竖向地震仅在跨度大于 36m 时才需考虑。

2.6.6　主刚架的设计

2.6.6.1　主体刚架与纵向受力体系的计算简图

1. 横向刚架的计算模式

门式刚架由柱和梁组成，是平面受力结构体系，需依靠支撑等相互联系构成一个空间稳定的建筑结构。横向刚架仅承受自身平面内各种荷载并将其作用传递到基础上去，刚架平面外方向的荷载由支撑体系承受。横向刚架的受力计算模型是：柱底与基础刚接或铰接，边柱与屋面梁刚接，中柱与屋面梁可铰接，也可刚接，如中柱上下为铰接则成为摇摆柱，由边柱构成的刚架提供抗侧移刚度，一榀刚架承受其单元分布面积内的竖向和水平荷载，即对该榀计算刚架单元两边各按照柱距的一半作为负荷面积计算。

2. 纵向受力体系的计算模式

（1）与横向刚架垂直方向的支撑体系由屋面横向水平支撑和柱间支撑共同组成，承受所有纵向的各种荷载。如风荷载、吊车制动力、地震作用等，其传力路径为：建筑的端部山墙面直接承受纵向风力作用，山墙面的抗风柱承受由墙梁（檩）传来的水平力，由自身的抗弯将山墙面一半的纵向荷载直接传给柱底基础，另一半荷载传到柱顶，由屋面交叉支撑形成的横向水平支撑（桁架）承受，由横向水平支撑（桁架）传给柱间支撑，再传到基础上。

（2）图 2-62 为一个跨度为 $2L$ 的屋面横向水平支撑桁架和柱间支撑组成的体系，令交叉支撑中的压杆退出工作后，转化为静定结构体系。

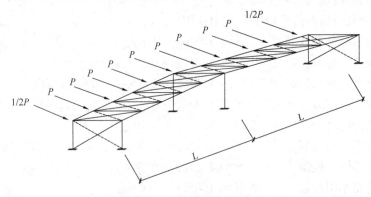

图 2-62　支撑体系计算模型

（3）屋面横向水平支撑和柱间支撑可以有多道，其纵向力由多道支撑共同承受，计算方法是：假定纵向力由各道支撑平均分担。将两端墙面的风荷载（同一个方向）相加后除以支撑道数，即得到每一道支撑所需传递的风荷载，有了这个假定则可将该超静定体系转化为静定体系，方便计算。考虑支撑传力滞后效应，当支撑道数超过 4 道时，仅按 4 道支撑受力计算。

3. 内力组合

横向刚架的计算内力与纵向受力体系的内力无需进行叠加，但计算有柱间支撑的基础反力时，需要考虑这两者的叠加，对纵向荷载产生的内力可考虑乘上组合系数 0.6。

2.6.6.2 刚架梁、柱截面形式与尺寸选择

（1）一般情况下，刚架梁与柱均采用双轴对称的 H 截面形式，根据弯矩图采用楔形变截面或等截面，如图 2-63 所示，当柱底刚接时，宜采用等截面形式，否则，宜采用变截面；中柱宜为等截面柱；屋面梁宜采用变截面形式，为简便制作，对跨中区段的屋面梁，可采用等截面形式。变截面构件宜采用腹板变高度方式，两构件相接处的截面高度应相同，翼缘的宽度和厚度可以不相同。

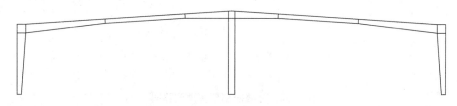

图 2-63　刚架构件形式

（2）当柱间支撑不允许采用交叉体系时，需设置门式支撑，门式支撑柱与刚架柱可组合成 T 形柱，如图 2-64 所示，采用现场间断焊连接，方便制作、运输与安装。

（3）屋面梁与柱子相连处为变截面构件的大头，高度宜取跨度的 1/30 左右，小头高度宜为大头高度的 0.40～0.60；构件大头翼缘宽度宜为截面高度的 1/2.5～1/5，柱子的截面宽度大于或等于所连接的屋面梁宽度；边柱顶部的截面抗弯模量宜与所相连的梁端抗弯模量大致相等。

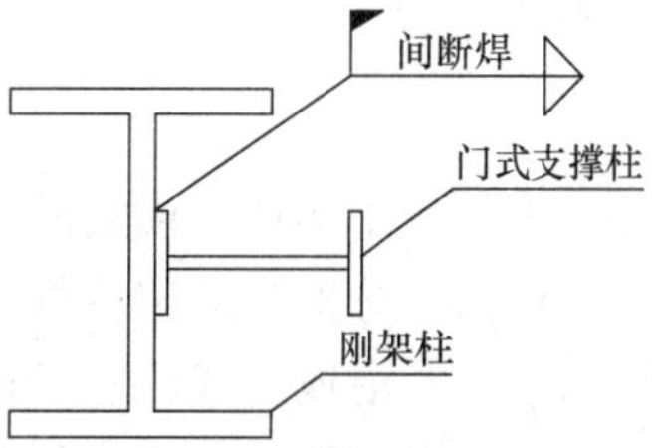

2.6.7　内力与侧移计算

2.6.7.1　内力计算

对于变截面门式刚架应采用弹性分析的方法来确定内

图 2-64　T 形组合柱

力，是因为变截面刚架有可能在几个截面同时或接近同时出现塑性铰，故不宜利用塑性铰出现后的内力重分布。另外，变截面门式刚架构件的腹板常用的很薄，截面发展塑性的潜力很小，因此变截面门式刚架的静力计算应采用弹性分析方法。

变截面门式刚架宜按平面结构分析内力，一般不考虑应力蒙皮效应。当有必要且有条件时，可考虑屋面板的应力蒙皮效应。（注：蒙皮效应指的是蒙皮板由于其抗剪切刚度对于使板平面内产生变形的荷载的抵抗效应。它将屋面板及支撑檩条视为沿房屋全长伸展的深梁，屋面板作为腹板承受平面横向剪力，屋面板的边缘檩条作为翼缘承受轴向力。应力蒙皮作用主要是提高结构的整体刚度和承载力。但由于目前应力蒙皮效应的理论和计算方法尚处于研究之中，还难以应用到实际工程和规范之中，故只能作为结构承载力的潜力来考虑。）

变截面门式刚架的内力可采用有限元法（直接刚度法）计算。计算时宜将构件分为若干段，每段可视为等截面；也可采用楔形单元或加腋单元。当门式刚架的构件全部为等截面时，允许采用塑性分析方法，并按《钢结构设计标准》GB 50017—2017 的规定进行设计。

2.6.7.2 侧移计算

对所有构件均为等截面的门式刚架，侧移计算可通过结构力学的方法进行计算。以下介绍变截面门式刚架的柱顶侧移计算公式。

(1) 单跨变截面门式刚架

如图 2-65 所示，当单跨变截面门式刚架斜梁的上翼缘坡度不大于 1/5 时，在柱顶水平力 H 作用下的柱顶侧移 μ 可按下式计算：

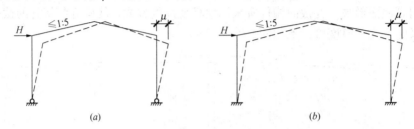

图 2-65 变截面刚架柱顶侧移图

(a) 铰接柱；(b) 刚接柱脚

柱脚铰接
$$\mu = \frac{Hh^3}{12EI_c}(2 + \xi_t) \tag{2-54a}$$

柱脚刚接
$$\mu = \frac{Hh^3}{12EI_c}\frac{3 + 2\xi_t}{6 + 2\xi_t} \tag{2-54b}$$

$$\xi_t = (I_c/h)/(I_b/L) \tag{2-55}$$

式中　ξ_t——刚架柱与横梁的线刚度比值；

h、L——分别为刚架柱的高度和刚架横梁的跨度；当坡度大于 1/10 时，L 应取横梁沿坡折线的总长度，即 $L = 2s$（图 2-66）；

I_c，I_b——刚架柱和横梁的平均惯性矩，可按式（2-56）和式（2-57）计算；

H——刚架柱顶的等效水平力，可按式（2-58）和式（2-59）计算。

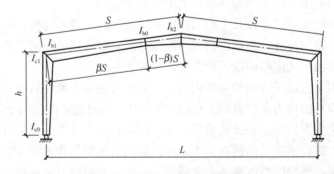

图 2-66 变截面刚架的几何尺寸

1) 变截面柱和横梁的截面特性

变截面柱和横梁的平均惯性矩 I_c、I_b 可按下式近似计算：

楔形柱
$$I_c = \frac{I_{c0} + I_{c1}}{2} \tag{2-56}$$

双楔形横梁
$$I_b = \frac{I_{b0} + \beta I_{b1} + (1-\beta) I_{b2}}{2}$$
(2-57)

式中 I_{c0}，I_{c1}——刚架柱柱底（小头）和柱顶（大头）的惯性矩；

I_{b0}，I_{b1}，I_{b2}——楔形横梁最小截面、檐口和跨中截面的惯性矩；

β——楔形横梁长度的比值。

2）变截面门式刚架柱顶等效水平力 H

① 如图 2-67 所示，水平均布风荷载作用时，当计算刚架沿柱高度均匀分布的水平风荷载作用下的侧移时，柱顶等效水平力 H 可取：

柱脚铰接 $H = 0.67W$ (2-58a)

柱脚刚接 $H = 0.45W$ (2-58b)

式中 $W = (\omega_1 + \omega_4)h$——均布风荷载的合力；

ω_1，ω_4——刚架两侧承受的沿柱高均布的水平荷载。

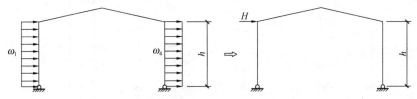

图 2-67 刚架在均布风荷载作用下柱顶的等效水平力

② 如图 2-68 所示，吊车水平荷载 P_c 作用时，当计算刚架在吊车水平荷载 P_c 作用下的侧移时，柱顶等效水平力 H 可取：

柱脚铰接 $H = 1.15\eta P_c$ (2-59a)

柱脚刚接 $H = \eta P_c$ (2-59b)

式中 η——吊车水平荷载 P 作用位置的高度与柱总高度的比值。

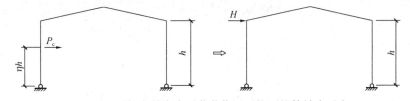

图 2-68 刚架在吊车水平荷载作用下柱顶的等效水平力

（2）两跨变截面门式刚架

对中间柱为摇摆柱的两跨变截面门式刚架（图 2-69），柱顶侧移可采用公式（2-54）

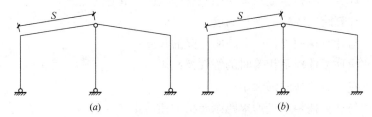

图 2-69 有摇摆柱的两跨刚架

（a）铰接柱脚；（b）刚接柱脚

计算。但在计算刚架柱与横梁的线刚度比值 ξ_t 时，横梁长度 L 应取双坡斜梁全长 $2s$，s 为单坡斜梁长度。

（3）多跨变截面门式刚架

1）中间柱为摇摆柱（图 2-70a）。对中间柱为摇摆柱的多跨变截面门式刚架，柱顶侧移仍可采用公式（2-54）来计算。但在计算刚架柱与横梁的线刚度比值 ξ_t 时，横梁长度 L 应取斜梁全长。

2）中间柱与横梁刚性连接（图 2-70b）。当中间柱与钢梁刚性连接时，可将多跨刚架视为多个单跨刚架的组合体，即每个中间柱可一分为二，惯性矩两边各取一半（$I_c/2$），如图 2-71 所示，整个刚架在柱顶水平荷载 H 作用下的侧移 μ 可按下式进行计算：

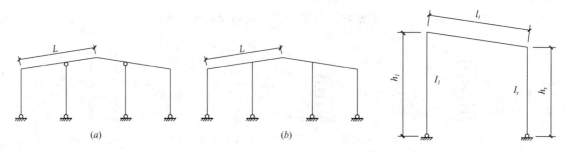

图 2-70　多跨变截面刚架
（a）中柱为摇摆柱；（b）中柱与梁刚接

图 2-71　左、右两柱的惯性矩

$$\mu = \frac{H}{\sum K_i} \tag{2-60a}$$

$$K_i = \frac{12EI_{ei}}{h_i^3(2+\xi_{ti})} \tag{2-60b}$$

$$\xi_{ti} = \frac{I_{ei}l_i}{h_iI_{bi}} \tag{2-60c}$$

$$I_{ei} = \frac{I_l + I_r}{4} + \frac{I_lI_r}{I_l + I_r} \tag{2-60d}$$

式中　$\sum K_i$——柱脚铰接时各单跨刚架的侧向刚度之和；

ξ_{ti}——计算柱与相连接的单跨刚架梁的线刚度比值；

h_i——计算跨内两柱的平均高度；

l_i——与计算柱相连接的单跨刚架梁的长度；

I_{ei}——两柱惯性矩不相等时的等效惯性矩；

I_l、I_r——左、右两柱的惯性矩；

I_{bi}——与计算柱相连接的单跨刚架梁的惯性矩。

（4）单层门式刚架在相应荷载（标准值）作用下的柱顶侧移值不应大于表 2-8 的限制。

对以轻型板材作外围护材料且无吊车的门式刚架，当柱脚为铰接时，刚架柱顶的侧移限制可在表 2-8 的基础上乘以 0.7 的折减系数。

如果验算时刚架的侧移不满足要求，可以采用以下措施之一进行调整，增加刚架的侧向整体刚度：（1）放大柱或梁的截面尺寸；（2）将铰接柱脚改变为刚接柱脚；（3）将多跨框架中的摇摆柱改为柱上端与刚架横梁刚性连接。

2.6.8 变截面构件的几何特性计算

（1）内力计算时变截面门式刚架可采用有限单元法计算，宜将构件分为若干段，每段视为等截面；也可采用楔形单元。

（2）采用合适的专业软件计算，可直接输入构件的实际尺寸即可设计，和变形内力分析，采用毛截面。应力验算采用大头和小头的截面几何特性，当需要考虑利用屈曲后强度的计算时，采用有效截面方法计算。

2.6.9 变截面刚架梁的计算与构造

以下计算方法仅适用于屋面梁坡度不大于 1：5，可忽略梁的轴向力，强度计算采用有效净截面，稳定计算采用有效截面，变形和各种稳定系数采用毛截面。

1. 变截面梁强度计算

一般情况下，针对变截面构件的大头和小头按照弹性理论进行强度验算，不做塑性设计计算。变截面刚架梁截面分布和长度计算如图 2-72 所示。截面的强度计算应按下式：

（1）正应力计算
$$\frac{M_x}{\gamma_x W_{enx}} \leqslant f \tag{2-61}$$

（2）剪应力计算
$$\frac{V_y S}{I_x t_w} \leqslant f_v \tag{2-62}$$

式中 M_x、V_y——验算截面处的弯矩和剪力；

$\qquad$ W_{enx}——有效净截面抗弯模量；

$\qquad$ γ_x——塑性发展系数，根据翼缘和腹板的宽厚比，H 形构件取 1.0 或 1.05；

I_x、S、t_w——截面惯性矩、验算剪应力处以上截面对中和轴的面积矩、腹板厚度；

$\qquad$ f、f_v——钢材的抗弯设计值和抗剪设计值。

（3）在剪力 V_y 和弯矩 M_x 共同作用下的强度应符合下列要求：

当 $\qquad\qquad V_y \leqslant 0.5V_d$ 时，$M_x \leqslant M_e$ $\qquad\qquad$ (2-63a)

当 $\qquad 0.5V_d < V_y \leqslant V_d$ 时，$M_x \leqslant M_f + (M_e - M_f)\left[1 - \left(\frac{V_y}{0.5V_d} - 1\right)^2\right]$ $\qquad$ (2-63b)

式中 $\qquad\qquad V_d$——腹板抗剪承载力设计值；

$\qquad\qquad M_e$——构件有效截面所能承担的弯矩值，$M_e = W_{ex}f$；

$\qquad\qquad M_f$——构件两翼缘所能承担的弯矩值，$M_f = \left(A_{f1}y_{e,c} + A_{f2}\frac{y_{e,t}^2}{y_{e,c}}\right)f$；

W_{ex}、A_{f1}、A_{f2}——构件有效截面抗弯模量、受压和受拉翼缘截面积；

$y_{e,c}$、$y_{e,t}$——有效截面形心到受压翼缘和受拉翼缘中心的距离，见图2-73。

梁腹板应在与中柱连接处、较大集中荷载作用处和翼缘转折处设置横向加劲肋。

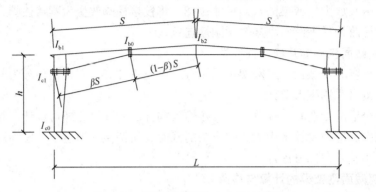

图 2-72 刚架梁截面分布和长度计算

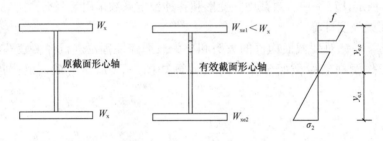

图 2-73 有效截面

2. 变截面梁整体稳定计算

上下翼缘均为侧向自由的变截面钢梁，如图2-74所示，平面外稳定应按下式计算：

$$\frac{M_{x1}}{\gamma_x \varphi_b W_{ex1}} \leqslant f \tag{2-64}$$

式中　M_{x1}——所计算构件段大头截面的弯矩；

　　　W_{ex1}——构件大头有效截面最大受压纤维的截面模量；

$$\varphi_b = \frac{1}{(1 - \lambda_{b0}^{2n} + \lambda_b^{2n})^{1/n}} \tag{2-65}$$

$$n = \frac{1.51}{\lambda_b^{0.1}} \sqrt[3]{\frac{b_1}{h_1}} \tag{2-66}$$

$$\lambda_{b0} = \frac{0.55 - 0.25 k_\sigma}{(1 + \gamma)^{0.2}} \tag{2-67}$$

截面斜率　　　　　　　　$\gamma = (h_1 - h_0)/h_0 \tag{2-68}$

k_σ是小端截面压应力除以大端截面压应力：

$$k_\sigma = k_M \frac{W_{x1}}{W_{x0}} \tag{2-69}$$

k_M弯矩比，是较小弯矩除以较大弯矩：

$$k_M = \frac{M_0}{M_1} \tag{2-70}$$

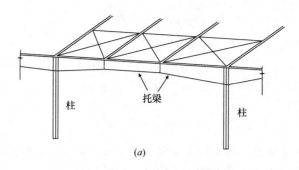

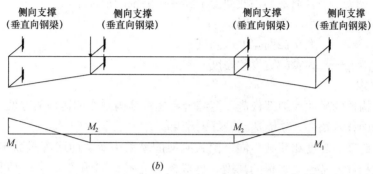

图 2-74 变截面托梁（抽柱引起）的稳定性计算

(a) 抽柱处的托梁；(b) 计算模型

λ_b 正则化长细比：

$$\lambda_b = \sqrt{\frac{\gamma_x M_y}{M_{cr}}} \tag{2-71}$$

式中 γ_x——截面塑性开展系数，按照现行国家标准《钢结构设计标准》GB 50017 取值。

$$M_{cr} = C_1 \frac{\pi^2 E I_y}{L^2} \left[\beta_{x\eta} + \sqrt{\beta_{x\eta}{}^2 + \frac{I_{\omega\eta}}{I_y}\left[1 + \frac{GJ_\eta L^2}{E\pi^2 I_{\omega\eta}}\right]} \right] \tag{2-72}$$

式中 L——梁段平面外计算长度。

C_1 为等效弯矩系数：

$$C_1 = 0.46 k_M^2 \eta^{0.346} - 1.32 k_M \eta^{0.132} + 1.86 \eta^{0.023} \leqslant 2.75 \tag{2-73}$$

η 是受拉翼缘惯性矩与受压翼缘惯性矩之比：

$$\eta_i = \frac{I_{yB}}{I_{yT}} \tag{2-74}$$

$\beta_{x\eta}$ 是截面不对称系数：

$$\beta_{x\eta} = 0.45(1 + \gamma\eta)h_0 \frac{I_{yT} - I_{yB}}{I_y} \tag{2-75}$$

$$\eta = 0.55 + \frac{0.04}{\sqrt[3]{\eta_i}} \cdot (1 - k_\sigma) \tag{2-76}$$

绕弱轴惯性矩：

$$I_y = I_{y0}, I_{y0} = \frac{1}{12} t_T b_T^3 + \frac{1}{12} t_B b_B^3 \tag{2-77}$$

扇形惯性矩：

$$I_{\omega\eta} = I_{\omega 0} \cdot (1 + \gamma\eta)^2 \tag{2-78}$$

$$I_{\omega q} = I_{yT} \cdot h_{sT0}^2 + I_{yB} \cdot h_{sB0}^2 \tag{2-79}$$

圣维南常数

$$J_\eta = J_0 + \frac{1}{3}(h_0 - t_f) \, t_w^2 \gamma\eta \tag{2-80}$$

$$J_0 = \frac{1}{3} b_T t_T^3 + \frac{1}{3} b_B t_B^3 + \frac{1}{3} h_0 t_w^3 \tag{2-81}$$

式中　　h_{sT0}，h_{sB0}——分别是小端截面上下翼缘的中面到剪切中心的距离；

I_{yT}，I_{yB}——分别是小端截面上下翼缘绕弱轴的惯性矩；

h_0——小端截面高度；

b_1，h_1——大端截面宽度和高度；

b_T，t_T，b_B，t_B——翼缘的宽度和厚度。

3. 构造要求

（1）设计构件的尺寸和细部构造，需综合考虑钢结构制作和运输的方便，并结合考虑焊接变形控制的技术条件，才能达到较好的结果。

（2）根据跨度、高度和荷载不同，门式刚架的梁采用变截面或等截面实腹焊接 H 形截面。变截面构件通常改变腹板的高度，做成楔形见图 2-63 和图 2-72；必要时也可改变腹板厚度，结构构件在安装单元内一般不改变翼缘截面，当必要时，可改变翼缘厚度或宽度；邻接的安装单元可采用不同的翼缘截面，两单元相接处的截面高度应相等。

（3）梁大头截面高度约为跨度的 1/30，小头截面高度约为大头高度的 2/5～3/5，翼缘的宽度约为梁高度的 1/5～2/5，构件大头处腹板的高厚比不宜大于 150，当控制焊接变形技术较高时，可适当提高腹板高厚比。

（4）斜梁可根据运输条件划分为若干单元。一个单元构件本身采用焊接，单元构件之间通过端板以高强度螺栓连接。用高强度螺栓满足充分预张拉条件以保证节点刚度，螺栓直径与端板厚度通过计算确定，端板厚度不宜小于高强度螺栓的直径，端板可布置加劲肋以提高节点连接刚度，减小螺栓连接的杠杆撬力。端板加劲肋的长度宜不小于其宽度的 1.5 倍，加劲肋的端头宜切有不小于 10mm 的边以方便绕焊。翼缘处的加劲肋厚度宜不小于翼缘厚度，腹板处的加劲肋厚度宜比腹板厚度大 2mm。

（5）梁腹板应在与柱子连接处、较大集中荷载作用处和翼缘转折处设置横向加劲肋，横向加劲肋的宽度和厚度应与梁、柱 翼缘尺寸配备相同。其余处如需设置横向加劲肋，宜在腹板两侧成对配置，其尺寸应符合下列要求：

外伸宽度　　　　　　　　　$b_s \geqslant \dfrac{h_w}{30} + 40$　　　　　　　　　（2-82）

厚度　　　　　　　　　　　$t_s \geqslant b_s / 15$　　　　　　　　　　　　（2-83）

（6）屋盖梁的上翼缘受压应力作用时。其侧向稳定性依靠屋面系统中的檩条起支撑作用；梁的下翼缘受压应力作用时，其侧向稳定性依靠连接在檩条上的隔撑起支撑作用。在梁柱节点处宜加密布置隔撑，宜在节点的每一边至少连续布置 2 道隔撑，正弯矩区可以每隔一根檩条布置隔撑。

2.6.10　变截面刚架柱的计算与构造

变截面柱计算强度采用有效净截面，计算稳定性采用有效截面，工字钢的有效截面如

图 2-75 所示，变形计算和各种稳定性系数采用毛截面。

1. 强度计算

一般情况下，变截面构件的大头和小头按照弹性理论进行强度验算，不做塑性设计计算，但可进行屈曲后强度利用的设计。

构件截面的强度计算应按下式：

（1）正应力计算

$$\frac{N}{A_{en}} + \frac{M_x}{W_{enx}} \leqslant f \tag{2-84}$$

（2）剪应力验算

$$\frac{V_y S}{I_x t_w} \leqslant f_v \tag{2-85}$$

式中　N、M_x、V_y——验算截面处的轴向力、弯矩和剪力；

　　　　A_{en}、W_{enx}——有效净截面面积和有效抗弯模量；

　　　　I_x、S、t_w——截面惯性矩、验算剪应力处以上截面对中和轴的面积矩、腹板厚度；

　　　　f、f_v——钢材的抗弯设计值和抗剪设计值。

（3）在剪力 V_y、弯矩 M_x 和轴力 N 共同作用下的强度，应符合下列要求：

当 $V_y \leqslant 0.5 V_d$ 时

$$\frac{N}{A_e} + \frac{M_x}{W_{ex}} \leqslant f \tag{2-86}$$

当 $0.5 V_d < V_y \leqslant V_d$ 时　　$M_x \leqslant M_f^N + (M_e^N - M_f^N)\left[1 - \left(\frac{V_y}{0.5 V_d} - 1\right)^2\right] \tag{2-87}$

式中　V_d——腹板抗剪承载力设计值；

　　　M_e^N——兼承轴力时，有效截面所能承担的弯矩值；

$$M_e^N = M_e - \frac{N}{A_e} W_{ex} \tag{2-88}$$

　　　M_f^N——兼承轴力时，两翼缘所能承担的弯矩值；

$$M_f^N = \left(A_{f1} y_{e,c} + A_{f2} \frac{y_{e,t}^2}{y_{e,c}}\right)\left(f - \frac{N}{A_e}\right) \tag{2-89}$$

　　　A_e——轴力和弯矩共同作用下的有效截面面积；

$$\frac{M}{M_e} \leqslant \left(1 - \frac{N}{A_e f}\right)\left\{\frac{M_f}{M_e} + \left(1 - \frac{M_f}{M_e}\right)\left[1 - \left(\frac{V}{0.5 V_d} - 1\right)^2\right]\right\} \tag{2-90}$$

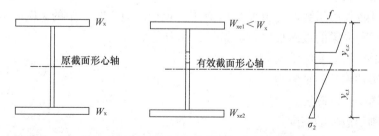

图 2-75　工字钢截面的有效截面

2. 变截面柱在刚架平面内的计算长度

截面高度呈线性变化的柱，在刚架平面内的计算长度应取为 $h_0 = \mu_\gamma h$，式中 h 为柱的几何高度，μ_γ 为计算长度系数，可由查表法、一阶分析法和二阶分析法三种方法来确定。

（1）查表法

此法用于柱脚铰接的门式刚架。

1）柱脚铰接的单跨门式刚架楔形柱的计算长度系数 μ_γ 可由表 2-10 查得。

K_2/K_1		0.1	0.2	0.3	0.5	0.75	1.0	2.0	10.0
$\dfrac{I_{c0}}{I_{c1}}$	0.01	0.428	0.368	0.349	0.331	0.320	0.318	0.315	0.310
	0.02	0.600	0.502	0.470	0.440	0.428	0.420	0.411	0.404
	0.03	0.729	0.599	0.558	0.520	0.501	0.492	0.483	0.473
	0.05	0.931	0.756	0.694	0.644	0.618	0.606	0.589	0.580
	0.07	1.075	0.873	0.801	0.742	0.711	0.697	0.672	0.650
	0.10	1.252	1.027	0.935	0.857	0.817	0.801	0.790	0.739
	0.15	1.518	1.235	1.109	1.021	0.965	0.938	0.895	0.872
	0.20	1.745	1.395	1.254	1.140	1.080	1.045	1.000	0.969

柱的线刚度 K_1 和梁的线刚度 K_2，应分别按下列公式计算：

$$K_1 = I_{c1}/h \tag{2-91}$$

$$K_2 = I_{b0}/(2\psi s) \tag{2-92}$$

表中和式中　I_{c0}、I_{c1}——刚架柱小头截面和大头截面的截面惯性矩；

I_{b0}——梁最小截面的惯性矩；

s——半跨斜梁长度；

ψ——斜梁换算长度系数，由《门式刚架轻型房屋钢结构技术规范》GB 51022 附录 D 中曲线查得，当梁为等截面时，$\psi=1.0$。

2）多跨刚架的中间柱为摇摆柱时，摇摆柱的计算长度系数取 1.0，边柱的计算长度应取：

$$h_0 = \eta\mu_\gamma h \tag{2-93}$$

$$\eta = \sqrt{1 + \frac{\sum(P_{1i}/h_{1i})}{\sum(P_{fi}/h_{fi})}} \tag{2-94}$$

式中　η——放大系数；

μ_γ——计算长度系数，可由表 2-10 查得。但公式（2-92）中的 s 应取与边柱相连的一跨横梁的坡面长度 l_b，如图 2-76 所示；

P_{1i}——摇摆柱承受的轴向力；

P_{fi}——边柱承受的轴向力；

h_{1i}——摇摆柱的高度；

h_{fi}——刚架边柱的高度。

引入放大系数 $\mathcal{L}$ 的原因是：当框架趋于侧移或有初始位移时，不仅框架柱上的荷载 P_{fi} 对框架起倾覆作用，摇摆柱上的荷载 P_{1i} 也同样起倾覆作用。这就是说，图 2-76 中框架边柱除承受自身荷载的不稳定效应外，还应加上中间摇摆柱的荷载效应，因此需要根据比值 $\sum(P_{1i}h_{1i})/\sum(P_{fi}h_{fi})$ 对边柱的计算长度进行调整。

当屋面坡度大于 1：5 时，在确定刚架柱的计算长度时，应考虑横梁轴向力对柱刚度的

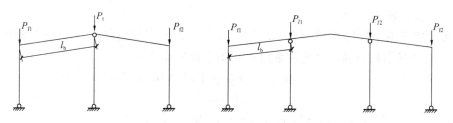

图 2-76　计算边柱时的斜梁长度

不利影响。此时应按刚架的整体弹性稳定分析通过电算来确定变截面刚架柱的计算长度。

3) 对于带毗屋的刚架，可近似地将毗屋柱视为摇摆柱，此时刚架柱的计算长度系数 μ_γ 可由表 2-11 查得，并应乘以按公式（2-94）计算得到的放大系数 η。计算 η 时，P_1 为毗屋柱承受的轴向力，P_f 为刚架柱承受的轴向力。

（2）一阶分析法

当刚架利用一阶分析计算程序得出柱顶水平荷载 H 作用下的侧移刚度 $K = H/u$ 时，刚架柱的计算长度系数可由下列公式计算：

柱脚铰接时
$$\mu_\gamma = 4.14\sqrt{EI_{c0}/Kh^3} \qquad\qquad (2\text{-}95a)$$

柱脚刚接时
$$\mu_\gamma = 5.85\sqrt{EI_{c0}/Kh^3} \qquad\qquad (2\text{-}95b)$$

公式（2-95）也可以用于如图 2-76 所示的屋面坡度不大于 1∶5 的、有摇摆柱的多跨对称刚架的边柱，但算得的系数 μ_γ 还应乘以放大系数 $\eta = \sqrt{1 + \dfrac{\Sigma(P_{1i}/h_{1i})}{1.2\,\Sigma(P_{fi}/h_{fi})}}$。摇摆柱的长度系数取 $\mu_\gamma = 1.0$。

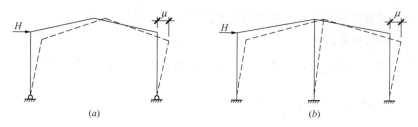

图 2-77　一阶分析时的柱顶位移
（a）单跨对称刚架；（b）多跨刚架

2) 对中间柱为非摇摆柱多跨刚架，如图 2-77（b）所示，可按下列公式计算：

柱脚铰接时
$$\mu_\gamma = 0.85\sqrt{\frac{1.2}{K}\frac{P'_{E0i}}{P_i}\Sigma\frac{P_i}{h_i}} \qquad\qquad (2\text{-}96a)$$

柱脚刚接时
$$\mu_\gamma = 1.20\sqrt{\frac{1.2}{K}\frac{P'_{E0i}}{P_i}\Sigma\frac{P_i}{h_i}} \qquad\qquad (2\text{-}96b)$$

$$P'_{E0i} = \frac{\pi^2 EI_{0i}}{h_i^2} \qquad\qquad (2\text{-}97)$$

式中　h_i、P_i、P'_{E0i}——第 i 根柱的高度、竖向荷载和以小头为准的欧拉临界荷载。对于单跨非对称刚架也可应用公式（2-96）。

（3）二阶分析法

这种方法考虑了荷载-侧移效应，需用专门的二阶分析计算程序。对于等截面刚架柱，取 $\mu=1$；对于楔形柱，其计算长度系数 μ_γ 可由下列公式计算：

$$\mu_\gamma = 1 - 0.375\gamma + 0.08\gamma^2(1 - 0.0775\gamma) \tag{2-98}$$

$$\gamma = (d_1/d_0) - 1 \tag{2-99}$$

式中　γ——构件的楔率，需满足 $\gamma \leqslant 0.268h/d_0$ 及 6.0；

　　d_0、d_1——柱小头和大头的截面高度。

3. 变截面柱的整体稳定计算

（1）变截面柱在刚架平面内的稳定应按下列公式计算：

$$\frac{N_1}{\eta_t\varphi_x A_{e1}} + \frac{\beta_{mx}M_1}{(1 - N_1/N_{cr})W_{e1}} \leqslant f \tag{2-100}$$

$$N_{cr} = \pi^2 E A_{e1}/\lambda_1^2 \tag{2-101}$$

$$\bar{\lambda} \geqslant 1.2 : \eta_t = 1 \tag{2-102}$$

$$\bar{\lambda} < 1.2 : \eta_t = \frac{A_0}{A_1} + \left(1 - \frac{A_0}{A_1}\right) \times \frac{\overline{\lambda_1^2}}{1.44} \tag{2-103}$$

式中　N_1——大端的轴向压力设计值；

　　M_1——大端的弯矩设计值；

　　A_{e1}——大端的有效截面的面积；

　　W_{e1}——大端有效截面最大受压纤维截面模量；

　　φ_x——杆件轴心受压稳定系数，楔形柱按附录规定的计算长度系数由现行国家标准《钢结构设计标准》GB 50017 查得，计算长细比时取大端截面的回转半径；

　　β_{mx}——等效弯矩系数，有侧移钢架柱的等效弯矩系数 β_{mx} 取 1.0；

　　N_{cr}——欧拉临界力；

　　λ_1——按照大端截面计算的。考虑计算长度系数的长细比，$\lambda_1 = \dfrac{\mu H}{i_{x1}}$；

　　$\bar{\lambda}$——通用长细比，$\bar{\lambda} = \dfrac{\lambda_1}{\pi}\sqrt{\dfrac{E}{f_y}}$；

　　i_{x1}——大端截面绕强轴的回转半径；

　　μ——计算长度系数；

　　H——柱高；

　　A_0、A_1——小端和大端截面的毛截面面积。

注：当柱的最大弯矩不出现在大端时，M_1 和 W_{e1} 分别取最大弯矩和该弯矩所在截面的有效截面模量。

（2）变截面柱的平面外稳定应分段按下列公式计算：

$$\frac{N_1}{\eta_{ty}\varphi_y A_{e1}f} + \left(\frac{M_1}{\varphi_b \gamma_x W_{x1}f}\right)^{1.3-0.3k_\sigma} \leqslant 1 \tag{2-104}$$

$$\overline{\lambda_{1y}} \geqslant 1.3 : \quad \eta_{ty} = 1 \tag{2-105}$$

$$\bar{\lambda} < 1.3 : \eta_{ty} = \frac{A_0}{A_1} + \left(1 - \frac{A_0}{A_1}\right) \times \frac{\overline{\lambda_{1y}^2}}{1.69} \tag{2-106}$$

式中 $\overline{\lambda_{1y}}$——绕弱轴的规则化长细比，$\overline{\lambda_{1y}}=\dfrac{\lambda_{1y}}{\pi}\sqrt{\dfrac{f_y}{E}}$；

$\quad\quad\lambda_{1y}$——绕弱轴的长细比，$\lambda_{1y}=\dfrac{L}{i_{y1}}$；

$\quad\quad i_{y1}$——大端截面绕弱轴的回转半径；

$\quad\quad\varphi_y$——轴心受压构件弯矩作用平面外的稳定系数，以大端为准，按现行国家标准《钢结构设计标准》GB 50017 的规定采用，计算长度取纵向柱间支撑点间的距离；

$\quad\quad N_1$——所计算构件段大端截面的轴压力；

$\quad\quad M_1$——所计算构件段大端截面的弯矩；

$\quad\quad k_\sigma$——大小端截面弯矩产生的应力比值，由弯矩计算；

$\quad\quad\varphi_b$——稳定系数。

当不能满足要求时，应设置侧向支撑或隔撑，并验算每段的平面外稳定。

4. 柱子受压板件的局部稳定计算

(1) 柱子翼缘的宽厚比和腹板的高厚比限值与梁相同，当腹板受剪及受压利用屈曲后强度时，应按有效宽度计算截面特性。有效宽度应取：

截面的受拉区部分全部有效，受压区部分的有效宽度应按下式计算：

$$h_e = \rho h_c \tag{2-107}$$

式中 h_c——腹板受压区宽度；

$\quad\quad\rho$——有效宽度系数。

(2) 有效宽度系数 ρ 应按下式计算：

$$\rho = \min\left[1.0, \frac{1}{(0.243+\lambda_p^{1.25})^{0.9}}\right]$$

式中 λ_p——与板件受弯、受压有关的参数。

(3) 参数 λ_p 应按下列公式计算：

$$\lambda_p = \frac{h_w/t_w}{28.1\sqrt{k_\sigma}\sqrt{235/f_y}} \tag{2-108}$$

$$k_\sigma = \frac{16}{\sqrt{(1+\beta)^2+0.112(1-\beta)^2}+(1+\beta)} \tag{2-109}$$

$$\beta = \sigma_2/\sigma_1 \tag{2-110}$$

式中 β——截面边缘正应力比值（图 2-78）$-1\leqslant\beta\leqslant1$；

$\quad\quad k_\sigma$——杆件在正应力作用下的屈曲系数。

当板边最大应力 $\sigma_1<f$ 时，计算 λ_p 可用 $r_R\sigma_1$ 代替式（2-108）中的 f_y，r_R 为抗力分项系数。对 Q235 和 Q345 钢，$r_R=1.1$。

(4) 腹板有效宽度 h_e 应按下列规则分布（图 2-78）：

当截面全部受压，即 $\beta>0$ 时

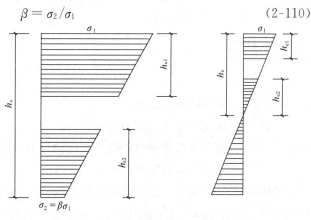

图 2-78 有效截面分布

$$h_{e1} = \frac{2h_e}{5 - \beta} \qquad (2\text{-}111)$$

$$h_{e2} = h_e - h_{e1} \qquad (2\text{-}112)$$

当截面部分受拉，即 $\beta < 0$ 时

$$h_{e1} = 0.4h_e \qquad (2\text{-}113)$$

$$h_{e2} = 0.6h_e \qquad (2\text{-}114)$$

5. 柱子计算长度和容许长细比

（1）平面外计算长度的确定，与梁相同的计算方法。

（2）平面内计算长度的确定：平面内计算长度应取为 $h_0 = \mu h$。摇摆柱的计算长度系数 μ 取 1.0。

（3）容许长细比，当刚架无吊车荷载时，柱子的容许长细比不宜大于 180；当刚架柱直接承受吊车荷载时，柱子的容许长细比不宜大于 150。

6. 构造要求

（1）刚架的柱底铰接时，柱子宜做成变截面构件；柱底刚接时，柱子宜做成等截面构件，吊车吨位较大时，可考虑做成阶梯柱，当为变截面柱时，柱底截面高度不宜小于 250mm，不宜大于 450mm，柱顶截面高度参照与之相连的斜梁截面高度，或比斜梁截面高度略小，加厚柱子翼缘使之截面模量与此处斜梁截面模量相当。

（2）凡承受吊车荷载或支撑托架梁的中柱，柱子与梁应做成刚接，当吊车吨位大于 5t 时，柱底也宜做成刚接。

（3）其他构造要求可参照前面变截面刚架梁的计算与构造中的构造要求的 1～5 点做法，此时，柱子的侧向稳定性依靠连接在墙梁上的隔撑起支撑作用，其隔撑的作用和布置与斜梁体系相类似。

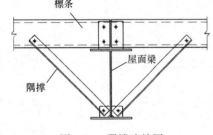

图 2-79 隔撑连接图

7. 隔撑设计

当实腹式刚架斜梁的下翼缘或柱的内翼缘受压时，为了保证其平面外稳定，必须在受压翼缘布置隔撑（端部仅设置一道），作为侧向支承。隔撑的一端连在受压翼缘上，另一端直接连接在檩条上，如图 2-79 所示。

隔撑应按轴心受压构件设计。轴力设计值 N 可按下式计算：

$$N = \frac{Af}{60\cos\theta} \qquad (2\text{-}115)$$

式中 N ——隔撑的轴心压力；

     A ——被支撑翼缘的截面面积（mm²）；

     f ——被支撑翼缘钢材的抗压强度设计值（N/mm²）；

     θ ——隔撑与檩条轴线的夹角（°）。

当隔撑成对布置时，每根隔撑的计算轴心压力可取公式（2-115）计算值的一半。隔撑宜采用单角钢制作，其间距应小于等于受压翼缘宽度的 $16\sqrt{235/f_y}$ 倍。隔撑与刚架构件腹板的夹角宜大于等于 45°，其与刚架构件、檩条或墙梁的连接应采用螺栓连接，每端

通常采用单个螺栓，计算时强度设计值应乘以相应的折减系数。

2.6.11 连接和节点设计

1. 构件焊接

（1）当被连接板件的最小厚度不大于 4mm 时，正面角焊缝的强度增大系数 β_f 取 1.0。

（2）当构件腹板厚度不大于 8mm 时，腹板与翼缘之间的 T 形连接焊缝可按以下技术条件采用自动或半自动埋弧焊接单面角焊缝（图 2-80）。

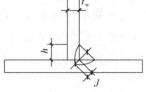

1）单面角焊缝适用于承受剪力的焊缝。

2）单面角焊缝仅可用于承受静力荷载和间接承受动力荷载的、非露天和不接触强腐蚀介质的结构构件。

图 2-80 单面角焊缝

3）焊脚尺寸、焊喉及最小根部熔深应满足表 2-11 的要求。

焊脚尺寸、焊喉及最小根部熔深   表 2-11

腹板厚度 t_w	最小焊脚尺寸 k	有效厚度 h_{we}	最小根部熔深 J（焊丝直径 1.2～2.0）
3	3.0	2.1	1.0
4	4.0	2.8	1.2
5	5.0	3.5	1.4
6	5.5	3.9	1.6
7	6.0	4.2	1.8
8	6.5	4.6	2.0

4）经工艺评定合格的焊接参数、方法不得变更。

5）柱与底板的连接，柱与牛腿的连接，梁端板的连接，吊车梁及支撑局部悬挂荷载的吊架等，除非设计专门规定，不得采用单面角焊缝。

6）按设防烈度 8 度及以上设计的门式刚架轻型房屋钢结构构件不得采用单面角焊缝。

（3）可以采用不同厚度的板拼接构件的翼缘和腹板，当不同厚度的板厚度差超过 2mm 时，宜将厚度较大的板件加工成 1：2.5 的斜度之后对焊接；不同宽度的板拼接成翼缘板时，应将宽度较大的板件加工成 1：2.5 的斜度之后对焊接，如图 2-81 所示。

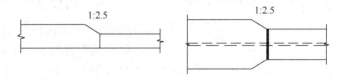

图 2-81 板的拼接

（4）刚架构件的腹板与端板连接可采用双面角焊缝；翼缘与端板的连接宜采用角对接组合焊缝或与构件板等强的双面角焊缝，当翼缘厚度超过 12mm 时，与端板连接宜采用全熔透对接焊缝。坡口形式应符合现行国家标准《气焊、焊条电弧焊、气体保护焊和高能束焊的推荐坡口》GB/T 985.1 规定。

2. 刚架节点设计

门式刚架结构中的节点设计包括：梁柱连接节点、梁梁拼接节点、柱脚节点以及其他一些次结构与刚架的连接节点。当有桥式吊车时，刚架柱上还有牛腿节点。门式刚架的节点设计应注意节点的构造合理，便于施工安装。

（1）门式刚架梁与柱子之间的连接宜采用高强螺栓端板连接，节点刚度依靠端板厚度、端板外伸长度、高强螺栓的预拉力保证，高强螺栓直径、数量主要根据预拉力确定，高强螺栓直径一般为 M16～M24。

（2）斜梁与柱子的节点形式，一般采用外伸端板与高强度螺栓连接的形式，主要分为端板竖放、端板横放和端板斜放三种形式，如图 2-82(a)～(c) 所示。梁梁拼接也采用这种连接形式，如图 2-82 (d) 所示。

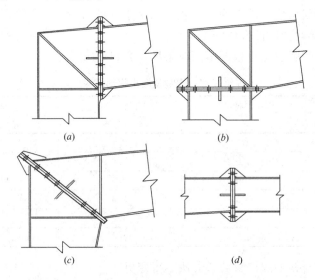

图 2-82　刚架横梁与柱的连接及横梁间的拼接

(a) 端板竖放；(b) 端板横放；(c) 端板斜放；(d) 横梁拼接

（3）节点的构造要求

1）端板的厚度不宜小于螺栓的直径；

2）加劲肋的厚度不宜小于构件腹板的厚度，长度不宜小于其宽度的 1.5 倍，其厚度可取 $t_s = \left(0.7+\dfrac{h_s}{l_s}\right)\dfrac{\sum N_t}{h_s f}$，$h_s$，$l_s$ 分别为加劲肋高度与长度，$\sum N_t$ 为两颗螺栓的抗拉承载力，f 为加劲肋钢标抗拉设计强度。

3）螺栓的布置见图 2-83，间距不宜小于 $3d_0$，不宜大于 400mm。

4）螺栓距离端板边缘不宜小于 2 倍的螺栓直径。

（4）端板厚度计算

端板厚度 t 的验算根据其支撑条件分别按下式计算（图 2-83）

1）伸臂类区格　　$t \geqslant \sqrt{\dfrac{6e_f N_t}{bf}}$　　　(2-116)

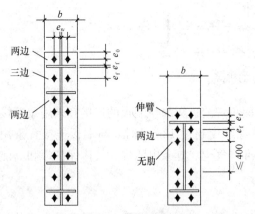

图 2-83　螺栓布置

2）无加劲肋类区格

$$t \geqslant \sqrt{\frac{3e_{\mathrm{w}}N_{\mathrm{t}}}{(0.5a+e_{\mathrm{w}})f}}$$ (2-117)

3）两邻边支承类区格

在端板外伸区

$$t \geqslant \sqrt{\frac{6e_{\mathrm{f}}e_{\mathrm{w}}N_{\mathrm{t}}}{[e_{\mathrm{w}}b+2e_{\mathrm{f}}(e_{\mathrm{f}}+e_{\mathrm{w}})]f}}$$ (2-118)

当端板与钢梁齐平时

$$t \geqslant \sqrt{\frac{12e_{\mathrm{f}}e_{\mathrm{w}}N_{\mathrm{t}}}{[e_{\mathrm{w}}b+4e_{\mathrm{f}}(e_{\mathrm{f}}+e_{\mathrm{w}})]f}}$$ (2-119)

4）三边支承类区格

$$t \geqslant \sqrt{\frac{6e_{\mathrm{f}}e_{\mathrm{w}}N_{\mathrm{t}}}{[e_{\mathrm{w}}(b_{\mathrm{e}}+2b_{\mathrm{s}})+2e_{\mathrm{f}}^{2}]f}}$$ (2-120)

式中 N_{t}——一个高强度螺栓的受拉承载力设计值；

e_{w}、e_{f}——螺栓中心至腹板和翼缘表面的距离；

b、b_{s}——端板和加劲肋板的宽度；

a——螺栓的间距；

f——端板钢材的抗拉强度设计值。

（5）梁柱节点域计算

门式刚架斜梁与柱相交的节点域，图 2-84，应按下式验算剪应力：

$$\tau = \frac{M}{h_{0\mathrm{c}}h_{0\mathrm{b}}t_{\mathrm{p}}} \leqslant f_{\mathrm{v}}$$ (2-121)

式中 $h_{0\mathrm{c}}$、$h_{0\mathrm{b}}$、t_{p}——节点域的高度（梁截面高度）、宽度（柱截面高度）和厚度；

M——节点承受的弯矩，对于多跨刚架中间柱处，应取两侧斜梁弯矩的代数和（或）柱端弯矩；

f_{v}——节点域钢材的抗剪强度设计值。

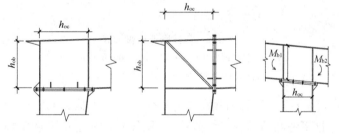

图 2-84 梁柱节点板域

（6）摇摆柱及抗风柱节点设计

1）门式刚架的摇摆中柱及端框架的抗风柱，适宜采用铰接节点方式，铰接节点的螺栓应布置在构件截面的内部，螺栓直径根据所承受的拉力与剪力确定，常规采用 M16～M24 螺栓。

2）斜梁与柱子宜采用柱顶端板连接方式，斜梁下翼缘在节点连接处应适当加厚，其厚度与节点处柱子端板厚度一致，如图2-85所示。

3）节点的构造要求：

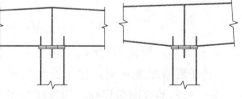

图 2-85 梁-柱铰接节点

端板的厚度不宜小于螺栓的直径；

加劲肋的厚度不宜小于构件腹板的厚度，长度不宜小于其宽度的1.5倍；

螺栓的间距不宜小于$3d_0$，螺栓布置要求参考图2-83。

4）端板厚度t的验算根据其支承条件和承受的拉力，分别按式（2-116）～式（2-120）计算。

3. 柱脚节点设计——构造要求

1）门式刚架柱脚宜采用一对锚栓或两对锚栓的平板式铰接柱脚，如图2-86(a)、(b)所示，也可根据要求采用刚接柱脚，如图2-86(c)、(d)所示。

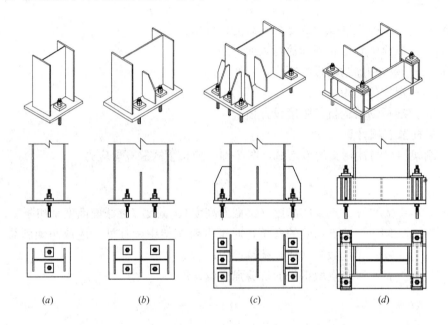

图2-86 门式刚架柱脚形式

(a) 一对锚栓的铰接柱脚；(b) 两对锚栓的铰接柱脚；

(c) 带加劲肋的刚接柱脚；(d) 带靴梁的刚接柱脚

2）计算带有柱间支撑的柱脚锚栓在风荷载作用下的上拔力时，应计入柱间支撑产生的最大竖向分力，且不考虑活荷载（雪荷载）、积灰荷载和附加荷载影响，恒荷载分项系数应取1.0。计算柱脚锚栓的受拉承载力时，应采用螺纹处的有效截面面积。

3）柱脚水平剪力由底板与混凝土之间的摩擦力承受，摩擦系数可取0.4，计算摩擦力时应考虑屋面风吸力产生的上拔力影响，按公式（2-122）计算，如不满足公式(2-122)的要求时，应设置如图2-87所示的抗剪键抵抗水平剪力，抗剪键可采用角钢、槽钢、工字钢等制作。

$$V_{fb} = 0.4N \geqslant V \tag{2-122}$$

4）柱底板的厚度不宜小于锚栓的直径，柱子的腹板与底板可采用双面角焊缝，焊脚高度与柱子腹板厚度相同，柱子翼缘与底板焊缝：当翼缘厚度小于12mm时，可采用图2-88（a）所示的双面角焊缝；当翼缘厚度大于或等于12mm时，宜采用图2-88（b）、（c）所示的焊缝形式。

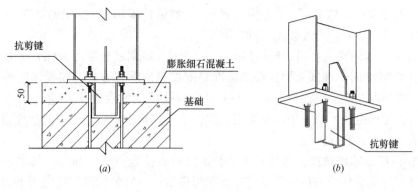

图 2-87　抗剪键示意图

(a) 立面图；(b) 模型图

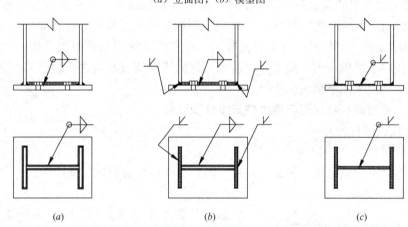

图 2-88　底板与钢柱下端的连接焊缝示意图

(a) 周边为角焊缝连接；(b) 翼缘为完全焊透的坡口对接焊缝，腹板为角焊缝连接；
(c) 周边为完全焊透的坡口对接焊缝连接

5）柱脚基础锚栓连接的构造要求

柱脚基础锚栓连接的构造如图 2-86 所示。

① 如图 2-89 所示，柱底板的锚栓孔径与锚栓直径应满足式（2-123）、式（2-124）构造要求，待柱子安装定位后，将柱底板上面的垫板用角焊缝围焊在底板上，角焊缝高度为垫板厚度一半，垫板边长为 $(2.5 \sim 3.0)\, d_0$，垫板厚度可取 0.5 倍柱底板厚度，垫板中心开孔为 d_1 应满足公式（2-125）构造要求。

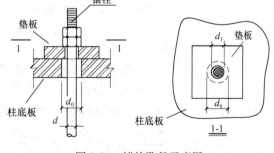

图 2-89　锚栓孔径示意图

$$d_0 = (1.2 \sim 1.5)d \quad (2\text{-}123)$$

且满足：

$$d_0 - d \leqslant 12 \text{mm} \tag{2-124}$$

$$d_1 = d + (1.5 \sim 2.0) \text{mm} \tag{2-125}$$

② 锚栓的基本锚固长度 l_a 为：当锚栓采用 Q235 钢时，对于 C15 混凝土基础，取 $25d$

对于 C20 混凝土基础，取 20d（d 为锚栓直径）。当锚栓采用 Q345 钢时，对于 C15 混凝土基础，取 30d；对于 C20 混凝土基础，取 25d。

③ 锚栓下端锚固构造：当锚栓规格小于 M42 时，端部做长度为 4d 的 90°弯钩；当锚栓规格不小于 M42 时，端部采用锚板加标准垫圈加标准螺母方式。锚板厚度约取锚栓直径的一半，边长取 2.5 倍锚栓直径，中心处开孔，孔径比锚栓直径大 2mm。攻丝扣长度约为 2.5 倍的锚栓直径。当采用本款规定的锚板锚固构造措施后，锚栓的预埋锚固长度可减至基本锚固长度 l_a 的 60%。

④ 锚栓顶部标准攻丝扣，攻丝长度 $l_0 \approx 5$ 倍的锚栓直径＋120mm。其中，柱底板下面的螺母功能是支承柱子的自重并通过旋动螺母调节柱子安装标高；柱底板下面的垫板厚度及开孔尺寸与柱底板上面的加强垫板相同，但边长可取 3 倍的锚栓直径。

⑤ 柱底板混凝土砂浆灌浆层厚：当锚栓规格小于 M42 时，柱底板混凝土砂浆灌浆层厚度可取 70mm；当锚栓规格不小于 M42 时，混凝土砂浆灌浆层厚度宜取 100mm。

⑥ 首榀刚架柱子安装时，对于铰接柱子，宜在柱子的四角采用钢垫块，加塞必要的楔块填实，使柱子稳固。当已安装好风缆绳，且后续刚架安装与之连接具有抗风保障时，可不用对柱底四角采用钢垫块。

2.6.12 实腹式铰接柱脚与刚接柱脚设计及计算

1. 实腹式铰接柱脚

（1）柱脚计算

铰接柱脚计算包括底板、靴梁、肋板、隔板、连接焊缝和抗剪键计算。

1）柱脚底板确定

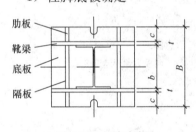

图 2-90　柱脚底板

底板的平面尺寸如图 2-90 所示，取决于基础混凝土轴心抗压强度值，计算时一般假定柱脚底板和基础之间的压力均匀分布，底板面积按下式计算：

$$A = \frac{N}{f_c} \qquad (2\text{-}126)$$

式中　N——作用于柱脚的轴心压力；

　　　f_c——混凝土轴心抗压强度设计值。

柱脚设有靴梁时，底板宽度按下式确定：

$$B = b + 2t + 2c \qquad (2\text{-}127)$$

式中　b——柱截面宽度；

　　　t——靴梁厚度，一般取柱翼缘厚度，且不小于 10mm；

　　　c——底板伸出靴梁外的宽度，一般取 20～30mm。

底板长度 L 按底板对基础顶的最大压应力不大于混凝土强度设计值 f_c 确定：

$$\sigma_{\max} = \frac{N}{BL} \leqslant f_c \qquad (2\text{-}128)$$

底板长度 L 应不大于 2 倍宽度 B，并尽量设计成正方形。

底板被靴梁、隔板分隔成四边支承板、三边支承板和悬臂板。底板厚度 t 可按下式计算：

$$t = \sqrt{\frac{6M_{\max}}{f}} \qquad (2\text{-}129)$$

式中 M_{max}——底板的最大弯矩，取四边支承板、三边支承板和悬臂板计算弯矩中的最大值；

f——钢材的强度设计值。

上述计算简单，但偏于安全。柱脚底板厚度可采用有限元法进行计算分析确定。底板厚度不应小于 20mm，并不小于柱子板件的厚度，以保证底板有足够的刚度，使柱脚易于施工和维护。

柱端与靴梁、底板、隔板以及靴梁、底板、隔板间的相互连接焊缝一般都采用角焊缝。

2）柱下端与底板的连接焊缝计算

① 熔透的对接焊缝可不进行验算。

② 当柱子下端铣平时，连接角焊缝的焊脚尺寸的承载力应大于轴心压力的 15%，且应满足角焊缝最小焊脚尺寸和抗剪承载力的要求。

③ 角焊缝在轴向力和剪力共同作用下，其强度应按下列公式计算：

$$\sigma_f = \frac{N}{h_e l_w} \leqslant \beta_f f_f^w \tag{2-130}$$

$$\tau = \frac{V}{h_e l_w} \leqslant f_f^w \tag{2-131}$$

$$\sqrt{\left(\frac{\sigma_f}{\beta_f}\right) + \tau_f^2} \leqslant f_f^w \tag{2-132}$$

式中 V——柱脚剪力；

h_e——角焊缝的计算厚度，对直角角焊缝等于 $0.7h_f$，h_f 为焊脚尺寸；

l_w——角焊缝的计算长度，对每条焊缝取其实际长度减去 $2h_f$；

β_f——正面角焊缝的强度设计值增大系数：对承受静力荷载和间接承受动力荷载的柱脚，$\beta_f = 1.22$；对直接承受动力荷载的柱脚，$\beta_f = 1.0$；

f_f^w——角焊缝的强度设计值。

角焊缝的焊脚尺寸除满足受力要求外，尚应符合构造规定，即焊角尺寸 h_f（mm）不得小于 $1.5\sqrt{t}$，t（mm）为较厚焊件厚度，不宜大于较薄焊件厚度的 1.2 倍，侧面角焊缝的计算长度不宜超过 60%。当超过时，焊缝的承载力设计值应乘以折减系数 α_f，$\alpha_f = 1.5 - \frac{l_w}{120h_f}$，并不小于 0.5，但有效焊缝计算长度不应超过 $180h_f$。

3）靴梁、肋板与隔板的计算

靴梁的高度由靴梁与柱的连接焊缝长度确定，一般不小于 250m，靴梁板的厚度按下列公式计算：

$$t \geqslant \frac{6M_{max}}{h^2 f} \tag{2-133}$$

$$t \geqslant \frac{1.5V_{max}}{h f_v} \tag{2-134}$$

式中 h——靴梁的高度；

M_{max}——靴梁所受的最大弯矩；

V_{max}——靴梁所受的最大剪力；

f_v——钢材的抗剪强度设计值。

靴梁板的厚度取上述计算的最大值，且宜与柱翼缘厚度协调，并不小于 10mm，其局部稳定应符合梁腹板的要求，厚度与底板相协调。

悬挑式靴梁与柱肢的连接角焊缝应按综合应力进行验算：

$$\tau_f = \sqrt{\left(\frac{\sigma_M}{\beta_f}\right)^2 + \tau_v^2} \leqslant f_f^w \qquad (2\text{-}135)$$

式中 σ_M、τ_v——角焊缝在底板基础反力作用下产生的正应力和剪应力。

肋板在基础反力作用下的计算内容为：

肋板厚度 $\qquad\qquad t_s = \frac{V_s}{f_v h_s} \qquad\qquad\qquad (2\text{-}136)$

式中 V_s——肋板所承担区域的基础反力；

　　　h_s——肋板高度，一般不小于 200mm。

肋板侧面角焊缝： $\qquad \tau_f = \frac{V_s}{2h_e l_w} \leqslant f_f^w \qquad\qquad (2\text{-}137)$

隔板按两端简支于靴梁的简支梁计算，其高度取决于和靴梁的连接焊缝，一般为靴梁高度的 2/3，厚度应不小于 $l/50$（l 为隔板的长度）也不小于 10mm。

（2）抗剪键计算

柱脚锚栓不宜用以承受柱脚底部的水平反力，此水平反力首先通过柱脚底板与混凝土面之间的摩擦力传递给基础混凝土，但当柱脚承受的水平力大于该摩擦时，需要设置抗剪键来抗剪。在工程中常用的抗剪键为 H 型钢或方钢。抗剪键通常焊在底板下面，柱底的水平力由底板传递给焊缝，焊缝再传递给抗剪键，抗剪键通过承压传递给周围的混凝土。抗剪键能否起到抗剪作用，抗剪键的埋深是关键。抗剪键埋深应能保证混凝土达到破坏时的承载力大于柱脚承受的水平力，其埋深 h（mm）可按下式计算：

$$h \geqslant 1.45 \frac{V}{f_c b} \qquad (2\text{-}138)$$

式中 V——柱脚剪力；

　　　f_c——基础混凝土轴心抗压强度设计值；

　　　b——抗剪键宽度。

抗剪键与柱脚底板的焊缝应等强焊接。

2. 实腹式刚接柱脚

（1）柱脚计算——柱脚底板确定

柱脚各板件及其连接除应满足柱脚向基础传递内力的强度要求外，尚应具有承受基础反力及锚栓抗力作用的能力。因此，假定柱脚为刚体，基础反力呈线性变化。

底板宽度 B 可按公式（2-127）确定。底板长度 L 应满足下式要求：

$$\sigma_c = \frac{N}{BL} + \frac{6M}{BL^2} \leqslant f_c \qquad (2\text{-}139)$$

式中 N、M——柱下端的框架组合内力，即轴心力和相应的弯矩。若柱的形心轴与底板的形心轴不重合时，底板采用的弯矩应另加偏心距 $N \cdot e$（e 为下柱截面形心轴与底板长度方向的中心线之间的距离）；

f_c——混凝土轴心抗压强度设计值，当计入局部承压的提高系数时，则可取 $\beta_c f_c$ 替代。

底板厚度 t 按下式计算：

$$t = \sqrt{\frac{6M_{max}}{f}} \tag{2-140}$$

式中　M_{max}——在基础反力作用下，各区格单位宽度上弯矩的最大值，当锚栓直接锚在底板上时，则取区格弯矩和锚栓产生弯矩的较大值。

底板被靴梁、加劲肋和隔板所分割区格的弯矩值可按下列公式计算：

四边支承板

$$M = \beta_1 \sigma_c a_1^2 \tag{2-141}$$

三边支承板或两边相邻支承板

$$M = \beta_2 \sigma_c a_2^2 \tag{2-142}$$

当 b_1/a_1 或 $b_2/a_2 > 2$ 及两对边支承时　$M = \dfrac{1}{8} \sigma_c a_3^2 \tag{2-143}$

悬臂板　　　　　　　　　$M = \dfrac{1}{2} \sigma_c a_4^2 \tag{2-144}$

上列式中　σ_c——所计算区格内底板下部平均应力；

　　β_1、β_2——b_1/a_1、b_2/a_2 的有关参数，见表 2-12、表 2-13；

　　a_1、b_1——计算区格内板的短边和长边；

　　a_2、b_2——对三边支承板，为板的自由边长度和相邻边的边长；对两相邻边支承板为两支承边对角线的长度和两支承边交点至对角线的距离；

　　a_3——简支板跨度（即 a_1 或 a_2）；

　　a_4——悬臂长度（或 $b_2/a_2 < 0.3$ 中的 b_2 值）。

底板厚度除按上述计算确定外，还应满足构造要求，即底板厚度不应小于 25mm，也不宜大于 100mm。

β_1 值　　　　　　　　　表 2-12

四边支承板	$\dfrac{b_1}{a_1}$	1.0	1.1	1.2	1.3	1.4	1.5	1.6	1.7	1.8	1.9	2.0	>2.0
	β_1	0.0479	0.0553	0.0626	0.0693	0.0753	0.0812	0.0862	0.0908	0.0948	0.0985	0.1017	0.1250

β_2 值　　　　　　　　　表 2-13

三边支承板	$\dfrac{b_2}{a_2}$	0.30	0.35	0.40	0.45	0.50	0.55	0.60	0.65	0.70	0.75	0.80
	β_2	0.0273	0.0355	0.0439	0.0522	0.0602	0.0677	0.0747	0.0812	0.0871	0.0924	0.0972

续表

两相邻边支承板												
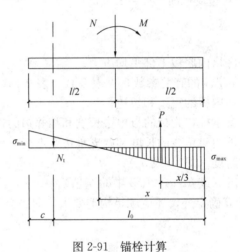	$\dfrac{b_2}{a_2}$	0.85	0.90	0.95	1.00	1.10	1.20	1.30	1.40	1.50	1.75	2.00
	β_2	0.1015	0.1053	0.1087	0.1117	0.1167	0.1205	0.1235	0.1258	0.1275	0.1302	0.1316

注：当 $b_2/a_2 < 0.3$ 时，按悬臂长度为 b_2 的悬臂板计算。

（2）锚栓计算

锚栓计算时应选用柱脚荷载组合中最大 M 和相应的较小 N，使底板在最大可能范围内产生底部拉力，见图 2-91。

图 2-91　锚栓计算

当偏心距 $e = \dfrac{M}{N} \leqslant \dfrac{l}{6}$ 或 $\dfrac{l}{6} < e \leqslant \left(\dfrac{l}{6} + \dfrac{x}{3} \right)$ 时，受拉侧锚栓按构造要求设置。

当偏心距 $e > \left(\dfrac{l}{6} + \dfrac{x}{3} \right)$ 时，受拉侧单个锚栓有效截面积 A_c 可按下式计算：

$$A_c = \frac{N(e - l/2 + x/3)}{n_i(l - c - x/3)f_t^a} \tag{2-145}$$

式中　M、N——柱下端框架荷载组合中最大弯矩和相应的轴心力；

　　　　f_t^a——锚栓抗拉强度设计值；

　　　　n_i——柱一侧锚栓数目；

　　　　x——底板一侧压应力分布长度，应采用使其产生最大拉力的组合弯矩和相应的轴心力。底板一侧的压应力和另一侧的假想拉应力可分别按下列公式计算：

$$\sigma_{max} = \frac{N}{BL} + \frac{6M}{BL^2} \leqslant f_c \tag{2-146}$$

$$\sigma_{\min} = \frac{N}{BL} - \frac{6M}{BL^2} \tag{2-147}$$

按上述两式求出底板一侧压应力和另一侧的假想拉应力后即可求压力分布长度 x 值。锚栓的有效截面积确定后，锚栓的直径、锚固长度及细部尺寸可按表 2-14 选用。

锚 栓 规 格

表 2-14

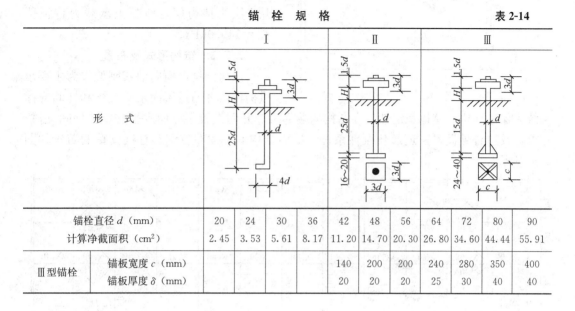

形　式	Ⅰ				Ⅱ			Ⅲ			
锚栓直径 d（mm）	20	24	30	36	42	48	56	64	72	80	90
计算净截面面积（cm²）	2.45	3.53	5.61	8.17	11.20	14.70	20.30	26.80	34.60	44.44	55.91
Ⅲ型锚栓　锚板宽度 c（mm）					140	200	200	240	280	350	400
锚板厚度 δ（mm）					20	20	20	25	30	40	40

2.7　轻型门式刚架工程设计实例

2.7.1　工程概况及设计资料

某轻钢结构厂房，采用单跨双坡门式刚架，跨度 24m，柱距 6m，结构平面布置如图 2-92 所示；屋面和墙面均采用带玻璃丝保温棉的双层彩色钢板，厚度为 50mm。厂房檐口高度为 12.0m，屋面坡度为 10%，厂房内设置一台工作级别为 A4 的 5t 电动单梁吊车，吊车牛腿标高为 8.7m，如图 2-93 所示。

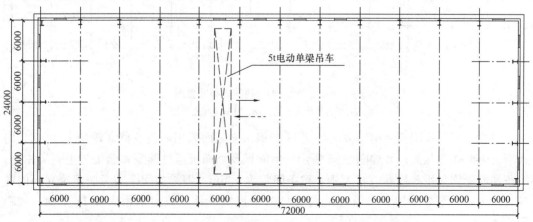

图 2-92　厂房平面布置图

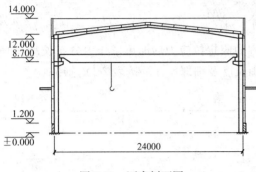

图 2-93　厂房剖面图

本工程位于北京郊区，设计基准期为 50 年，属于丙类建筑，抗震设防烈度为 8 度，设计地震分组为第一组；场地土类别为 Ⅱ 类，地面粗糙度为 B 类，地基以粉质黏土层为持力层，地基土承载力特征值 $f_{ak}=140.0\text{kPa}$。

2.7.2　结构形式及布置

厂房结构以横向门式刚架作为主要承重构件，并通过屋面水平支撑和柱间支撑系统来保证结构的整体稳定性。在结构的端部第二开间设置了屋面水平支撑和柱间支撑；在檐口及屋脊处设置三道通长刚性系杆。屋面结构的平面布置图和柱间支撑的布置如图 2-94 所示。

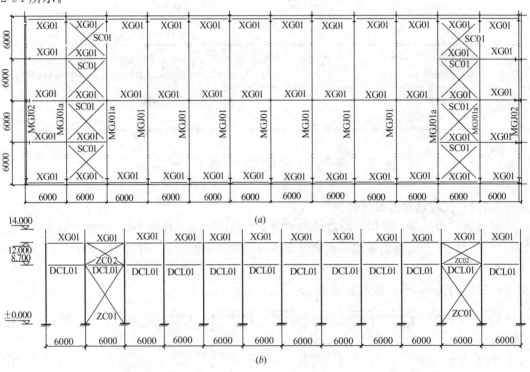

图 2-94　厂房结构及柱间支撑布置图
(a) 结构平面布置图；(b) 柱间支撑布置图

门式刚架的柱截面采用等截面焊接 H 型钢，梁截面采用四段变截面焊接 H 型钢，门式刚架的形式和几何尺寸如图 2-95 所示。屋面板及墙面板通过檩条和墙梁与主刚架相连；檩条和墙梁均采用薄壁卷边 C 型钢，檩条间距为 1.5m，墙梁的间距需考虑建筑立面门窗开设情况，如图 2-95 所示。在山墙位置处需增设抗风柱，截面采用焊接 H 型钢，柱距为 6m。

主刚架构件钢材为 Q345B，抗剪强度设计值为 $f_v=180\text{N/mm}^2$；其他构件（如檩条、墙梁及支撑等辅件）的钢材为 Q235BF。Q345B 钢材应采用 E50 型焊条，角焊缝强度设计

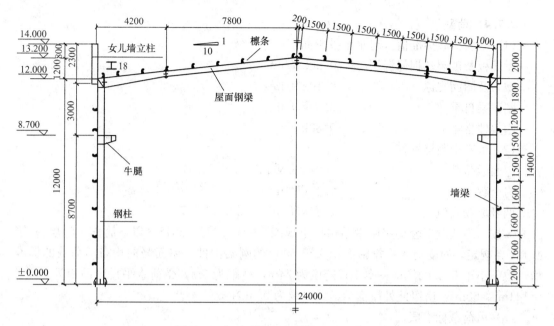

图 2-95 门式刚架几何尺寸图（MGJ01）

值为 $f_f^w = 200\text{N/mm}^2$；Q235B 钢材应采用 E43 型焊条，角焊缝强度设计值为 $f_f^w = 160\text{N/mm}^2$。

2.7.3 初选截面

考虑厂房内设有吊车，钢柱采用等截面形式，柱初选截面为 H450×300×8×12；由于厂房跨度较大，钢梁长度较长，考虑分段运输，将钢梁分为四段，变截面梁段初选截面为 H（550~350）×200×6×10，等截面梁段初选截面为 H350×200×6×8，如图 2-96 所示。

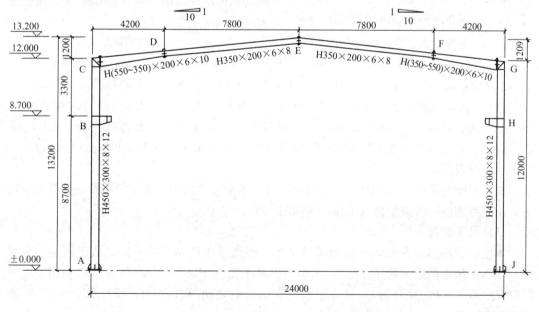

图 2-96 门式刚架梁柱截面尺寸图

2.7.4 荷载

（1）永久荷载标准值（对水平投影面）

屋面板及玻璃丝棉保温层	$0.20\mathrm{kN/m^2}$
檩条及屋面支撑	$0.10\mathrm{kN/m^2}$
刚架梁自重	$0.54\mathrm{kN/m}$
刚架柱自重	$0.83\mathrm{kN/m}$

（2）可变荷载标准值

屋面活荷载	$*\ 0.30\mathrm{kN/m^2}$
雪荷载	$0.40\mathrm{kN/m^2}$
两者取较大值	$0.40\mathrm{kN/m^2}$

* 按《门式刚架轻型房屋钢结构技术规范》GB 51022—2015（以下简称《门规》）第4.1.3条规定，对受荷水平投影面积大于 $60\mathrm{m^2}$ 的刚架构件，屋面竖向均布活荷载的标准值可取不小于 $0.30\mathrm{kN/m^2}$。本工程跨度为 24m，柱距为 6m，受荷水平投影面积为 $24\times 6=144\mathrm{m^2}>60\mathrm{m^2}$，所以此处屋面活荷载可取为 $0.3\mathrm{kN/m^2}$。

（3）风荷载标准值

基本风压值为 $w_0=0.45\mathrm{kN/m^2}$，地面粗糙度为 B 类，风荷载高度变化系数按现行《建筑结构荷载规范》GB 50009—2012 的相关规定取值：当高度小于 10m 时，按 10m 高度处的数值取 $\mu_z=1.0$；当高度为 $10\sim13.2\mathrm{m}$ 时，按 13.2m 高度处的数值取 $\mu_z=1.08$；风振系数取为 $\beta_z=1.0$；风荷载体型系数 μ_s 可按《门规》GB 51022 中 4.2 的封闭式单跨双坡屋面中间区取值：对迎风面柱、屋面分别取 $\mu_{s1}=0.22$，$\mu_{s2}=-0.87$，背风面柱、屋面分别取 $\mu_{s3}=-0.47$，$\mu_{s4}=-0.55$。门式刚架各个面的风荷载标准值具体计算如下（已知柱距为 $B=6.0\mathrm{m}$）（图 2-97）：

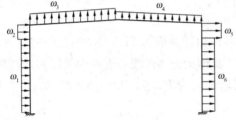

图 2-97　左风作用下门式刚架的风荷载示意图

$$\omega_1=\beta_z\mu_z\mu_{s1}\omega_0B=1.0\times1.0\times0.22\times0.45\times6.0=0.594\mathrm{kN/m}（压力）$$

$$\omega_2=\beta_z\mu_z\mu_{s1}\omega_0B=1.0\times1.08\times0.22\times0.45\times6.0=0.642\mathrm{kN/m}（压力）$$

$$\omega_3=\beta_z\mu_z\mu_{s2}\omega_0B=1.0\times1.08\times(-0.87)\times0.45\times6.0=-2.537\mathrm{kN/m}（吸力）$$

$$\omega_4=\beta_z\mu_z\mu_{s4}\omega_0B=1.0\times1.08\times(-0.55)\times0.45\times6.0=-1.604\mathrm{kN/m}（吸力）$$

$$\omega_5=\beta_z\mu_z\mu_{s3}\omega_0B=1.0\times1.08\times(-0.47)\times0.45\times6.0=-1.371\mathrm{kN/m}（吸力）$$

$$\omega_6=\beta_z\mu_z\mu_{s3}\omega_0B=1.0\times1.0\times(-0.47)\times0.45\times6.0=-1.269\mathrm{kN/m}（吸力）$$

（4）地震作用

地震烈度为 8 度，设计地震分组为第一组，场地土类别为 Ⅱ 类。采用振型分解反应谱法，主要考虑前三阶振型参与工作，结构阻尼比 $\zeta=0.05$。

（5）吊车荷载

本工程选用型号为 LX5-S 电动单梁吊车。根据吊车产品目录可知，吊车额定起重量 $Q=50\mathrm{kN}$，吊车的最大轮压 $P_{max}=33.8\mathrm{kN}$，最小轮压 $P_{min}=6.3\mathrm{kN}$（也可以利用 $P_{min}=0.5\ (Q+G)-P_{max}$ 来计算），吊车自重（含吊车电动葫芦自重）$G=27.6\mathrm{kN}$，吊车一侧的轮距 $W=2.0\mathrm{m}$，吊车宽度 $B=2.5\mathrm{m}$。

利用结构力学的影响线（图 2-98），可计算出吊车的竖向轮压标准值：

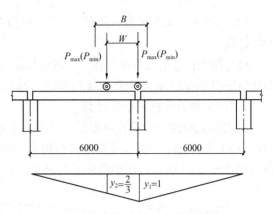

图 2-98 吊车轮压影响线计算简图

$$P_{k,\max} = \sum P_{i\max} y_i = 33.8 \times 1 + 33.8 \times \frac{2}{3}$$
$$= 56.3\text{kN}$$

$$P_{k,\min} = \sum P_{i\min} y_i = 6.3 \times 1 + 6.3 \times \frac{2}{3}$$
$$= 10.5\text{kN}$$

吊车的横向水平荷载标准值：

① 吊车每个轮上的横向水平荷载标准值为：

$$T_i = \eta \frac{Q + Q_1}{2n_0} = 0.12 \times \frac{50 + 0.4 \times 50}{2 \times 2} = 2.1\text{kN}$$

式中　Q_1——小车重量。当无资料时，软钩吊车可近似按下述情况确定：

当 $Q \leqslant 50\text{t}$ 时，$Q_1 = 0.4Q$；

当 $Q > 50\text{t}$ 时，$Q_1 = 0.3Q$；

n_0——吊车一侧车轮数；

η——系数，对硬钩吊车，$\eta = 0.2$；

对软钩吊车，当 $Q \leqslant 10\text{t}$ 时，$\eta = 0.12$；

当 $15\text{t} \leqslant Q \leqslant 50\text{t}$ 时，$\eta = 0.10$；

当 $Q > 75\text{t}$ 时，$\eta = 0.08$。

② 利用图 2-98 影响线计算出每个轮上的最大横向水平荷载标准值为：

$$T_{k,\max} = \sum T_i y_i = 2.1 \times 1 + 2.1 \times \frac{2}{3} = 3.5\text{kN}$$

2.7.5　荷载组合

门式刚架设计时，主要考虑了恒荷载（包括结构自重及设备重）、活荷载（包括均布活荷载、检修集中荷载、积灰荷载、雪荷载等）、风荷载、吊车荷载与地震作用等几种荷载工况，荷载组合时应符合下列原则：

(1) 屋面均布活荷载不与雪荷载同时考虑，应取两者中的较大值；

(2) 积灰荷载与雪荷载或屋面均布活荷载中的较大值同时考虑；

(3) 施工或检修集中荷载不与屋面材料或檩条自重以外的其他荷载同时考虑；

(4) 多台吊车的组合应符合现行国家标准《建筑结构荷载规范》GB 50009 的规定；

(5) 风荷载不与地震作用同时考虑。

对于门式刚架结构，计算承载能力极限状态时，应考虑以下几种荷载的组合：

(1) 1.3×永久荷载标准值＋1.5×竖向可变荷载标准值；

(2) 1.0×永久荷载标准值＋1.5×风荷载标准值；

(3) 1.3×永久荷载标准值＋0.9×（1.5×竖向可变荷载标准值＋1.5×风荷载标准值）；

(4) 1.3×永久荷载标准值＋0.9×（1.5×竖向可变荷载标准值＋1.5×吊车竖向可变荷载标准值＋1.5×吊车水平可变荷载标准值）；

(5) 1.3×永久荷载标准值＋0.9×（1.5×风荷载标准值＋1.5×吊车水平可变荷载标准值）；

（6）1.3×（永久荷载标准值＋0.5×竖向可变荷载标准值＋0.5×吊车自重）＋1.3×地震作用。

计算结构正常使用承载状态时，将承载能力极限状态时的荷载组合去掉分项系数即可。本算例采用 PKPM 系列软件（STS 模块）计算，具体荷载效应组合可由软件自动组合。

2.7.6 内力分析及位移计算

门式刚架的内力和位移可根据本章 2.6 节的内容通过手工计算，限于篇幅，本算例采用 PKPM 系列软件（STS 模块）进行内力和位移计算。利用 STS 计算出平面门式刚架的内力值如图 2-99 所示，横梁挠度及柱顶节点位移如图 2-100 所示。

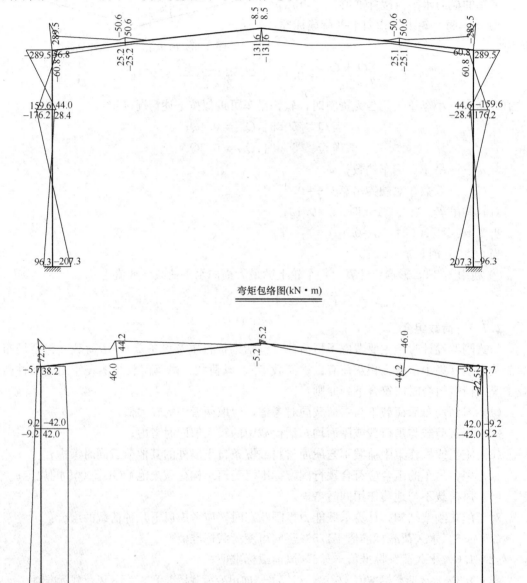

图 2-99 门式刚架内力包络图（一）

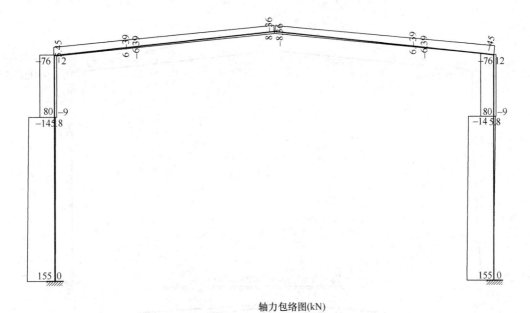

轴力包络图(kN)

图 2-99　门式刚架内力包络图（二）

如图 2-100 所示，屋面钢梁挠度为 $f = 114.0\text{mm} \leqslant \dfrac{24000}{180} = 133.3\text{mm}$

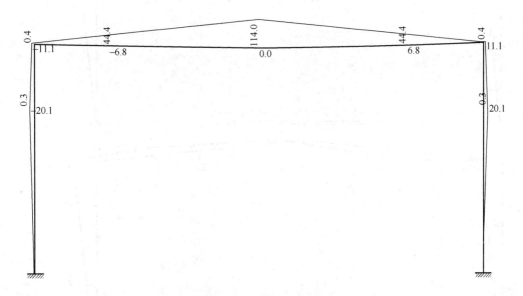

恒载+活载(标准值)节点位移图(mm)

图 2-100　门式刚架横梁挠度图及节点位移图（一）

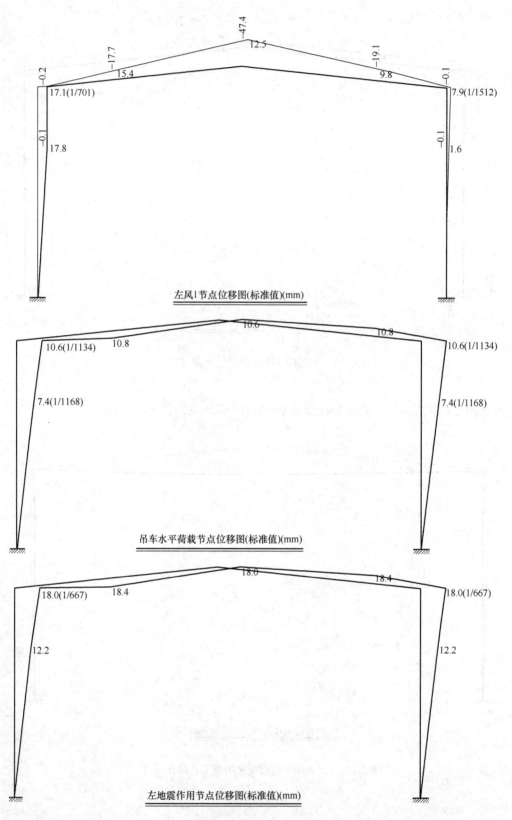

左风1节点位移图(标准值)(mm)

吊车水平荷载节点位移图(标准值)(mm)

左地震作用节点位移图(标准值)(mm)

图 2-100　门式刚架横梁挠度图及节点位移图（二）

柱顶位移最大值为 18.0mm，则 $\Delta u = 18.0\text{mm} \leqslant \dfrac{12000}{150} = 80\text{mm}$

在荷载的作用下刚架的横向挠度及柱顶节点位移满足设计要求。

2.7.7 构件验算

2.7.7.1 钢柱 AC 截面验算

1. 截面几何特性

如图 2-96 所示，钢柱 AC 截面为 H450×300×8×12，截面面积 $A = 10608\text{mm}^2$；截面惯性矩 $I_x = 3.97 \times 10^8 \text{mm}^4$，$I_y = 5.40 \times 10^7 \text{mm}^4$；截面抵抗矩 $W_x = 1.76 \times 10^6 \text{mm}^3$，$W_y = 3.60 \times 10^5 \text{mm}^3$；截面回转半径 $i_x = 193.4\text{mm}$，$i_y = 71.3\text{mm}$；钢材的弹性模量为 $E = 2.06 \times 10^5 \text{N/mm}^2$。

2. 内力

考虑各种荷载效应的组合后，根据图 2-99 的内力包络图，可得出杆件的最大内力设计值为：

A 端：弯矩 $M_A = -207.3\text{kN·m}$，剪力 $V_A = -43.4\text{kN}$，轴力 $N_A = 155.0\text{kN}$

C 端：弯矩 $M_C = -289.5\text{kN·m}$，剪力 $V_C = 38.2\text{kN}$，轴力 $N_C = -76\text{kN}$

3. 计算长度

(1) 平面外计算长度：AC 柱的平面外计算长度取柱间支撑侧向支撑点的间距，即 $l_{oy} = 8.7\text{m}$。

(2) 平面内计算长度：单位水平荷载 $H = 1\text{kN}$ 作用下，通过电算可以得到 AC 柱的柱顶水平位移为 $\mu = 0.4\text{mm}$，则 AC 柱柱顶水平荷载作用下的侧移刚度 $K = H/\mu = 1/0.4 = 2.5\text{kN/mm} = 2500\text{kN/m}$。由公式（2-95b）可得：

$$\mu_y = 5.85\sqrt{EI_{cx}/Kh^3} = 5.85 \times \sqrt{\dfrac{2.06 \times 10^5 \times 3.97 \times 10^8}{2500 \times 12000^3}} = 0.805$$

则钢柱 AC 的平面内计算长度为 $l_{ox} = 0.805 \times 12 = 9.66\text{m}$。

4. 强度验算

(1) 控制截面的强度验算

$$\tau = \dfrac{V_A S}{I t_w} = \dfrac{V_A}{t_w h_w} = \dfrac{43.4 \times 10^3}{8 \times 426} = 12.73\text{N/mm}^2 < 180\text{N/mm}^2$$

$$\dfrac{N_c}{A_n} + \dfrac{M_c}{\gamma_x W_{nx}} = \dfrac{76 \times 10^3}{10608} + \dfrac{289.5 \times 10^6}{1.05 \times 1.76 \times 10^6} = 163.8\text{N/mm}^2 < f = 310\text{N/mm}^2$$

满足强度要求。

(2) 抗剪承载力验算

$$V_d = t_w h_w f_v = 8 \times 426 \times 180 = 613.4\text{kN} \geqslant V = 43.4\text{kN}$$

满足设计要求。

(3) 抗弯承载力验算

由于 $V < 0.5 V_d$，则利用式（2-86）可得：

$$\dfrac{N}{A_e} + \dfrac{M_x}{W_{ex}} = \dfrac{76 \times 10^3}{10608} + \dfrac{289.5 \times 10^6}{1.76 \times 10^6} = 171.7\text{N/mm}^2 < f = 310\text{N/mm}^2$$

满足设计要求。

5. 整体稳定验算

（1）平面内整体稳定，由式（2-100）～式（2-103）可计算得出：

$$\lambda_1 = \frac{\mu H}{i_{x1}} = \frac{0.805 \times 12 \times 10^3}{193.4} = 49.9 < [\lambda] = 180$$

$$N_{cr} = \frac{\pi^2 E A_{e1}}{\lambda_1^2} = \frac{\pi^2 \times 2.06 \times 10^5 \times 10608}{49.9^2} = 8661.6 \text{kN}$$

$$\bar{\lambda}_1 = \frac{\lambda_1}{\pi} \sqrt{\frac{E}{f_y}} = \frac{49.9}{\pi} \times \sqrt{\frac{2.06 \times 10^5}{345}} = 388.1 > 1.2; \eta_t = 1$$

对于 x 轴，按 b 类截面，材质为 Q345，查附表 2-8 可得 $\varphi_x = 0.805$；对有侧移刚架，等效弯矩系数 β_m 取 1.0，则

$$\frac{N_1}{\eta_t \varphi_x A_{e1}} + \frac{\beta_{mx} M_1}{(1 - N_1/N_{cr}) W_{e1}}$$

$$= \frac{76 \times 10^3}{1.0 \times 0.805 \times 10608} + \frac{1.0 \times 289.5 \times 10^6}{(1 - 76/8661.6) \times 1.76 \times 10^6}$$

$$= 174.8 \text{N/mm}^2 < f = 310 \text{N/mm}^2$$

（2）平面外整体稳定，由式（2-105）、式（2-106）可计算得出：

$$\lambda_{1y} = \frac{L}{i_{y1}} = \frac{8.7 \times 10^3}{71.3} = 122 < [\lambda] = 180$$

$$\bar{\lambda}_{1y} = \frac{\lambda_{1y}}{\pi} \sqrt{\frac{f_y}{E}} = \frac{122}{\pi} \times \sqrt{\frac{345}{2.06 \times 10^5}} = 1.59 > 1.3; \eta_{ty} = 1$$

对于 y 轴，按 b 类截面，材质为 Q345，查附表 2-8 可得 $\varphi_y = 0.316$。利用式(2-65)～式(2-81)、式(2-104)可得：

$$\gamma = \frac{h_1 - h_0}{h_0} = \frac{450 - 450}{450} = 0$$

$$k_M = \frac{M_0}{M_1} = \frac{96.3}{289.5} = 0.33$$

$$k_\sigma = k_M \frac{W_{x1}}{W_{x0}} = 0.33 \times 1 = 0.33$$

$$\lambda_{b0} = \frac{0.55 - 0.25 k_\sigma}{(1+\gamma)^{0.2}} = \frac{0.55 - 0.25 \times 0.33}{(1+0)^{0.2}} = 0.47$$

$$\eta_i = \frac{I_{yB}}{I_{yT}} = 1$$

$$\beta_{x\eta} = 0.45(1+\gamma\eta)h_0 \frac{I_{yT} - I_{yB}}{I_y} = 0$$

$$\eta = 0.55 + \frac{0.04}{\sqrt[3]{\eta_i}} \cdot (1 - k_\sigma)$$

$$= 0.55 + \frac{0.04}{1} \times (1 - 0.33)$$

$$= 0.58$$

$$C_1 = 0.46 k_M^2 \eta^{0.346} - 1.32 k_M \eta^{0.132} + 1.86 \eta^{0.023}$$

$$= 0.46 \times 0.33^2 \times 0.58^{0.346} - 1.32 \times 0.33 \times 0.58^{0.132} + 1.86 \times 0.58^{0.023}$$

$$= 1.47$$

$$J_0 = \frac{1}{3}b_T t_T^3 + \frac{1}{3}b_B t_B^3 + \frac{1}{3}h_0 t_w^3$$

$$= \frac{1}{3} \times 300 \times 12^3 + \frac{1}{3} \times 300 \times 12^3 + \frac{1}{3} \times 450 \times 8^3$$

$$= 422400$$

$$J_\eta = J_0 + \frac{1}{3} \times (h_0 - t_f) t_w^3 \gamma\eta$$

$$= 422400$$

$$I_\omega^0 = I_{yT} \cdot h_{sT0}^2 + I_{yB} \cdot h_{sB0}^2$$

$$= 2.59 \times 10^{12}$$

$$I_{\omega\eta} = I_{\omega 0} \cdot (1 + \gamma\eta)^2$$

$$= 2.59 \times 10^{12}$$

$$I_{y0} = \frac{1}{12}t_T b_T^3 + \frac{1}{12}t_B b_B^3$$

$$= \frac{1}{12} \times 12 \times 300^3 + \frac{1}{12} \times 12 \times 300^3$$

$$= 5.4 \times 10^7$$

$$I_y = I_{y0} = 5.4 \times 10^7$$

$$M_{cr} = C_1 \frac{\pi^2 E I_y}{L^2} \left[\beta_{x\eta} + \frac{I_{\omega\eta}}{I_y} \sqrt{1 + \frac{GJ_\eta L^2}{E\pi^2 I_{\omega\eta}}} \right]$$

$$= 568 \text{kN} \cdot \text{m}$$

$$M_y = Wf_y = 607.2 \text{kN} \cdot \text{m}$$

$$\lambda_b = \sqrt{\frac{\gamma_x M_y}{M_{cr}}} = \sqrt{\frac{1.05 \times 607.2}{568}} = 1.06$$

$$n = \frac{1.51}{\lambda_b^{0.1}} \sqrt[3]{\frac{b_1}{h_1}} = \frac{1.51}{1.06^{0.1}} \times \sqrt{\frac{300}{450}} = 1.23$$

$$\varphi_b = \frac{1}{(1 - \lambda_{b0}^{2n} + \lambda_b^{2n})^{1/n}}$$

$$= \frac{1}{(1 - 0.47^{2\times1.23} + 1.06^{2\times1.23})^{1/1.23}}$$

$$= 0.57$$

$$\frac{N_1}{\eta_{ty}\varphi_y A_{e1}f} + \left(\frac{M_1}{\varphi_b \gamma_x W_{x1}f}\right)^{1.3-0.3k_\delta}$$

$$= \frac{76 \times 10^3}{1.0 \times 0.316 \times 10608 \times 310} + \left(\frac{289.5 \times 10^6}{0.57 \times 1.05 \times 1.76 \times 10^6 \times 310}\right)^{1.3-0.3\times0.33}$$

$$= 0.939 < 1$$

$$\lambda_b = \sqrt{\frac{M_y}{M_{cr}}} = \sqrt{\frac{607.2}{568}} = 1.03$$

$$n = \frac{1.51}{\lambda_b^{0.1}} \sqrt[3]{\frac{b_1}{h_1}} = \frac{1.51}{1.03^{0.1}} \times \sqrt[3]{\frac{300}{450}} = 1.32$$

$$\varphi_b = \frac{1}{(1 - \lambda_{b0}^{2n} + \lambda_b^{2n})^{1/n}}$$

$$= \frac{1}{(1 - 0.47^{2 \times 1.32} + 1.03^{2 \times 1.32})^{1/1.32}}$$

$$= 0.604$$

$$\frac{N_1}{\eta_{ty} \varphi_y A_{e1} f} + \left(\frac{M_1}{\varphi_b \gamma_x W_{x1} f}\right)^{1.3 - 0.3 k_\delta}$$

$$= \frac{76 \times 10^3}{1.0 \times 0.316 \times 10608 \times 310} + \left(\frac{289.5 \times 10^6}{0.604 \times 1.05 \times 1.76 \times 10^6 \times 310}\right)^{1.3 - 0.3 \times 0.33}$$

$$= 0.88 < 1$$

满足平面外整体稳定要求。

6. 局部稳定验算

（1）翼缘局部稳定性

$\frac{b_1}{t} = \frac{(300-8)/2}{12} = 12.2 < 15\sqrt{\frac{235}{345}} = 12.4$ 　钢柱翼缘满足局部稳定要求。

（2）腹板局部稳定性

$\frac{h_0}{t_w} = \frac{450 - 2 \times 12}{6} = 71 < 250\sqrt{\frac{235}{345}} = 206.3$ 　钢柱腹板满足局部稳定要求。

2.7.7.2 钢梁 CD 截面验算

1. 截面几何特性

如图 2-96 所示，钢梁 CD 的截面为 H（550～350）×200×6×10。

（1）C 端的截面尺寸为 H550×200×6×10，截面面积 $A = 7180\text{mm}^2$；截面惯性矩 $I_x = 3.66 \times 10^8 \text{mm}^4$，$I_y = 1.33 \times 10^7 \text{mm}^4$；截面抵抗矩 $W_x = 1.33 \times 10^6 \text{mm}^3$，$W_y = 1.33 \times 10^5 \text{mm}^3$；截面回转半径 $i_x = 225.7\text{mm}$，$i_y = 43.1\text{mm}$。

（2）D 端的截面尺寸为 H350×200×6×10，截面面积 $A = 5980\text{mm}^2$；截面惯性矩 $I_x = 1.34 \times 10^8 \text{mm}^4$，$I_y = 1.33 \times 10^7 \text{mm}^4$；截面抵抗矩 $W_x = 7.63 \times 10^5 \text{mm}^3$，$W_y = 1.33 \times 10^5 \text{mm}^3$；截面回转半径 $i_x = 149.4\text{mm}$，$i_y = 47.2\text{mm}$。

2. 内力

考虑各种荷载效应的组合后，根据图 2-99 的内力包络图，可得出杆件的最大内力设计值为：

C 端：弯矩　$M_C = 289.5\text{kN·m}$，剪力　$V_C = 72.5\text{kN}$，轴力　$N_C = 45\text{kN}$

D 端：弯矩　$M_D = -50.6\text{kN·m}$，剪力　$V_D = 46.0\text{kN}$，轴力　$N_D = -39\text{kN}$

3. 计算长度

（1）平面内计算长度：取门式刚架横梁的长度 $l_{ox} = 23.67\text{m}$。

（2）平面外计算长度：钢梁平面外的计算长度取隅撑的间距，即 $l_{oy} = 3.0\text{m}$。

4. 强度验算

（1）控制截面的强度验算

① C 端强度

$$\sigma_c = \frac{N_c}{A_{cn}} + \frac{M_c}{\gamma_x W_{cnx}}$$

$$= \frac{45 \times 10^3}{7180} + \frac{289.5 \times 10^6}{1.05 \times 1.33 \times 10^6}$$

$$= 213.6 \text{N/mm}^2 < f = 310 \text{N/mm}^2$$

$$\tau_c = \frac{V_c}{t_w h_w} = \frac{72.5 \times 10^3}{6 \times 530} = 22.8 \text{N/mm}^2 < f_v = 180 \text{N/mm}^2$$

满足强度要求。

② D 端强度

$$\sigma_D = \frac{N_D}{A_{Dn}} + \frac{M_D}{\gamma_x W_{Dnx}}$$

$$= \frac{39 \times 10^3}{5980} + \frac{50.6 \times 10^6}{1.05 \times 7.63 \times 10^5}$$

$$= 69.7 \text{N/mm}^2 < f = 310 \text{N/mm}^2$$

$$\tau_D = \frac{V_D}{t_w h_w} = \frac{46.0 \times 10^3}{6 \times 330} = 23.2 \text{N/mm}^2 < f_v = 180 \text{N/mm}^2$$

满足强度要求。

（2）抗剪承载力验算

$$V_d = t_w h_w f_v = 6 \times 530 \times 180 = 572.4 \text{kN} > V_c = 72.5 \text{kN}$$

满足设计要求。

（3）抗弯承载力验算

由于 $V < 0.5 V_d$，则利用式（2-63a）可得：

$$M_e = W_{ex} f = 1.33 \times 10^6 \times 310 = 412.3 \text{kN} \cdot \text{m}$$

$M_x = 289.5 \text{kN} \cdot \text{m} < M_e = 412.3 \text{kN} \cdot \text{m}$ 满足设计要求。

5. 整体稳定验算

由式（2-64）～式（2-81）可得：

$$\gamma = \frac{h_1 - h_0}{h_0} = \frac{550 - 350}{350} = 0.57$$

$$k_M = \frac{M_0}{M_1} = \frac{50.6}{289.5} = 0.17$$

$$k_\sigma = k_M \frac{W_{x1}}{W_{x0}} = 0.57 \times \frac{1.33 \times 10^6}{7.63 \times 10^5} = 0.296$$

$$\lambda_{b0} = \frac{0.55 - 0.25 k_\sigma}{(1 + \gamma)^{0.2}} = \frac{0.55 - 0.25 \times 0.296}{(1 + 0.57)^{0.2}} = 0.435$$

$$\eta_i = \frac{I_{yB}}{I_{yT}} = 1$$

$$\beta_{x\eta} = 0.45(1 + \gamma\eta) h_0 \frac{I_{yT} - I_{yB}}{I_y} = 0$$

$$\eta = 0.55 + \frac{0.04}{\sqrt[3]{\eta_i}} \cdot (1 - k_\sigma)$$

$$= 0.55 + \frac{0.04}{1} \times (1 - 0.296)$$

$$= 0.578$$

$$C_1 = 0.46k_M^2 \eta^{0.346} - 1.32k_M \eta^{0.132} + 1.86\eta^{0.023}$$

$$= 0.46 \times 0.17^2 \times 0.578^{0.346} - 1.32 \times 0.17 \times 0.578^{0.132} + 1.86 \times 0.578^{0.023}$$

$$= 1.639$$

$$J_0 = \frac{1}{3}b_T t_T^3 + \frac{1}{3}b_B t_B^3 + \frac{1}{3}h_0 t_w^3$$

$$= \frac{1}{3} \times 200 \times 10^3 + \frac{1}{3} \times 200 \times 10^3 + \frac{1}{3} \times 350 \times 6^3$$

$$= 158533$$

$$J_\eta = J_0 + \frac{1}{3} \times (h_0 - t_f)t_w^3 \gamma\eta$$

$$= 158533 + \frac{1}{3} \times (350 - 10) \times 6^3 \times 0.57 \times 0.578$$

$$= 166598$$

$$I_{\omega 0} = I_{yT} \cdot h_{sT0}^2 + I_{yB} \cdot h_{sB0}^2$$

$$= 3.85 \times 10^{11}$$

$$I_{\omega\eta} = I_{\omega 0} \cdot (1 + \gamma\eta)^2$$

$$= 6.8 \times 10^{11}$$

$$I_{y0} = \frac{1}{12}t_T b_T^3 + \frac{1}{12}t_B b_B^3$$

$$= \frac{1}{12} \times 10 \times 200^3 + \frac{1}{12} \times 10 \times 200^3$$

$$= 1.33 \times 10^7$$

$$I_y = I_{y0} = 1.33 \times 10^7$$

$$M_{cr} = C_1 \frac{\pi^2 E I_y}{L^2} \left[\beta_{x\eta} + \frac{I_{\omega\eta}}{I_y}\sqrt{1 + \frac{GJ_\eta L^2}{E\pi^2 I_{\omega\eta}}} \right]$$

$$= 1160.2 \text{kN} \cdot \text{m}$$

$$M_y = Wf_y = 263.2 \text{kN} \cdot \text{m}$$

$$\lambda_b = \sqrt{\frac{\gamma_x M_y}{M_{cr}}} = \sqrt{\frac{1.05 \times 263.2}{1160.2}} = 0.488$$

$$n = \frac{1.51}{\lambda_b^{0.1}}\sqrt[3]{\frac{b_1}{h_1}} = \frac{1.51}{0.488^{0.1}} \times \sqrt{\frac{200}{550}} = 1.158$$

$$\varphi_b = \frac{1}{(1 - \lambda_{b0}^{2n} + \lambda_b^{2n})^{1/n}}$$

$$= \frac{1}{(1 - 0.435^{2\times1.158} + 0.488^{2\times1.158})^{1/1.158}}$$

$$= 0.963$$

$$\frac{M_{x1}}{\gamma_x \varphi_b W_{ex1}} = \frac{289.5 \times 10^6}{1.05 \times 0.963 \times 1.33 \times 10^6} = 215.3 \text{N/mm}^2 < f$$

$$\lambda_b = \sqrt{\frac{M_y}{M_{cr}}} = \sqrt{\frac{263.2}{1160.2}} = 0.476$$

$$n = \frac{1.51}{\lambda_b^{0.1}} \sqrt[3]{\frac{b_1}{h_1}} = \frac{1.51}{0.476^{0.1}} \times \sqrt[3]{\frac{200}{550}} = 1.16$$

$$\varphi_b = \frac{1}{(1 - \lambda_{b0}^{2n} + \lambda_b^{2n})^{1/n}}$$

$$= \frac{1}{(1 - 0.435^{2 \times 1.16} + 0.476^{2 \times 1.16})^{1/1.16}}$$

$$= 0.972$$

$$\frac{M_{x1}}{\gamma_x \varphi_b W_{ex1}} = \frac{289.5 \times 10^6}{1.05 \times 0.972 \times 1.33 \times 10^6} = 213.3 \text{N/mm}^2 < f$$

6. 局部稳定验算

（1）翼缘局部稳定性

$$\frac{b_1}{t} = \frac{(200-6)/2}{10} = 9.7 < 15\sqrt{\frac{235}{345}} = 12.4 \quad \text{钢梁翼缘满足局部稳定要求。}$$

（2）腹板局部稳定性

$$\frac{h_0}{t_w} = \frac{550 - 2 \times 10}{6} = 88.3 < 250\sqrt{\frac{235}{345}} = 206.3 \quad \text{钢梁腹板满足局部稳定要求。}$$

2.7.7.3 钢梁 DE 截面验算

1. 截面几何特性

如图 2-96 所示，钢梁 DE 的截面为 H350×200×6×8，截面面积 $A = 5204 \text{mm}^2$；截面惯性矩 $I_x = 1.12 \times 10^8 \text{mm}^4$，$I_y = 1.07 \times 10^7 \text{mm}^4$；截面抵抗矩 $W_x = 6.41 \times 10^5 \text{mm}^3$，$W_y = 1.07 \times 10^5 \text{mm}^3$；截面回转半径 $i_x = 146.8 \text{mm}$，$i_y = 45.2 \text{mm}$。

2. 单元内力

考虑各种荷载效应的组合后，根据图 2-99 的内力包络图，可得出杆件的最大内力设计值为：

D 端，弯矩 $M_D = 50.6 \text{kN} \cdot \text{m}$，剪力 $V_D = 44.2 \text{kN}$，轴力 $N_D = 39 \text{kN}$

E 端，弯矩 $M_E = 131.6 \text{kN} \cdot \text{m}$，剪力 $V_E = -5.2 \text{kN}$，轴力 $N_E = -36 \text{kN}$

3. 计算长度

（1）平面内计算长度：取门式刚架横梁的长度 $l_{ox} = 23.67 \text{m}$。

（2）平面外计算长度：钢梁平面外的计算长度取隅撑的间距，即 $l_{oy} = 3.0 \text{m}$。

4. 强度验算

（1）控制截面的强度验算。根据刚架内力图可知，DE 段钢梁的 E 端为控制截面。

$$\sigma_E = \frac{N_E}{A_{En}} + \frac{M_E}{\gamma_x W_{Enx}}$$

$$= \frac{36 \times 10^3}{5204} + \frac{131.6 \times 10^6}{1.05 \times 6.41 \times 10^5}$$

$$= 202.4 \text{N/mm}^2 < f = 310 \text{N/mm}^2$$

$$\tau_D = \frac{V_D}{t_w h_w} = \frac{44.2 \times 10^3}{6 \times 334} = 22.1 \text{N/mm}^2 < f_v = 180 \text{N/mm}^2$$

满足强度要求。

（2）抗剪承载力验算

$$V_d = t_w h_w f_v = 6 \times 334 \times 180 = 306.7kN > V = 44.2kN$$

满足设计要求。

（3）抗弯承载力验算

由于 $V < 0.5 V_d$，则利用式（2-63a）可得：

$$M_e = W_{ex} f = 6.41 \times 10^5 \times 310 = 198.7kN \cdot m$$

$$M_x = 131.6kN \cdot m < M_e = 198.7kN \cdot m$$

满足设计要求。

5. 整体稳定验算

由公式（2-64）～式（2-81）可得：

$$\gamma = \frac{h_1 - h_0}{h_0} = \frac{350 - 350}{350} = 0$$

$$k_M = \frac{M_0}{M_1} = \frac{25.2}{131.6} = 0.19$$

$$k_\sigma = k_M \frac{W_{x1}}{W_{x0}} = 0.19$$

$$\lambda_{b0} = \frac{0.55 - 0.25 k_\sigma}{(1 + \gamma)^{0.2}} = \frac{0.55 - 0.25 \times 0.19}{(1 + 0)^{0.2}} = 0.503$$

$$\eta_i = \frac{I_{yB}}{I_{yT}} = 1$$

$$\beta_{x\eta} = 0.45(1 + \gamma\eta) h_0 \frac{I_{yT} - I_{yB}}{I_y} = 0$$

$$\eta = 0.55 + \frac{0.04}{\sqrt[3]{\eta_i}} \cdot (1 - k_\sigma)$$

$$= 0.55 + \frac{0.04}{1} \times (1 - 0.19)$$

$$= 0.582$$

$$C_1 = 0.46 k_M^2 \eta^{0.346} - 1.32 k_M \eta^{0.132} + 1.86 \eta^{0.023}$$

$$= 0.46 \times 0.19^2 \times 0.582^{0.346} - 1.32 \times 0.19 \times 0.582^{0.132} + 1.86 \times 0.582^{0.023}$$

$$= 1.617$$

$$J_0 = \frac{1}{3} b_T t_T^3 + \frac{1}{3} b_B t_B^3 + \frac{1}{3} h_0 t_w^3$$

$$= \frac{1}{3} \times 200 \times 8^3 + \frac{1}{3} \times 200 \times 8^3 + \frac{1}{3} \times 350 \times 6^3$$

$$= 93467$$

$$J_\eta = J_0 + \frac{1}{3} \times (h_0 - t_f) t_w^3 \gamma\eta$$

$$= 93467$$

$$I_{\omega0} = I_{yT} \cdot h_{sT0}^2 + I_{yB} \cdot h_{sB0}^2$$

$$= 3.12 \times 10^{11}$$

110

$$I_{\omega\eta} = I_{\omega 0} \cdot (1 + \gamma\eta)^2$$
$$= 3.12 \times 10^{11}$$

$$I_{y0} = \frac{1}{12} t_T b_T^3 + \frac{1}{12} t_B b_B^3$$
$$= \frac{1}{12} \times 8 \times 200^3 + \frac{1}{12} \times 8 \times 200^3$$
$$= 1.07 \times 10^7$$

$$I_y = I_{y0} = 1.07 \times 10^7$$

$$M_{cr} = C_1 \frac{\pi^2 E I_y}{L^2} \left[\beta_{x\eta} + \frac{I_{\omega\eta}}{I_y} \sqrt{1 + \frac{G J_\eta L^2}{E \pi^2 I_{\omega\eta}}} \right]$$
$$= 506.3 \text{kN} \cdot \text{m}$$

$$M_y = W f_y = 221.1 \text{kN} \cdot \text{m}$$

$$\lambda_b = \sqrt{\frac{\gamma_x M_y}{M_{cr}}} = \sqrt{\frac{1.05 \times 221.1}{506.3}} = 0.677$$

$$n = \frac{1.51}{\lambda_b^{0.1}} \sqrt[3]{\frac{b_1}{h_1}} = \frac{1.51}{0.677^{0.1}} \times \sqrt[3]{\frac{200}{350}} = 1.30$$

$$\varphi_b = \frac{1}{(1 - \lambda_{b0}^{2n} + \lambda_b^{2n})^{1/n}}$$
$$= \frac{1}{(1 - 0.503^{2 \times 1.30} + 0.677^{2 \times 1.130})^{1/1.30}}$$
$$= 0.872$$

$$\frac{M_{x1}}{\gamma_x \varphi_b W_{ex1}} = \frac{131.6 \times 10^6}{1.05 \times 0.872 \times 6.41 \times 10^5} = 224.2 \text{N/mm}^2 < f$$

$$\lambda_b = \sqrt{\frac{M_y}{M_{cr}}} = \sqrt{\frac{221.1}{506.3}} = 0.661$$

$$n = \frac{1.51}{\lambda_b^{0.1}} \sqrt[3]{\frac{b_1}{h_1}} = \frac{1.51}{0.661^{0.1}} \times \sqrt[3]{\frac{200}{350}} = 1.306$$

$$\varphi_b = \frac{1}{(1 - \lambda_{b0}^{2n} + \lambda_b^{2n})^{1/n}}$$
$$= \frac{1}{(1 - 0.503^{2 \times 1.306} + 0.661^{2 \times 1.306})^{1/1.306}}$$
$$= 0.88$$

$$\frac{M_{x1}}{\gamma_x \varphi_b W_{ex1}} = \frac{131.6 \times 10^6}{1.05 \times 0.88 \times 6.41 \times 10^5} = 222.19 \text{N/mm}^2 < f$$

6. 局部稳定验算

（1）翼缘局部稳定性

$$\frac{b_1}{t} = \frac{(200-6)/2}{8} = 12.1 < 15\sqrt{\frac{235}{345}} = 12.4 \quad \text{钢梁翼缘满足局部稳定要求。}$$

（2）腹板局部稳定性

$$\frac{h_0}{t_w} = \frac{350 - 2 \times 8}{6} = 55.7 < 250\sqrt{\frac{235}{345}} = 206.3 \quad \text{钢梁腹板满足局部稳定要求。}$$

2.7.8 节点验算

2.7.8.1 边柱与横梁连接节点

（1）边柱与横梁连接节点高强度螺栓验算

梁柱节点采用端板竖放的连接方式，如图 2-101 所示，采用 M24（10.9 级）摩擦型高强度螺栓连接，接触面采用喷砂后生赤锈处理，摩擦面抗滑移系数 $\mu=0.45$，每个高强度螺栓的预拉力为 $P=225\text{kN}$。

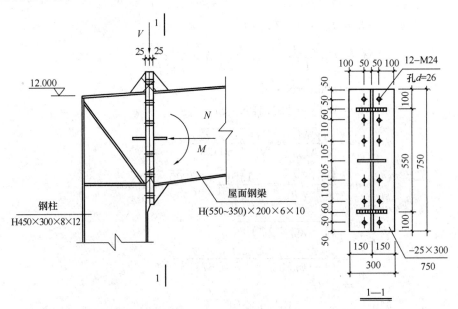

图 2-101　边柱与横梁连接节点图

考虑各种荷载效应的组合后，根据图 2-99 的内力包络图，可得出边柱与横梁连接节点处的最大内力设计值为：

弯矩 $M_C=289.6\text{kN}\cdot\text{m}$，剪力 $V_C=72.5\text{kN}$，轴力 $N_C=45\text{kN}$

最外排高强度螺栓杆轴方向受拉验算

$$N_{t1}=\frac{My_1}{\sum y_1^2}-\frac{N}{n}=\frac{289.6\times10^6\times325}{4\times(105^2+215^2+325^2)}-\frac{45\times10^3}{12}$$

$$=140.7\text{kN}<0.8P=0.8\times225=180\text{kN}$$

满足连接强度要求。

第二排螺栓杆轴方向受拉验算

$$N_{t2}=\frac{My_2}{\sum y_1^2}-\frac{N}{n}=\frac{289.6\times10^6\times215}{4\times(105^2+215^2+325^2)}-\frac{45\times10^3}{12}$$

$$=91.8\text{kN}<0.8P=0.8\times225=180\text{kN}$$

满足连接强度要求。

最外排螺栓拉剪承载力验算

$$N_{v1}=0.9n_f\mu(P-1.25N_{t1})=0.9\times1.0\times0.45\times(225-1.25\times140.7)$$

$$=19.9\text{kN}>\frac{V}{n}=\frac{72.5}{12}=6.0\text{kN}$$

满足连接强度要求。

（2）端板厚度验算

端板采用 Q345B，端板厚度按构造要求应大于 16mm，按附表 1-1 钢材抗拉强度设计值 $f=295\text{N/mm}^2$。

1）两临边支承类区格，在端板外伸区

$$t \geqslant \sqrt{\frac{6e_\text{f}e_\text{w}N_\text{t1}}{[e_\text{w}b+2e_\text{f}(e_\text{f}+e_\text{w})]f}} = \sqrt{\frac{6 \times 50 \times 47 \times 140.7 \times 10^3}{[47 \times 300 + 2 \times 50 \times (50+47)] \times 295}} = 16.8\text{mm}$$

2）三边支承类区格

$$t \geqslant \sqrt{\frac{6e_\text{f}e_\text{w}N_\text{t2}}{[e_\text{w}(b_\text{e}+2b_\text{s})+2e_\text{f}^2]f}} = \sqrt{\frac{6 \times 50 \times 47 \times 91.8 \times 10^3}{[47 \times (300+2 \times 100) + 2 \times 50^2] \times 295}} = 12.4\text{mm}$$

因为高强度螺栓的直径为 24mm，按构造要求外伸端板的厚度不宜小于连接螺栓的直径，所以考虑撬力影响及构造要求后，端板厚度取 26mm，如图 2-101 所示。

（3）梁柱节点域的剪应力验算

根据式（2-121），梁柱节点域的剪应力为：

$$\tau = \frac{M}{h_{0\text{c}}h_{0\text{b}}t_\text{p}} = \frac{289.6 \times 10^6}{(500-2 \times 12) \times (450-2 \times 12) \times 8} = 178.5\text{N/mm}^2 < f_\text{v} = 180\text{N/mm}^2$$

满足要求，本工程根据构造，设置斜向加劲肋，如图 2-101 所示。

（4）螺栓处腹板强度验算

由于 $N_\text{t2}=91.8\text{kN}>0.4P=0.4 \times 225=90\text{kN}$，则

$$\sigma = \frac{N_\text{t2}}{e_\text{w}t_\text{w}} = \frac{91.8 \times 10^3}{47 \times 6} = 325.5\text{N/mm}^2 > f = 310\text{N/mm}^2，误差在允许范围 5\% 之内。$$

2.7.8.2　横梁与横梁拼接节点（屋脊节点）

（1）连接节点高强度螺栓验算

屋脊节点采用端板外伸的连接方式，采用 M24（10.9 级）摩擦型高强度螺栓连接，接触面采用喷砂后生赤锈处理，摩擦面抗滑移系数 $m=0.45$，每个高强度螺栓的预拉力为 $P=225\text{kN}$，如图 2-102 所示。

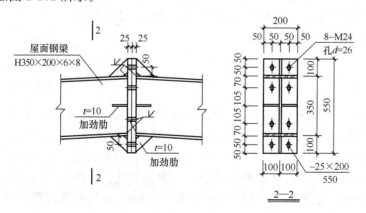

图 2-102　屋脊钢梁拼接节点图

考虑各种荷载效应的组合后，根据图 2-99 的内力包络图，可得出横梁与横梁连接节点（屋脊节点）处的最大内力设计值为：

弯矩 $M_E = 131.6$kN·m，剪力 $V_E = -5.2$kN，轴力 $N_E = -36$kN

最外排螺栓杆轴方向受拉验算

$$N_{t1} = \frac{My_1}{\sum y_i^2} - \frac{N}{n} = \frac{131.6 \times 10^6 \times 225}{4 \times (105^2 + 225^2)} - \frac{36 \times 10^3}{8}$$

$$= 115.6\text{kN} < 0.8P = 0.8 \times 225 = 180\text{kN}$$

满足连接强度要求。

第二排螺栓杆轴方向受拉验算

$$N_{t2} = \frac{My_2}{\sum y_i^2} - \frac{N}{n} = \frac{131.6 \times 10^6 \times 105}{4 \times (105^2 + 225^2)} - \frac{36 \times 10^3}{8}$$

$$= 51.5\text{kN} < 0.8P = 0.8 \times 225 = 180\text{kN}$$

满足连接强度要求。

最外排螺栓拉剪承载力验算

$$N_{v1} = 0.9n_f\mu(P - 1.25N_{t1}) = 0.9 \times 1.0 \times 0.45 \times (225 - 1.25 \times 115.6)$$

$$= 32.6\text{kN} > \frac{V}{n} = \frac{4.2}{8} = 0.53\text{kN}$$

满足连接强度要求。

（2）端板厚度验算

端板采用 Q345B，端板厚度按构造设计要求应大于 16mm，钢材抗拉强度设计值为 $f = 295$N/mm²。

1）两临边支承类区格，在端板外伸区

$$t \geqslant \sqrt{\frac{6e_fe_wN_{t1}}{[e_wb + 2e_f(e_f + e_w)]f}} = \sqrt{\frac{6 \times 46 \times 47 \times 115.6 \times 10^3}{[47 \times 200 + 2 \times 46 \times (46 + 47)] \times 295}} = 16.8\text{mm}$$

2）三边支承类区格

$$t \geqslant \sqrt{\frac{6e_fe_wN_{t2}}{[e_w(b_e + 2b_s) + 2e_f^2]f}} = \sqrt{\frac{6 \times 46 \times 47 \times 51.5 \times 10^3}{[47 \times (200 + 2 \times 100) + 2 \times 46^2] \times 295}} = 9.9\text{mm}$$

因为高强度螺栓的直径为 24mm，外伸端板的厚度不宜小于连接螺栓的直径，所以考虑撬力影响及构造要求后，端板厚度取 26mm，如图 2-102 所示。

（3）螺栓处腹板强度验算

由于 $N_{t2} = 51.5$kN $< 0.4P = 0.4 \times 225 = 90$kN，则

$$\sigma = \frac{0.4P}{e_wt_w} = \frac{90 \times 10^3}{47 \times 6} = 319.1\text{N/mm}^2 > f = 310\text{N/mm}^2，\text{在误差允许范围 5\% 之内。}$$

梁梁拼接节点（中间节点）采用端板外伸的连接方式，通过 M24（10.9S）摩擦型高强度螺栓连接，接触面采用喷砂后生赤锈处理，摩擦面抗滑移系数 $m = 0.45$，每个高强度螺栓的预拉力为 $P = 225$kN，如图 2-103 所示。考虑各种荷载效应的组合后，根据图 2-99 的内力包络图，可得出横梁与横梁连接节点（中间节点）处的最大内力设计值为：弯矩 $M_D = 50.6$ kN·m，剪力 $V_D = 46$kN，轴力 $N_D = 39$kN。具体验算过程同屋脊横梁拼接节点的验算类似，此处从略，节点详图见图 2-103 所示。

2.7.8.3 牛腿节点

本工程牛腿采用 H 形变截面牛腿，具体尺寸如图 2-104 所示。牛腿的上、下翼缘与钢柱采用完全焊透的对接 V 形焊缝，在集中力 F 作用的对应处，上翼缘表面设置垫板，

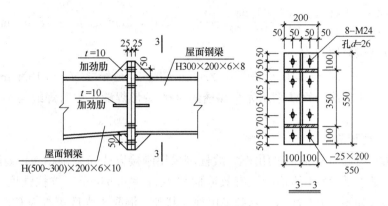

图 2-103　横梁拼接节点图

腹板的两边设置横向加劲肋。为了防止柱翼缘的变形，在牛腿的上、下翼缘与柱翼缘同一标高处，应设置横向加劲肋，其厚度与牛腿翼缘等同。

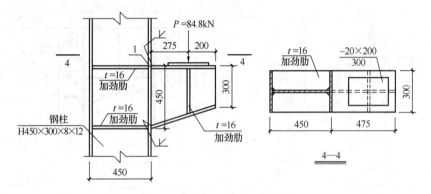

图 2-104　牛腿节点图

　　牛腿端部截面如图 2-105 所示，截面积 $A = 129.44\text{cm}^2$；惯性矩 $I_x = 5.01 \times 10^4\,\text{cm}^4$，截面抵抗矩 $W_x = 2.23 \times 10^3\,\text{cm}^3$，翼缘与腹板连接处"1"点的面积矩 $S_x = 1.04 \times 10^3\,\text{cm}^3$。

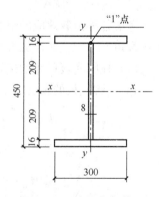

图 2-105　牛腿根部截面

　　钢牛腿承担的荷载主要是吊车梁体系的自重以及吊车轮压，根据图 2-104 可得钢牛腿端部的弯矩和剪力设计值为：

$$M = Pe = 84.8 \times 0.275 = 23.32\text{kN} \cdot \text{m}$$

$$V = P = 1.2P_G + 1.4P_{k,\text{max}}$$

$$= 1.2 \times 5 + 1.4 \times 56.3 = 84.8\text{kN}$$

式中　P_G——吊车梁系统的自重，本工程中由吊车梁系统传至中牛腿上的重量约为 5kN（考虑吊车梁配件及轨道重量，将吊车梁自重乘以 1.4 的系数）；

　　　$P_{k,\text{max}}$——吊车竖向轮压标准值，如图 2-98 所示。

　　牛腿根部的截面强度为：

$$\sigma = \frac{M}{W_x} = \frac{23.32 \times 10^6}{2.23 \times 10^6} = 10.4\text{N/mm}^2 < f = 310\text{N/mm}^2$$

$$\tau = \frac{VS}{It_w} = \frac{84.8 \times 10^3 \times 1.04 \times 10^6}{5.01 \times 10^8 \times 8} = 22.0 \text{N/mm}^2 \leqslant f_v = 180 \text{N/mm}^2$$

"1"点处的折算应力为

$$\sigma_c = \sqrt{\sigma^2 + 3\tau^2} = \sqrt{10.4^2 + 3 \times 22.0^2} = 39.5 \text{N/mm}^2 < f = 310 \text{N/mm}^2$$

牛腿的上、下翼缘与钢柱采用完全焊透的对接 V 形焊缝，此时焊缝与钢柱等强，因此不必计算。

2.7.8.4 柱脚节点

本工程由于有起重量为 5t 的吊车，故柱脚采用刚接方式与基础相连，地脚锚栓采用钢材 Q235B，直径为 M33 的锚栓，有效截面积为 $A_e = 6.94 \text{cm}^2$，抗拉强度 $f_t^a = 140 \text{N/mm}^2$，平面布置如图 2-106 所示。基础采用独立基础，混凝土强度等级为 C30，基础短柱尺寸采用 $750 \text{mm} \times 900 \text{mm}$，混凝土轴心抗压强度设计值 $f_c = 14.3 \text{N/mm}^2$，弹性模量为 $E_c = 3.00 \times 10^4 \text{ N/mm}^2$。

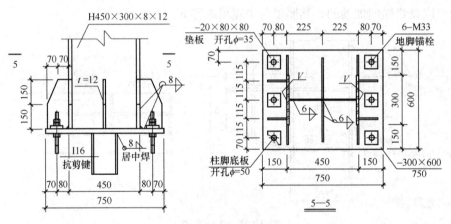

图 2-106　柱脚节点图

考虑各种荷载效应的组合后，根据图 2-99 的内力包络图，可得出柱脚所承担的内力为：弯矩 $M_A = -207.3 \text{kN} \cdot \text{m}$，剪力 $V_A = -43.4 \text{kN}$，轴力 $N_A = 155 \text{ kN}$。

（1）柱脚底板尺寸的确定

1）柱脚底板的长度 L 和宽度 B，根据设置的加劲肋和锚栓间距的构造要求可得：

$$L = h + 2l_t + 2a = 450 + 2 \times (70 + 80) = 750 \text{mm}$$

$$B = b + 2b_t + 2a = 300 + 2 \times (70 + 80) = 600 \text{mm}$$

$$e = \frac{M}{N} = \frac{207.3 \times 10^3}{155} = 1337 \text{mm} > \frac{L}{6} + \frac{l_t}{3} = \frac{750}{6} + \frac{70}{3} = 148.3 \text{mm}$$

根据《混凝土结构设计规范》GB 50010—2010 中第 6.6.1 条规定，混凝土局部受压时的强度提高系数为：$\beta_c = \sqrt{A_b/A_l} = \sqrt{(900 \times 750)/(750 \times 600)} = 1.22$；钢材与混凝土的弹性模量之比 $\alpha_c = 20.6/3.00 = 6.87$；受拉侧锚栓的总有效面积 $A_e^t = 3 \times 6.94 = 20.82 \text{cm}^2$，总拉力 $T = 2082 \times 140 = 291.48 \text{kN}$；如图 2-106 所示，受拉侧底板边缘至受拉锚栓中心的距离 $l_t = 70 \text{mm}$。根据式（2-139）可得

$$\sigma_c = \frac{N}{BL} + \frac{6M}{BL^2} = \frac{155 \times 10^3}{600 \times 750} + \frac{6 \times 207.3 \times 10^6}{600 \times 750^2}$$

$$= 4.03 \text{N/mm}^2 \leqslant \beta_c f_c = 1.22 \times 14.3 = 17.45 \text{N/mm}^2$$

受拉侧锚栓的总拉力为：

三边支承

$$T_a = \frac{b^3 c^3}{a^3 b^3 + b^3 c^3 + a^3 c^3} T_t = \frac{115^3 \times 115^3}{80^3 \times 115^3 + 115^3 \times 115^3 + 80^3 \times 115^3} \times 694 \times 140$$

$$= 58.1 \text{kN}$$

两边支承 $T_b = \dfrac{b^3}{b^3 + a^3} T_t = \dfrac{115^3}{115^3 + 80^3} \times 694 \times 140 = 72.7 \text{kN}$

受拉侧锚栓总拉力为

$$T = T_a + 2T_b = 58.1 + 2 \times 72.7 = 203.5 \text{kN} < 291.48 \text{kN}$$

2）柱脚底板的厚度 t

悬臂板：$M_1 = 0.5 \sigma_c a_1^2 = 0.5 \times 6.82 \times 30^2 = 3069 \text{N} \cdot \text{mm}$

两相邻边支承板：$b_2/a_2 = 94/192 = 0.49$，查表 2-14，可得 $\beta_2 = 0.0586$

$$M_2 = \beta_2 \sigma_c a_2^2 = 0.0586 \times 6.82 \times 192^2 = 14733 \text{N} \cdot \text{mm}$$

三边支承板一：$b_2'/a_2' = 120/220 = 0.55$，查表 2-14，可得 $\beta_2' = 0.0677$

$$M_2' = \beta_2' \sigma_c a_2'^2 = 0.0677 \times 6.82 \times 220^2 = 22347 \text{N} \cdot \text{mm}$$

三边支承板二：$b_2''/a_2'' = 250/208 = 1.20$，查表 2-14，可得 $\beta_2'' = 0.1205$

$$M_2'' = \beta_2'' \sigma_c a_2''^2 = 0.1205 \times 6.82 \times 208^2 = 35555 \text{N} \cdot \text{mm}$$

$$t \geqslant \sqrt{\frac{6M_{imax}}{f}} = \sqrt{\frac{6 \times 35555}{295}} = 26.89 \text{mm}$$

取底板厚度为 $t = 30 \text{mm}$，可满足设计要求。

（2）钢柱与柱脚底板的连接焊缝计算。

本工程钢柱柱脚与底板间的焊缝形式采用翼缘完全融透的对接焊缝，腹板采用角焊缝，焊脚尺寸为 $h_f = 10 \text{mm}$；焊条选用 E50 型，角焊缝强度设计值为 $f_f^w = 200 \text{N/mm}^2$。可得：$A_{eww} = 0.7 \times 10 \times (450 - 2 \times 12 - 20) \times 2 = 5684 \text{mm}^2$，$A_F = 300 \times 12 = 3600 \text{mm}^2$

$$W_F = \frac{2 \times 12 \times 300 \times 219^2}{225} = 1.53 \times 10^6 \text{mm}^3$$

$$\sigma_{Nc} = \frac{N_A}{2A_F + A_{eww}} = \frac{155 \times 10^3}{2 \times 3600 + 5684} = 12.03 \text{N/mm}^2 < \beta_f f_f^w$$

$$= 1.22 \times 200 = 244 \text{N/mm}^2$$

$$\sigma_{Mc} = \frac{M_A}{W_F} = \frac{207.3 \times 10^6}{1.53 \times 10^6} 135.5 \text{N/mm}^2 < \beta_f f_f^w = 244 \text{N/mm}^2$$

$$\tau_v = \frac{V}{A_{eww}} = \frac{43.4 \times 10^3}{5684} = 7.6 \text{N/mm}^2 < f_f^w = 200 \text{N/mm}^2$$

① 对翼缘

$$\sigma_f = \sigma_{Nc} + \sigma_{Mc} = 12.03 + 135.5 = 147.53 \text{N/mm}^2 < \beta_f f_f^w = 244 \text{N/mm}^2$$

② 对腹板

$$\sigma_{fs} = \sqrt{\left(\frac{\sigma_{Nc}}{\beta_f}\right)^2 + (\tau_v)^2} = \sqrt{\left(\frac{12.03}{1.22}\right)^2 + 7.6^2} = 12.4 \text{N/mm}^2 < f_f^w = 200 \text{N/mm}^2$$

（3）柱脚水平抗剪验算

水平抗剪验算可根据式（2-122）：

$$V_{fb} = \mu_{sc}(N + T) = 0.4 \times (155 + 203.5) = 143.4 \text{kN} > V = 43.4 \text{kN}$$

故钢柱柱脚可不设抗剪键，但根据构造要求还是在柱脚底部增设了 I16 的抗剪键，如图 2-106 所示。

2.7.9 吊车梁设计

2.7.9.1 设计资料

吊车梁的跨度 $l = 6.0$m，无制动结构，简支于钢柱牛腿上，每跨仅设置一台 5t 电动单梁吊车，为中级工作制。本工程选用南京起重机械总厂的 LX5-S 电动单梁吊车。根据吊车产品目录可知，吊车额定起重量 $Q = 50$kN，吊车的最大轮压 $P_{max} = 33.8$kN，最小轮压 $P_{min} = 6.3$kN，吊车自重（含吊车电动葫芦自重）$G = 27.6$kN，吊车一侧的轮距 $W = 2.0$m，吊车宽度 $B = 2.5$m。吊车梁钢材选用 Q345B 级钢。

2.7.9.2 内力计算

由 2.7.4 节（5）已经计算出吊车每个轮子上的水平荷载标准值 $T_i = 2.1$kN。吊车荷载的动力系数 $a = 1.05$，吊车荷载分项系数 $\gamma_Q = 1.4$，则可算得吊车梁上的荷载设计值为：

竖向荷载 $\qquad P = a\gamma_Q P_{max} = 1.05 \times 1.4 \times 33.8 = 49.7$kN

水平荷载 $\qquad H = \gamma_Q T_i = 1.4 \times 2.1 = 2.94$kN

（1）最大弯矩 M_{max} 及相应的剪力 V

最不利轮位如图 2-107（a）所示，C 点是最大弯矩 M_{max} 对应的截面位置。图 2-107（b）是最大剪力对应的轮位。

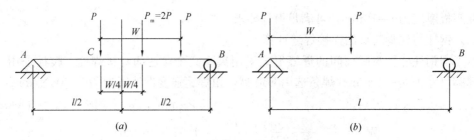

图 2-107　吊车梁计算简图

（a）最大弯矩；（b）最大剪力

考虑吊车梁自重对内力的影响，将内力乘以增大系数 $\beta_0 = 1.05$，则最大弯矩和剪力设计值分别为：

$$M_{max} = \beta_0 \frac{2P(l/2 - W/2)^2}{l} = 1.05 \times \frac{2 \times 49.7 \times (6.0/2 - 2.0/2)^2}{6.0} = 69.6 \text{kN} \cdot \text{m}$$

$$V = \beta_0 \frac{2P(l/2 - W/2)}{l} = 1.05 \times \frac{2 \times 49.7 \times (6.0/2 - 2.0/2)}{6.0} = 34.8 \text{kN}$$

（2）最大剪力 V_{max}

根据影响线可知，产生最大剪力的荷载位置如图 2-107（b）所示：

$$V_{\max} = R_A = \beta_0 P\left(1 + \frac{l-W}{l}\right) = 1.05 \times 49.7 \times \left(1 + \frac{6.0-2.0}{6.0}\right) = 87.0\text{kN}$$

（3）水平荷载产生的最大弯矩 M_H

$$M_H = \frac{H}{P}M_{\max} = \frac{2.1}{49.7} \times 69.6 = 2.94\text{kN} \cdot \text{m}$$

2.7.9.3 截面验算

初选吊车梁截面为 $H500 \times 300/200 \times 6 \times 10$，如图 2-108 所示。

截面几何特性为：$A = 7880\text{mm}^2$，$A_n = 7530\text{mm}^2$，$I_{nx} = 3.48 \times 10^8 \text{mm}^4$，$I_{ny} = 2.92 \times 10^7 \text{mm}^4$，$W_{nx}^s = 1.59 \times 10^6 \text{mm}^3$，$W_{nx}^x = 1.24 \times 10^6 \text{mm}^3$，$W_{ny} = 1.94 \times 10^5 \text{mm}^3$，$i_x = 210.1\text{mm}$，$i_y = 60.8\text{mm}$，$S_x = 7.73 \times 10^5 \text{mm}^3$。

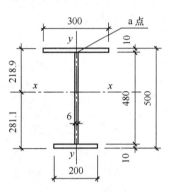

图 2-108　吊车梁截面尺寸

（1）强度计算

1）正应力

上翼缘正应力

$$\sigma_s = \frac{M_{\max}}{W_{nx}^s} + \frac{M_H}{W_{ny}} = \frac{69.6 \times 10^6}{1.59 \times 10^6} + \frac{2.94 \times 10^6}{1.94 \times 10^5}$$

$$= 58.9\text{N/mm}^2 < f = 215\text{N/mm}^2$$

下翼缘正应力

$$\sigma_x = \frac{M_{\max}}{W_{nx}^x} = \frac{69.6 \times 10^6}{1.24 \times 10^6} = 56.1\text{N/mm}^2 < f = 215\text{N/mm}^2$$

2）剪应力

$$\tau_{\max} = \frac{V_{\max}S_x}{I_x t_w} = \frac{87.0 \times 10^3 \times 7.73 \times 10^5}{3.48 \times 10^8 \times 6} = 32.2\text{N/mm}^2 < f_v = 125\text{N/mm}^2$$

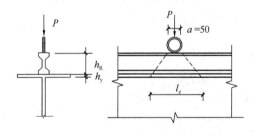

图 2-109　吊车轮压分布长度

3）腹板的局部压应力

吊车轨道高度 $h_R = 120\text{mm}$，如图 2-109 所示，则

$$l_z = a + 5h_y + 2h_R = 50 + 5 \times 10 + 2 \times 120$$

$$= 340\text{mm}$$

$$\sigma_c = \frac{P}{l_z t_w} = \frac{49.7 \times 10^3}{340 \times 6}$$

$$= 24.4\text{N/mm}^2 < f = 215\text{N/mm}^2$$

4）腹板计算高度边缘处"a"点的折算应力：

$$\sigma_a = \sigma_{\perp}\frac{y_a}{y_1} = 58.9 \times \frac{208.9}{218.9} = 56.2\text{N/mm}^2$$

$$\tau_a = \frac{V_{\max}S_a}{I_x t_w} = \frac{87.0 \times 10^3 \times 300 \times 10 \times 213.9}{3.48 \times 10^8 \times 6} = 26.7\text{N/mm}^2$$

$$\sigma_{ca} = \frac{P}{l_z' t_w} = \frac{49.7 \times 10^3}{(50 + 5 \times 10) \times 6} = 82.8\text{N/mm}^2$$

$$\sqrt{\sigma_a^2 + \sigma_{ca}^2 - \sigma_a\sigma_c + 3\tau^2} = \sqrt{56.2^2 + 82.8^2 - 56.2 \times 82.8 + 3 \times 26.7^2}$$
$$= 86.6 \text{N/mm}^2 < \beta_1 f = 1.1 \times 215 = 236.5 \text{N/mm}^2$$

（2）整体稳定计算

根据《钢结构设计标准》GB 50017—2017 附录 C 中的方法，吊车梁的整体稳定计算过程如下：

$$\xi = \frac{l_1 t}{b_1 h} = \frac{6000 \times 10}{300 \times 500} = 0.4 \leqslant 2.0$$

$$\beta_b = 0.73 + 0.18\xi = 0.73 + 0.18 \times 0.4 = 0.802$$

已知 $I_1 = 2.25 \times 10^7 \text{mm}^4$，$I_2 = 6.67 \times 10^6 \text{mm}^4$，$\alpha_b = I_1 / (I_1 + I_2) = 0.771$，$h_b = 0.8$ $(2\alpha_b - 1) = 0.434$，$\lambda_y = l_1 / i_y = 6000/60.8 = 98.7$，则可求得：

$$\varphi_b = \beta_b \frac{4320}{\lambda_y^2} \cdot \frac{Ah}{W_x} \left[\sqrt{1 + \left(\frac{\lambda_y t_1}{4.4h}\right)^2} + \eta_b \right] \frac{235}{f_y}$$

$$= 0.802 \times \frac{4320}{98.7^2} \times \frac{7880 \times 500}{1.59 \times 10^6} \times \left[\sqrt{1 + \left(\frac{98.7 \times 10}{4.4 \times 500}\right)^2} + 0.434 \right] \times \frac{235}{235}$$

$$= 1.348 > 0.6$$

$$\varphi_b' = 1.07 - 0.282/1.348 = 0.861$$

$$\sigma = \frac{M_{max}}{\varphi_b' W_{1nx}} = \frac{69.6 \times 10^6}{0.861 \times 1.59 \times 10^6} = 50.8 \text{N/mm}^2 < f = 215 \text{N/mm}^2，满足整体稳定$$
要求。

（3）腹板的局部稳定计算

由于 $h_0/t_w = (500 - 2 \times 10)/6 = 80 \leqslant 80\sqrt{235/f_y} = 80$，且 $\sigma_c \neq 0$，应按构造配置横向加劲肋。横向加劲肋的间距为 $a = 2h_0 = 2 \times (500 - 2 \times 10) = 960 \text{mm}$，近似取 $a = 1000 \text{mm}$。加劲肋的外伸宽度 $b_s = h_0/30 + 40 = (500 - 2 \times 10)/30 + 40 = 56 \text{mm}$，取 $b_s = 90 \text{mm}$，厚度 $t_s = b_s/15 = 90/15 = 6 \text{mm}$，即取 $b_s = 6 \text{mm}$。根据《钢标》第 8.5.6 的要求，横向加劲肋下端在距离下翼缘 60mm 处断开。

（4）挠度计算

采用等截面简支梁的近似挠度计算公式可得：

$$\omega = \frac{M_{max}l^2/\gamma_Q}{10EI_x} = \frac{69.6 \times 10^6 \times 6000^2/1.4}{10 \times 2.06 \times 10^5 \times 3.48 \times 10^8}$$

$$= 2.50 \text{mm} < [\omega] = \frac{l}{500} = \frac{6000}{500} = 12 \text{mm}$$

（5）支座加劲肋计算

吊车梁的支座加劲肋采用突缘式支座，取支座加劲肋截面尺寸为 $-12 \times 200 \times 520 \text{mm}$，如图 2-110 所示。

1）强度计算

$$\sigma = \frac{V_{max}}{A_{s1}} = \frac{69.6 \times 10^3}{10 \times 200} = 34.8 \text{N/mm}^2 < f_{ce} = 325 \text{N/mm}^2 \ 满足强度要求。$$

2）整体稳定计算

根据《钢标》第 6.3.7 条的规定，应对吊车梁的支座加劲肋按轴心受压构件计算其在

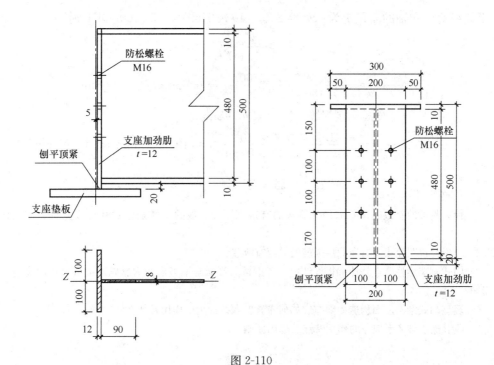

图 2-110

腹板平面外的稳定性，受压构件的截面包括加劲肋和加劲肋每侧 $15h_w\varepsilon_k$ 范围内的腹板面积，计算长度取 h_0。如图 2-110 中阴影面积 $A=12\times200+8\times90=3120\text{mm}^2$，

$$I_z = \frac{1}{12}\times12\times200^3 + \frac{1}{12}\times90\times6^3 = 8.0\times10^6\text{mm}^4$$

$$i_z = \sqrt{\frac{I_z}{A}} = \sqrt{\frac{8.0\times10^6}{3120}} = 50.6\text{mm}, \quad \lambda_z = \frac{h_0}{i_z} = \frac{500-2\times10}{50.6} = 9.5$$

截面属于 b 类，查附表 2-8 可得 $\varphi=0.993$，则支座加劲肋在腹板平面外的稳定应力为：

$$\sigma = \frac{V_{max}}{\varphi A} = \frac{69.6\times10^3}{0.993\times3120} = 22.5\text{N/mm}^2 < f = 215\text{N/mm}^2$$

（6）疲劳计算

本工程吊车为中级工作制吊车，不必进行疲劳验算。

（7）焊缝连接计算

1）上翼缘与腹板连接焊缝计算：取 $h_f=8\text{mm}$。

上翼缘对中和轴的面积矩为：$S_1 = 300\times10\times213.9 = 641700\text{mm}^3$，则

$$h_f \geq \frac{1}{1.4f_f^w}\sqrt{\left(\frac{V_{max}}{I_x}\right)^2 + \left(\frac{\varphi P}{l_z}\right)^2}$$

$$\frac{1}{1.4f_f^w}\sqrt{\left(\frac{V_{max}}{I_x}\right)^2 + \left(\frac{\varphi P}{l_z}\right)^2} = \frac{1}{1.4\times160}\sqrt{\left(\frac{87\times10^3}{3.48\times10^8}\right)^2 + \left[\frac{1.0\times49.7\times10^3}{2\times(140+10)+50}\right]^2}$$

$$= 0.63\text{mm} < h_f = 8\text{mm}$$

2）下翼缘与腹板连接焊缝计算：取 $h_f=8\text{mm}$。

下翼缘对中和轴的面积矩为：$S_2 = 200 \times 10 \times 276.1 = 552200\text{mm}^3$，则

$$h_f \geqslant \frac{V_{\max} S_1}{1.4 f_f^w I_x}$$

$$\frac{V_{\max} S_2}{1.4 f_f^w I_x} = \frac{87 \times 10^3 \times 552200}{1.4 \times 160 \times 3.48 \times 10^8} = 0.62\text{mm} < h_f = 8\text{mm}$$

3）支座加劲肋与腹板连接焊缝计算：取 $h_f = 8\text{mm}$。

$$\tau_f = \frac{1.2 V_{\max}}{2 \times 0.7 h_f l_w} = \frac{1.2 \times 87.0 \times 10^3}{2 \times 0.7 \times 8 \times (480 - 10)} = 19.83\text{N/mm}^2 < 160\text{N/mm}^2$$

思 考 题

2.1 什么是板的有效宽度？如何计算板的有效宽厚比？板的支撑条件对其有效宽厚比产生什么影响？

2.2 分析并说明使板具有屈曲后强度的原因有哪些？

2.3 门式刚架梁柱节点外伸端板设计中，考虑撬力影响与不考虑撬力影响对端板设计厚度取值有什么影响？

2.4 轻型门式刚架屋面构造中隅撑应如何布置？隅撑的主要作用是什么？

2.5 C形檩条与Z形檩条的作用特点及选用原则？

习 题

2.1 某轻型门式刚架结构的屋面，采用带有保温层的彩钢夹芯板，自重为 0.35kN/m^2，雪荷载为 0.25kN/m^2，檩条采用冷弯薄壁卷边 Z 型钢，如图 2-111 所示，截面尺寸为 Z160×70×20×2.5，钢材为 Q235。檩条跨度 $l = 6.0\text{m}$，檩距为 1.5m，屋面坡度为 1/3（屋面倾角 $\alpha = 18°26'$）。檩条跨中设置一道拉条，试验算该檩条的强度和挠度是否满足设计要求。

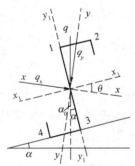

图 2-111 Z形檩条示意图

2.2 墙梁跨度 $l = 6.5\text{m}$，间距 1.5m，如图 2-112 所示。跨中设置一道拉条，双侧挂有等厚度墙板。墙梁初选截面为卷边 C 型钢 C160×60×20×2.5，墙梁与拉条均采用 Q235 钢，墙梁荷载标准值：单侧墙板自重 0.15kN/m^2；墙梁自重 0.06kN/m；迎风风荷载 0.70kN/m，背风风荷载 0.40kN/m，如图 2-113 所示。试验算所选墙梁是否满足设计要求，并选取拉条及斜拉条截面尺寸。

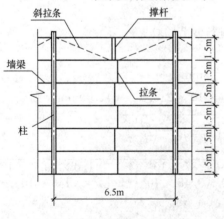

图 2-112 墙梁布置示意图

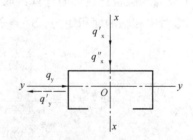

图 2-113 墙梁荷载示意图

122

2.3　某门式刚架边柱与横梁连接节点采用端板竖放的连接方式，采用 M24（10.9 级）摩擦型高强度螺栓连接，接触面采用喷砂后生赤锈的处理方式，摩擦面抗滑移系数 $\mu=0.50$，每个高强度螺栓的预拉力为 $P=225kN$，如图 2-114 所示。钢材材质为 Q345B。考虑各种荷载效应的组合后，已知边柱与横梁连接节点处的最大内力设计值为：$M=315.2kN \cdot m$，$V=76.8kN$，$N=50kN$。试按考虑端板撬力的影响和不考虑端板撬力的影响分别对高强度螺栓的强度、端板的厚度及梁柱节点域的剪应力进行验算。

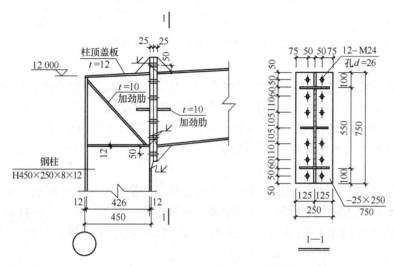

图 2-114　边柱与横梁连接示意图

2.4　某门式刚架结构柱脚采用刚接方式与基础相连，地脚锚栓采用材质为 Q235BF 的 M30 的锚栓，有效面积为 $A_e=5.61cm^2$，抗拉强度 $f_t^a=140N/mm^2$，平面布置如图 2-115 所示。基础采用独立基础，混凝土强度等级为 C30，基础短柱尺寸采用 $800mm \times 800mm$，混凝土轴心抗压强度设计值 $f_c=14.3N/mm^2$，弹性模量为 $E_c=3.00 \times 10^4 N/mm^2$。考虑各种荷载效应的组合后，已知柱脚所承担的内力为：弯矩 $M_A=-175kN \cdot m$，剪力 $V_A=-40kN$，轴力 $N_A=180kN$。试验算柱脚底板的厚度，并对钢柱与柱脚底板的连接焊缝进行验算。

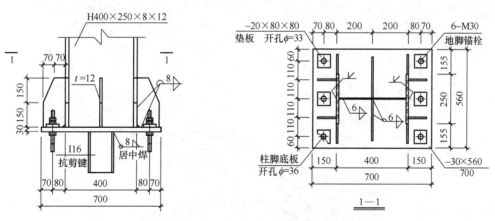

图 2-115　刚接柱脚节点示意图

第3章 重型单层工业厂房钢结构设计

3.1 结 构 组 成

　　重型厂房钢结构一般由屋盖结构（屋面板、檩条、天窗、屋架或梁、托架）、柱、吊车梁（包括制动梁或制动桁架）、墙架、各种支撑等构件组成（图3-1）。结构整体可以看作由上述构件组成的子结构（刚性骨架）构成，承受作用在厂房结构上的各种荷载和作用，是整个建筑物的承重骨架，各子结构如下：

　　1. 横向框架

　　横向框架由位于同轴线上沿厂房跨度方向的柱子和横梁（屋架）组成，承受作用在厂房上的横向水平荷载和竖向荷载，包括全部建筑物重量（屋盖、墙、结构自重）、雪荷载、吊车竖向荷载和横向水平制动力、横向风荷载、横向地震作用等，并将这些荷载传至基础。

　　2. 纵向框架

　　纵向框架由位于同轴线上垂直于厂房跨度方向上的柱子、托架或连系梁、吊车梁、柱间支撑等构成，承受纵向水平荷载，包括吊车纵向水平制动力、纵向风荷载、纵向地震作

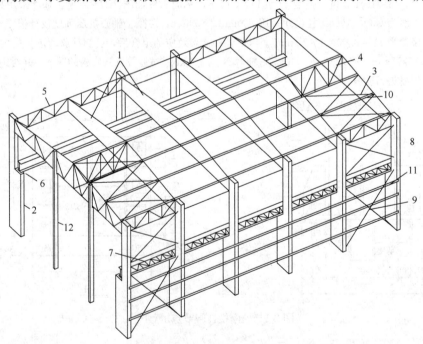

图 3-1　单层厂房结构体系

1—屋架；2—柱；3—屋架上弦横向水平支撑；4—竖向支撑；5—托架；6—吊车梁；7—制动桁架；
8—上层柱间支撑；9—下层柱间支撑；10—檩条；11—墙架梁；12—抗风柱

用等，并将这些荷载传至基础。

　　3. 屋盖结构

　　屋盖结构由檩条、天窗架、屋架、托架和屋盖支撑构成，承受屋面竖向荷载、纵向以及横向风荷载；当屋盖刚度较大时，部分吊车水平荷载也可能由屋盖系统传递。

　　4. 支撑体系

　　支撑体系由屋盖支撑和柱间支撑构成，其作用是将单独的平面框架连成空间体系，从而保证了结构的刚度和稳定，同时承受作用在支撑平面内的风荷载、吊车荷载和地震作用等。

　　5. 吊车梁及制动系统

　　吊车梁及制动系统由吊车梁和在吊车梁上翼缘平面内沿水平方向布置的制动结构（制动梁、制动桁架）组成，直接承受吊车竖向荷载、纵向及横向水平荷载。

　　6. 墙架系统

　　墙架系统由墙架梁、墙架柱、墙架支撑、抗风桁架（抗风梁）等构成，用以承受墙重和墙面风荷载。

3.2　结　构　布　置

3.2.1　结构布置的原则

　　钢结构厂房的结构布置应满足工艺和使用要求，并能适应今后可能的生产工艺和使用要求的变动，要确保结构体系的完整性和安全性，同时要考虑技术经济指标对设计的要求。结构布置的主要内容是确定厂房的平面和高度方向的主要尺寸和控制标高，布置柱网，确定变形缝的位置和做法，并选择主要承重结构（横向平面框架、纵向平面框架、屋盖结构、吊车梁结构等）体系、布置和形式等。

　　结构布置时应充分考虑设计标准化、生产工厂化、施工机械化的要求，以提高建筑工业化的水平。建筑工业化对节约材料、缩短工期、减低综合造价、提高结构质量极为重要。建筑工业化是以产品标准化为基础的，包括结构物的标准化、构件（运输单元）的标准化和节点连接的标准化。产品标准化通过结构的模数化、定型化和统一化来逐步实现。模数化使结构布置的主要尺寸符合一定的基本模数，定型化是同类结构和构件及其连接构造尽量采用相同的典型形式，统一化则进一步使构件及连接的某些主要尺寸也统一起来。这样，在厂房结构中更多地利用标准构配件，甚至对同类厂房做出广泛适用的标准设计。

3.2.2　柱网布置

　　厂房柱的纵向和横向定位轴线在平面上构成的网格，称为柱网，如图 3-2 所示。柱网应根据工艺、结构和经济等要求布置。

　　从工艺方面考虑，厂房的跨度（横向）和柱距（纵向）应满足生产工艺的要求；柱的位置应和厂房的地上设备和地下设备、起重和运输通道、设备基础及地下管道等相协调。

　　从结构方面考虑，柱距均等并符合模数的布置方式最为合理，这样，厂房的屋盖和支撑系统布置简单，吊车梁跨度相同，厂房的横向框架重复性大，可以最大限度达到定型化和标准化。通常情况下，纵向柱距的模数采用 6m；当厂房的跨度≤24m 时，跨度的模数采用 3m，当厂房的跨度≥24m 时，跨度的模数采用 6m。

从经济方面考虑，柱距对结构的用钢量和造价有较大的影响。增大柱距，柱和基础的材料用量减少，但屋盖和吊车梁的材料用量增加，在柱较高、吊车起重量较小的车间中，放大柱距经济效果较好。

过去，采用大型屋面板的厂房，纵向柱距大多采用 6m，少数大跨度厂房也采用 9～12m。近年来，随着压型钢板等轻型屋面板的应用，屋盖结构重量大大减轻，相应的经济柱距显著增大，一些大型厂房已采用 12～24m 柱距，收到较好的经济效果。由于工艺条件的限制或考虑将来生产条件的变更，有时不得不采用不等柱距的布置方案，这时应在抽柱处设置托架（托梁）以支撑上方的屋架，如图 3-2 所示。

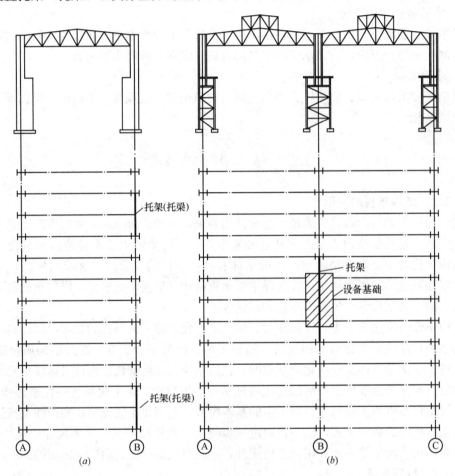

图 3-2　柱网布置

3.2.3　温度缝

如果厂房的长度或宽度较大，在温度变化时，上部结构将发生较大的伸缩变形，而基础以下仍固定于原来位置。这种不协调的变形将使柱、墙等构件内部产生很大的温度应力，并可能导致墙面和屋面的破坏。因此，为有效减少温度应力，需要用伸缩缝将厂房结构分成几个温度区段，减少每个区段的伸缩量。

根据使用经验和理论分析，《钢结构设计标准》GB 50017 规定当温度区段不超过表 3-1 所示的数值时，可不计算温度应力。

结构性质	纵向温度区段 （垂直于屋架或构架跨度方向）	横向温度区段 （沿屋架或构架跨度方向）	
		柱顶为刚接	柱顶为铰接
采暖房屋和非采暖地区的房屋	200	120	150
热车间和采暖地区的非采暖房屋	180	100	125
露天结构	120	—	—
围护构件为金属压型钢板的房屋	250	150	

钢结构房屋温度区段长度限值（m） 表 3-1

伸缩缝的做法是从基础顶面或地面开始，设置双榀横向（或纵向）平面框架将相邻区段的上部结构构件完全分开（基础可不分开），如图 3-3 所示。伸缩缝的净宽取 30～60mm。横向伸缩缝处相邻两榀横向框架的中距 c 通常采用 1.2～3m。一般情况下，横向伸缩缝的中线与厂房的横向定位轴线相重合，而相邻横向框架的中线各向两侧移进 $c/2$，若设备布置确实不容许在伸缩缝处缩小柱距，可以考虑采用有插入距的做法，这样可保持横向框架的原有中距不变。

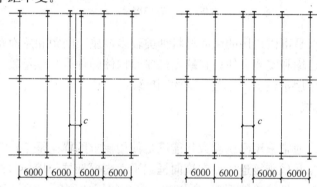

图 3-3　横向伸缩缝处柱的布置

3.2.4　钢屋盖结构体系

钢屋盖结构体系根据是否采用檩条，通常可分为无檩屋盖体系和有檩屋盖体系。

1. 无檩屋盖结构体系

钢屋架上直接铺放屋面板时称为无檩屋盖体系，屋面板通常采用预应力钢筋混凝土大型屋面板（槽形板），角点处下部预埋钢板以便与屋架焊接，常用大型屋面板的尺寸为 1.5×6m，如图 3-4 所示。

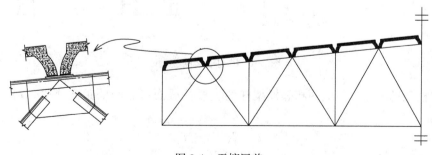

图 3-4　无檩屋盖

无檩体系的优点是屋面构件的种类和数量少，构造简单，安装方便，易于铺设保温层和防水层等，同时屋盖的刚度大，整体性好；其缺点是屋面自重大，对抗震不利。

2. 有檩屋盖结构体系

钢屋架上每隔一定间距放置檩条，再在檩条上放置轻型屋面板时称为有檩屋盖结构体系，轻型屋面板通常采用波形石棉瓦、瓦楞铁、预应力钢筋混凝土槽瓦等，如图 3-5 所示。

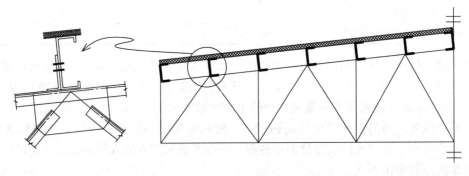

图 3-5　有檩屋盖

有檩体系的优点是可供选用的屋面材料种类较多，屋架间距和屋面布置较灵活，构件重量轻、用量省、运输和安装方便；其缺点是屋面构件的种类和数量较多，构件复杂，吊装安装次数多，檩条用量较多，屋盖的整体刚度较差。

3.2.5　框架形式

1. 横向框架

在重型厂房中，通常采用刚度较大且能满足使用要求的横向框架作为厂房的基本承重结构。框架柱一般与基础刚接连接，在横向框架平面内框架柱与屋架（横梁）可以铰接连接，也可以刚接连接，铰接连接框架（图 3-6*a*、*b*）的横向刚度较差，常用于厂房横向刚度要求不高的情况，刚接连接框架（图 3-6*c*）的整体性好，侧向刚度大但对温度应力和地基基础的不均匀沉降比较敏感。

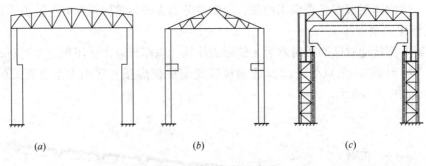

(*a*)　　　　　　　　　(*b*)　　　　　　　　　(*c*)

图 3-6　横向框架的类型

横向框架的跨度一般取两相邻框架柱的上段柱截面形心间的距离（图 3-7），则框架的跨度为：

$$l = l_k + c + c' \tag{3-1}$$

式中　l_k ——桥式吊车的跨度；

　　　c ——边列柱上段柱轴线到吊车轨道中心的距离；

　　　c' ——中列柱上段柱轴线到吊车轨道中心的距离。

一般情况取 $c = c'$，当吊车的起重量≤75t 时，c 取 0.75m，当吊车的起重量≥100t 时，c 取 1.0m。

吊车外缘与厂房柱内表面之间的净距离 m 应不小于 80mm（吊车起重量≤50t 时）或 100mm（吊车起重量≥75t）。对于冶金车间的吊车或重级工作制的吊车，当在吊车和柱之间需要设安全通道时，m 不应小于 400mm，如上段柱的高度在 800mm 以上，过道可穿过柱内部的人孔，这时 m 的数值就不必加大。

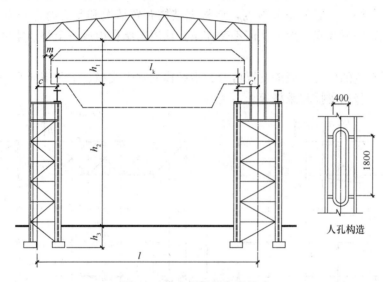

图 3-7　横向框架的主要尺寸

框架柱的高度取柱脚底面到屋架下弦底面之间的距离，可按下式计算：

$$h = h_1 + h_2 + h_3 \qquad (3\text{-}2)$$
$$h_1 = A + 100 + (150 \sim 200)$$

式中　h_1 ——吊车轨顶至屋架下弦底面的距离；其中 A 是吊车轨顶至起重小车顶的高度，100mm 是为制造、安装可能的误差留出的空隙，150～200mm 则是为屋架的挠度和下弦水平支撑角钢的下伸所留的空隙。

　　　h_2 ——地面到吊车轨顶的距离，由生产工艺确定；

　　　h_3 ——柱脚的埋置深度，即混凝土基础顶面至室内地面的距离，一般中型车间为 0.6～1.0m，重型车间为 1.0～1.5m。

2. 纵向框架

在纵向框架平面内，多数情况下，纵向连系梁、吊车梁和支撑构件与框架柱铰接连接，形成排架体系。

3.3　支　撑　体　系

在单层厂房结构中，支撑虽然不是主要的承重构件，但却是连接主要承重结构组成整体结构的重要组成部分。恰当地布置支撑体系，使厂房具有足够的强度、刚度和稳定性。厂房支撑体系可分为屋盖支撑和柱间支撑两部分。

3.3.1 屋盖支撑

由屋架、檩条和屋面材料等构件组成的有檩屋盖是几何可变体系。屋架的受压上弦虽然与檩条连接，但所有屋架的上弦有可能向同一方向以半波形式发生平面外失稳，如图3-8所示。这时上弦的计算长度为屋架的跨度，承载能力极低。屋架下弦虽是拉杆，但当侧向无联系时，在某些不利因素作用下，如厂房内吊车运行时的振动，会引起较大的水平振动和变位，增加杆件和连接的受力，此外，厂房两端的屋架往往要传递由端墙传来的风荷载，仅靠屋架的弦杆来承受和传递风荷载是不够的。因此，要使屋架具有足够的承载力，保证屋盖结构有一定的空间刚度，应根据结构布置情况和受力特点设置各种支撑体系，把平面屋架联系起来，形成几何不变体系，使屋盖结构组成一个整体刚度较大的空间结构体系。

根据支撑布置的位置，屋盖支撑可分为上弦横向水平支撑、下弦横向水平支撑、下弦纵向水平支撑、竖向支撑和系杆等。

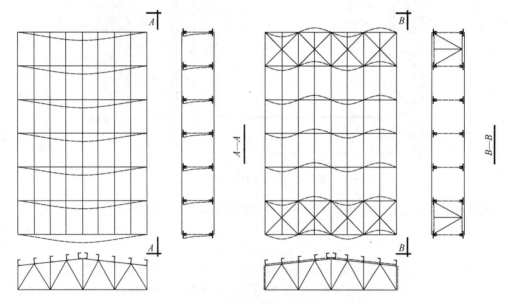

图 3-8 屋架上弦的屈曲情况

1. 屋盖支撑的作用

（1）保证屋盖结构的几何稳定性。在屋盖体系中，仅用檩条或大型屋面板连接各榀屋架构成的体系是几何可变体系，在荷载作用下，各个屋架会向一侧失稳，通过设置适当的支撑体系将两榀相邻的屋架联系起来，使其组成稳定的几何不变体系，将其余屋架用檩条或其他构件连接在这个空间稳定体系上，这样，可形成稳定的屋盖结构体系。

（2）保证屋架结构的空间刚度和空间整体性。屋架上弦和下弦的水平支撑与屋架弦杆组成水平桁架，屋架端部和中央的竖向支撑与屋架竖杆组成桁架，都具有一定的抗弯刚度，因此，无论屋架结构承受竖向或纵、横向水平荷载，都能通过桁架把荷载传向支座，只发生较小的弹性变形，即有足够的刚度和整体性。

（3）为弦杆提供适当的侧向支撑点。支撑节点可作为弦杆的侧向支承点，减小弦杆在屋架平面外的计算长度，保证受压上弦的侧向稳定，并使受拉下弦不会在某些动力作用下产生过大的振动。当下弦杆为折线形时，在转折点处布置侧向支撑，是保证下弦平面外稳定的必要措施。

（4）承受和传递屋盖的纵向水平荷载。作用于山墙的风荷载、悬挂吊车的纵向刹车力及纵向地震作用通过屋盖的支撑传给厂房的下部支承结构。

（5）保证结构安装时的整体稳定性。

2. 屋盖支撑的布置

（1）上弦横向水平支撑。在无檩体系或采用大型屋面板的有檩体系屋盖中均应设置屋架上弦横向水平支撑。如果能保证大型屋面板有三个角点与屋架焊接牢固，则可考虑大型屋面板起支撑作用，但由于施工条件的影响，焊接质量不易保证，因此一般仅考虑大型屋面板起系杆的作用。

上弦横向水平支撑一般设置在房屋的两端或横向温度伸缩缝间区段两端的第一个柱间，也可将上弦横向水平支撑布置在第二柱间，如图 3-9（a）所示。当把上弦横向水平支撑布置在第二柱间时，第一柱间必须用刚性系杆与端部屋架上弦牢固连接，以保证端屋架的稳定和有效传递山墙的风荷载。为保证上弦横向水平支撑的有效作用，提高屋盖的纵向刚度，两道横向水平支撑的距离不宜大于 60m，当房屋较长超过 60m 时，尚应在房屋中部的适当位置设置横向水平支撑。

当有天窗时，在天窗下的上弦平面范围内不铺设屋面材料。但在有支撑的开间内，在天窗下的上弦平面仍应布置横向水平支撑，以形成一个完整的水平桁架并保证天窗下面上弦杆的侧向稳定。

（2）下弦横向水平支撑。下弦横向水平支撑可以看作山墙抗风柱的支点，承受并传递水平风荷载、悬挂吊车的水平力和地震引起的水平力，减少下弦的计算长度和振动。下弦横向水平支撑一般与上弦横向水平支撑布置在同一开间，它们和相邻的两个屋架组成一个空间桁架体系。

凡属下列情况之一者，宜设置屋架下弦横向水平支撑：

屋架跨度大于等于 18m；

屋架下弦设有悬挂吊车，厂房内有吨位较大的桥式吊车或有振动设备时；

端部抗风柱支撑于屋架下弦时；

屋架下弦设有通长的纵向水平支撑时。

（3）下弦纵向水平支撑。下弦纵向水平支撑的主要作用是与横向水平支撑一起形成封闭体系，以提高房屋的整体刚度，承受并传递吊车的水平制动力。

凡属下列情况之一者，宜设置屋架下弦纵向水平支撑：

① 当厂房内设置 A6、A7 级工作制吊车或起重量较大的 A1～A5 级工作制吊车时；

② 当厂房横向框架计算考虑空间工作时；

③ 厂房内设有较大的振动设备时；

④ 屋架下弦有纵向或横向吊轨时；

⑤ 当房屋跨度较大、高度较高而空间刚度要求大时；

⑥ 当设有托架时，在托架处局部加设下弦纵向水平支撑，并向托架两端各延伸一个

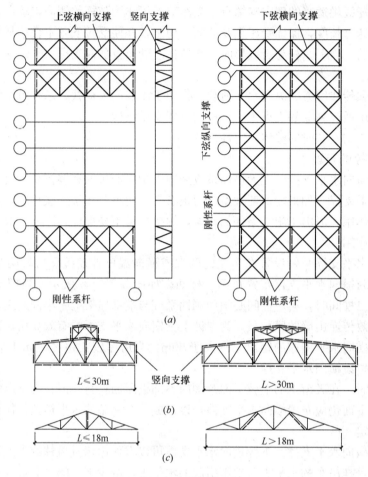

图 3-9　屋盖支撑布置

柱间。

　　单跨厂房一般沿两纵向柱列设置，多跨厂房则根据具体情况沿全部或部分纵向柱列设置，有托架的房屋为保证托架的侧向稳定，在有托架处也设置纵向支撑，如图 3-10 所示。

　　屋架下弦有悬挂吊车时，其下弦支撑布置如图 3-11 所示。

　　（4）竖向支撑。竖向支撑的主要作用是使相邻屋架和上下弦横向水平支撑所组成的四面体形成空间几何不变体系，以保证屋架在使用和安装时的稳定。故在设置横向水平支撑的开间内，均应设置竖向支撑。

　　① 梯形屋架和平行弦屋架，当屋架跨度 $L \leqslant 30$m 时，一般只需在屋架两端及跨中竖杆平面内布置三道竖向支撑，当屋架跨度 $L > 30$m 时，在无天窗的情况下，应在屋架两端及跨度的三分点处各布置一道竖向支撑，在有天窗的情况下，竖向支撑可布置在天窗脚下的屋架竖杆平面内，如图 3-9（b）所示。

　　② 三角形屋架，当屋架跨度 $L \leqslant 18$m 时，仅在屋架跨中布置一道竖向支撑，当跨度 $L > 18$m 时可根据具体情况设置两道。如图 3-9（c）所示。

　　天窗架的竖向支撑一般在天窗架的两侧布置，当天窗的宽度大于 12m 时，还应在天窗中央设置一道。

132

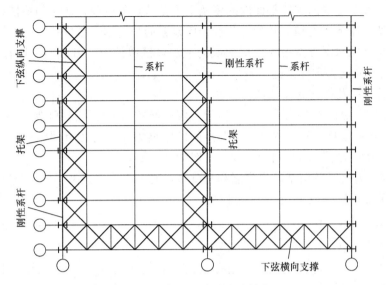

图 3-10　托架处下弦纵向支撑布置

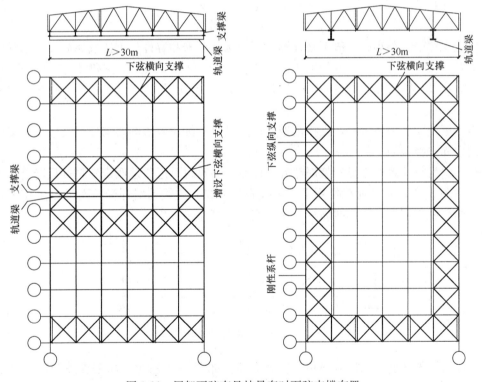

图 3-11　屋架下弦有悬挂吊车时下弦支撑布置

（5）系杆。为了保证未设横向水平支撑屋架的侧向稳定、减少弦杆的计算长度及传递水平荷载，应在横向水平支撑或竖向支撑的节点处，沿房屋纵向设置通长的系杆。系杆可分为刚性系杆和柔性系杆，既能承受拉力又能承受压力的系杆称为刚性系杆，只能承受拉力的系杆称为柔性系杆，刚性系杆通常采用圆管或双肢角钢，柔性系杆常采用单角钢。

系杆在上下弦平面内按下列原则布置：

① 一般情况下，竖向支撑平面内的屋架上下弦节点处应设置通长的系杆；

② 在屋架支座节点处和上弦屋脊节点处应设置通长的刚性系杆；

③ 当屋架横向水平支撑设在厂房两端的或温度区段的第二开间时，则在支撑节点与第一榀屋架之间应设置刚性系杆。

3. 支撑的形式及杆件截面选择

屋盖的横向和纵向支撑均为平行弦桁架。腹杆通常采用交叉斜杆体系，屋架的弦杆兼作横向水平支撑的弦杆，横向水平支撑节点间的距离为屋架上弦节间距离的 2～4 倍；纵向支撑的宽度取屋架下弦端节间的长度，一般为 3～6m。

上弦支撑也是平行弦桁架。当宽度和高度接近时，宜采用交叉斜杆，当宽度与高度相差较大时，可采用 V 形或 W 形（图 3-12）。

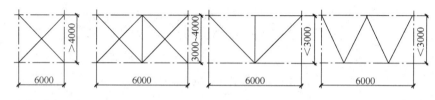

图 3-12　支撑形式

屋盖支撑受力很小，一般不必计算，可按构造要求和容许长细比选择截面。通常，凡是交叉斜杆按拉杆设计，容许长细比取 400，可用单角钢；纵向支撑和竖向支撑的弦杆及竖杆，V 形及 W 形的腹杆，均按压杆设计，容许长细比取 200，采用两个角钢组成的 T 形截面。

当支撑桁架受力较大时，支撑桁架杆件除满足长细比限值的要求外，尚应按桁架体系计算内力和选择截面。

交叉斜腹杆体系的支撑桁架属超静定体系，计算时可近似地假定斜腹杆只能受拉不能受压，在图 3-13 所示的荷载作用下，实线斜杆受拉，虚线的斜杆受压而退出工作。在相反方向的荷载作用下，则虚线斜杆受拉，实线斜杆退出工作。

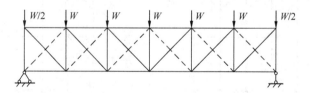

图 3-13　支撑桁架杆件计算简图

支撑与屋架的连接构造应简单，安装方便，如图 3-14 所示，角钢支撑与屋架一般采用粗制螺栓连接，螺栓一般为 M20（直径 20mm），杆件每端至少有两个螺栓。在重级工作制吊车或有较大振动设备的厂房，除粗制螺栓外，还应加装焊缝。施焊时，不容许屋架满载。焊缝的长度≥80mm，焊脚尺寸≥6mm。仅采用螺栓连接而不加焊缝时，在构件校正固定后，可将螺纹处打毛或将螺杆与螺母焊接，以防松动。

3.3.2　柱间支撑

柱间支撑分为两部分：吊车梁以上的部分称为上层柱间支撑，吊车梁以下的部分称为

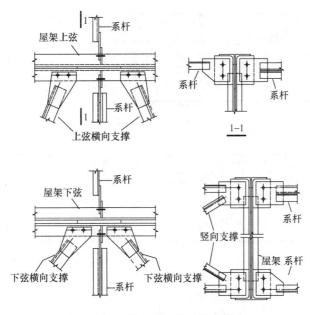

图 3-14　支撑与屋架连接节点构造

下层柱间支撑。

1. 柱间支撑的作用

（1）保证厂房结构的整体稳定和纵向刚度。厂房柱在框架平面外的刚度远低于在框架平面内的刚度，且柱脚构造接近铰接，吊车和柱的连接也是铰接，如果不设柱间支撑，纵向框架将是一个几何可变体系，因此设置柱间支撑对保证厂房的整体稳定性和纵向刚度是不可缺少的。

（2）上层柱间支撑承受厂房上下弦横向水平支撑传来的纵向风力；下层柱间支撑承受纵向风力和吊车的纵向制动力；当厂房位于地震区时，柱间支撑要承受纵向水平地震作用；并通过柱间支撑将上述纵向力传至基础。

（3）在框架平面外为厂房提供可靠的侧向支撑点，减少厂房柱在框架平面外的计算长度。

2. 柱间支撑的布置

下层柱间支撑应布置在温度区段的中部，使厂房结构在温度变化时能比较自由地从支撑架向两侧伸缩，减少支撑和纵向构件的温度应力。温度区段不大于90m时，可以在温度区段的中部设置一道下层柱间支撑（图3-15a）；当温度区段大于90m时，应在温度区段中间三分之一范围布置两道下层支撑（图3-15b），以免传力路线太长而影响结构的纵向刚度不够。但是两道下层支撑之间的距离又不宜大于60m，以减少温度应力的影响，对于纵向距离较短，高度较大的厂房，温度应力不大，下层支撑布置在厂房的两端（图3-15c），可以提高厂房的纵向刚度。

上层柱间支撑应布置在温度区段的两端及有下层柱间支撑的开间中。在温度区段的两端设置上层支撑，便于传递屋架横向水平支撑传来的纵向风力；由于上段柱的刚度一般较小，因此不会引起很大的温度应力。在温度区段两端的上层柱间支撑可采用单斜杆式，其余上层柱间支撑可采用交叉腹杆或其他形式。

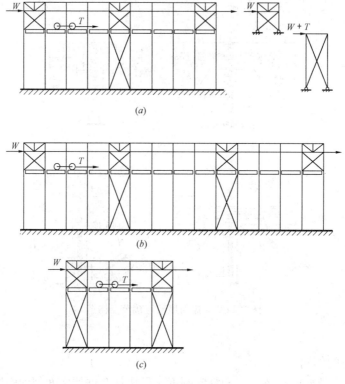

图 3-15　柱间支撑布置

3. 柱间支撑的形式

下层柱间支撑以交叉腹杆体系最为经济且刚度大。在某些车间，由于生产的要求不能采用交叉斜腹杆的下层柱间支撑时，可采用门框式支撑，这种支撑形式可以利用吊车梁作为门框式支撑的横梁（图 3-16a），也可以另设横梁（图 3-16b、c）。前一种连接方式，由于支撑除了承受纵向水平力外，还要承受巨大的吊车竖向荷载，受力复杂，费钢材，构造处理困难。另设横梁的门框式支撑，支撑仅承受纵向水平力，不用直接承受巨大的吊车竖向荷载，受力合理，用钢量相对较小，构造处理方便，较常用。

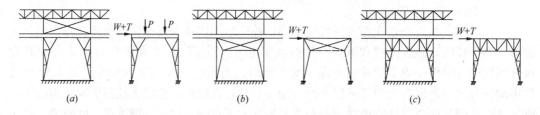

图 3-16　门框式柱间支撑

4. 支撑设计和构造

上层支撑通常选用热轧角钢、双角钢。为了避免支撑刚度过大而引起很大的温度应力，上层支撑可按拉杆设计。下层支撑一般承受较大的纵向水平荷载，通常采用轧制的双角钢、槽钢、工字型钢和 H 型钢。

柱间支撑在柱截面上的位置按下述原则确定，等截面柱的上下层柱间支撑以及阶形柱

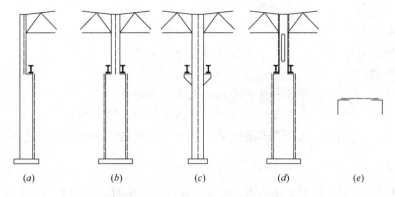

图 3-17 柱间支撑在柱子截面中的位置

的上层支撑应布置在柱的轴线上（图 3-17a、b、c 中虚线所示），如有人孔时，则移向两侧布置（图 3-17d）。在阶形边列柱的下层支撑，如外缘有大型板材或梁等构件连牢，可只沿柱的内缘布置（图 3-17a），否则内外翼缘两侧均需布置。在中列柱中，柱的两侧均需布置下层支撑（图 3-17b）。在柱的两侧布置的支撑之间需用杆件连系起来（图 3-17e）。

3.4 厂房横向框架的计算

3.4.1 荷载

作用在横向框架上的荷载有永久荷载和可变荷载。永久荷载有结构自重、屋盖及墙面等重量；可变荷载有屋面活荷载，风、雪、积灰和吊车荷载等，在地震区的厂房还有地震作用。它们原则上根据《建筑结构荷载规范》GB 50009—2012 确定。

作用在屋面和天窗上的风荷载，通常只计算水平分力的作用，并把屋顶范围内的风荷载视为作用在框架横梁（屋架）轴线处的集中荷载 W 来考虑；计算雪荷载和积灰荷载时应考虑其在屋面上的不均匀分布情况。

厂房横向框架荷载计算简图如图 3-18（a）所示。

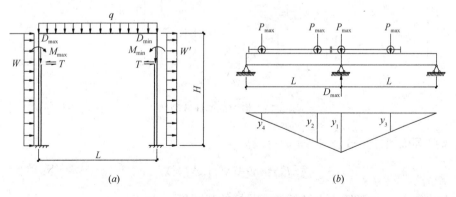

图 3-18 横向框架荷载计算简图

作用在横向框架上的吊车荷载有吊车的竖向荷载和横向水平荷载，可以利用吊车梁的支座反力影响线求出作用在横向框架上最大及最小竖向压力和水平力，如图 3-18（b）

所示。

最大竖向压力：$\qquad D_{\max} = P_{\max} \cdot \sum y \qquad$ (3-3)

最小竖向压力：$\qquad D_{\min} = P_{\min} \cdot \sum y \qquad$ (3-4)

横向水平力：$\qquad T = T_1 \cdot \sum y \qquad$ (3-5)

式中 $P_{\max}$，$P_{\min}$——吊车每个车轮的最大及最小轮压；

$\qquad T_1$——吊车每个车轮所传来的水平横向制动力；

$\qquad \sum y$——最不利车轮位置，各个车轮处的影响线纵坐标之和，即

$$\sum y = y_1 + y_2 + y_3 + y_4$$

对单跨厂房，当框架柱两侧的吊车梁同时有 2 台吊车时，一榀横向框架将同时承受 4 台吊车的荷载的作用，但这是小概率事件，因此通常设定在一榀横向框架中参与组合的吊车台数不多于两台；对多跨厂房，在同一柱距内同时出现 2 台以上吊车的机会增加。但考虑隔跨吊车对结构的影响减弱和计算方便，容许在计算吊车竖向荷载时，最多考虑 4 台吊车；而在计算吊车横向水平荷载时，由于多台吊车同时制动的机会很少，最多只考虑 2 台吊车。当情况特殊时，可按实际情况考虑。

3.4.2 内力分析

目前的结构分析设计软件可以将厂房结构作为空间整体进行分析，但重型厂房的荷载和构件种类众多，若按实际情况进行整体分析是很繁杂的。在满足精度要求的情况下，可以将单层厂房简化为平面框架来分析。

对于由屋架和阶形柱组成的横向框架（图 3-19a），较合理的计算模型如图 3-19 （b）所示，该模型适合用计算机进行分析，一种更为简化且适合手算的计算模型是将柱的轴线取直，屋架转化成实腹梁，如图 3-19 （c）所示，简化后框架的计算跨度取上段柱轴线间距离，高度取柱脚底面至屋架下弦轴线间的距离（屋架为上升式）或柱脚底面至屋架端部高度形心处的距离（屋架为下降式）。

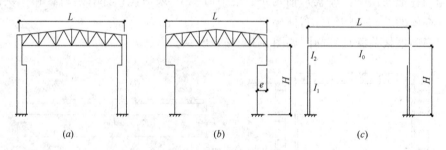

(a) $\qquad\qquad\qquad (b)$ $\qquad\qquad\qquad (c)$

图 3-19 横向框架计算简图

屋架的等效惯性矩按公式（3-6）计算

$$I_0 = \eta(A_1 y_1^2 + A_2 y_2^2) \qquad (3-6)$$

式中 A_1、A_2——屋架跨中上弦杆和下弦杆的截面积；

$\qquad y_1$、y_2——屋架跨中上弦杆和下弦杆的截面形心至屋架中和轴的距离，如图 3-20 所示；

$\qquad \eta$——考虑屋架高度变化和腹杆变形的修正系数，按表 3-2 采用。

屋架上弦坡度	1/8	1/10	1/12	1/15	0
η	0.65	0.7	0.75	0.8	0.9

屋架惯性矩折减系数 η　　　　表 3-2

格构式柱的等效惯性矩按公式（3-7）计算

$$I_0 = 0.9(A_1 x_1^2 + A_2 x_2^2) \qquad (3-7)$$

式中　A_1、A_2——分肢 1 和分肢 2 的截面面积；

　　　　x_1、x_2——分肢 1 的重心线和分肢 2 的重心线至中和轴的距离，如图 3-21 所示。

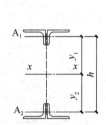

图 3-20　屋架跨中截面几何尺寸

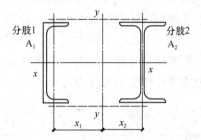

图 3-21　格构柱截面几何尺寸

初选截面时屋架的惯性矩 I_0 可先近似地按简支屋架计算：

$$I_0 = \frac{M_{\max} h}{2 \eta f} \qquad (3-8)$$

式中　$M_{\max}$——简支屋架跨中的最大弯矩；

　　　　h——屋架跨中上下弦杆轴线间的距离；

　　　　f——钢材的强度设计值。

当横梁（屋架）与下柱截面惯性矩比值满足下列条件时，可以假定横梁的刚度无限大。

$$\frac{I_0}{I_1} \geqslant 4.3 - 3.5 \frac{h}{l} \qquad (3-9)$$

式中　I_0、I_1——横梁（屋架）和阶形柱下柱的惯性矩；

　　　　h、l——框架的计算高度和跨度，当 $h/l > 1$ 时取 1。

3.4.3　内力组合

根据横向框架的计算简图，初选截面后即可用结构力学中的力法、位移法、弯矩分配法进行框架的内力分析，也可利用静力计算手册或图表进行计算。

在框架静力计算时，对使用过程中可能出现的各种荷载分别进行计算，绘出框架的内力图，按承载力极限状态和正常使用极限状态进行内力组合，并取最不利组合进行设计。

（1）框架柱内力组合

对于框架柱，控制截面一般位于柱顶、上段柱下端、下段柱上端及柱脚四个截面，因此，柱的内力组合表中要列出上述四个截面中的弯矩 M、轴力 N 和剪力 V，此外还应组合柱脚锚栓的计算内力。对于柱子，需作如下四种内力组合：

　　Ⅰ：$+M_{\max}$ 及相应的 N、V；

　　Ⅱ：$-M_{\max}$ 及相应的 N、V；

Ⅲ：N_{max}及相应的 M、V；

Ⅳ：N_{min}及相应的 M、V；

（2）屋架内力组合

屋架杆件的内力组合与屋架施工过程中的安装顺序有关。第一种情况是先将屋面安好后再将屋架与柱固定；第二种情况是先将屋架与柱固定，然后安装屋面结构。因此计算屋架在自重作用下的内力时，应先把屋架按简支桁架来分析，然后把按刚接框架求得的屋架端弯矩作用到屋架的端部，并将两种情况叠加，至于其他荷载，屋架和柱的连接已形成，自然按刚接计算。屋架端弯矩对屋架杆件的最不利组合一般应考虑四种情况：

①使屋架下弦产生最大压力，如图 3-22（a）所示；

②使屋架上弦产生最大压力，如图 3-22（b）所示；

③使腹杆产生最大拉力，如图 3-22（c）所示；

④使腹杆产生最大压力，如图 3-22（d）所示。

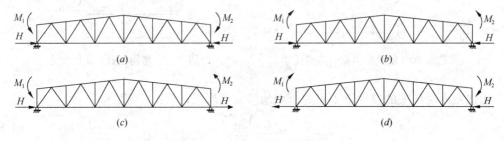

图 3-22　屋架的不利组合

3.5　厂房柱设计

3.5.1　柱的截面形式和构造

厂房柱是压弯构件，它是厂房承重结构的最主要构件。厂房柱可分为等截面柱、阶形柱和分离式柱，如图 3-23 所示。等截面柱一般采用工字形截面，吊车梁直接支撑在柱身牛腿上，适用于吊车起重量小于 20t 且柱距不大于 12m 的车间；阶形柱有单阶和双阶的，是最常用的一种形式，吊车起重量较大的厂房采用阶形柱比较合理，上段柱内力较下段柱小，采用较小的截面高度，吊车梁支承在柱的截面改变处，构造方便，荷载对柱截面形心的偏心也较小；分离式柱是将吊车肢和屋盖肢分离，并分别支撑屋盖结构和吊车梁，具有构造简单、计算简便的优点，柱的吊车肢和屋盖肢通常用水平连系板做成柔性连接，由于水平连系板在竖向刚度很小，可认为吊车竖向荷载仅传至吊车肢而不传给屋盖肢，这种连接既可减小吊车肢在框架平面内的计算长度，又实现了两肢分别单独承担吊车荷载和屋盖荷载的设计意图。分离式柱一般较阶形柱耗钢量大，刚度也较小。但在吊车起重量较大且车间高度不大于 15～18m 的车间中，采用分离式柱可能比较经济。对于车间有可能分期扩建而欲不受吊车荷载的影响时，分离式柱更显其优点。

厂房柱按柱身构造，则可分为实腹式柱和格构式柱。实腹式柱常用于截面高度不超过 1m 的等截面柱、阶形柱的上柱和截面高度较小的下柱及分离式柱的屋盖肢和吊车肢等；格构式柱常用于截面高度大于 1m 的阶形柱的下段。

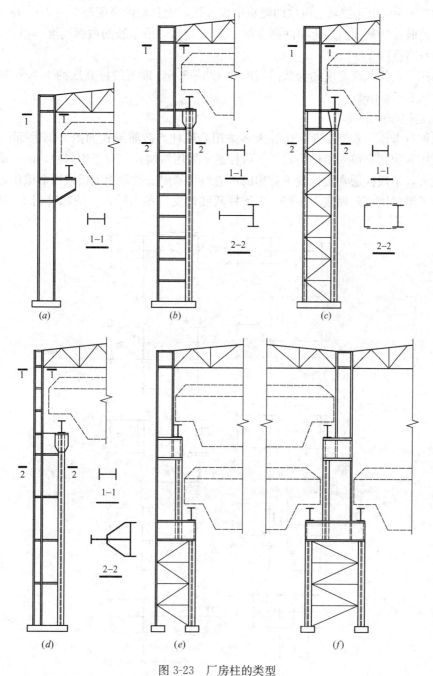

图 3-23　厂房柱的类型

(a) 等截面柱；(b) 实腹单阶柱；(c) 格构单阶柱；(d) 分离式柱；(e) 双阶边柱；

(f) 双阶中柱

柱的截面高度由柱的高度和荷载决定。按刚度要求，等截面柱及阶形柱下段的截面高度一般为车间高度的 1/15～1/20。当吊车为 A6～A8 级工作制时，则为车间高度的 1/15～1/17（车间高度较小）及 1/11～1/14（车间高度较大）；阶形柱上段柱的截面高度等于该段柱高（吊车梁底至屋架下弦的高度）的 1/10～1/12，当吊车为重级工作制时，则为该

段柱高的 $1/8 \sim 1/10$。如果上段柱的腹板中设人孔,则其截面高度至少为 800mm。分离式柱中的屋盖肢柱的截面高度为车间高度的 $1/15 \sim 1/20$,吊车肢的截面高度(沿厂房纵向)约为其自身高度的 $1/15$。

厂房柱下段的截面宽度约为截面高度的 $1/3 \sim 1/5$,或下段柱高度的 $1/20 \sim 1/30$,并不宜小于 $0.3 \sim 0.4$m。

1. 框架柱截面形式

从耗钢量考虑,重型工业厂房柱大多采用阶形柱,截面形式如图 3-24 所示。其上段柱既可采用实腹式又可采用格构式,下段柱通常采用格构式。对于边列柱,由于吊车肢承受的荷载大,下段柱通常设计成不对称的,边列柱的屋盖肢常用钢板或槽形截面做成,而吊车肢为了增加刚度常做成工字形。中列柱两肢均支撑吊车梁,一般都采用工字形截面,

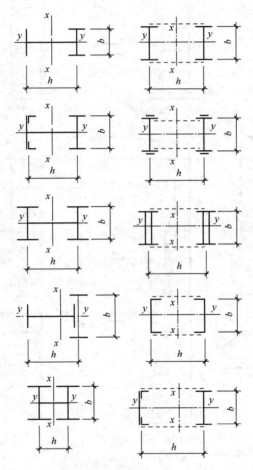

图 3-24 双肢格构式柱

整个截面常做成对称的,如果两个跨间的吊车起重量相差悬殊时,也可以采用不对称截面。分离式柱的屋盖肢常做成宽翼缘 H 型钢和焊接工字形钢,吊车肢一般采用工字钢。吊车肢在框架平面内的稳定性靠连接在屋盖肢上的水平连系板来保证,因为屋盖肢在框架平面内的刚度较大,水平连系板的间距可根据吊车肢在框架平面内和框架平面外的长细比相等的条件来确定,常采用 1.5m 左右。

沿车间的纵向，柱的截面尺寸 b 应不小于 400mm，以保证柱在框架平面外的稳定性以及柱脚构造和柱与吊车梁连接的合理性。

2. 柱身构造

实腹式柱的腹板的厚度一般取（$1/100 \sim 1/120$）h_w，厚度较薄，需进行局部稳定验算。当腹板采用纵向加劲肋或当腹板的高厚比 $\geqslant 80$ 时，应设置横向加劲肋以提高腹板的局部稳定性和增强抗扭刚度，横向加劲肋的间距约为（$2.5 \sim 3$）h_w。此外在柱与其他构件（屋架、牛腿等）连接处，当有水平力传来时，也应设置横向加劲肋。纵向加劲肋的设置使制造很费工，因此只用于截面高度很大的柱中。在重型柱中，除横向加劲肋外，还需设横隔来加强，横隔的间距约为 $4 \sim 6m$，横隔的形式如图 3-25（a）和（b）所示，在受有较大水平力处和柱运输单元的端部也应设置横隔。

实腹柱的腹板与翼缘间的连接焊缝应根据所受剪力计算。根据构造要求，焊脚尺寸不宜小于腹板厚度的 0.7 倍。

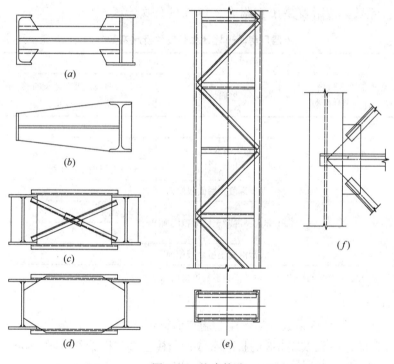

图 3-25 柱身构造

格构式柱的缀条布置可采用单斜杆式、有附加横撑（水平缀条）的三角式以及交叉式体系。缀条可直接与柱肢焊接（图 3-25e）或用节点板与柱肢连接（图 3-25f）。节点板可与柱肢对接或搭接。缀条的轴线应尽可能汇交于柱肢的轴线上。为了减少连接偏心，可将缀条焊在柱肢外缘，而将横缀条焊在柱肢的内缘（图 3-25e）。

在格构柱中也必须设置横隔以加强柱的抗扭刚度（图 3-25c 和 d）。

3.5.2 柱的截面验算

框架柱承受轴向力 N，框架平面内的弯矩 M_x 和剪力 V_x，有时还要承受垂直于框架平面的弯矩 M_y 作用，对于等截面柱及阶形柱的上下段柱应按压弯构件进行强度、稳定和刚度验算。

柱在框架平面内的计算长度应根据柱的形式及其两端的固定情况而定。

单层或多层框架的等截面柱，在框架平面内的计算长度应等于该层柱的长度乘以计算长度系数 μ，对无侧移框架，μ 值按附表 2-14 确定；对有侧移框架，μ 值按附表 2-15 确定。

单层厂房框架下端刚性固定的阶形柱，在框架平面内的计算长度应按下列规定确定。

1. 单阶柱

1）下段柱的计算长度系数 μ_2，当柱上端与横梁铰接时，等于按附表 2-16（柱上端为自由的单阶柱）的数值乘以表 3-3 的折减系数；当柱上端与横梁刚接时，等于按附表 2-17（柱上端可移动但不能转动的单阶柱）的数值乘以表 3-3 的折减系数。

2）上段柱的计算长度系数 μ_1，应按下式确定：

$$\mu_1 = \frac{\mu_2}{\eta_1} \tag{3-10}$$

式中　　η_1——系数，按附表 2-16 或附表 2-17 中的公式计算。

单层厂房阶形柱计算长度的折减系数　　表 3-3

厂房类型				折减系数
单跨或多跨	纵向温度区段内一个柱列的柱子数	屋面情况	厂房两侧是否有通长的屋盖纵向支撑	
单跨	等于或小于 6 个	—		0.9
	多于 6 个	非大型混凝土屋面板屋面	无纵向水平支撑	
			有纵向水平支撑	
		大型混凝土屋面板屋面		0.8
多跨	—	非大型混凝土屋面板屋面	无纵向水平支撑	
			有纵向水平支撑	0.7
		大型混凝土屋面板屋面	—	

注：有横梁的露天结构（如落锤车间等），其折减系数可采用 0.9。

2. 双阶柱

1）下段柱的计算长度系数 μ_3，当柱上端与横梁铰接时，等于按附表 2-18（柱上端为自由的双阶柱）的数值乘以表 3-3 的折减系数；当柱上端与横梁刚接时，等于按附表 2-19（柱上端可移动但不能转动的双阶柱）的数值乘以表 3-3 的折减系数。

2）上段柱和中段柱的计算长度系数 μ_1 和 μ_2，应按下式计算：

$$\mu_1 = \frac{\mu_3}{\eta_1} \tag{3-11}$$

$$\mu_2 = \frac{\mu_3}{\eta_2} \tag{3-12}$$

式中　　η_1、η_2——系数，按附表 2-18 或附表 2-19 中的公式计算。

计算框架格构式柱和桁架式柱横梁的线刚度时，应考虑缀件（或腹杆）变形和横梁或柱截面高度变化的影响。

框架柱沿厂房长度方向（框架平面外）的计算长度，应取阻止框架平面外位移的支承点（柱的支座、吊车梁、托架、支撑和纵梁固定节点等）之间的距离。

当吊车梁的支承结构不能保证沿柱轴线传递支座压力时，两侧吊车支座压力差会产生垂直于框架平面的弯矩 M_y。吊车梁支座假定作用在吊车梁支座加劲肋处，由两侧吊车梁支座压力差值 $\Delta R = R_1 - R_2$ 所引起的弯矩为：

$$M_y = \Delta R \cdot e \tag{3-13}$$

式中　e——柱轴线至吊车梁支座加劲肋的距离。

由于阶形柱的腹板或缀条、缀板均不能有效地传递纵向弯矩 M_y，因此认为 M_y 完全由吊车肢承受。假定吊车肢的下端为固定，上端为铰接，则柱弯矩 M_y 的变化如图 3-26 所示，吊车肢中由 N 和 M_x 引起的轴向力 N' 由下式计算，如图 3-27 所示：

$$N' = \frac{Nz}{h} + \frac{M_x}{h} \tag{3-14}$$

式中　N、M_x——框架柱组合而得的轴向力和弯矩；

　　　z——柱的截面形心至屋盖肢的距离。

应注意产生 N 和 M_x 的荷载与产生 M_y 的荷载必须相应。这样就可把吊车肢单独作为承受压力 N' 和弯矩 M_y 的压弯构件进行补充验算。

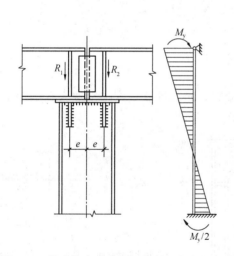
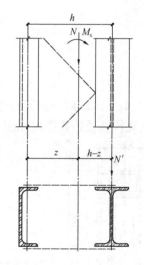

图 3-26　单阶柱中垂直于框架平面方向的弯矩　　　图 3-27　柱肢及其几何尺寸

格构式偏心受压柱的整体稳定验算和实腹柱的验算方法相同，但对虚轴应采用换算长细比。另外，还需验算单肢的局部稳定。格构柱在框架平面内计算长度的确定与实腹柱相同。

对于单层厂房中常用的格构柱，由于缀条体系传递两肢间内力的情况不易确定，为了可靠起见，偏于安全地认为吊车最大压力 D_{max} 完全由吊车肢单独承受。此时，吊车肢的总压力为：

$$N_B = D_{max} + \frac{(N - D_{max})z}{h} + \frac{M_x - M_D}{h} \tag{3-15}$$

式中　D_{max}——作用在台阶处两相邻吊车梁所产生的最大压力；

M_D——框架计算中由 D_{max} 引起的弯矩。

由于吊车最大压力 D_{max} 直接由吊车肢承受，所以将吊车荷载在框架中所产生的轴向力 D_{max} 和弯矩 M_D 扣除。

当吊车梁采用突缘支座时，吊车梁支座压力的偏心很小，吊车肢即按总压力 N_B 值作为轴心受压构件来补充验算其在框架平面内的单肢稳定。对其他情况，应和实腹柱一样验算 M_y 的作用，即把吊车肢作为承受 N_B 和 M_y 的偏心受压构件来补充验算。

分离式柱中的屋盖肢，除承受屋盖、墙壁和风荷载作用外，尚需承受吊车的横向制动力。它在框架平面内的计算长度和等截面柱一样来确定，而不考虑吊车肢的影响，它在垂直于框架平面方向的计算长度则为纵向固定点（包括吊车梁）间的距离。

分离式柱的吊车肢按轴心受压柱来计算。如果有弯矩 M_y 时，则还需按偏心受压构件来验算 M_y 的影响。吊车肢在框架平面内的计算长度取水平连系板之间的距离，而在其垂直方向则取纵向固定点之间的距离。

框架柱上段设有人孔时，此时需验算人孔截面中的内力。人孔将实腹柱分为两个肢，人孔柱截面的计算内力（应按可能的荷载组合分别计算）弯矩 M、轴力 N、剪力 V 在肢顶或肢底中产生的内力为：

$$N_1 = \frac{N}{2} \pm \frac{M}{c} \tag{3-16}$$

$$M_1 = \frac{Vh}{4} \tag{3-17}$$

算出 N_1 和 M_1 后，按偏心受压构件验算，而其计算长度一般取人孔的净空高度，框架柱的人孔构造及计算简图如图 3-28 所示。

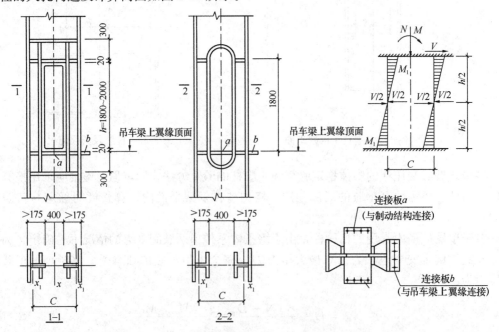

图 3-28　框架柱的人孔构造及计算简图

146

3.5.3 阶形柱变截面处的构造

阶形柱变截面处是上、下段柱连接和支承吊车梁的重要部位，必须具有足够的强度和刚度，因此，阶形柱无论采用实腹式柱还是采用格构式柱，均是以刚度较大的肩梁将各段柱连在一起，形成整体以实现上下段柱之间内力的传递。

肩梁可分为单腹壁式和双腹壁式，其中，单腹壁式肩梁主要用于上下两段柱均为实腹柱的情况，也可用于下段柱为较小的格构柱中，如图 3-29 所示；双腹壁式肩梁主要用于下段柱为格构式柱以及拼接刚度要求较高的重型柱中，如图 3-30 所示，单腹壁肩梁用料较省，在边列柱中采用较多。图中板 a 是肩梁的腹板，板 b 是支承吊车梁的平台板，板 c 是加劲肋，板 d 是接头处的下横隔板，板 b、c、d 可视为肩梁的上、下翼缘板。上柱外翼缘以斜对接焊缝与下柱的腹板拼接，上柱腹板与肩梁腹板采用对接焊缝连接。上柱内翼缘与下柱的连接通过板 e 开槽口插入肩梁腹板 a，并以角焊缝①连接。板 e 实际上是上柱内翼缘板的一部分，是为了适应上下柱宽度的改变和安装的需要，又保证了上下柱连接的刚度。肩梁腹板左端用角焊缝②连于下柱屋盖肢的腹板上，右端伸出吊车肢腹板的槽口，并以角焊缝③连接。

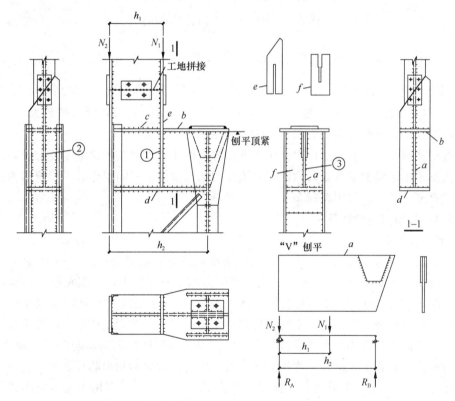

图 3-29 单腹壁式肩梁的连接构造

假定作用于上段柱下端的最不利内力 M、N 仅由上段柱的翼缘承受，则每个翼缘的内力为 N_1 和 N_2，

$$N_1 = \frac{N}{2} + \frac{M}{h_1} \tag{3-18}$$

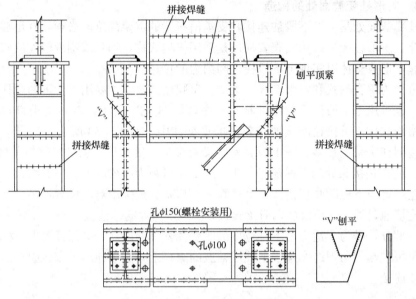

图 3-30　双腹壁式肩梁的连接构造

$$N_2 = \frac{N}{2} - \frac{M}{h_1} \qquad\qquad (3\text{-}19)$$

N_1 通过焊缝①传给肩梁，肩梁近似地按跨度为 h_2 的简支梁设计。肩梁高度可取（0.4～0.7）h_2，肩梁腹板厚由剪切强度确定，但不宜小于 12mm，肩梁焊缝②按最大支反力 R_A 计算，焊缝③不但承受支反力 R_B，同时还承受吊车梁传来的 $D_{\max}$。

双腹壁式肩梁的构造做法，主要用于下段柱为格构柱，以及拼接刚度要求较高的重型柱中。由支承吊车梁的平台板，两侧的肩梁腹板和肩梁的下横隔板形成一个箱形构造。双腹壁式肩梁刚度较大，但用料较多。

3.5.4　柱脚构造和计算

1. 形式和构造

刚接柱脚一般除承受轴心压力外，同时还要承受弯矩和剪力。图 3-31 所示为几种平板式刚接柱脚。图 3-31（a）所示形式适用于压力和弯矩都较小，且在底板与基础间只产生压应力时，它类似于轴心受压柱柱脚。图 3-31（b）所示形式为常见的刚接柱脚，由底板、靴梁、肋板组成，它适用于实腹式柱和小型格构式柱。在弯矩作用下，若底板范围内产生拉力，这时需设置锚栓来承受拉力，为便于安装和保证柱脚与基础能形成刚性连接，锚栓不宜固定在底板上，而是从底板外缘穿过并固定在靴梁两侧由肋板和水平板组成的支座上。图 3-31（c）所示为分离式柱柱脚，它比整块底板经济，多用于大型格构式柱。各分肢柱脚相当于独立的轴心受力铰接柱脚，相邻柱肢下的柱脚反力所形成的合力和合力矩与柱底反力平衡。分离式柱各分肢柱脚之间须作必要的联系，以保证一定的空间刚度。

2. 计算方法

与铰接柱脚相同，刚接柱脚的剪力亦应由底板与基础表面的摩擦力（摩擦系数可取0.4）或设置抗剪键传递，不应将柱脚锚栓用来承受剪力。

以图 3-31（b）所示柱脚为例。在轴心压力 N 和弯矩 M 的作用下，柱脚底板与基础接触面间的应力呈不均匀分布。在弯矩指向一侧底板边缘的压应力最大，而另一侧底板边缘的压应力则最小，甚至还可出现拉应力，由于受到柱脚与基础顶面之间接触的紧密程度、锚栓预拉力大小以及柱脚变形等因素的影响，精确计算较困难，这里介绍一种比较简单实用的计算方法。

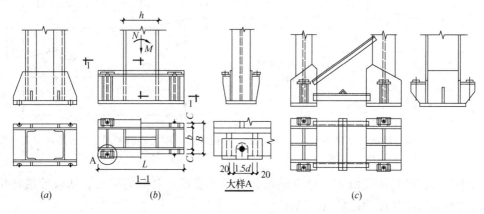

图 3-31　刚接柱脚

设计底板面积时，首先根据构造要求确定底板宽度为 $B=b+2C$，悬臂长 C 可取 $20\sim30mm$。然后假设基础为弹性状态工作，基础反力呈线性分布，根据底板边缘最大压应力不超过混凝土的抗压强度设计值，采用下式即可确定底板在弯矩作用平面内的长度 L。

$$\sigma_{max} = \frac{N}{BL} + \frac{6M}{BL^2} \leqslant f_{cc} \qquad (3\text{-}20)$$

式中　N、M——柱端承受的轴心压力和弯矩。应取使底板一侧边缘产生最大压应力的最不利内力组合。

底板另一侧边缘的应力可由下式计算：

$$\sigma_{min} = \frac{N}{BL} - \frac{6M}{BL^2} \qquad (3\text{-}21)$$

底板厚度可采用与轴心受压柱脚相同的计算方法，计算弯矩时，可偏安全地取各区格中的最大压应力作为作用于底板单位面积的均匀压应力 σ 进行计算。

重型厂房的柱底反力较大，为加强底板面外刚度，还需布置靴梁、隔板和肋板，如图 3-32 所示。柱的压力一部分通过焊缝传给靴梁、隔板或肋板，再传给底板；另一部分则直接通过柱端与底板之间的焊缝传给底板。制作柱脚时，为了控制标高，柱端与底板之间可能出现较大的且不均匀的缝隙，因此柱端与底板之间的焊缝质量不一定可靠；而靴梁、隔板和肋板的底边可预先刨平，拼装时可任意调整位置，使之与底板接触紧密，它们与底板之间的焊缝质量是可靠的。所以，计算时可偏安全地假定柱端与底板间的焊缝不受力。

靴梁可作为承受由底板传来的反力并支承于柱边的悬臂梁计算。根据算得的悬臂梁内力，可以确定靴梁所需的截面高度和板厚；根据悬臂梁支座反力，可以确定靴梁与柱身角焊缝的长度和焊脚尺寸，并根据焊缝长度确定靴梁高度。靴梁高度不宜小于 $450mm$。

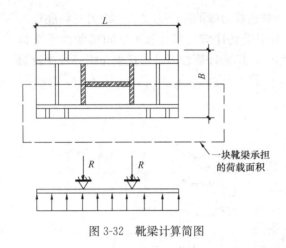

图 3-32 靴梁计算简图

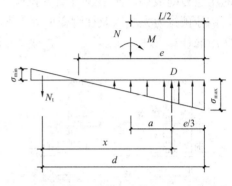

图 3-33 刚接柱脚实用计算方法的应力分布

可采用与铰接柱脚类似方法计算隔板和肋板的强度，靴梁与隔板、肋板等的连接焊缝，然后根据焊缝长度确定各自的高度。

当由式（3-20）计算出的 $\sigma_{min} \geqslant 0$ 时，表明底板与基础间全为压应力，此时锚栓可按构造设置，将柱脚固定即可。若 $\sigma_{min} < 0$，则表明底板与基础间出现拉应力，此时锚栓的作用除了固定柱脚位置外，还应能承受柱脚底部由压力 N 和弯矩 M 组合作用而引起的拉力 N_t（图 3-33）。当内力组合 N、M（通常取 N 偏小、M 偏大的一组）作用下产生如图中所示底板下应力的分布图形时，可确定出压应力的分布长度 e。现假定拉应力的合力 N_t 由锚栓承受，根据对压应力合力作用点 D 的力矩平衡条件 $\Sigma M_D = 0$，可得

$$N_t = \frac{M - Na}{x} \tag{3-22}$$

式中　　$a = \dfrac{L}{2} - \dfrac{e}{3}$ ——底板压应力合力的作用点 D 至轴心压力 N 的距离；

$x = d - \dfrac{e}{3}$ ——底板压应力合力的作用点 D 至锚栓的距离；

$e = \dfrac{\sigma_{max}}{\sigma_{max} + |\sigma_{min}|} \cdot L$ ——压应力的分布长度；

D——锚栓至底板最大压应力处的距离。

根据 N_t 即可由下式计算锚栓需要的净截面面积 A_n，从而选出锚栓的数量和规格。

$$A_n = \frac{N_t}{f_t^a} \tag{3-23}$$

式中　f_t^a——锚栓的抗拉强度设计值。

另外，对柱脚的防腐蚀应特别加以重视。《钢结构设计标准》GB 50017—2017 的第 18.2.4 条（强制性条文）要求："柱脚在地面以下的部分应采用强度等级较低的混凝土包裹（保护层厚度不应小于 50mm），包裹的混凝土高出室外地面不应小于 150mm，室内地面不宜小于 50mm，并宜采取措施防止水分残留。当柱脚底面在地面以上时，柱脚底面高出室外地面不应小于 100mm，室内地面不宜小于 50mm。"

3.6 普通钢屋架设计

钢屋架可分为普通钢屋架和轻型钢屋架。普通钢屋架一般由角钢组成的 T 形截面杆件和节点板焊接而成。这种屋架受力性能好，构造简单，施工方便，目前主要用于重型厂房和跨度较大的民用建筑的屋盖结构中。普通钢屋架所用的等边角钢不小于∟45×4，不等边角钢不小于∟56×36×4。

轻型钢屋架指由小角钢（小于∟45×4 或∟56×36×4）、圆钢组成的屋架以及冷弯薄壁型钢屋架。当跨度和荷载均较小时，采用轻型钢屋架可获得显著的经济效果。不宜用于高温、高湿及强烈侵蚀性环境或直接承受动力荷载的结构。

3.6.1 屋架形式和主要尺寸

1. 屋架形式及腹杆布置

屋架的外形一般分为三角形、梯形及平行弦三种。屋架的腹杆形式常用的有人字式、芬克式、豪式（单向斜杆式）、再分式及交叉式五种。

三角形屋架（图 3-34）上弦坡度比较陡，适合于波形石棉瓦、瓦楞铁皮等屋面材料，坡度一般在 1/3～1/2。三角形屋架弦杆内力变化较大，弦杆内力在支座处最大，在跨中最小，因此弦杆截面不能充分发挥作用。这种屋架与柱一般铰接连接，故房屋的横向刚度较小，通常用于中、小跨度的屋面结构，当房屋的荷载与跨度较大时，采用三角形屋架就不够经济。图 3-34（a）是芬克式屋架，腹杆数量虽多，但短杆受压、长杆受拉，受力合理且屋架可以拆成三部分，便于运输；在三角形屋架中，图 3-34（c）是单向斜杆式屋架不仅杆件数量多、节点多，且长杆受压、短杆受拉，受力是不合理的。单向斜杆式屋架只用于房屋有吊顶，需要下弦节间长度较小的情况。

梯形屋架（图 3-35）的外形与抛物线形弯矩图比较接近，它的各节间弦杆内力差别

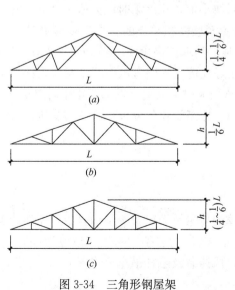

图 3-34 三角形钢屋架

（a）芬克式；（b）人字式；（c）豪式（单向斜杆式）

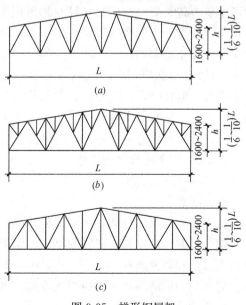

图 3-35 梯形钢屋架

（a）人字式；（b）再分式；（c）下弦再分式

比较小，腹杆较短，一般用于屋面坡度较小的屋盖中。梯形屋架与柱的连接，可做成刚接，也可做成铰接。这种屋架是重型厂房屋盖结构的基本形式。梯形屋架的腹杆可采用人字式腹杆，这种腹杆杆件数量少，腹杆总长度较小且下弦节点少，从而减少制造工作量。如节间长度过大，可采用再分式腹杆，再分式腹杆的优点是可以使受压上弦的节间尺寸缩小，常在有 1.5m×6m 大型屋面板时采用，以便屋架只受节点荷载作用，同时也使大尺寸屋架的斜腹杆与其他杆件有合适的夹角。再分式腹杆虽然增加了腹杆和节点的数量，但上弦是轴心压杆，既避免了节间的附加弯矩，也减少了上弦杆在屋架平面内的长细比，所以也是一种常采用的腹杆形式。

平行弦屋架（图 3-36）的上下弦平行，杆件数量少，腹杆长度一致，节点构造形式划一，杆件种类少，能符合标准化、工业化制造要求。平行弦屋架多见于托架或支撑体系。

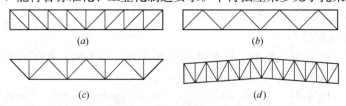

图 3-36　平行弦钢屋架

2. 屋架的主要尺寸

屋架的主要尺寸指跨度 L 和高度 h（包括梯形屋架的端部高度 h_0）（图 3-35）。

屋架的跨度即厂房横向柱距，由使用和工艺方面的要求决定，同时考虑结构布置的合理性。无檩屋盖中钢屋架的跨度应与大型屋面板的宽度相协调，取 3m 的模数，即 12m、15m、18m、21m、24m、27m、30m、36m 等。有檩屋盖中钢屋架的跨度比较灵活，不受 3m 模数的限制。通常，厂房屋架的计算跨度取框架柱轴线之间的距离减去 0.3m。

屋架的高度则由经济、刚度、建筑等要求以及屋面坡度、运输界限等因素来决定。三角形屋架的高度 $h=(1/6\sim1/4)L$；梯形屋架的屋面坡度较平坦，当上弦坡度为 $1/12\sim1/8$ 时，跨中高度 h 一般取 $(1/10\sim1/6)L$，跨度大时取小值，跨度小时取大值。

梯形屋架端部的高度 h_0 是与屋架中部高度及屋面坡度相关连的。当为多跨屋架时 h_0 应取一致，以利屋面构造。当梯形屋架与柱铰接时，其端部高度 h_0 取 $1.6\sim2.2$m；当梯形屋架与柱刚接时，h_0 应有足够的大小，以便能较好地传递支座弯矩而不使端部弦杆产生过大的内力，其端部高度 h_0 取 $1.8\sim2.4$m，端部弯矩大时取大值，端部弯矩小时取小值。

采用轻质屋面材料的屋架，在风荷载为吸力时，原来受拉的杆件可能变为受压。

3.6.2　屋架的设计与构造

1. 荷载及荷载组合

（1）荷载

作用在屋架上的荷载有永久荷载和可变荷载两大类：

永久荷载包括屋面构造层的重量、屋架和支撑的重量及天窗架等结构自重。屋架和支撑自重可按经验公式 $q=(0.117+0.0111l)$kN/m^2 估算（l 为屋架的跨度，单位为 m）。可变荷载包括屋面活荷载、屋面积灰荷载、雪荷载、风荷载及悬挂吊车荷载等。

（2）荷载组合

计算屋架杆件内力时，应注意到屋架在半跨荷载作用下，跨中部分腹杆的内力可能由全跨满载时的拉力变为压力或使拉力增大，因此，应根据施工和使用过程中可能出现的最不利荷载组合进行计算，一般考虑以下三种荷载组合：

① 永久荷载＋全跨可变荷载；

② 永久荷载＋半跨可变荷载；

③ 屋架和支撑自重＋半跨屋面板重＋半跨屋面活荷载。

梯形屋架中，屋架上、下弦杆和靠近支座的腹杆常按第一种组合计算；跨中附近的腹杆在第二、三种荷载组合下可能内力为最大而且可能变号。

2. 屋架杆件的内力计算

计算屋架杆件内力时的基本假定：

① 屋架的节点为铰接点；

② 屋架所有杆件的轴线平直且相交于节点中心；

③ 荷载都作用在节点上，且都在屋架平面内。

满足上述假定后，屋架杆件为轴心受力构件，要么受拉，要么受压。事实上，通过焊缝连接的各节点具有一定的刚度，杆件不能自由转动，因此，节点不是理想铰接，在屋架杆件中会引起一定的次应力。根据理论和实验分析，由角钢组成的 T 形截面构件，由于杆件的线刚度较小，次应力对屋架承载力的影响较小，设计时可不予考虑。对于刚度较大的箱形或 H 形截面，在屋架平面内的杆件截面高度与其几何长度（节点中心间的距离）之比大于 1/10（弦杆）或大于 1/15（腹杆）时，应考虑节点刚性引起的次弯矩。再者，由于制造和构造的原因，杆件轴线不一定交于节点中心，外荷载也可能不完全作用在节点上，因此，节点受力有偏心。

屋架杆件的内力，按节点荷载作用下的铰接平面桁架，用图解法或解析法进行分析。为便于计算及组合内力，一般先求出单位节点荷载作用下的内力（称作内力系数），然后根据不同的荷载及组合，列表进行计算。

有节间荷载作用的屋架，可先把节间荷载分配在相邻的节点上，按只有节点荷载作用的屋架计算各杆内力。直接承受节间荷载的弦杆则要用这样算得的轴向力，与节间荷载产生的局部弯矩相组合，然后按压弯构件设计。这一局部弯矩，理论上应按弹性支座上的连续梁计算，算起来比较复杂。考虑到屋架杆件的轴力是主要的，为了简化，实际设计中一般取中间节间正弯矩及节点负弯矩

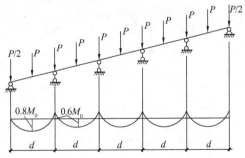

图 3-37　局部弯矩计算简图

为 $M_1＝0.6M_0$，而端节间正弯矩为 $M_2＝0.8 M_0$，其中 M_0 为将上弦节间视为简支梁所得跨中弯矩，当作用集中荷载时其值为 $pd/4$，如图 3-37 所示。

当屋架与柱刚接时，除上述计算的屋架内力外，还应考虑框架分析时所得的屋架弯矩对屋架杆件内力的影响，如图 3-38 所示。

按图 3-38 的计算简图算出的屋架杆件内力与按铰接屋架计算的内力进行组合，取最不利情况的内力设计屋架的杆件。

3. 屋架杆件设计

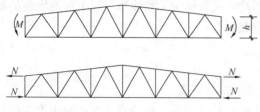

图 3-38　屋架端弯矩的影响

（1）屋架杆件的计算长度

在理想铰接的屋架中，杆件在屋架平面内的计算长度应是节点中心的距离；实际上汇交于节点处的各杆件是通过节点板焊接在一起的，并非真正的铰接，节点具有一定的刚度，杆件两端均属弹性嵌固。此外，节点的转动还受到汇交于节点的拉杆的约束。这些拉杆的线刚度愈大，约束作用也愈大。压杆在节点的嵌固程度愈大，其计算长度就愈小。据此，可根据节点的嵌固程度来确定各杆的计算长度。弦杆、支座斜杆和支座竖杆因本身截面较大，其他杆件在节点处对它的约束作用较小，同时考虑到这些杆件在屋架中比较重要，故其在屋架平面内的计算长度取节点间的距离，即 $l_{0x}=l$；其他腹杆，与上弦相连的一端，拉杆少，嵌固程度弱，与下弦相连的另一端，拉杆多，嵌固程度较大，其计算长度取 $l_{0x}=0.8l$，如图 3-39 所示。

屋架弦杆在平面外的计算长度等于侧向支撑节点之间的距离，即 $l_{0y}=l_1$。对于上弦，在有檩屋盖中，若檩条与横向水平支撑的交点用节点板连牢时，则 l_1 取檩条之间的距离，若檩条与支撑的交点不连接时，则 l_1 取横向水平支撑交点的距离；在无檩屋盖中，侧向支撑点应取一块大型屋面板两纵肋的间距，但考虑到大型屋面板与屋架上弦的焊点质量不易得到保证，故取 l_1 等于两块板宽。屋架下弦平面外的计算长度等于纵向支撑点与系杆或系杆与系杆之间的距离。腹杆在屋架平面外的计算长度等于杆端节点间距，$l_{0y}=l$，因为节点板在平面外的刚度很小，只能看作铰。

单面连接的单角钢杆件或双角钢组成的十字形截面杆件，因截面的主轴不在屋架平面内，杆件可能向着最小刚度的斜向失稳，考虑杆件两端节点对它有一定的约束作用，这种截面腹杆的计算长度 $l_0=0.9l$。

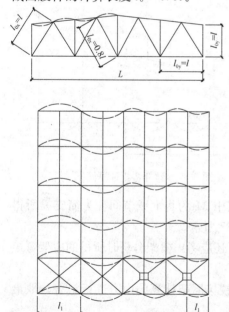

图 3-39　屋架杆件的计算长度

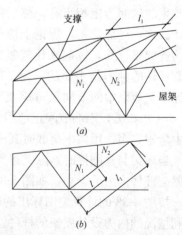

图 3-40　变内力杆件的平面外计算长度

当屋架上弦侧向支撑点间距离 l_1 为节间长度的两倍，而弦杆两节间的轴向力不相等，如图 3-40 所示，由于杆截面没有变化，受力小的杆段相对地比受力大的杆件刚强，用 N_1 验算弦杆平面外稳定时，如用 l_1 为计算长度显然过于保守，因此，弦杆平面外的计算长度按下式计算：

$$l_0 = l_1 \left(0.75 + 0.25 \frac{N_2}{N_1} \right) \geqslant 0.5l_1 \qquad (3\text{-}24)$$

式中　N_1——较大的压力，计算时取正值；

　　　N_2——较小的压力或拉力，计算时压力取正值，拉力取负值。

再分式腹杆的受压主斜杆在屋架平面外的计算长度，也应按式（3-24）确定。平面内的计算长度则取节点间距离。

《钢结构设计标准》GB 50017—2017 对屋架弦杆和腹杆的计算长度规定见表 3-4。

屋架弦杆和单系腹杆的计算长度　　　　　　　　　　表 3-4

项次	弯曲方向	弦杆	腹杆	
			支座斜杆和支座竖杆	其他腹杆
1	屋架平面内	l	l	$0.8l$
2	屋架平面外	l_1	l	l
3	斜平面	—	l	$0.9l$

注：1.　l——构件的几何长度（节点中心间距离）；

　　　　l_1——屋架弦杆侧向支撑点之间的距离。

　　2. 斜平面系指与屋架平面斜交的平面，适用于构件截面两主轴均不在屋架平面内的单角钢腹杆和双角钢十字形截面腹杆。

当为交叉腹杆（图 3-41）时，在屋架平面内的计算长度应取节点中心到交叉点之间的距离，$l_{0x} = 0.5l$；在桁架平面外的计算长度，当两交叉杆长度相等且在中点相交时，应按下列规定采用：

1）压杆

① 相交另一杆受压，两杆截面相同并在交叉点均不中断，则

$$l_{0y} = l \sqrt{\frac{1}{2} \left(1 + \frac{N_0}{N} \right)} \qquad (3\text{-}25)$$

② 相交另一杆受压，此另一杆在交叉点中断但以节点板搭接，则

$$l_{0y} = l \sqrt{1 + \frac{\pi^2}{12} \frac{N_0}{N}} \qquad (3\text{-}26)$$

③ 相交另一杆受拉，两杆截面相同并在交叉点均不中断，则

$$l_{0y} = l \sqrt{\frac{1}{2} \left(1 - \frac{3}{4} \cdot \frac{N_0}{N} \right)} \geqslant 0.5l \qquad (3\text{-}27)$$

④ 相交另一杆受拉，此拉杆在交叉点中断但以节点板搭接，则

$$l_{0y} = l\sqrt{1 - \frac{3}{4} \cdot \frac{N_0}{N}} \geqslant 0.5l \qquad (3\text{-}28)$$

当此拉杆连续而压杆在交叉点中断但以节点板搭接，若 $N_0 \geqslant N$ 或拉杆在桁架平面外的抗弯刚度 $EI_y \geqslant \frac{3N_0 l^2}{4\pi^2}\left(\frac{N}{N_0} - 1\right)$ 时，取 $l_{0y} = 0.5l$。

式中　l——桁架节点中心间距离（交叉点不作为节点考虑）；

　　　N——所计算杆的内力；

　　　N_0——相交另一杆的内力，均为绝对值。

两杆均受压时，取 $N_0 \leqslant N$。

2）拉杆，应取 $l_{0y} = l$。当确定交叉腹杆中单角钢杆件斜平面内的长细比时，计算长度应取节点中心至交叉点的距离。当交叉腹杆为单边连接的单角钢时，应按《钢结构设计标准》第7.6.2条的规定确定杆件等效长细比。

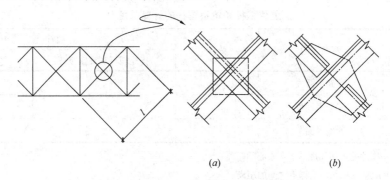

(a) 　　　　　　　　　　　　(b)

图 3-41　交叉腹杆的计算长度及节点构造
(a) 两杆不断开；(b) 一杆断开，另一杆不断开

（2）容许长相比

钢屋架的杆件截面较小，长细比较大，在自重作用下会产生挠度，在运输和安装过程中容易因刚度不足而产生弯曲，在动力荷载作用下振幅较大，这些问题都不利于杆件的工作，故《钢结构设计标准》对压杆和拉杆都规定了容许长细比，见表3-5和表3-6。

受压构件的容许长细比　　　　　　　　　　　　　　　　表 3-5

项次	构件名称	容许长细比
1	轴心受压柱、桁架和天窗架中的杆件	150
	柱的缀条、吊车梁或吊车桁架以下的柱间支撑	
2	支撑（吊车梁或吊车桁架以下的柱间支撑除外）	200
	用以减小受压构件长细比的杆件	

注：1. 桁架（包括空间桁架）的受压腹杆，当其内力等于或小于承载能力的50％时，容许长细比值可取200；

　　2. 计算单角钢受压构件的长细比时，应采用角钢的最小回转半径，但计算在交叉点相互连接的交叉杆件平面外的长细比时，可采用与角钢肢边平行轴的回转半径；

　　3. 跨度等于或大于60m的桁架，其受压弦杆和端压杆的容许长细比值宜取100，其他受压腹杆可取150（承受静力荷载或间接承受动力荷载）或120（直接承受动力荷载）；

　　4. 由容许长细比控制截面的杆件，在计算其长细比时，可不考虑扭转效应。

受拉构件的容许长细比　　　　　　　　　　　　　　　表 3-6

项次	构件名称	承受静力荷载或间接承受动力荷载的结构			直接承受动力荷载的结构
		一般建筑结构	对腹杆提供平面外支点的弦杆	有重级工作制吊车的厂房	
1	桁架的杆件	350	250	250	250
2	吊车梁或吊车桁架以下的柱间支撑	300	—	200	
3	其他拉杆、支撑、系杆等（张紧的圆钢除外）	400	—	350	—

注：1. 承受静力荷载的结构中，可仅计算受拉构件在竖向平面内的长细比；

　　2. 在直接或间接承受动力荷载的结构中，单角钢受拉构件长细比的计算方法与表 3-5 注 2 相同；

　　3. 中、重级工作制吊车桁架下弦杆的长细比不宜超过 200；

　　4. 在设有夹钳或刚性料耙等硬钩吊车的厂房中，支撑（表中第 2 项除外）的长细比不宜超过 300；

　　5. 受拉构件在永久荷载与风荷载组合作用下受压时，其长细比不宜超过 250；

　　6. 跨度等于或大于 60m 的桁架，其受拉弦杆和腹杆的长细比不宜超过 300（承受静力荷载或间接承受动力荷载）或 250（直接承受动力荷载）。

对于双角钢组成的 T 形截面杆件，其长细比按下式验算：

$$\lambda_x = \frac{l_{0x}}{i_x} \leqslant [\lambda] \tag{3-29}$$

$$\lambda_y = \frac{l_{0y}}{i_y} \leqslant [\lambda] \tag{3-30}$$

式中　i_x、i_y——T 形截面绕 x、y 轴的回转半径。

对于单角钢杆件和双角钢组成的十字形截面杆件，应取截面最小回转半径 $i_{\min}$ 计算杆件在斜平面（$y_0 - y_0$ 轴）上的最大长细比，即

$$\lambda = \frac{l_0}{i_{\min}} \leqslant [\lambda] \tag{3-31}$$

式中　$i_{\min} = i_{y0}$。

（3）杆件设计

1）截面形式

屋架杆件截面的形式，应该保证杆件具有较大的承载能力、较大的抗弯刚度，同时应该便于相互连接且用料经济。这就要求杆件的截面比较扩展，壁厚较薄同时外表平整。根据这一要求，普通钢屋架的杆件一般采用两个等肢或不等肢角钢组成的 T 形截面或十字形截面。这些截面能使两个主轴的回转半径与杆件在屋架平面内和平面外的计算长度相配合，使两个方向的长细比接近，$\lambda_x \approx \lambda_y$，以达到用料经济、连接方便，且具有较大的承载力和抗弯刚度，需要注意的是，双角钢属于单轴对称截面，绕对称轴 y 屈曲时伴随有扭转，λ_y 应取考虑扭转效应的换算长细比 λ_{yz}。屋架杆件截面可参考表 3-7 选用。

对于屋架上弦，当无局部弯矩且为一般支撑布置情况时，屋架平面外计算长度为屋架平面内计算长度的两倍，即 $l_{0y} = 2l_{0x}$，要使 $\lambda_x \approx \lambda_y$，须使 $i_y \approx 2i_x$，上弦宜采用两不等肢角钢，短肢相并而长肢水平的 T 形截面形式。如有较大的局部弯矩，为提高上弦在屋架平面内的抗弯能力，宜采用不等肢角钢长肢相并，短肢水平的 T 形截面。

受拉下弦杆，平面外的计算长度大，一般都选用不等肢角钢，长肢水平，短肢相并，这样对连接也较方便。

对于屋架的支座斜杆，由于它在屋架平面内和平面外的计算长度相等，应使截面的 $i_x \approx i_y$，因此，采用两个不等肢角钢，长肢相并的 T 形截面比较合理。

屋架中其他腹杆，屋架平面外计算长度 $l_{0y}=1.25 l_{0x}$，要求 $i_y \approx 1.25 i_x$，一般采用两等肢角钢组成的 T 形截面。连接竖向支撑的腹杆，常采用两个等肢角钢组成的十字形截面，这样可以使竖向支撑与屋架节点连接不致产生偏心，并且吊装时屋架两端可以任意调动位置而竖杆伸出肢位置不变。受力小的腹杆，也可采用单角钢截面，因连接有偏心，设计强度应降低。

屋架杆件截面形式 表 3-7

项次	杆件截面组合方式	截面形式	回转半径的比值	用途
1	二不等边角钢 短肢相并		$\dfrac{i_y}{i_x} \approx 2.6 \sim 2.9$	计算长度 l_{0y} 较大的上、下弦杆
2	二不等边角钢 长肢相并		$\dfrac{i_y}{i_x} \approx 0.75 \sim 1.0$	端斜杆、端竖杆、受较大弯矩作用的弦杆
3	二等边角钢相并		$\dfrac{i_y}{i_x} \approx 1.3 \sim 1.5$	其余腹杆、下弦杆
4	二等边角钢组成的十字形截面		$\dfrac{i_y}{i_x} \approx 1.0$	与竖向支撑相连的屋架竖杆
5	单角钢			轻型钢屋架中内力较小的杆件

项次	杆件截面组合方式	截面形式	回转半径的比值	用途
6	钢管	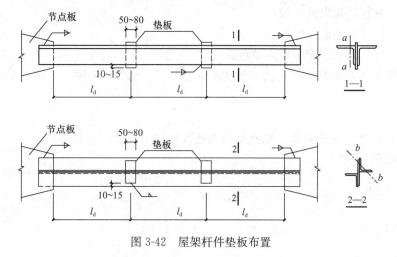	各方向都相等	轻型钢屋架中的杆件

由双角钢组成的 T 形或十字形截面的杆件，为了保证两个角钢共同工作，应每隔一定的距离在两角钢相并肢之间焊上垫板，如图 3-42 所示，垫板的厚度与节点板厚度相同，垫板的宽度一般取 $50\sim80\text{mm}$，垫板的长度比角钢肢宽大 $20\sim30\text{mm}$，以便与角钢连接。在十字形双角钢杆件中垫板应横竖交错放置。垫板间距，对压杆取 $l_d\leqslant40i$，拉杆取 $l_d\leqslant80i$，在 T 形截面中 i 为一个角钢对平行于垫板自身重心轴的回转半径（a-a），在十字形截面中为一个角钢的最小回转半径（b-b）。在杆件的两个侧向固定点之间至少设置两块垫板，如果只在杆件中央设置一块垫板，则由于垫板处剪力为零而不起作用。

图 3-42 屋架杆件垫板布置

2）截面选择

选择截面时应满足下列要求：

① 为了便于订货和下料，在同一榀屋架中角钢规格不宜过多，一般不宜超过 $5\sim6$ 种；

② 为了防止杆件在运输和安装过程中产生弯曲和损坏，角钢的尺寸不宜小于∟45×4 或∟$56\times36\times4$；

③ 应选用肢宽而壁薄的角钢，使回转半径大些，这对压杆更为重要；

④ 屋架杆件一般采用等截面，但对跨度大于 30m 的梯形屋架和跨度大于 24m 的三角形屋架，可根据材料长度和运输条件在节点处或节点附近设置接头，并按内力变化改变弦杆截面，但在半跨内只能改变一次。更改截面的方法是变更角钢的肢宽而不改变壁厚，以便于弦杆拼接的构造处理。

桁架中的杆件，按前述原则先确定截面形式，然后根据轴线受拉、轴线受压和压弯的不同受力情况，按轴心受力构件或压弯构件计算确定截面尺寸。为了不使型钢规格过多，在选出截面后可作一次调整。

3）截面验算

① 轴心拉杆

$$\sigma = \frac{N}{A_n} \leqslant f \tag{3-32}$$

② 轴心压杆

强度要求

$$\sigma = \frac{N}{A_n} \leqslant f \tag{3-33}$$

稳定要求

$$\frac{N}{\varphi A f} \leqslant 1.0 \tag{3-34}$$

式中 N——杆件的轴力设计值；

$\quad A_n$——杆件的净截面面积；

$\quad f$——钢材的强度设计值；

$\quad A$——杆件的毛截面面积；

$\quad \varphi$——杆件的轴心受压稳定系数。

对双肢相并的双角钢构件，其 x 轴为非对称轴，y 轴为对称轴，计算长细比应按下列规定：

对 x 轴，$\lambda_x = l_{0x}/i_x$；

对 y 轴，应考虑扭转效应，取换算长细比，按以下近似方法计算：

对等边双角钢截面

当 $\lambda_y \geqslant \lambda_z$ 时，$\qquad \lambda_{yz} = \lambda_y \left[1 + 0.16 \left(\frac{\lambda_z}{\lambda_y} \right)^2 \right]$

当 $\lambda_y < \lambda_z$ 时，$\qquad \lambda_{yz} = \lambda_z \left[1 + 0.16 \left(\frac{\lambda_y}{\lambda_z} \right)^2 \right]$

$$\lambda_z = 3.9 \frac{b}{t}$$

对长肢相并的不等边双角钢截面

当 $\lambda_y \geqslant \lambda_z$ 时，$\qquad \lambda_{yz} = \lambda_y \left[1 + 0.25 \left(\frac{\lambda_z}{\lambda_y} \right)^2 \right]$

当 $\lambda_y < \lambda_z$ 时，$\qquad \lambda_{yz} = \lambda_z \left[1 + 0.25 \left(\frac{\lambda_y}{\lambda_z} \right)^2 \right]$

$$\lambda_z = 5.1 \frac{b_2}{t}$$

对短肢相并的不等边双角钢截面

当 $\lambda_y \geqslant \lambda_z$ 时，$\qquad \lambda_{yz} = \lambda_y \left[1 + 0.06 \left(\frac{\lambda_z}{\lambda_y} \right)^2 \right]$

当 $\lambda_y < \lambda_z$ 时，$\qquad \lambda_{yz} = \lambda_z \left[1 + 0.06 \left(\frac{\lambda_y}{\lambda_z} \right)^2 \right]$

$$\lambda_z = 3.7 \frac{b_1}{t}$$

式中　　λ_y——对 y 轴的长细比；$\lambda_y = l_{0y}/i_y$；

l_{0x}，l_{0y}——杆件对 x 轴和 y 轴的计算长度；

i_x，i_y——双角钢截面对 x 轴和 y 轴的回转半径；

b、b_1、b_2——分别为等边角钢的宽度、不等边角钢的长肢宽度和短肢宽度；

t——角钢壁厚。

不等边角钢轴心受压构件的换算长细比可按下列简化公式确定：

当 $\lambda_y \geqslant \lambda_z$ 时，　　　　$\lambda_{xyz} = \lambda_y \left[1 + 0.25 \left(\frac{\lambda_z}{\lambda_y} \right)^2 \right]$

当 $\lambda_y < \lambda_z$ 时，　　　　$\lambda_{xyz} = \lambda_v \left[1 + 0.25 \left(\frac{\lambda_v}{\lambda_z} \right)^2 \right]$

$$\lambda_z = 4.21 \frac{b_1}{t}$$

式中　　λ_v——对角钢的弱轴的长细比；

b_1——角钢长肢宽度。

③ 压弯和拉弯构件

上弦和下弦有节间荷载时，应根据轴向力和局部弯矩按压弯或拉弯构件进行验算。

强度验算

$$\frac{N}{A_n} \pm \frac{M_x}{\gamma_x W_{nx}} \leqslant f \tag{3-35}$$

式中　　γ_x——截面塑性发展系数；

M_x——所考虑节间的跨中正弯矩或支座负弯矩；

W_{nx}——弯矩作用平面内受压或受拉最大纤维的净截面抵抗矩。

弯矩作用平面内的稳定验算

$$\frac{N}{\varphi_x A f} + \frac{\beta_{mx} M_x}{\gamma_x W_{1x} \left(1 - 0.8 \frac{N}{N'_{Ex}} \right) f} \leqslant 1.0 \tag{3-36}$$

式中　　N——上弦杆轴向压力；

φ_x——弯矩作用平面内的轴心受压构件的稳定系数；

γ_x——截面塑性发展系数；

$$N'_{Ex} = \pi^2 EA / (1.1 \lambda_x^2);$$

W_{1x}——弯矩作用平面内的受压较大纤维的毛截面抵抗矩；

M_x——取计算节间的最大弯矩；

β_{mx}——等效弯矩系数，取 $\beta_{mx} = 1.0$。

弯矩作用平面外的稳定验算

$$\frac{N}{\varphi_y A f} + \eta \frac{\beta_{tx} M_x}{\varphi_b W_{1x} f} \leqslant 1.0$$

$$\left| \frac{N}{A f} - \frac{\beta_{mx} M_x}{\gamma_x W_{2x} (1 - 1.25 N/N'_{Ex}) f} \right| \leqslant 1.0 \tag{3-37}$$

式中 φ_y——弯矩作用平面外的轴心受压构件的稳定系数；

         φ_b——受弯构件的整体稳定系数；

         η——截面影响系数，闭口截面＝0.7，其他截面＝1.0；

         β_{tx}——等效弯矩系数，两端支承的构件段取其中央 1/3 范围内的最大弯矩与全段最大弯矩之比，但不小于 0.5；悬臂段取 $\beta_{tx}=1.0$；

         W_{2x}——无翼缘端的毛截面模量（mm^3）。

屋架中内力很小的腹杆以及按构造需要设置的杆件可按容许长细比来选择截面。

4. 屋架节点设计

屋架的杆件一般通过节点板相互连接，各杆件的内力通过焊缝相互平衡。节点设计的任务就是确定节点的构造，连接焊缝及节点承载力的计算，节点的构造应传力路线明确、简捷，制作安装方便。

（1）节点设计的一般原则

1）各杆件的形心线应尽量与屋架的几何轴线重合，并汇交于节点中心，以避免由于偏心而产生节点附加弯矩。理论上各杆轴线应是其形心轴线，但采用双角钢时，因角钢截面的形心到肢背的距离不是整数，为方便制造，角钢肢背到屋架轴线的距离调整为 5mm 的倍数。当屋架弦杆截面有改变时，为了减少偏心和使肢背齐平，应使两个角钢形心线之间的中线与屋架的轴线重合，如图 3-43 所示。如轴线变动不超过较大弦杆截面高度的 5%，在计算时可不考虑由此而引起的偏心弯矩。

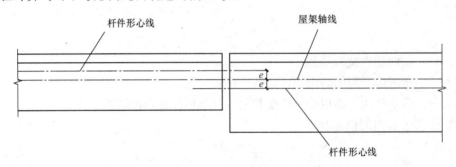

图 3-43　弦杆截面改变时的轴线位置

2）当屋架各杆件用节点板连接时，弦杆与腹杆之间以及腹杆与腹杆之间的间隙，不宜小于 20mm。屋架杆件端部切割面宜与轴线垂直，如图 3-44（a）所示，为了减小节点板的尺寸，也可采用图 3-44（b）的斜切。由于布置焊缝时不合理，图 3-44（c）和（d）的切割形式不宜采用。

3）节点板的形状应尽可能简单规则，至少有两边平行，如梯形、直角梯形等。节点板不应有凹角，以防止产生严重的应力集中，节点板的形状应尽量使连接焊缝的形心受力，如图 3-45 所示。

节点板应有足够的强度，以保证弦杆与腹杆的内力能安全地传递。节点板受力复杂，可根据经验初选厚度后再做相应的验算。梯形屋架和平行弦屋架的节点板将腹杆的内力传给弦杆，节点板厚度即由腹杆最大内力确定。三角形屋架支座处的节点板要传递节间弦杆的内力，故节点板的厚度应由上弦杆内力来决定。同一榀屋架中所有节点板的厚度应该相同，由于支座节点板受力较大，其节点板比其他节点板厚 2mm。中间节点板厚度可参照

表 3-8 选用，节点板不得作为拼接弦杆用的主要传力杆件。节点板的平面尺寸在布置各杆件的焊缝后确定，并应适当考虑制造和装配的误差。

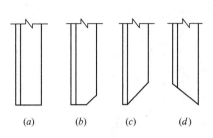

图 3-44　屋架杆件端部切割形式

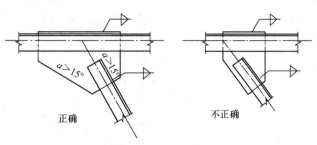

正确　　　　　不正确

图 3-45　节点板焊缝位置

屋架节点板厚度选用表　　　　　　　　　　　　　表 3-8

梯形屋架腹杆最大内力或三角形屋架弦杆最大内力（kN）	节点板的钢号								
	Q235 钢	≤190	200～310	320～500	510～690	700～940	950～1190	1200～1560	1570～1950
	Q345 钢	≤250	260～380	390～550	570～750	760～1000	1010～1250	1260～1630	1640～2000
节点板的厚度（mm）		6	8	10	12	14	16	18	20

节点板的拉剪破坏（图 3-46）可按下式计算：

$$\frac{N}{\sum(\eta_i A_i)} \leqslant f \tag{3-38}$$

$$\eta_i = \frac{1}{\sqrt{1 + 2\cos^2\alpha_i}} \tag{3-39}$$

式中　N——作用于板件的拉力；

　　　A_i——第 i 段破坏面的截面积，$A_i = tl_i$；当为螺栓（铆钉）连接时，应取净截面面积；

　　　t——板件的厚度；

　　　l_i——第 i 破坏段的长度，取板件中最危险的破坏线的长度；

　　　η_i——第 i 段的拉剪折算系数；

　　　α_i——第 i 段破坏线与拉力轴线的夹角。

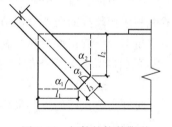

图 3-46　板件的拉剪撕裂

单根腹杆的节点板则按下式计算：

$$\sigma = \frac{N}{b_e \cdot t} \leqslant f \tag{3-40}$$

式中　b_e——板件的有效宽度（图 3-47），当用螺栓连接时，应取净宽度，图中 θ 为应力扩散角，可取为 30°；

　　　t——板件厚度。

根据试验研究，屋架节点板在斜腹杆压力作用下的稳定应符合下列要求：

① 对有竖腹杆的节点板（图 3-47），当 $c/t \leqslant 15\varepsilon_k$ 时，可不计算稳定，否则应进行稳定计算。但在任何情况下 c/t 不得大于 $22\varepsilon_k$。其中 c 为受压腹杆连接肢端面中点沿腹杆轴线方向至弦杆的净距离，t 为节点板厚度。

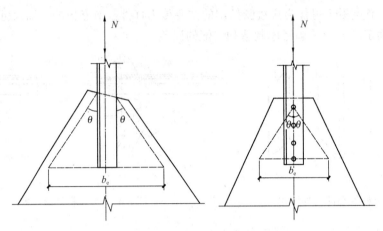

图 3-47　板件的有效宽度

② 对无竖腹杆的节点板，当 $c/t \leqslant 10\varepsilon_k$ 时，节点板的稳定承载力可取为 $0.8b_e t f$；当 $c/t > 10\varepsilon_k$ 时，应进行稳定计算。但在任何情况下，c/t 不得大于 $17.5\varepsilon_k$。

用上述方法计算屋架节点板强度及稳定时应满足下列要求：

① 节点板边缘与腹杆轴线之间的夹角应不小于 $15°$；

② 斜腹杆与弦杆夹角应在 $30° \sim 60°$ 之间；

③ 节点板的自由边长度 l_f 与厚度 t 之比不得大于 $60\varepsilon_k$，否则应沿自由边设加劲肋予以加强。

（2）节点的计算和构造

节点设计时，先根据腹杆内力，计算连接焊缝的长度和焊脚尺寸。焊脚尺寸一般取等于或小于角钢肢厚。根据节点上各杆件的焊缝长度，并考虑杆件之间应留的间隙以及适当考虑制作和装配的误差确定节点板的形状和平面尺寸。然后验算弦杆与节点板的焊缝。对于单角钢杆件的单面连接，由于角钢受力偏心，计算焊缝时，应将焊缝强度设计值乘以 0.85 的折减系数，焊缝的尺寸尚应满足构造要求。

1）上弦节点（图 3-48）

腹杆与节点板的连接采用角焊缝，其焊缝计算长度按下式计算：

肢背焊缝

$$l_{w1} = \frac{K_1 N}{2 \times 0.7 h_{f1} f_f^w} \tag{3-41}$$

肢尖焊缝

$$l_{w2} = \frac{K_2 N}{2 \times 0.7 h_{f2} f_f^w} \tag{3-42}$$

式中　N——杆件的轴力；

l_{w1}、l_{w2}——分别为角钢肢背和肢尖的焊缝计算长度；

　　f_f^w——角焊缝的强度设计值；

h_{f1}、h_{f2}——角钢肢背和肢尖焊缝的焊脚尺寸；

K_1、K_2——角钢肢背和肢尖焊缝受力分配系数。

一般上弦节点总有集中外力作用，例如大型屋面板的肋或檩条传来的集中荷载，故在计算上弦与节点板的连接焊缝时，应考虑上弦杆内力与集中荷载的共同作用。

上弦节点因需搁置屋面板或檩条，故需将节点板缩进角钢背而采用槽焊缝连接，节点板缩进角钢背的距离应不小于节点板厚度的一半加 2mm，但不大于节点板厚度。槽焊缝可作为两条角焊缝计算，其强度设计值应乘以 0.8 的折减系数。对梯形屋架计算时略去屋架上弦坡度的影响，假定集中荷载 P 与上弦垂直，上弦与节点板的连接焊缝按下列公式计算：

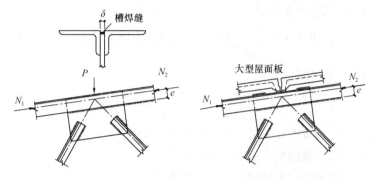

图 3-48　屋架上弦节点

上弦肢背槽焊缝的计算公式为

$$\frac{\sqrt{[K_1(N_1-N_2)]^2+(P/(2\times1.22))^2}}{2\times0.7h_{f1}l_{w1}}\leqslant0.8f_f^w \tag{3-43}$$

上弦肢尖角焊缝的计算公式为

$$\frac{\sqrt{[K_2(N_1-N_2)]^2+(P/(2\times1.22))^2}}{2\times0.7h_{f2}l_{w2}}\leqslant f_f^w \tag{3-44}$$

式中　N_1、N_2——节点处相邻节间上弦的内力设计值；

　　　　P——节点处的集中荷载设计值；

　　　K_1、K_2——角钢肢背和肢尖的内力分配系数；

　　　h_{f1}、l_{w1}——角钢肢背槽焊缝的焊脚尺寸（取节点板厚度之半）和每条焊缝的计算长度；

　　　h_{f2}、l_{w2}——角钢肢尖焊缝的焊脚尺寸和每条焊缝的计算长度。

上弦节点也可按下述方法计算：集中荷载 P 由角钢肢背焊缝承受，而上弦节点相邻节间的内力差（N_1-N_2）由肢尖与节点板的角焊缝承受，并考虑由此产生的偏心力矩 $M=(N_1-N_2)e$。

上弦肢背槽焊缝的计算公式为

$$\sigma_f=\frac{P/1.22}{2\times0.7h_{f1}l_{w1}}\leqslant0.8f_f^w \tag{3-45}$$

上弦肢尖角焊缝的计算公式为

$$\tau_f^N=\frac{N_1-N_2}{2\times0.7h_{f2}l_{w2}} \tag{3-46}$$

$$\sigma_f^M=\frac{6M}{2\times0.7h_{f2}l_{w2}^2} \tag{3-47}$$

$$\sqrt{(\tau_{\mathrm{f}}^{\mathrm{N}})^2 + \left(\frac{\sigma_{\mathrm{f}}^{\mathrm{M}}}{1.22}\right)^2} \leqslant f_{\mathrm{f}}^{\mathrm{w}} \tag{3-48}$$

2) 下弦节点（图 3-49）

弦杆与节点板的连接焊缝，当无节点荷载时，仅承受下弦相邻节间的内力差 $\Delta N = N_1 - N_2$，而 ΔN 一般很小，故焊脚尺寸可由构造要求而定。当节点上有集中荷载作用时，下弦肢背与节点板的连接角焊缝按下式计算：

下弦肢背与节点板连接角焊缝

$$\frac{\sqrt{[K_1(N_1 - N_2)]^2 + [P/(2 \times 1.22)]^2}}{2 \times 0.7 h_{\mathrm{f1}} l_{\mathrm{w1}}} \leqslant 0.8 f_{\mathrm{f}}^{\mathrm{w}} \tag{3-49}$$

下弦肢尖与节点板连接角焊缝

$$\frac{\sqrt{[K_2(N_1 - N_2)]^2 + [P/(2 \times 1.22)]^2}}{2 \times 0.7 h_{\mathrm{f2}} l_{\mathrm{w2}}} \leqslant f_{\mathrm{f}}^{\mathrm{w}} \tag{3-50}$$

式中　N_1、N_2——下弦节点相邻节间的轴向力设计值；

P——节点处的集中荷载设计值；

K_1、K_2——角钢肢背和肢尖的内力分配系数；

h_{f1}、l_{w1}——角钢肢背焊缝的焊脚尺寸和每条焊缝的计算长度；

h_{f2}、l_{w2}——角钢肢尖焊缝的焊脚尺寸和每条焊缝的计算长度。

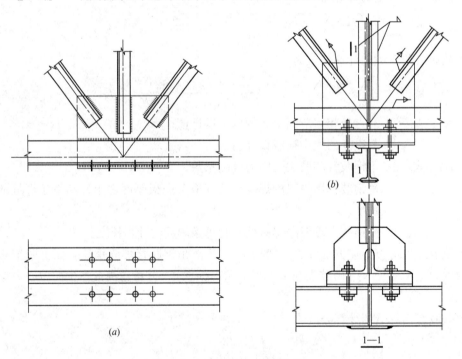

图 3-49　屋架下弦节点

(a) 下弦节点无吊轨；(b) 下弦节点有吊轨

3) 屋脊节点（图 3-50）

屋架上弦一般都在屋脊节点处用两根与上弦相等截面的角钢拼接。两角钢需热弯成型。当屋面坡度较大时，可将拼接角钢的竖向肢切斜口弯曲后焊接。为了使拼接角钢与弦杆之间能够密合而便于施焊，需将拼接角钢的棱角削圆，并把竖向肢切去 $\Delta = t + h_{\mathrm{f}} +$ 5mm，t 为角钢肢厚，拼接角钢的这些削弱可以由节点板补偿。拼接角钢应能传递弦杆的最大内力，其长度根据焊缝的长度计算确定，当上弦的坡度较小时。在屋脊节点的一边每条拼接焊缝的计算长度按弦杆最大内力由下式计算：

$$l_{\mathrm{w1}} = \frac{N}{4 \times 0.7 h_{\mathrm{f}} f_{\mathrm{f}}^{\mathrm{w}}} \tag{3-51}$$

焊缝的实际长度应为计算长度加两倍的焊脚尺寸。拼接角钢所需的长度为两倍实际焊缝长度加 10mm，且不应小于 600mm。

计算上弦与节点板的连接焊缝时，假定节点荷载 P 由上弦角钢肢背处的槽焊缝承受，按公式（3-45）计算。上弦角钢肢尖与节点板的连接焊缝按上弦内力的 15% 计算，并考虑偏心弯矩 $M = 0.15 N \times e$。

当屋架上弦的坡度较大时，拼接角钢与上弦杆之间的连接焊缝按上弦内力计算。而上弦杆与节点板之间的连接焊缝计算时，取上弦内力的竖向分力与节点荷载的合力，和上弦内力的 15% 两者中的较大值。

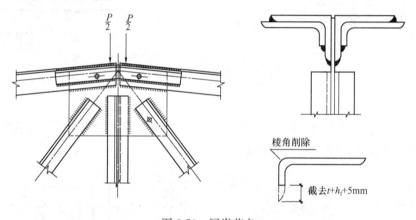

图 3-50　屋脊节点

当屋架的跨度较大时，需将屋架分成两个运输单元，在屋脊节点和下弦跨中节点设置工地拼接节点。弦杆内力较大，仅靠节点板传力是不适宜的，并且节点在平面外的刚度将很弱，故弦杆经常用拼接角钢来拼接。左边的上弦、斜杆和竖杆与节点板的连接为工厂焊缝，而右半边的上弦、斜杆与节点板的连接为工地焊缝。为便于现场的安装，拼接节点要设置安装螺栓。同时，拼接角钢与节点板应各焊于不同的运输单元，以避免拼接中双插的困难。

4）下弦跨中拼接节点（图 3-51）

下弦都用与下弦杆件尺寸相同的角钢来拼接。在下弦拼接处应保持原有的刚度和强度，其构造与屋脊节点相同。如果下弦的内力很大，为了防止在节点板中产生过大的应力，可以采用比弦杆角钢肢厚度大的连接角钢。

图 3-51（a）表示端部直切的角钢连接，在内力传递时，由于力线弯折而引起较大的应力集中。故当角钢肢宽大于 125mm 时，应将连接角钢的肢端斜切。使内力均匀传递，如图 3-51（b）所示。

拼接角钢与下弦杆共有 4 条连接焊缝。计算时按与下弦截面等强度考虑，在拼接节点

一边每条焊缝的计算长度为

$$l_{w1} = \frac{Af}{4 \times 0.7h_f f_f^w} \qquad (3\text{-}52)$$

式中 A——下弦角钢截面总面积。

下弦与节点板的连接焊缝。按两侧下弦较大内力的 15% 和两侧下弦的内力差两者中的较大值计算，当拼接节点处有外荷载时，则应按此较大值和外荷载的合力进行计算。

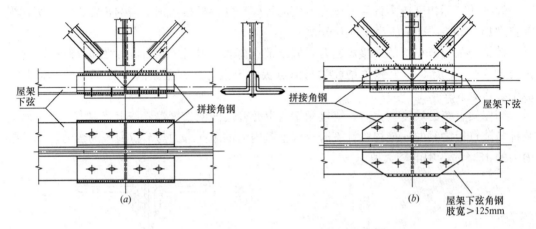

图 3-51　屋架下弦拼接节点

5）支座节点（图 3-52）

屋架与柱的连接可以做成简支或刚接。支承于钢筋混凝土柱或砖柱上的屋架一般为简支，而支承于钢柱上的屋架通常为刚接。

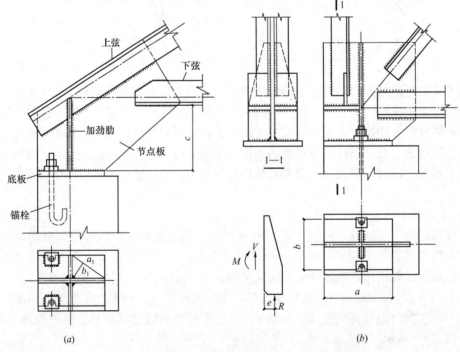

图 3-52　屋架铰接支座节点

168

简支屋架的支承点大多采用平板式支座。平板式支座由支座节点板、底板、加劲肋和锚栓组成。加劲肋设在支座节点处。焊在节点板和支座底板上，它的作用是提高支座节点的侧向刚度，使支座底板受力均匀，减少底板弯矩，改善底板的工作。加劲肋的高度和厚度分别与节点板的高度和厚度相等。

为了便于下弦角钢肢背施焊，下弦角钢水平肢的底面和支座底板之间的净距不应小于130mm。底板的厚度由计算确定，一般取 20mm 左右。

铰接屋架支座底板的面积按下式计算

$$A_n = \frac{R}{f_c} \tag{3-53}$$

式中　R——屋架支座反力；

　　　f_c——钢筋混凝土轴心抗压强度设计值；

　　　A_n——支座底板净面积。

支座底板所需的面积为：

$$A = A_n + 锚栓孔的面积$$

采用方形底板时，边长尺寸 $a \geqslant \sqrt{A}$，矩形底板可先假定一边的长度，即能求得另一边的长度。当 R 不大时计算出的 a 值较小，构造要求底板边长尺寸不小于 200mm。锚栓与节点板、肋板的中线之间的距离不小于底板上的锚栓孔径。

底板的厚度按均布荷载作用下板的抗弯计算。将基础的反力看成均布荷载 q，底板的计算与轴心受压柱脚底板相同。

$$t = \sqrt{\frac{6M\gamma}{f}} \tag{3-54}$$

式中　M——支座底板单位宽度上的最大弯矩：

$$M = \alpha q a_1^2 \tag{3-55}$$

式中　$q = \dfrac{R}{A_n}$——底板下的平均应力；

　　　α——系数，按 b_1/a_1 的比值由表 2-9 得；

　　　a_1、b_1——板块对角线长度及角点到对角线的距离。

底板厚度不宜太薄，一般 $t \geqslant 16$mm，以便使混凝土均匀受压；底板的宽度取 $200 \sim 360$mm，长度（垂直于屋架的方向）取 $200 \sim 400$mm。

计算加劲肋与节点板的连接焊缝时，每块加劲肋假定承受屋架支座反力的四分之一，并考虑偏心弯矩 M。

焊缝受剪力　$V = \dfrac{R}{4}$

焊缝受弯矩　$M = \dfrac{R}{4} \times e$

每块加劲肋与支座节点板的连接焊缝按下式计算：

$$\sqrt{\left(\frac{V}{2 \times 0.7 h_f l_w}\right)^2 + \left(\frac{6M}{2 \times 0.7 h_f l_w^2 \times 1.22}\right)^2} \leqslant f_f^w \tag{3-56}$$

式中　h_f、l_w——分别为加劲肋与节点板连接角焊缝的焊接尺寸和焊缝计算长度。

支座节点板、加劲肋与支座底板的水平连接焊缝，按下式计算

$$\sigma = \frac{R}{1.22 \times 0.7 h_f \sum l_w} \leqslant f_f^w \qquad (3\text{-}57)$$

式中 $\sum l_w$——节点板、加劲肋与支座底板的水平焊缝总长度。

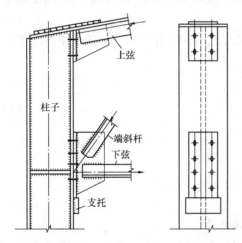

底板固定于钢筋混凝土柱等下部结构中预埋的锚栓。为使屋架安装方便且连接牢靠，底板上应有较大的锚栓孔，就位后再用垫板套进锚栓并将垫板焊牢于底板。锚栓直径一般为 20～25mm，底板上的孔为圆形或半圆带矩形的豁孔，后者安装方便应用较广，底板上的锚栓孔应为锚栓直径的 2～2.5 倍，垫板的孔径比锚栓直径大 1～2mm，垫板的厚度可与底板相同。锚栓埋入柱内的锚固长度为 450～600mm，并应加弯钩。

屋架与柱刚接构造见图 3-53。

图 3-53 屋架与柱的刚接构造

5. 钢屋架施工图

施工图是在钢结构制造厂进行加工制造的主要依据，必须清楚详尽。施工图上应包括屋架正面详图、上弦和下弦平面图、必要的侧面图、零件图、几何轴线图和材料表。

（1）通常在图纸上部绘一屋架简图作为索引图。对于对称桁架，图中一半注明杆件几何长度（mm），另一半注明杆件内力（N 或 kN）。跨度较大的屋架，在自重和外荷载的作用下将产生较大的挠度，特别当屋架下弦有悬挂吊车荷载时，则挠度更大，这将影响结构的使用与外观，因此对两端铰支且跨度大于等于 24m 的梯形屋架和矩形屋架以及跨度大于等于 15m 的三角形屋架，在制作时需要起拱，如图 3-54 所示，起拱值为跨度的 1/500，起拱值注在施工图左上角的屋架索引图上，在屋架详图上不必表示。

（2）施工详图中，主要图面用以绘制屋架的正面图，上、下弦的平面图，必要的侧面图，以及某些安装节点或特殊零件的大样图，施工图还应有其材料表。屋架施工图通常采用两种比例尺：杆件轴线一般为 1∶20～1∶30，以免图幅太大，节点（包括杆件截面、节点板和小零件）一般为 1∶10～1∶15（重要节点大样比例尺还可大些），可清楚地表达节点的细部制造要求。

（3）在施工图中，要全部注明各零件的型号和尺寸，包括其加工尺寸、零件（杆件和板件）的定位尺寸、孔洞的位置，以及对工厂加工和工地施工的所有要求。定位尺寸主要有，轴线至角钢肢背的距离，节点中心至腹杆等杆件近端的距离，节点中心至节点板上、下和左、右边缘的距离等。螺孔位置要符合型钢线距表和螺栓排列规定距离的要求。对加工及工地施工的其他要求包括零件切斜角，孔洞直径和焊缝尺寸都应注明。拼接焊缝要注意区分工厂焊缝和安装焊缝，以适应运输单元的划分和拼装。

（4）在施工图中，各零件要进行详细编号，零件编号要按主次、上下、左右一定顺序逐一进行。完全相同的杆件和零件用同一编号。正、反面对称的杆件亦可用同一编号，但在材料表中注明正反二字以示区别。材料表应列出所有构件和零件的编号、规格尺寸、长度、数量（正、反）和重量，从而算得整榀屋架的用钢量。

（5）施工图中的文字说明应包括不易用图表达以及为了简化图面而易于用文字说明的内容，如：钢材标号、焊条型号、焊缝形式和质量等级、图中未注明的焊缝和螺栓孔的尺寸以及油漆、运输和加工要求等。如有特殊要求亦可在说明中注出。

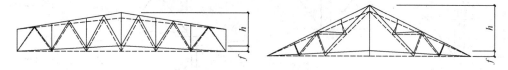

图 3-54　钢屋架起拱

3.6.3　托架和托梁的设计与构造

厂房中因大型设备安放或运输线路的布置，可能需在规则布置的柱网中抽掉部分柱子，形成较大的空间。此时，在抽柱处有两种处理方法，一种是加大屋架的跨度，但这会带来制作、安装、净空限制和防水等一系列问题，因此，工程上不常用；另一种处理方式是在抽柱处设置一构件，上承屋架（或其他屋面结构），下传柱子，该构件为桁架式时称为托架，为实腹式时称为托梁。托架和托梁一般作成简支受弯构件。

托架一般为平行弦桁架，腹杆采用带竖杆的人字式。直接支承于钢筋混凝土柱上的托架，支座斜杆常用上升式（图 3-55a），支于钢柱时，支座斜杆常用下降式（图 3-55b）。

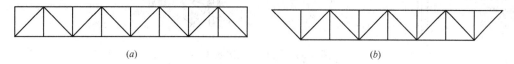

(a)　　　　　　　　　　　　　　　　(b)

图 3-55　托架的形式
(a) 上升式；(b) 下降式

托架高度应根据所支承的屋架端部高度、刚度要求和构造要求确定，一般取其跨度的 1/10～1/5，跨度大时取较小值，跨度小时取较大值，节间距可取 3m。

托梁可采用焊接工字形截面（图 3-56a），其截面高度可取其跨度的 1/10～1/8，翼缘宽度取截面高度的 1/5～1/2.5，当托梁的跨度较大而高度又受到限制，或要求有较高的抗扭能力（如中间柱列的托架）时，宜采用箱形截面（图 3-56b），箱形截面高度可比工字形截面高度小，其腹板水平距离可取其截面高度的 1/4～1/2，且不宜小于 400mm。

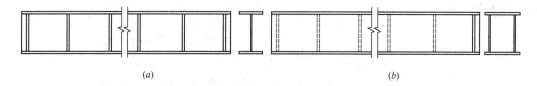

(a)　　　　　　　　　　　　　　　　(b)

图 3-56　托梁的形式

托架与屋架的连接有叠接和平接两种，前者构造简单，便于施工，但存在使托架或托梁受扭的缺点；后者可有效地减轻托梁或托架受扭的不利影响，且使屋盖整体刚度好，较常用。

在中间柱列处，当两侧屋架标高相同时，如为平接（图 3-57a，图 3-58a），宜共用一榀托架，如必须采用叠接（图 3-57b，图 3-58b），最好用两榀托架各自独立，以免相邻屋架反力不同，使托架产生过大的扭转变形。

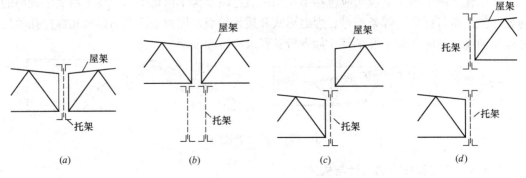

图 3-57　中间柱列处屋架与托架的连接形式

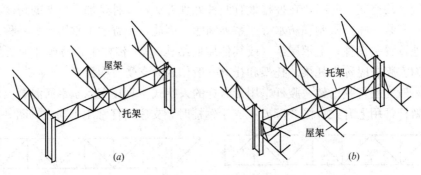

图 3-58　屋架与托架的关系

3.6.4　普通钢屋架设计例题

1. 设计资料

（1）工程概述

某工程为一跨钢结构单层厂房，平面尺寸为 84m×24m，基本柱距为 6m。屋架材料采用长尺压型钢板，其构造方式为压型钢板＋保温棉＋压型钢板，屋面坡度为 1/10，C型钢檩条水平间距为 1.5m，基本风压为 $0.5kN/m^2$，屋面离地面高度为 15m，基本雪压为 $0.2kN/m^2$，积灰荷载为 $1.0~kN/m^2$，钢材采用 Q235B，焊条采用 E4303 型。屋架与厂房上柱铰接。厂房内设有 A6 级电动桥式起重机。屋架形式及几何尺寸见图 3-59，屋架支撑布置见图 3-60。

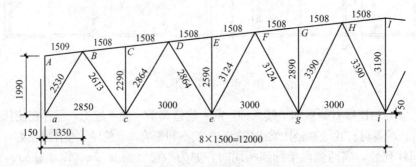

图 3-59　屋架杆件、节点编号及几何尺寸简图

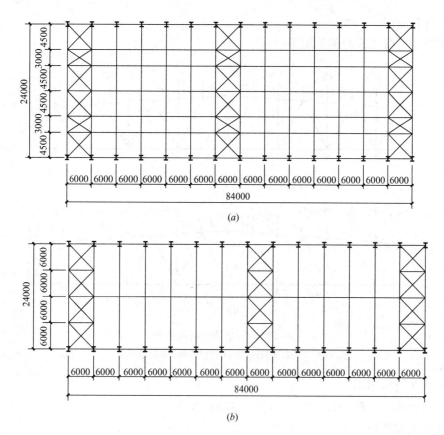

图 3-60 上、下弦支撑布置图

（a）上弦支撑布置图；（b）下弦支撑布置图

（2）设计计算原则

屋架内力组合原则按《建筑结构荷载规范》GB 50009—2012 的规定执行，并考虑了半跨荷载组合（半跨屋面活荷载或雪荷载、半跨积灰荷载），未考虑安装过程中可能出现的半跨屋面板及半跨安装活荷载。屋架上弦平面外计算长度取为支撑交叉点间距，屋架下弦平面外计算长度取端支座与屋架下弦通长系杆间距离。容许长细比，受压构件 $[\lambda] \leqslant 150$；受拉构件 $[\lambda] \leqslant 350$（按车间有重级工作制吊车考虑）。

2. 荷载及内力计算

（1）屋面永久荷载（水平投影）

压型钢板及附件：	0.50kN/m²
檩条自重：	0.20kN/m²
屋架及支撑：	0.40kN/m²
合计：	1.1×1.2＝1.32kN/m²

（2）屋面可变荷载（水平投影）

屋面活荷载：	0.50kN/m²
积灰荷载：	1.00kN/m²
合计：	1.50×1.4＝2.10kN/m²（式中取组合值系数为1.0）

（3）计算简图

屋架节点荷载计算简图见图 3-61。

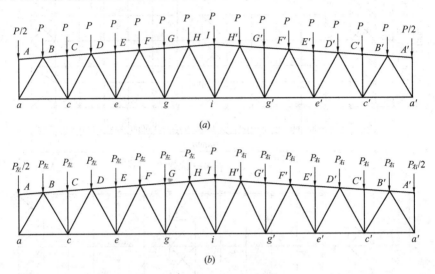

图 3-61　屋架节点荷载简图
(a) 全跨恒荷载；(b) 半跨恒荷载＋半跨活荷载

全跨永久荷载作用

中间节点荷载：$P_1 = 1.32 \times 1.5 \times 6 = 11.88 \text{kN}$

全跨活荷载作用

中间节点荷载：$P_2 = 2.1 \times 1.5 \times 6 = 18.9 \text{kN}$

设计屋架时考虑以下两种荷载组合

1）永久荷载＋可变荷载

屋架上弦节点荷载：$P = P_1 + P_2 = 11.88 + 18.9 = 30.78 \text{kN}$

2）永久荷载＋半跨可变荷载：$P_左 = P_1 + P_2 = 30.78 \text{kN}$，$P_右 = P_1 = 11.88 \text{kN}$

3. 屋架杆件的内力

经电算在单位荷载作用下的屋架各杆件的内力系数如图 3-62、图 3-63 所示。然后作用于全跨、左半跨和右半跨，求出各种荷载情况下的内力进行组合，计算结果见表 3-9。表 3-9 中列出了第一种荷载组合下的全部内力，第二种荷载组合仅仅列出跨中附近的三根腹杆的内力。

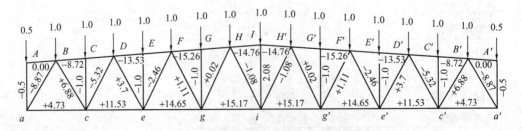

图 3-62　24m 跨屋架全跨单位荷载作用下各杆件的内力值

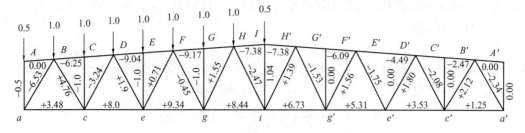

图 3-63　24m 跨屋架半跨单位荷载作用下各杆件的内力值

杆件内力计算

表 3-9

杆件名称		杆件内力系数			第一种组合 $P \times$ ①	第二种组合		计算杆件内力（kN）
		全跨①	左半跨②	右半跨③		$P_左 \times$ ②+ $P_右 \times$ ③	$P_左 \times$ ③+ $P_右 \times$ ②	
上弦	AB	0	0	0	0	0	0	0
	BC、CD	−8.72	−6.25	−2.47	−268.4			−268.4
	DE、EF	−13.53	−9.04	−4.49	−416.5			−416.5
	FG、GH	−15.26	−9.17	−6.09	−469.7			−469.7
	HI	−14.71	−7.38	−7.38	−452.8			−452.8
下弦	ac	+4.73	+3.48	+1.25	+145.6			+145.6
	ce	+11.53	+8.0	+3.53	+354.9			+354.9
	eg	+14.65	+9.34	+5.31	+450.9			+450.9
	gi	+15.17	+8.44	+6.73	+466.9			+466.9
斜腹杆	aB	−8.87	−6.53	−2.34	−273.0			−273.0
	Bc	+6.88	+4.76	+2.12	+211.7			+211.7
	cD	−5.32	−3.24	−2.08	−163.7			−163.7
	De	+3.70	+1.90	+1.80	+113.9			+113.9
	eF	−2.46	+0.71	−1.75	−75.7			−75.7
	Fg	+1.11	−0.45	+1.56	+34.2	+5.0	+42.7	+5.0 +42.7
	gH	+0.02	+1.55	−1.53	+0.62	+29.5	−28.8	+29.5 −28.8
	Hi	−1.08	−2.47	+1.39	−33.2	−59.5	+13.4	−59.5 +13.4
竖杆	Aa	−0.50	−0.5	0	−15.4			−15.4
	Cc、Ee、Gg	−1.0	−1.0	0	−30.78			−30.78
	Ii	2.08	1.04	1.04	+64.0			+64.0

4. 杆件截面计算及选择

腹杆最大内力为 273kN，初步选用中间节点板厚度 8mm，支座节点板厚度为 10mm。

（1）上弦杆

整个上弦采用等截面，按最大压力在杆件 FG、GH 设计，$N_{FG}=-469.7$kN。

上弦杆计算长度

在屋架平面内：为节间轴线长度 $l_{0x}=1508$mm

在屋架平面外：根据支撑布置和内力变化情况，取 $l_{0y}=3l_{0x}=4524$mm。

设 $\lambda=60$，查附表 2-8，得 $\varphi=0.807$，需要的截面面积：

$$A=\frac{N}{\varphi f}=\frac{469.7\times1000}{0.807\times215}=2707.1\text{mm}^2$$

需要的回转半径：

$$i_x=\frac{l_{0x}}{\lambda}=\frac{1508}{60}=25.1\text{mm}$$

$$i_y=\frac{l_{0y}}{\lambda}=\frac{4524}{60}=75.4\text{mm}$$

根据需要的 A、i_x、i_y 查角钢规格表，选择 ⊤ $140\times90\times10$（短肢相拼）见图 3-64，$A=4452\text{mm}^2$，$i_x=25.6$mm，$i_y=67.0$mm。

按所选角钢进行验算：

$$\lambda_x=l_{0x}/i_x=1508/25.6=58.9<[\lambda]=150$$

$$\lambda_y=l_{0y}/i_y=4524/67.0=67.5<[\lambda]=150$$

由于 $\lambda_y>\lambda_x$，查附表 2-8，只需求 $\varphi_y=0.766$，则

$$\frac{N}{\varphi_{\min}Af}=\frac{469.7\times1000}{0.766\times4452\times215}=0.64<1$$，所选截面合适。

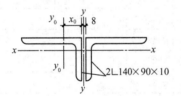
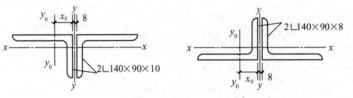

图 3-64 上弦截面　　　　图 3-65 下弦截面

（2）下弦杆

整个下弦杆采用同一截面，按最大压力在杆件 gi 计算，$N_{gi}=+466.9$kN。$l_{0x}=3000$mm，$l_{0y}=11850$mm（因跨中有通长系杆）

所需截面积为：

$$A_n=\frac{N}{f}=\frac{466.9\times1000}{215}=2171.6\text{ mm}^2$$

选用 ⊥ $140\times90\times8$（短肢相接），见图 3-65，$A=3608\text{mm}^2$，$i_x=25.9$mm，$i_y=66.5$mm。

$$\lambda_x=l_{0x}/i_x=3000/25.9=115.8<[\lambda]=350$$

$$\lambda_y=l_{0y}/i_y=11850/66.5=178.2<[\lambda]=350$$

$$\frac{N}{A}=\frac{466.9\times1000}{3608}=129.4\text{ N/mm}^2<f=215\text{ N/mm}^2 \qquad (\text{满足})$$

（3）斜腹杆

支座斜腹杆 aB，$N_{aB}=-273.0$kN。$l=2530$mm，$l_{0x}=2530$mm，$l_{0y}=2530$mm。

选用⌐ 90×8（图 3-66），$A = 2788 \text{mm}^2$，$i_x = 27.6 \text{mm}$，$i_y = 40.2 \text{mm}$。

$$\lambda_x = 2530/27.6 = 91.7 < [\lambda] = 150 \qquad （满足）$$

$$\lambda_y = 2530/40.2 = 62.9 < [\lambda] = 150 \qquad （满足）$$

此类截面为 b 类，查附表 2-8，由于 $\lambda_x > \lambda_y$，只需求 $\varphi_x = 0.609$，则

$$\frac{N}{\varphi_{\min} A f} = \frac{273 \times 1000}{0.609 \times 2788 \times 215} = 0.75 < 1 \qquad （满足）$$

（4）竖腹杆

1）支座竖腹杆 Aa，$N_{Aa} = -15.4 \text{kN}$。$l = 1990 \text{mm}$，$l_{0x} = 1990 \text{mm}$，$l_{0y} = 1990 \text{mm}$。

选用⌐ 56×5（图 3-67），$A = 1083 \text{mm}^2$，$i_x = 17.2 \text{mm}$，$i_y = 26.1 \text{mm}$。

$$\lambda_x = 1990/17.2 = 115.7 < [\lambda] = 150 \qquad （满足）$$

$$\lambda_y = 1990/26.1 = 76.2 < [\lambda] = 150 \qquad （满足）$$

此类截面为 b 类，由于 $\lambda_x > \lambda_y$，查附表 2-8，得 $\varphi_{\min} = 0.460$，则

$$\frac{N}{\varphi_{\min} A f} = \frac{15.4 \times 1000}{0.460 \times 1083 \times 215} = 0.14 < 1 \qquad （满足）$$

2）竖腹杆 Gg 压力最大，$N_{Gg} = -30.78 \text{kN}$。$l = 2890 \text{mm}$，$l_{0x} = 0.8 \times 2890 = 2312 \text{mm}$，$l_{0y} = 2890 \text{mm}$。

选用⌐ 56×5（图 3-67），$A = 1083 \text{mm}^2$，$i_x = 17.2 \text{mm}$，$i_y = 26.1 \text{mm}$。

$$\lambda_x = 2312/17.2 = 134.4 < [\lambda] = 150 \qquad （满足）$$

$$\lambda_y = 2890/26.1 = 110.7 < [\lambda] = 150 \qquad （满足）$$

此类截面为 b 类，由于 $\lambda_x > \lambda_y$，查附表 2-8，得 $\varphi_{\min} = 0.368$，则

$$\frac{N}{\varphi_{\min} A f} = \frac{30.78 \times 1000}{0.368 \times 1083 \times 215} = 0.36 < 1 \qquad （满足）$$

3）腹杆 Ii 杆　$N_{Ii} = +64.0 \text{kN}$。$l = 3190 \text{mm}$，$l_0 = 0.9 \times 3190 = 2871 \text{mm}$。

选用⊢ 56×5（图 3-68），$A = 1083 \text{mm}^2$，$i_{x0} = 21.7 \text{mm}$。

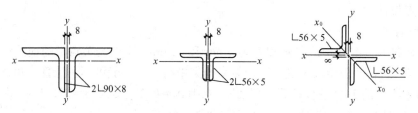

图 3-66　支座斜杆截面　　图 3-67　支座竖腹杆截面　　图 3-68　腹杆 Ii 截面

杆件截面选择表

表 3-10

杆件		计算内力 (kN)	截面规格	截面面积 (mm²)	计算长度 (mm)		回转半径 (mm)		长细比		容许长细比	稳定系数	应力 (N/mm²)	填板数
名称	编号				l_{0x}	l_{0y}	i_x	i_y	λ_x	λ_y	$[\lambda]$	$\varphi_{\min}$	σ	
上弦	AI	-469.7	⌐$140 \times 90 \times 10$	4452	1508	4524	25.6	66.9	58.9	67.6	150	0.766	137.7	12
下弦	ai	$+466.9$	⌐$140 \times 90 \times 8$	3608	3000	11850	25.9	67.2	115.8	176.3	350		129.4	6

杆件		计算内力 (kN)	截面规格	截面面积 (mm²)	计算长度 (mm)		回转半径 (mm)		长细比		容许长细比 [λ]	稳定系数 φmin	应力 (N/mm²) σ	填板数
名称	编号				l_{0x}	l_{0y}	i_x	i_y	λ_x	λ_y				
腹杆	aB	−273.0	⌐90×8	2788	2530	2530	27.6	40.2	91.7	62.9	150	0.609	160.8	3
	Bc	+211.7	⌐63×5	1228	2090	2613	19.4	28.9	107.7	90.4	350		172.4	2
	cD	−116.7	⌐70×7	1884	2291	2864	21.4	32.1	107.1	89.2	150	0.510	121.5	4
	De	+113.9	⌐63×5	1228	2291	2864	19.4	28.9	118.1	99.1	350		92.8	2
	eF	−75.7	⌐63×5	1228	2499	3124	19.4	28.9	128.8	108.1	150	0.393	156.9	4
	Fg	+42.7	⌐65×5	1228	2499	3124	19.4	28.9	128.8	108.1	150		34.8	3
	gH	+29.5 −28.8	⌐63×5	1228	2712	3390	19.4	28.9	139.8	117.3	150	0.346	24 67.8	5
	Hi	−59.5 +13.4	⌐63×5	1228	2712	3390	19.4	28.9	139.8	117.3	150	0.346	140 10.9	5
	Aa	−15.4	⌐56×5	1084	1990	1990	17.2	26.2	115.7	76	150	0.460	30.9	3
	Cc	−30.78	⌐56×5	1084	1832	2290	17.2	26.2	106.5	87.4	150	0.514	55.2	3
	Ee	−30.78	⌐56×5	1084	2072	2590	17.2	26.2	120.5	98.9	150	0.435	65.3	4
	Gg	−30.78	⌐56×5	1084	2321	2890	17.2	26.2	134.4	110.3	150	0.368	77.7	4
	Ii	+64.0	⌐56×5	1084	$l_0=2871mm$		$i_{x0}=21.7mm$		$\lambda_x=132.3$		350		59	2

$$\lambda_x = l_0/i_{x0} = 2871/21.7 = 132.3 < [\lambda] = 350 \qquad （满足）$$

$$\frac{N}{A} = \frac{64.0 \times 1000}{1083} = 59.1\,\text{N/mm}^2 < f = 215\,\text{N/mm}^2 \qquad （满足）$$

其余各杆件的截面选择计算过程不一一列出，现将其计算结果列于表 3-10 中。

5. 节点设计

（1）屋脊节点

竖杆 Ii 杆端焊缝按构造取 h_f 和 l_w 为 5mm 和 80mm。上弦与节点板的连接焊缝，角钢肢背采用塞焊缝，并假定仅承受屋面板传来的集中荷载，一般可不作计算。角钢肢尖焊缝应取上弦内力 N 的 15% 进行计算，即 $\Delta N = 0.15N = 0.15 \times 452.8 = 67.9\,\text{kN}$。其产生的偏心弯矩为 $M = \Delta Ne = 67.9 \times 10^3 \times 70 = 4753000\,\text{N} \cdot \text{mm}$。

现取节点板尺寸如图 3-69 所示。设肢尖焊脚尺寸 $h_{f2} = 6mm$，则焊缝计算长度 $l_{w2} = 150 - 2 \times 6 - 4 = 134mm$。按下式验算肢尖焊缝强度：

$$\sqrt{\left(\frac{6M}{\beta_f \times 2 \times 0.7h_{f2}l_{w2}^2}\right)^2 + \left(\frac{\Delta N}{2 \times 0.7h_{f2}l_{w2}}\right)^2}$$

$$= \sqrt{\left(\frac{6 \times 4753000}{1.22 \times 2 \times 0.7 \times 6 \times 134^2}\right)^2 + \left(\frac{67.9 \times 10^3}{2 \times 0.7 \times 6 \times 134}\right)^2}$$

$$= 166.3\,\text{N/mm}^2 \approx f_f^w = 160\,\text{N/mm}^2 \qquad （满足）$$

上弦杆起拱后坡度为 1/10。拼接角钢采用与上弦相同截面，热弯成型。拼接角钢一

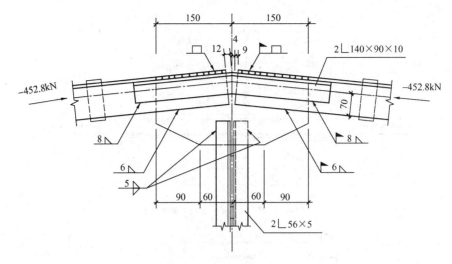

图 3-69　屋脊节点

侧的焊缝长度按弦杆所受内力计算。设角焊缝焊脚尺寸 $h_f = t - 2 = 10 - 2 = 8mm$。则接头一侧需要的焊缝计算长度为：

$$l_w = \frac{N}{4 \times 0.7 h_f f_f^w} = \frac{452.8 \times 10^3}{4 \times 0.7 \times 8 \times 160} = 126.3mm$$

拼接角钢的总长度按下式计算为：

$$l = 2(l_w + 2h_f) + a = 2 \times (126.3 + 2 \times 8) + \left(10 + 2 \times \frac{1}{10} \times 90\right) = 312.6mm$$

取 $l = 600mm$。

拼接角钢竖肢需切去的高度为：$\Delta = t + h_f + 5 = 10 + 8 + 5 = 23mm$

取 $\Delta = 25mm$，即竖肢余留高度为 65mm。

（2）下弦拼接节点

拼接角钢采用与下弦相同截面。拼接角钢一侧的焊缝长度按与杆件等强设计。设角焊缝焊脚尺寸 $h_f = t - 2 = 8 - 2 = 6mm$，则接头一侧需要的焊缝长度为：

$$l_w = \frac{Af}{4 \times 0.7 h_f f_f^w} = \frac{3434 \times 215}{4 \times 0.7 \times 6 \times 160} = 274.7mm$$

拼接角钢的总长度为：

$$l = 2(l_w + 2h_f) + a = 2 \times (274.7 + 2 \times 6) + 10 = 583.4mm。$$

取 $l = 600mm$。拼接角钢水平肢较宽，故采用斜切（图 3-70），不但便于焊接，且可增加焊缝长度。水平肢上的安装螺栓孔，待屋架拼装完后可用于连接屋架下弦横向水平支撑。竖肢因切肢后余留高度较小，不设安装螺栓。

拼接角钢竖肢需要切去的高度为：$\Delta = t + h_f + 5 = 8 + 6 + 5 = 19mm$

取 $\Delta = 20mm$，即竖肢余留高度为 70mm。

设 "iH" 杆的肢背和肢尖焊缝 $h_f = 8mm$ 和 6mm，则所需焊缝长度为

肢背焊缝长度：$l_{w1} = \dfrac{0.7 \times 59.5 \times 1000}{2 \times 0.7 \times 8 \times 160} = 23.24mm$，取焊缝长度 40mm。

肢尖焊缝长度：$l_{w2} = \dfrac{0.3 \times 59.5 \times 1000}{2 \times 0.7 \times 6 \times 160} = 13.28mm$，取焊缝长度 30mm。

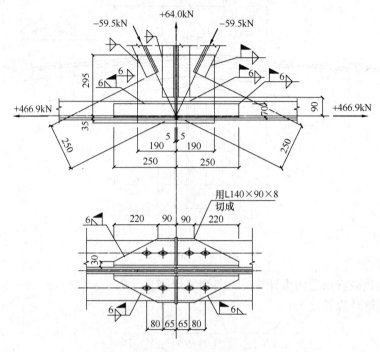

图 3-70 下弦拼接节点

取两斜腹杆杆端至节点中心距离为 230mm，竖杆杆端至节点中心侧取 90mm（按工程惯例梯形屋架通常取下弦节点中心至各腹杆下端的距离为 5mm 的倍数，各腹杆的角钢长度亦取 5mm 或 10mm 的倍数，而让上弦节点中心至腹杆上端的距离为不规则位数）。节点板按布置腹杆杆端焊缝需要，采用－330×10×380。

（3）下弦节点

下弦节点"c"见图 3-71。

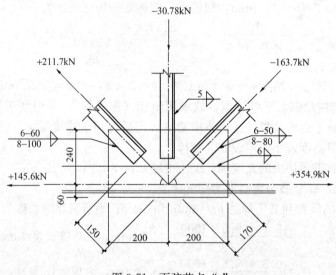

图 3-71 下弦节点"c"

各杆件的内力见表 3-9。

角焊缝的抗拉、抗压和抗剪的设计强度 $f_f^w = 160\text{N/mm}^2$，设"Bc"杆的肢背和肢尖焊缝 $h_f = 8\text{mm}$ 和 6mm，则所需焊缝长度为

肢背焊缝长度：$l_{w1} = \dfrac{0.7 \times 211.7 \times 1000}{2 \times 0.7 \times 8 \times 160} = 82.7\text{mm}$，取焊缝长度 100mm。

肢尖焊缝长度：$l_{w2} = \dfrac{0.3 \times 211.7 \times 1000}{2 \times 0.7 \times 6 \times 160} = 47.3\text{mm}$，取焊缝长度 60mm。

设"cD"杆的肢背和肢尖焊缝 $h_f = 8\text{mm}$ 和 6mm，则所需焊缝长度为

肢背焊缝长度：$l_{w1} = \dfrac{0.7 \times 163.7 \times 1000}{2 \times 0.7 \times 8 \times 160} = 63.9\text{mm}$，取焊缝长度 80mm。

肢尖焊缝长度：$l_{w2} = \dfrac{0.3 \times 163.7 \times 1000}{2 \times 0.7 \times 6 \times 160} = 36.5\text{mm}$，取焊缝长度 50mm。

"Cc"杆的内力很小，焊缝尺寸可按构造确定，$h_f = 5\text{mm}$。

根据上面求得的焊缝长度，并考虑杆件之间应留有间隙以及制作和装配等误差，按比例绘出节点大样图，从而确定节点板尺寸为 300mm×400mm。

下弦与节点板连接的焊缝长度为 400mm，$h_f = 6\text{mm}$。焊缝所受的力为左右两个下弦杆内力差 $\Delta N = 354.9 - 145.6 = 209.3\text{kN}$，受力较大的肢背处的焊缝应力为

$$\tau_f = \frac{0.7 \times 209.3 \times 1000}{2 \times 0.7 \times 6 \times (400 - 10)} = 44.7\text{N/mm}^2 < 160\text{N/mm}^2 \qquad (\text{满足})$$

焊缝强度满足要求。

（4）上弦节点

上弦节点"B"（图 3-72）"Ba"杆与节点板的焊缝尺寸和节点"c"相同。

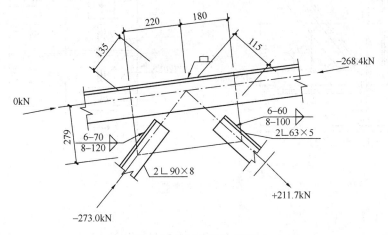

图 3-72　上弦节点"B"

"Ba"杆与节点板的焊缝尺寸按上述同样的方法计算，$N_{Ba} = 273.0\text{kN}$。

设"Ba"杆的肢背和肢尖焊缝 $h_f = 8\text{mm}$ 和 6mm，则所需焊缝长度为

肢背焊缝长度：$l_{w1} = \dfrac{0.75 \times 273.0 \times 1000}{2 \times 0.7 \times 8 \times 160} = 114.3\text{mm}$，取焊缝长度 120mm。

肢尖焊缝长度：$l_{w2} = \dfrac{0.25 \times 273.0 \times 1000}{2 \times 0.7 \times 6 \times 160} = 50.8\text{mm}$，取焊缝长度 70mm。

为了便于在上弦上搁置屋面板，节点板的上边缘可缩进上弦肢背8mm，用塞焊缝把上弦角钢和节点板连接起来。槽焊缝作为两条角焊缝计算，这时设计强度应乘以0.8的折减系数。计算时可省略去屋架上弦坡度的影响，而假定集中荷载 P 与上弦垂直。上弦杆的肢背和肢尖焊缝 $h_\mathrm{f}=6\mathrm{mm}$ 和8mm，上弦与节点板间焊缝长度为400mm。

上弦肢背槽焊缝内的应力为：

$$\frac{\sqrt{[K_1(N_1-N_2)]^2+(P/2\times1.22)^2}}{2\times0.7h_\mathrm{f}l_\mathrm{w}}=\frac{\sqrt{(0.75\times268.4\times1000)^2+\left(\dfrac{30780}{2\times1.22}\right)^2}}{2\times0.7\times6\times(400-10)}$$

$$=61.5\mathrm{N/mm^2}<0.8f_\mathrm{w}^\mathrm{f}=0.8\times160=128\mathrm{N/mm^2} \qquad（满足）$$

上弦肢尖角焊缝的剪应力为：

$$\frac{\sqrt{[K_2(N_1-N_2)]^2+(P/2\times1.22)^2}}{2\times0.7h_\mathrm{f}l_\mathrm{w}}=\frac{\sqrt{(0.25\times268.4\times1000)^2+\left(\dfrac{30780}{2\times1.22}\right)^2}}{2\times0.7\times8\times(400-10)}$$

$$=14.9\mathrm{N/mm^2}<f_\mathrm{w}^\mathrm{f}=160\mathrm{N/mm^2} \qquad（满足）$$

（5）支座节点

根据端斜杆和下弦杆杆端焊缝，节点板采用－380×12×440（图3-73）。为了便于施焊，取底板上表面至下弦轴线的距离为160mm。且在支座中线处设加劲肋－90×10，高度与节点板相同，亦为440mm。

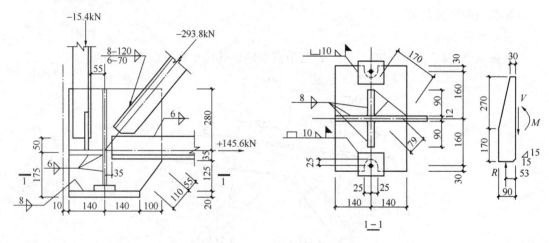

图3-73 支座节点

1）底板计算

支座反力 $\qquad\qquad R=8F=8\times30.78=246.2\mathrm{kN}$

根据构造要求，取底板尺寸为280mm×380mm。锚栓采用2M24，并用图示U形缺口。柱采用的C20混凝土 $f_\mathrm{cc}=10\mathrm{N/mm^2}$。作用于底板的压应力为（垂直于屋架方向的底板长度偏安全地仅取加劲肋部分）

$$p=\frac{R}{A_\mathrm{n}}=\frac{246.2\times10^3}{192\times280}=4.58\mathrm{N/mm^2}<f_\mathrm{cc}=10\mathrm{N/mm^2} \qquad（满足）$$

底板被节点板和加劲肋分成4块两相邻边支承板，故应按下式计算底板单位宽度上的最大弯矩

$$\frac{b_1}{a_1} = \frac{79.2}{169.8} = 0.466, \text{查表 2-14，得 } \beta=0.0546$$

$$M = \beta p a_1^2 = 0.0546 \times 4.58 \times 169.8^2 = 7210 \text{N} \cdot \text{mm}$$

需要底板厚度：$f=205\text{N}/\text{mm}^2$（按厚度 $t>16\sim40\text{mm}$ 取值）

$$t = \sqrt{\frac{6M}{f}} = \sqrt{\frac{6 \times 7210}{205}} = 14.5\text{mm}, \text{取 } 16\text{mm}.$$

2）加劲肋计算

按式（3-56）对加劲肋和节点板间的两条焊缝进行验算（图 3-73b）：

设 $h_f=6\text{mm}$，取焊缝最大计算长度 $l_w=60h_f=60\times6=360\text{mm}<425\text{mm}$（实际焊缝长度）

$$V = \frac{R}{4} = \frac{246.2}{4} = 61.55\text{kN}$$

$$M = Ve = 61.55 \times 52.5 = 3231.4\text{kN} \cdot \text{mm}$$

$$\sqrt{\left(\frac{6M}{\beta_f \times 2 \times 0.7h_f l_w^2}\right)^2 + \left(\frac{V}{2 \times 0.7h_f l_w}\right)^2}$$

$$= \sqrt{\left(\frac{6 \times 3231.4 \times 10^3}{1.22 \times 2 \times 0.7 \times 6 \times 360^2}\right)^2 + \left(\frac{61.55 \times 10^3}{2 \times 0.7 \times 6 \times 360}\right)^2}$$

$$= 25\text{N}/\text{mm}^2 < f_f^w = 160\text{N}/\text{mm}^2 \qquad \text{（满足）}$$

3）加劲肋、节点板与底板的连接焊缝计算

设焊缝传递全部支座反力 $R=246200\text{N}$，其中每块加劲肋各传 $R/4=61550\text{N}$，节点板传递 $R/2=123100\text{N}$。

节点板与底板的连接焊缝长度 $\sum l_w = 2 \times (280-10) = 540\text{mm}$，所需焊脚尺寸：

$$h_f = \frac{R/2}{0.7\sum l_w \times f_f^w \times 1.22} = \frac{123100}{0.7 \times 540 \times 160 \times 1.22} = 1.67\text{mm}, \text{取 } h_f=6\text{mm}.$$

每块加劲肋与底板的连接焊缝长度为：$\sum l_w = 2(192-12-2\times10) = 320\text{mm}$

所需焊缝尺寸：

$$h_f = \frac{R/4}{0.7\sum l_w \times f_f^w \times 1.22} = \frac{61550}{0.7 \times 320 \times 160 \times 1.22} = 1.41\text{mm}$$

取 $h_f=6\text{mm}$。

3.7 吊车梁设计

3.7.1 吊车梁的类型和截面组成

吊车梁按支承情况可分为简支梁和连续梁。按结构体系可分为实腹式、下撑式和桁架式，如图 3-74 所示。

简支实腹式吊车梁应用最广。当跨度及荷载较小时，可采用型钢梁，否则应采用焊接梁。连续梁比简支梁用料经济，但由于它受柱不均匀沉降影响较明显，很少采用。

实腹式吊车梁与下撑式吊车梁和桁架式吊车梁相比，动力特性好，且刚度大，适用于

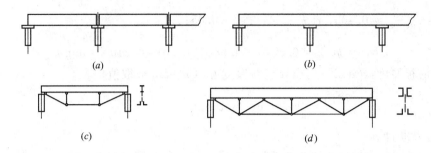

图 3-74　吊车梁的类型

(a) 简支实腹吊车梁；(b) 连续实腹吊车梁；(c) 下撑式吊车梁；(d) 桁架式吊车梁

有重级工作制吊车的厂房，应用比较广泛。

与普通梁相比，吊车梁除承受永久荷载外，主要承受吊车移动产生的动力荷载，因此，对吊车梁的设计比一般受弯构件要求更高，应采用质量较好的钢材。

吊车工作时，无论启动或制动，都会对吊车梁产生横向水平力。因此，必须加强吊车梁的上翼缘，以承担横向水平力作用。当吊车梁的跨度不超过 6m 且吊车的额定起重量不超过 30t 时，可以将吊车梁的上翼缘加强（图 3-75a），使吊车梁在水平面内具有足够的强度和刚度。对于跨度或起重量较大的吊车梁，应在吊车梁上翼缘平面内设置制动梁或制动桁架来承受吊车的横向水平制动力，图 3-75（b）所示为一边列柱上的吊车梁，其制动梁由吊车梁的上翼缘、钢板和槽钢组成，制动梁的宽度不宜小于 1.0～1.5m，吊车梁主要用来承担竖向荷载的作用。当制动结构所需的宽度超过 1.0～1.5m 时，常用制动桁架，如图 3-75（c）所示为设有制动桁架的吊车梁，由吊车梁的上翼缘和双肢角钢组成制动桁架的二弦杆，中间连以角钢腹杆。制动结构不仅用于承受横向水平荷载，保证吊车梁的稳定

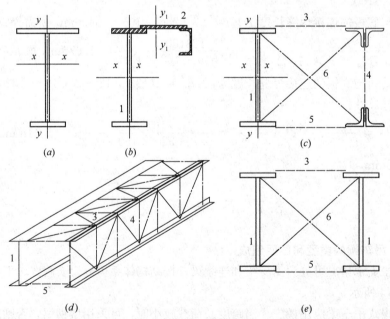

图 3-75　吊车梁的类型

1—吊车梁；2—制动梁；3—制动桁架；4—辅助桁架；5—水平支撑；6—垂直支撑

性，同时也可兼作检修的平台和人行走道，制动梁的腹板（兼作走道板）常采用花纹钢板。

A6~A8级工作制吊车梁，当其跨度大于等于12m，或A1~A5级吊车梁，跨度大于等于18m，为了增强吊车梁和制动结构的整体刚度和抗扭性能，对边列柱上的吊车梁，宜设置与吊车梁平行的垂直辅助桁架，并在辅助桁架与吊车梁之间设置水平支撑和垂直支撑。垂直支撑可增加整体刚度，但由于受吊车梁竖向变形的影响，容易受力过大而破坏，应避免设置在梁的跨中部。对柱的两侧均有吊车梁的中列柱，应在两吊车梁间设置制动结构、水平支撑和垂直支撑。

3.7.2 吊车梁的荷载和内力分析

吊车是厂房中常见的起重设备，按照吊车达到其额定值的频繁程度，《起重机设计规范》GB 3811将其分为A1~A8共8个工作级别，其中A1~A3对应轻级工作制吊车，A4、A5对应中级工作制，A6、A7对应重级工作制，A8对应特重级工作制。

吊车梁承受吊车产生的竖向荷载、横向水平荷载和纵向水平荷载。其中纵向水平荷载沿吊车轨道方向，通过吊车梁传给柱间支撑，对吊车梁影响很小，计算吊车梁时一般不需考虑，故吊车梁按双向受弯构件设计。

1. 计算吊车梁时考虑的荷载

（1）吊车竖向荷载（吊车最大轮压）

吊车竖向荷载包括吊车、起吊重物及吊车梁自重。吊车梁在运行过程中，会产生振动和撞击，对吊车梁产生动力效应，因此设计中应考虑吊车的动力作用，《建筑结构荷载规范》GB 50009—2012采用动力系数α乘以轮压值$P_{k,max}$的方法来考虑竖向荷载的动力效应。吊车竖向荷载设计值按下式计算：

$$P = 1.4\alpha_1 P_{k,max} \tag{3-58}$$

式中 α_1——竖向轮压动力系数，对悬挂吊车（包括电动葫芦）及工作级别为A1~A5的软钩吊车α_1＝1.05；对工作级别为A6~A8的软钩吊车、硬钩吊车和其他特种吊车α_1＝1.1；

$P_{k,max}$——吊车的最大轮压标准值，可在吊车产品规格表中直接查得。

计算吊车梁的竖向荷载时，对作用于吊车梁上的走道荷载、积灰荷载、轨道、制动结构、支撑和吊车梁的自重等，可近似地将轮压乘以荷载增大系数（表3-11）η_1来考虑。

荷载增大系数　　　　　　　　　　　　　　　　　　表3-11

吊车类型	实腹式吊车梁			桁架式吊车梁
	跨度为6m	跨度为12m	跨度≥18m	
η_1	1.03	1.05	1.07	1.06

（2）吊车横向水平荷载

吊车横向水平荷载指小车沿桥架移动时因刹车引起的横向制动力，由吊车桥架的车轮平均传至轨顶，方向与轨道垂直。因此，每个车轮作用在轨道上的横向水平荷载设计值按下式计算：

$$T = 1.4\alpha_H(Q+g)/n \tag{3-59}$$

式中 Q、g——吊车的额定起重量和小车自重，小车自重可近似取0.3Q；

α_H——吊车横向荷载系数；对软钩吊车：当额定起重量不大于 10t 时，$\alpha_H=0.12$；当额定起重量为 15～50t 时，$\alpha_H=0.10$；当额定起重量不小于 75t 时，$\alpha_H=0.08$；对硬钩吊车 $\alpha_H=0.20$；

n——桥式吊车的总轮数。

在吊车的工作级别为 A6～A8 时，吊车运行时摆动引起的横向水平力比刹车更为不利，因此，《钢结构设计标准》GB 50017 规定，此时作用在每个车轮上的横向水平力设计值为

$$H = 1.4\alpha_2 P_{k,max} \tag{3-60}$$

式中　α_2——系数，对一般软钩吊车 $\alpha_2=0.1$；对抓斗或磁盘吊车 $\alpha_2=0.15$；对硬钩吊车 $\alpha_2=0.20$。

横向水平力 H 仅在计算工作级别为 A6～A8 级的吊车梁（吊车桁架）及其制动结构的强度、稳定性和连接强度时考虑，且不与小车刹车引起的横向水平力 T 同时考虑。

（3）吊车纵向水平荷载

指吊车桥架沿吊车梁运行时因制动产生的制动力，方向与吊车轨道一致，作用点在刹车轮与轨道的接触点上。每个制动轮的纵向水平荷载设计值为

$$T_L = 0.14 P_{k,max} \tag{3-61}$$

设计吊车梁及其制动结构时，需计算的荷载汇总于表 3-12。

计算力及吊车台数组合表　　　　　　表 3-12

计算项目	计算力		吊车台数组合
	A1～A5 级吊车	A6～A8 级吊车	
吊车梁及制动结构的强度和稳定	$P = 1.4\alpha_1 \eta_1 P_{k,max}$ $T = 1.4\alpha_H(Q+g)/n$	$P = 1.4\alpha_1 \eta_1 P_{k,max}$ $T = 1.4\alpha_H(Q+g)/n$ $H = 1.4\alpha_2 P_{k,max}$	按实际情况，但不多于两台
轮压处腹板局部压应力、腹板局部稳定	$P = 1.4\alpha_1 \psi P_{k,max}$	$P = 1.4\alpha_1 \psi P_{k,max}$	计算腹板局部稳定时不多于两台
吊车梁及制动结构的疲劳强度	—	$P = \eta_1 P_{k,max}$ $T = \alpha_H(Q+g)/n$	一台起重量最大重级工作制吊车
吊车梁的竖向挠度	$P = \eta_1 P_{k,max}$	$P = \eta_1 P_{k,max}$	按实际情况，但不多于两台
制动结构的水平挠度	—	$T = \alpha_H(Q+g)/n$	一台起重量最大重级工作制吊车
梁上翼缘、制动结构与柱的连接	$T = 1.4\alpha_H(Q+g)/n$	$T = 1.4\alpha_H(Q+g)/n$ $H = 1.4\alpha_2 P_{k,max}$	按实际情况，但不多于两台
有柱间支撑处吊车梁下翼缘与柱的连接	$T_L = 0.14 P_{k,max}$	$T_L = 0.14 P_{k,max}$	按实际情况，但不多于两台

注：1. P、T、H 为计算该项目时应采用的每一车轮的计算最大轮压和计算水平力；

　　2. ψ 为应力分布不均匀系数，验算腹板局部压应力时，对 A1～A5 级吊车梁为 1.0，对 A6～A8 级吊车梁为 1.35；验算腹板局部稳定时，各级吊车梁均取=1.0；

　　3. 当几台吊车参与组合时应按规范用荷载折减系数。

2. 内力分析

从表 3-12 得到各项计算力及吊车组合后，即可进行吊车梁及制动结构的内力分析。竖向荷载全部由吊车梁承受，横向水平荷载由制动结构承受，纵向水平制动力由吊车梁支座处下翼缘与柱子的连接来承受并传递到专门设置的柱间下部支撑中，它在吊车梁内引起的轴向力和偏心力矩可忽略不计。吊车梁的上翼缘同时也是制动梁的翼缘或制动桁架的弦杆，因此吊车梁上翼缘需考虑竖向和横向水平荷载共同作用产生的应力。

吊车梁上的荷载为若干个保持一定距离的移动集中荷载，当车轮移动时，在吊车梁上引起的最大弯矩的数值和位置都将随之改变，应按结构力学中的影响线方法确定使吊车梁产生最大内力（弯矩和剪力）的吊车轮压所在位置（最不利轮位），然后分别计算吊车梁的最大弯矩和剪力。当吊车的起重量较大时，吊车车轮较多，且需考虑两台吊车同时工作，因此不利轮位可能有几种情况，分别按这几种不利情况求出相应的弯矩和剪力。从而求得吊车梁的绝对最大弯矩和最大剪力，以及相同轮位下制动结构的弯矩和剪力。

图 3-76（a）～图 3-78（a）表示了吊车梁上有 2 个、3 个及 4 个轮压时，吊车梁产生绝对最大弯矩的最不利轮位，图中 D 点即为最大弯矩点；图 3-76（b）～图 3-78（b）表示了吊车梁上有 2 个、3 个及 4 个轮压时，吊车梁产生绝对最大剪力的最不利轮位。

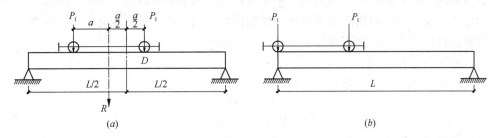

图 3-76 两个轮压作用下吊车梁的最不利轮位

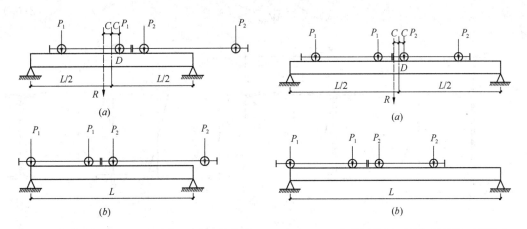

图 3-77 三个轮压作用下吊车梁的最不利轮位　　图 3-78 四个轮压作用下吊车梁的最不利轮位

制动结构如果采用制动梁，则把制动梁看成一根水平放置的简支梁，承受水平制动力的作用。当采用制动桁架时，如图 3-79 所示，可以通过一般桁架内力分析方法求出各杆的轴向力 N_1。但对于上弦杆（吊车梁上翼缘）还要考虑节间局部弯矩 $M'_y = T_H d/3$，d 为制动桁架的节间长度，对于重级工作制吊车梁的制动桁架，还应考虑由于吊车摆动引起的

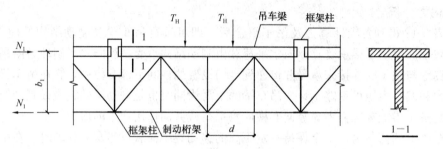

图 3-79　制动桁架上弦（吊车梁上翼缘）内力计算简图

横向水平力设计值 H 的作用。

3.7.3　吊车梁的截面验算

焊接吊车梁的初选截面方法与普通焊接梁相似，但吊车梁的上翼缘同时受有吊车横向水平荷载的作用。初选截面时，为简化起见，可只按吊车竖向荷载计算，但把钢材的强度设计值乘以 0.9，然后再按实际截面尺寸进行验算。

1. 强度验算

验算截面时，假定竖向荷载由吊车梁承受，而横向水平荷载由吊车梁上翼缘、制动梁或制动桁架承受，并忽略横向水平荷载产生的偏心作用。截面强度验算包括正应力、剪应力、腹板局部压应力及折算应力等。

1）加强受压翼缘的吊车梁（图 3-80a）

梁受压区的正应力（A 点）

$$\sigma = \frac{M_x}{W_{nx1}} + \frac{M_y}{W'_{ny}} \leqslant f \tag{3-62}$$

受拉翼缘的正应力

$$\sigma = \frac{M_x}{W_{nx2}} \leqslant f \tag{3-63}$$

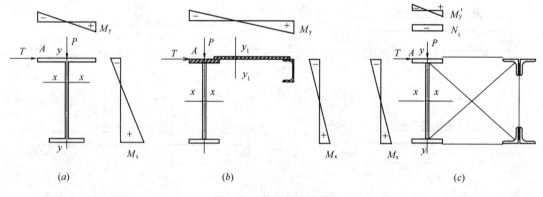

(a)　　　　　　　　　(b)　　　　　　　　　(c)

图 3-80　截面强度验算

2）带制动梁的吊车梁（图 3-80b）

$$\sigma = \frac{M_x}{W_{nx}} + \frac{M_y}{W_{ny1}} \leqslant f \tag{3-64}$$

3）带制动桁架的吊车梁（图 3-80c）

$$\sigma = \frac{M_x}{W_{nx}} + \frac{M'_y}{W'_{ny}} + \frac{N_1}{A_n} \leqslant f \qquad (3\text{-}65)$$

4）剪应力验算

$$\tau = \frac{V S_x}{I_x \cdot t_w} \leqslant f_v \qquad (3\text{-}66)$$

5）腹板局部压应力

$$\sigma_c = \frac{\alpha_1 \psi \gamma_Q P_{k,max}}{l_z t_w} \leqslant f \qquad (3\text{-}67)$$

6）折算应力

轮压影响范围内

$$\sigma_{zs} = \sqrt{\sigma^2 + \sigma_c^2 - \sigma\sigma_c + 3\tau^2} \leqslant \beta_1 f \qquad (3\text{-}68)$$

轮压影响范围外

$$\sigma_{zs} = \sqrt{\sigma^2 + 3\tau^2} \leqslant \beta_1 f \qquad (3\text{-}69)$$

σ、σ_c 和 τ 均为梁上同一点在同一轮位下的应力。

式中　M_x——竖向荷载所产生的最大弯矩设计值；

　　　M_y——横向荷载所产生的最大弯矩设计值；

　　　M'_y——吊车梁上翼缘作为制动桁架的弦杆，由横向水平荷载所产生的局部弯矩；

　　　N_1——吊车梁上翼缘作为制动桁架的弦杆，由 M_y 作用所产生的轴力，$N_1 = M_y/b_1$，b_1 为吊车梁与辅助桁架间的距离；

　　　W_{nx}——吊车梁截面对 x 轴的净截面模量（上或下翼缘最外纤维）；

　　　W'_{ny}——吊车梁上翼缘截面对 y 轴的净截面模量；

　　　W_{ny1}——制动梁截面对 y_1 轴的净截面模量；

　　　A_n——吊车梁上翼缘及腹板 $15t_w$ 的净截面面积之和。

　　　V——吊车梁支座处的最大剪力；

　　　ψ——应力分布不均匀系数；

　　　l_z——挤压应力的分布长度；

　　　β_1——系数，当 σ 与 σ_c 异号时，取 $\beta_1 = 1.2$；当 σ 与 σ_c 同号或 $\sigma_c = 0$ 时，取 $\beta_1 = 1.1$；

　　　f——钢材的抗弯强度设计值；

　　　f_v——钢材的抗剪强度设计值。

2. 整体稳定验算

设有制动结构的吊车梁，侧向抗弯刚度很大，整体稳定得到保证，不需验算。加强上翼缘的吊车梁，应按下式验算其整体稳定。

$$\frac{M_x}{\varphi_b W_x f} + \frac{M_y}{W_y f} \leqslant 1.0 \qquad (3\text{-}70)$$

式中　φ_b——以梁在最大刚度平面内弯曲所确定的整体稳定系数；

W_x——吊车梁截面对 x 轴的全截面模量；

W_y——吊车梁截面对 y 轴的全截面模量。

3. 刚度验算

验算吊车梁的刚度时，应按效应最大的一台吊车的荷载标准值计算，且不乘动力系数。吊车梁的竖向挠度可按下列近似公式计算：

$$v = \frac{M_{kx} l^2}{10 E I_x} \leqslant [v] \qquad (3-71)$$

对于重级工作制吊车梁除计算竖向挠度外，还应按下式验算其水平方向的刚度：

$$u = \frac{M_{ky} l^2}{10 E I_{y1}} \leqslant \frac{l}{2200} \qquad (3-72)$$

式中 M_{kx}——竖向荷载标准值作用下的最大弯矩；

M_{ky}——跨内一台起重量最大吊车横向水平荷载标准值作用下所产生的最大弯矩；

I_{y1}——制动结构截面对其形心轴 y_1 的毛截面惯性矩。对制动桁架应考虑腹杆变形的影响，I_{y1} 乘以 0.7 的折减系数。

4. 疲劳验算

吊车梁在吊车荷载的反复作用下，可能产生疲劳破坏。因此，在设计吊车梁时，应采用塑性和冲击韧性好的钢材；尽量避免截面急剧变化而产生过大的应力集中；避免冷弯、冷压等冷加工，凡冲压孔应进行扩钻，以消除孔边的硬化区；对重级工作制吊车梁的受拉翼缘边缘，当采用手工气割或剪切机切割时，应沿全长刨边，消除硬化边缘和表面不平现象。

焊接对钢结构的疲劳性能影响很大，尤其对桁架式构件影响更大，对吊车桁架或制动桁架，应优先选用摩擦型高强螺栓连接。对焊接工字形吊车梁。其翼缘和腹板的拼接应加引弧板的对接焊缝，切除引弧板后应用砂轮打磨平整。疲劳现象在结构的受拉区特别敏感，故吊车梁的受拉翼缘，除与腹板焊接外，不得焊接其他任何零件。

对 A6～A8 级吊车梁和 A1～A5 级的吊车桁架，还应验算其疲劳强度。验算的部位有受拉翼缘的连接焊缝处，受拉区加劲肋的端部和受拉翼缘与支撑连接处的主体金属，还需验算连接的角焊缝。这些部位的应力集中比较严重，对疲劳强度的影响大。按规范验算时采用一台起重量最大吊车的荷载标准值，不计动力系数，且可作为常幅疲劳问题按下式计算：

$$\alpha_f \Delta\sigma \leqslant [\Delta\sigma] \qquad (3-73)$$

式中 $\Delta\sigma$——应力幅，$\Delta\sigma = \sigma_{max} - \sigma_{min}$；

$[\Delta\sigma]$——循环次数为 $n = 2 \times 10^6$ 次时的容许应力幅，按表 3-13 取用；

α_f——欠载效应的等效系数，按表 3-14 取用。

循环次数为 $n = 2 \times 10^6$ 次时的容许应力幅（N/mm²）　　　　　　表 3-13

构件和连接类别	Z1	Z2	Z3	Z4	Z5	Z6	Z7	Z8
$[\Delta\sigma]$	176	144	125	112	110	90	80	71

吊车类别	α_f
A6～A8 级硬钩吊车（如均热炉车间夹钳吊车）	1.0
A6～A8 级软钩吊车	0.8
A4、A5 级吊车	0.5

5. 翼缘与腹板的连接焊缝

在轻、中级工作制吊车梁的上、下翼缘与腹板的连接中，可采用连续的角焊缝。上翼缘焊缝除承受翼缘和腹板间的水平剪力外，还承受由吊车轮压引起的竖向剪应力。其焊脚尺寸按下式计算并不应小于 6mm：

上翼缘与腹板的连接焊缝

$$h_f = \frac{1}{1.4 f_f^w} \sqrt{\left(\frac{V_{max} S_1}{I}\right)^2 + \left(\frac{\psi P}{l_z}\right)^2} \tag{3-74}$$

下翼缘与腹板的连接焊缝

$$h_f = \frac{V_{max} S_2}{1.4 f_f^w I} \tag{3-75}$$

式中 V_{max} ——梁的最大剪力；

    S_1、S_2 ——分别为上下翼缘对梁中和轴的毛截面面积矩；

       I ——梁的毛截面惯性矩；

      P ——计算截面上的最大轮压。

当中级工作制吊车梁的腹板厚度大于 14mm，腹板与上翼缘的连接应尽可能采用焊透的 K 形坡口对接焊缝。

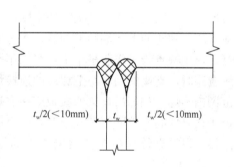

对于 A6～A8 级工作制吊车梁上翼缘与腹板的连接，规范规定采用图 3-81 所示的焊透的 K 形坡口对接焊缝。为保证充分焊透，腹板上端应根据其厚度预作坡口加工。焊透的 K 形坡口对接焊缝经过用精确方法检查合格后，即可认为与腹板等强度而不再验算其强度。

图 3-81   焊透的 T 形连接焊缝

A6～A8 级工作制吊车梁下翼缘与腹板的连接，可以采用自动焊接的角焊缝，但要验算疲劳强度。

3.7.4 吊车梁的连接

吊车梁上翼缘与柱的连接应能够可靠地传递横向水平力，而又不改变吊车梁端部简支的要求。工程上有高强度螺栓连接和板铰连接两种做法，如图 3-82 所示，高强度螺栓连接方式的抗疲劳性能好，施工方便，较常用，高强度螺栓直径一般为 20～24mm 之间。板铰连接能保证吊车梁端部为简支的要求，铰栓直径一般为 36～80mm 之间。

对于轻、中级工作制的吊车梁。其上翼缘与制动结构的连接可采取工地焊接方式，焊脚尺寸一般为 6～8mm，必要时可采用断续焊缝。对于重级工作制的吊车梁，为了增强抗疲劳性能，其上翼缘与制动结构的连接应首先采用高强螺栓，螺栓间距可按传递水平力的要求确定,通常可按100~150mm布置。

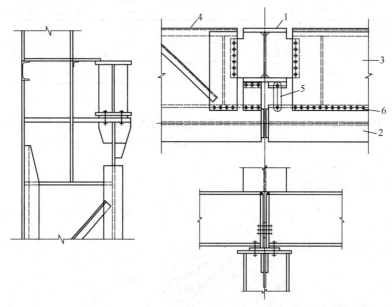

图 3-82　吊车梁上翼缘与柱的连接

1—柱；2—吊车梁；3—制动梁；4—制动桁架；5—板铰；6—高强度螺栓

简支吊车梁支座与柱的连接有平板支座和突缘支座两种形式,如图3-83所示,为传力均匀,支座垫板要保证足够的刚度,其厚度一般不应小于16mm。采用平板支座时,须使支座加劲肋的上下端刨平顶紧,而采用突缘支座时,仅要求支座加劲肋下端刨平顶紧即可。对于特重级工作制吊车梁,当采用平板支座时,支座加劲肋与翼缘宜焊透,当采用突缘支座时,支座加劲肋与上翼缘的连接焊缝应铲除焊根后补焊,而其下端在距腹板40mm范围内不焊。相邻吊车梁的腹板应在靠近下部1/3梁高范围内用防松螺栓连接。当吊车梁位于设有柱间支撑的框架柱上时,应将吊车梁的下翼缘与焊于柱顶的传力板用高强度螺栓连接,以可靠传递吊车及山墙传来的纵向水平荷载,传力板可采用平板或弹簧板两种方式。

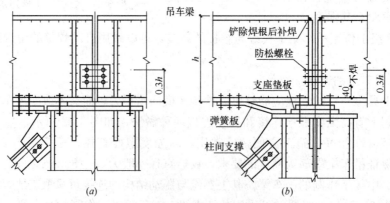

图 3-83　吊车梁支座的连接

(a) 平板支座；(b) 突缘支座

192

3.7.5 实腹式吊车梁的设计例题

1. 设计资料

（1）工程概述

某不锈钢工程中柱高低跨吊车梁系统，平面布置见图3-84。

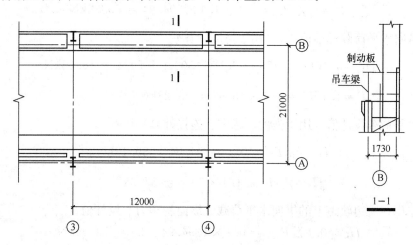

图 3-84 吊车梁系统平面布置图

（2）吊车资料与吊车梁系统组成

跨间设两台电动桥式吊车 $Q=50/10t$，重级工作制（A6），吊车资料见表3-15。吊车梁跨度 $l=12m$，位于中柱高低跨之高跨处，制动结构采用8mm花纹钢板。由吊车梁中心至辅助桁架中心距离为1.73mm。辅助桁架上弦为 T150×175×8×10。

吊车梁资料 表 3-15

吊车起重量 Q (t)	吊车跨度 L_k (m)	台数	工作制	吊钩类别	吊车简图	最大轮压 P_{max} (kN)	小车重 g (t)	吊车总重 G (t)	轨道型号
50/10	19.5	2	重级（A6）	软钩	P ↓ P ↓ 765 4800 765	394.94	16.5	48.2	QU80

（3）材料选用

吊车梁选用 Q345C，手工焊条选用 E5015、E5016；自动焊或半自动焊的焊丝选用 H08A、H08Mn2si，焊剂选用 HJ431。制动板、辅助桁架、下弦水平支撑及其附件采用 Q235B，手工焊条采用 E4315、E4316。吊车梁的腹板与翼缘板的焊接采用自动焊或半自动焊，其他的焊接采用手工焊。

2. 荷载计算

吊车荷载的分项系数 $\gamma_Q=1.4$，吊车竖向荷载的动力系数 $\alpha_1=1.1$。

（1）吊车荷载设计值

吊车竖向荷载设计值 P

$$P_k = P_{max} = 394.94 \text{kN}$$

$$P = \alpha_1 \gamma_Q P_k = 1.1 \times 1.4 \times 394.94 = 608.2 \text{kN}$$

吊车横向水平荷载标准值 H_k（用于挠度计算）

$$H_k = \alpha_H (Q+g)/2n = 0.1 \times (500 + 165)/4 = 16.63 \text{kN}$$

$$T = 1.4 H_k = 1.4 \times 16.63 = 23.28 \text{kN}$$

吊车水平荷载设计值（用于强度、稳定、连接计算）

$$H_k = \alpha_2 P_k = 0.1 \times 394.94 = 39.49 \text{kN}_{\circ}$$

$$H = \gamma_Q H_k = 1.4 \times 39.5 = 55.3 \text{kN}$$

吊车作用在一边轨道上的纵向水平荷载（纵向刹车力）设计值 T_L

$$H_k = 0.1 \sum P_{max} = 0.1 \times (394.94 \times 2) = 78.99 \text{kN}$$

$$T_L = 1.4 \times 78.99 = 110.6 \text{kN}$$

（2）其他荷载

吊车梁走道板上的活荷载：

制动板兼作走道板时，其上的活荷载一般取为 2kN/m^2，设走道栏杆净宽 1m，$q_k = 2 \times 1/2 = 1 \text{kN/m}$，$q = 1.4 \times 1 = 1.4 \text{kN/m}$。

吊车梁走道板上的积灰荷载：

对于轧钢、机械加工等不易积灰的车间，积灰荷载一般取 $q_{2k} = 0$。

3. 内力计算（见表 3-16）

4. 截面尺寸确定和几何特性计算

（1）吊车梁高度确定

按经济高度要求：取 $f = 295 \text{N/mm}^2$，

$$h_{ec} = 7\sqrt[3]{W} - 300 = 7\sqrt[3]{\frac{1.2 M_{max}}{f}}$$

$$= 7\sqrt[3]{\frac{1.2 \times 3547.96 \times 10^6}{295}} - 300 = 1404 \text{mm}$$

按容许挠度要求：承受重级工作制吊车的吊车梁容许挠度值取 $[v] = l/750$。

$$h_{min} = 0.56 fl \left(\frac{l}{[v]}\right) \times 10^{-6}$$

$$= 0.56 \times 295 \times 12000 \times 750 \times 10^{-6} = 1487 \text{mm}$$

采用 $h = 1500 \text{mm}$。

（2）吊车梁腹板厚度确定

按经验公式：

设 $h_0 = 1500 - 2 \times 20 = 1460 \text{mm}$，$t_w = \frac{1}{3.5}\sqrt{h_0} = 10.9 \text{mm}$。

194

表 3-16

内力计算表

计算项目	计算简图	内力
吊车梁的最大弯矩 M_{max} 及相应的剪力设计值 V		$R_A = 608.2 \times (6000 - 382.5) \times 4/12000 = 1138.86kN$ $M_{maxl} = 1.05 \times (1138.86 \times 6.3825 - 608.2 \times (0.8175 \times 2 + 4.8)) = 3522.76kN \cdot m$ $\Delta M_{max} = 1/8 \times 1.4 \times 12^2 = 25.2kN \cdot m$ $M_{max} = 3522.76 + 25.2 = 3547.96kN \cdot m$ 在 M_{max} 处相应剪力: $V = 1.05 \times (-1138.86 + 608.2 + 608.2) + 1.4 \times 6.3825 = 90.4kN$
吊车梁的最大剪力设计值 V_{max}		$V_{maxl} = 1.05 \times 608.2 \times (870 + 870 + 4800 + 12000 + 12000 - 4800)/12000 = 1369.82kN$ $\Delta V_{maxl} = 0.5 \times 1.4 \times 12 = 8.4kN$ $V_{max} = V_{maxl} + \Delta V_{maxl} = 1369.82 + 8.4 = 1378.22kN$
吊车水平荷载对制动结构产生的最大水平弯矩设计值 $M_{H.max}$		$M_{H.max} = \dfrac{H \times M_{maxl}}{p \times \beta_w} = \dfrac{55.3 \times 3522.87}{608.2 \times 1.05} = 305.1kN \cdot m$
吊车水平荷载对制动结构产生的最大水平剪力设计值 $V_{H.max}$		$V_{H.max} = \dfrac{H \times V_{maxl}}{p \times \beta_w} = \dfrac{55.3 \times 1369.82}{608.2 \times 1.05} = 118.6kN$

计算项目	计算简图	内力
一台吊车荷载标准值(不考虑动力系数)作用下吊车梁的最大竖向弯矩 $M_{k,max}$、$M_{p,max}$,及割动结构最大横向弯矩 $M_{HK,max}$		吊车梁中心线平分 D 点及 ΣP 作用线,所以 D 点距梁中心线距离:$2400/2 = 1200$mm, $R_B = 394.94 \times (2400+7200)/12000 = 315.95$kN $M_{k,max} = M_{p,max} = 315.95 \times 4.8 = 1516.56$kN·m $\Delta M_{k,max} = (\beta_w - 1)M_{k,max} = (1.05-1) \times 3522.76 \times \dfrac{394.94}{608.2} + \dfrac{1}{8} \times$ $1 \times 12^2 = 132.38$kN·m $M_x = M_{k,max} + \Delta M_{k,max} = 1516.57 + 132.38 = 1648.95$kN·m $M_{HK,max} = \dfrac{H_k \times M_{k,max}}{p_k} = \dfrac{16.63 \times 1516.56}{394.94} = 63.86$kN·m
一台吊车荷载标准值(不考虑动力系数)作用下吊车梁的最大剪力 $V_{p,max}$		$V_{p,max} = 394.94 \times 7200/12000 + 394.94 = 631.9$kN

196

按抗剪要求（考虑截面削弱系数 1.2）：

$$t_{\mathrm{w}} = \frac{1.2 V_{\max}}{h_0 f_{\mathrm{v}}} = \frac{1.2 \times 1378.22 \times 10^3}{1460 \times 180} = 6.29 \mathrm{mm}，采用 \ t_{\mathrm{w}} = 12 \mathrm{mm}。$$

腹板选用：1500×12。

（3）吊车梁翼缘宽度确定

上翼缘考虑与压轨器及制动板的连接尺寸取-500×20。

下翼缘面积取上翼缘面积的 2/3，$A_{\mathrm{F}} = 500 \times 20 \times 2/3 = 6667 \mathrm{mm}$，取为$-400 \times 16$。

梁受压翼缘自由外伸宽度 b 与厚度 t 之比：

$$\frac{b}{t} = \frac{250 - 6}{20} = 12.2 < 15\sqrt{\frac{235}{f_y}} = 12.4，满足受压翼缘局部稳定的要求。上翼缘与制$$

动板连接开孔 $d = 22 \mathrm{mm}$，与轨道连接采用 WJK 轨道连接件。

（4）制动结构与支撑构件

制动结构是由吊车梁上翼缘、制动板和辅助桁架的上弦杆组成的制动梁，并设置吊车梁下翼缘水平支撑。制动板为花纹钢板-1523×8。辅助桁架的上弦杆选用 $T150 \times 175 \times 8 \times 10$。水平支撑连于吊车梁的横向加劲肋上，不在下翼缘板上开孔。

吊车梁及其制动结构见图 3-85。

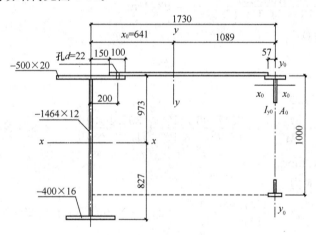

图 3-85　吊车梁及其制动结构

（5）截面几何特性

1）吊车梁对 x 轴的截面特性。

$$A = 50 \times 2 + 40 \times 1.6 + 146.4 \times 1.2 = 339.68 \mathrm{cm}^2$$

$$y_0 = \frac{50 \times 2 \times 1 + 146.4 \times 1.2 \times (146.4/2 + 2) + 40 \times 1.6 \times (150 - 0.8)}{339.68}$$

$$= 67.3 \mathrm{cm}$$

$$I_{\mathrm{x}} = 50 \times 2 \times (67.3 - 1)^2 + \frac{1}{12} \times 1.2 \times 146.4^3 + 1.2 \times 146.4$$

$$\times (146.4/2 + 2 - 67.3)^2 + 40 \times 1.6 \times (150 - 0.8 - 67.3)^2$$

$$= 1193598.76 \mathrm{cm}^4$$

$$I_{\mathrm{nx}} = 1193598.76 - 2.2 \times 2 \times (67.3 - 1)^2 = 1174257.72 \mathrm{cm}^4$$

$$W_{nx}^{上} = \frac{1174257.72}{67.3} = 17448.1 \text{cm}^3$$

$$W_{nx}^{下} = \frac{1174257.72}{(150 - 67.3)} = 14199 \text{cm}^3$$

2）制动结构对 y 轴的截面特性。

$$A_0 = 28.7 \text{cm}^2,\ I_{y0} = 447 \text{cm}^4$$

$$A = 50 \times 2 + 152.3 \times 0.8 + 28.7 = 250.54 \text{cm}^2$$

$$x_0 = \frac{152.3 \times 0.8 \times (152.3/2 + 15) + 28.7 \times 173}{250.54} = 64.1 \text{cm}$$

$$I_y = \frac{1}{12} \times 2 \times 50^3 + 50 \times 2 \times 64.1^2 + \frac{1}{12} \times 0.8 \times 152.3^3 + 152.3$$
$$\times 0.8 \times (152.3/2 + 15 - 64.1)^2 + 447 + 28.7 \times (173 - 64.1)^2$$
$$= 1097181 \text{cm}^4$$

$$I_{ny} = 1097181 - 2.2 \times (2 + 0.8) \times (64.1 - 20)^2 = 1085201 \text{cm}^4$$

$$W_{ny}^{左} = \frac{1085201}{(64.1 + 25)} = 12180 \text{cm}^3$$

$$W_{ny}^{右} = \frac{1085201}{(173 - 64.1 + 17.5/2)} = 9224 \text{cm}^3$$

5. 承载能力验算

（1）强度验算

正应力：

上翼缘最大正应力

$$\sigma_{上} = \frac{M_{max}}{W_{nx}^{上}} + \frac{M_{H,max}}{W_{nx}^{左}} = \frac{3547.96 \times 10^6}{17448.1 \times 10^3} + \frac{305.1 \times 10^6}{12180 \times 10^3} = 228.4\ \text{N/mm}^2 < f$$
$$= 295\ \text{N/mm}^2$$

下翼缘最大正应力

$$\sigma_{下} = \frac{M_{max}}{W_{nx}^{下}} = \frac{3547.96 \times 10^6}{14199 \times 10^3} = 249.9\ \text{N/mm}^2 < f = 295\ \text{N/mm}^2$$

剪应力：

突缘支座剪应力

$$\tau = \frac{1.2V_{max}}{h_0 t_w} = \frac{1.2 \times 1378.22 \times 10^3}{1464 \times 12} = 94.1\ \text{N/mm}^2 < f_v = 180\text{N/mm}^2$$

腹板与翼缘交接处的局部压应力：

轨道为 QU80，集中荷载在腹板计算高度上边缘的假定分布长度

$$l_z = a + 2(t + h_R) = 50 + 2(20 + 150) = 390\text{mm},\ F = P = 608.2\text{kN}$$

$$\sigma_c = \frac{\psi F}{t_w l_z} = \frac{1.35 \times 608.2 \times 10^3}{12 \times 390} = 175.4\text{N/mm}^2 < f = 295\text{N/mm}^2$$

腹板计算高度边缘处的折算应力（最大弯矩截面处）

$$\sigma = \frac{M_{max}(y_0 - t)}{I_{nx}} = \frac{3547.96 \times 10^6 \times (673 - 20)}{1174257.72 \times 10^4} = 197.3\text{N/mm}^2$$

$$\sigma_c = 175.4\text{N/mm}^2$$

$$\tau = \frac{VS_1}{I_x t_w} = \frac{90.4 \times 10^3 \times 500 \times 20 \times (673 - 20/2)}{1193598.76 \times 10^4 \times 12} = 4.2 \text{N/mm}^2$$

$$\sigma_{折} = \sqrt{\sigma^2 + \sigma_c^2 - \sigma\sigma_c + 3\tau^2} = \sqrt{197.3^2 + 175.4^2 - 197.3 \times 175.4 + 3 \times 4.2^2}$$

$$= 187.5 \text{ N/mm}^2 < \beta_1 f = 1.1 \times 310 = 341 \text{ N/mm}^2$$

（2）稳定性计算

1）梁的整体稳定

由于吊车梁设有制动结构体系，且有满铺的走道板，梁的侧向稳定有可靠保证，故可不计算梁的整体稳定。

腹板的局部稳定：

$$\frac{h_0}{t_w} = \frac{1464}{12} = 122 > 80\sqrt{\frac{235}{f_y}} = 66$$

$$\frac{h_0}{t_w} = \frac{1464}{12} = 122 < 170\sqrt{\frac{235}{f_y}} = 140$$

设置横向加劲肋，并用下式验算各区格的腹板局部稳定，设横向加劲肋的间距为1500mm。

$$\left(\frac{\sigma}{\sigma_{cr}}\right)^2 + \left(\frac{\tau}{\tau_{cr}}\right)^2 + \frac{\sigma}{\sigma_{c,cr}} \leqslant 1$$

其中 σ_{cr} 的取值为：

$$\lambda_b = \frac{2h_c/t_w}{177}\sqrt{\frac{f_y}{235}} = \frac{2 \times (673 - 20)/12}{177}\sqrt{\frac{345}{235}} = 0.77 < 0.85, 故$$

$$\sigma_{cr} = f = 310 \text{ N/mm}^2$$

τ_{cr} 的取值为：

$$\frac{a}{h_0} = \frac{1500}{1464} > 1$$

$$\lambda_s = \frac{h_0/t_w}{41\sqrt{5.34 + 4(h_0/a)}}\sqrt{\frac{f_y}{235}} = \frac{1464/12}{41\sqrt{5.34 + 4(1464/1500)}}\sqrt{\frac{345}{235}} = 1.18$$

$0.8 < \lambda_s < 1.2$, 故

$$\tau_{cr} = [1 - 0.59(\lambda_s - 0.8)]f_v = [1 - 0.59 \times (1.18 - 0.8)] \times 180 = 139.6 \text{ N/mm}^2$$

$\sigma_{c,cr}$ 的取值为：

$$0.5 \leqslant a/h_0 = 1500/1464 = 1.025 \leqslant 1.5$$

$$\lambda_c = \frac{h_0/t_w}{28\sqrt{10.9 + 13.4(1.83 - a/h_0)^3}}\sqrt{\frac{f_y}{235}}$$

$$= \frac{1464/12}{28\sqrt{10.9 + 13.4(1.83 - 1.025)^3}}\sqrt{\frac{345}{235}} = 1.24 > 1.2, 故$$

$$\sigma_{c,cr} = 1.1f/\lambda_c^2 = 1.1 \times 310/1.24^2 = 221.7 \text{N/mm}^2$$

2）验算梁的最大弯矩处区格腹板的局部稳定

$$M_{max} = 3547.96 \text{kN} \cdot \text{m}, \ V = 90.4 \text{kN}, \ F = P = 608.2 \text{kN}$$

$$\sigma = \frac{M_{max}y}{I_{nx}} = \frac{3548.07 \times 10^6 \times (673 - 20)}{1174257.72 \times 10^4} = 197.3 \text{N/mm}^2$$

$$\tau = \frac{V}{h_0 t_w} = \frac{90.4 \times 10^3}{1464 \times 12} = 5.1 \text{N/mm}^2$$

$$\sigma_c = \frac{F}{t_w l_z} = \frac{608.2 \times 10^3}{12 \times 390} = 130 \text{N/mm}^2$$

$$\left(\frac{197.3}{310}\right)^2 + \left(\frac{5.1}{139.6}\right)^2 + \frac{130}{221.7} = 0.99 < 1 (可以)$$

3）验算支座处区格腹板的局部稳定

$$M = (V_{max} - P) \times \frac{1.5}{2} = (1378.22 - 608.2) \times 0.75 = 577.5 \text{kN} \cdot \text{m}$$

$$\sigma = \frac{M \cdot y}{I_{nx}} = \frac{577.5 \times 10^6 \times (673 - 20)}{1174257.72 \times 10^4} = 32.1 \text{N/mm}^2$$

$$V_{max} = 1378.22 \text{kN}$$

$$\tau = \frac{V_{max}}{h_0 t_w} = \frac{1378.22 \times 10^3}{1464 \times 12} = 78.5 \text{N/mm}^2, \ \sigma_c = \frac{F}{t_w l_z} = 130 \text{N/mm}^2$$

$$\left(\frac{32.1}{310}\right)^2 + \left(\frac{78.5}{160.9}\right)^2 + \frac{130}{221.7} = 0.83 < 1 (可以)$$

（3）疲劳计算

疲劳计算按《钢结构设计标准》GB 50017—2017，欠载效应的等效系数 $\alpha_f = 0.8$。

1）受拉翼缘与腹板连接（自动焊，角焊缝，外观质量标准符合二级）焊缝附近主体金属的疲劳应力幅（最大弯矩截面处）

$$\Delta\sigma = \frac{M_{p,max} y}{I_{nx}} = \frac{1516.56 \times 10^6 \times (827 - 16)}{1174257.72 \times 10^4} = 105 \text{ N/mm}^2$$

查表 3-13，类别为 3 类，$[\Delta\sigma]_{2\times10^6} = 125 \text{N/mm}^2$。

$$\alpha_f \cdot \Delta\sigma = 0.8 \times 105 = 84 \text{N/mm}^2 < [\Delta\sigma]_{2\times10^6} = 125 \text{N/mm}^2$$

2）横向加劲肋下端点附近主体金属的疲劳应力幅

横向加劲肋下端距下翼缘上为 50mm，肋端不断弧（采用回焊），

$$\Delta\sigma = \frac{M_{p,max}}{I_{nx}} = \frac{1516.57 \times 10^6 \times (827 - 16 - 50)}{1174257.72 \times 10^4} = 98.2 \text{ N/mm}^2$$

查表 3-13，类别为 4 类 $[\Delta\sigma]_{2\times10^6} = 112 \text{N/mm}^2$。

$$\alpha_f \cdot \Delta\sigma = 0.8 \times 98.2 = 78.6 \text{ N/mm}^2 < [\Delta\sigma]_{2\times10^6} = 112 \text{N/mm}^2$$

3）下翼缘与腹板连接角焊缝的疲劳应力幅

下翼缘对吊车梁中和轴的面积矩：

$$s_2 = 40 \times 1.6 \times (82.7 - 1.6/2) = 5241.6 \text{cm}^3$$

$V_{p,max} = 631.9 \text{kN}$，设 $h_f = 8 \text{mm}$，

$$\Delta\tau = \frac{V_{p,max} S_2}{2 I_x h_e} = \frac{631.9 \times 10^3 \times 5241.6 \times 10^3}{2 \times 0.7 \times 8 \times 1193598.76 \times 10^4} = 24.8 \text{N/mm}^2$$

查表 3-13，类别为 8 类，$[\Delta\sigma]_{2\times10^6} = 71 \text{N/mm}^2$。

$$\alpha_f \cdot \Delta\tau = 0.8 \times 24.8 = 19.2 \text{ N/mm}^2 < [\Delta\sigma]_{2\times10^6} = 71 \text{N/mm}^2$$

（4）挠度计算

1）竖向挠度

挠度容许值根据《钢结构设计标准》GB 50017—2017 第 B.1.1 条，取值为 $[\upsilon_T] =$

$l/1000$。

$$M_x = 1648.9 \text{kN} \cdot \text{m}, \quad I_x = 1193598.76 \text{cm}^4,$$

$$\upsilon = \frac{M_x l^2}{10 E I_x} = \frac{1648.95 \times 10^6 \times 12000^2}{10 \times 2.06 \times 10^5 \times 1193598.76 \times 10^4} = 9.6 \text{mm}$$

$$\frac{\upsilon}{l} = \frac{9.6}{12000} = \frac{1}{1250} < \frac{[\upsilon_T]}{l} = \frac{1}{1000}$$

2）横向挠度

对 A7、A8 吊车须对制动结构做横向挠度验算，本例题为 A6 级吊车，故不做横向挠度验算。

6. 加劲肋计算

（1）横向加劲肋

重级工作制吊车梁横向加劲肋应在腹板两侧成对配置，钢板横向加劲肋截面尺寸应满足：

外伸宽度 $b_s \geqslant \dfrac{h_0}{30} + 40 = \dfrac{1464}{30} + 40 = 88.8 \text{mm}$，取 $b_s = 100 \text{mm}$。

厚度 $t_s \geqslant \dfrac{b_s}{15} = \dfrac{100}{15} = 6.7 \text{mm}$，取 $t_s = 8 \text{mm}$。

吊车梁腹板横向加劲肋采用－100×8@1500，见图 3-86。

（2）支座加劲肋

吊车梁支座形式为突缘支座，支座加劲肋采用－300×20，其伸出长度不得大于其厚度的 2 倍，取为 30mm，满足要求。吊车梁支座加劲肋计算简图见图 3-87。

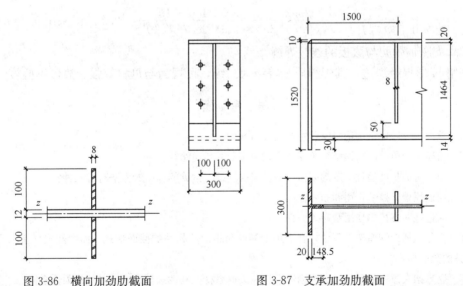

图 3-86 横向加劲肋截面　　　　　图 3-87 支承加劲肋截面

支座加劲肋端面承压强度计算：

$$\sigma_{ce} = \frac{R_{max}}{A_{ce}} = \frac{1378.22 \times 10^3}{300 \times 20} = 229.7 \text{N/mm}^2 < f_{ce} = 400 \text{N/mm}^2。$$

支座加劲肋在吊车梁腹板平面外的稳定性计算按《钢结构设计标准》GB 50017—

2017 第 6.3.7 条及第 7.2.1 条进行。其计算截面的特性如下：

$$A = A_{ce} + t_w \times 15 t_w \sqrt{\frac{235}{f_y}} = 300 \times 20 + 12 \times 15 \times 12 \sqrt{\frac{235}{345}} = 7783 \text{ mm}^2$$

$$I_z = \frac{1}{12} \times 20 \times 300^3 + \frac{1}{12} \times 148.5 \times 12^3 = 4.5021 \times 10^7 \text{ mm}^4$$

$$i = \sqrt{\frac{4.5021 \times 10^7}{7783}} = 76.1 \text{mm}$$

$$\lambda = \frac{h_0}{i} = \frac{1464}{76.1} = 19.2$$

此截面分类属 c 类，查附表 2-9，$\varphi = 0.969$。

$$\frac{N}{\varphi A f} = \frac{1378.22 \times 10^3}{0.969 \times 7783 \times 295} = 0.619 < 1.0$$

7. 焊缝连接计算

（1）上翼缘与腹板的连接焊缝

上翼缘与腹板的焊接，采用焊透的 T 形接头对接与角接组合焊缝形式，其焊缝质量等级为二级，可认为其强度与母材等强，故可不计算。

（2）下翼缘与腹板的连接焊缝

采用连续双面角焊缝，自动焊。

下翼缘对中和轴的面积距为：

$S_2 = 5241.6 \text{cm}^3$。

焊缝焊脚尺寸为：

$$h_f = \frac{V_{max} S_2}{2 \times 0.7 \times f_t^w I_x} = \frac{1378.22 \times 10^3 \times 5241.6 \times 10^3}{2 \times 0.7 \times 200 \times 1193598.76 \times 10^4} = 2.2 \text{mm}，采用 h_f = 8 \text{mm}。$$

（3）支座加劲肋与腹板的连接焊缝

采用 K 形焊缝焊透，其焊缝质量等级为二级，可视为与母材等强，故可不验算。

思 考 题

3.1 重型单层厂房钢结构由哪些主要构件组成？

3.2 简述重型单层厂房钢结构承受的荷载类型及其传递路径。

3.3 当厂房的长度超过一定的限值后需设置温度缝，常见的温度缝做法有哪几种？

3.4 简述屋盖支撑的作用和布置原则。

3.5 简述柱间支撑的作用和布置原则。

3.6 为什么梯形钢屋架上下弦杆宜采用不等肢角钢短肢相并的截面形式，而中间腹杆宜采用等肢角钢相并的截面形式？

3.7 钢屋架支撑中的系杆可分为刚性系杆和柔性系杆，刚性系杆是否可以替代柔性系杆？

3.8 简述梯形屋架中杆件垫板的作用和布置原则。

3.9 简述吊车荷载的种类及传递路径。

3.10 简支吊车梁支座有平板支座和突缘支座两种形式，简述其优缺点？

3.11 对重级工作制的吊车梁和重级、中级工作制的吊车桁架，除采取构造措施外还要对吊车梁的哪些部位进行疲劳验算？

习　题

3.1　一简支吊车梁，跨度为 8m，无制动结构，钢材采用 Q345 钢，承受一台起重量为 10t，级别为 A5 的软钩桥式吊车作用，吊车跨度为 16.5m。吊车梁的最大轮压设计值 $P_{max}=199.92kN$，小车重 3.46t，轨道自重 43kg/m，吊车轨高 170mm，截面如图所示，试验算吊车梁的强度和稳定性。

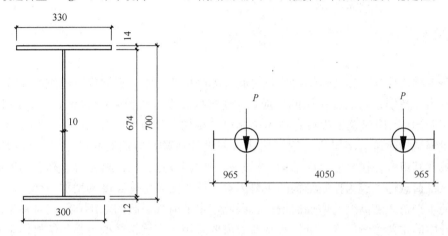

图 3-88　习题 3.1

3.2　一简支吊车梁，跨度为 12m，钢材采用 Q345 钢，承受 2 台起重量为 50/10t 重级工作制（A7 级）桥式吊车作用，吊车跨度为 28.5m，横向小车重 16.5t，吊车梁的最大轮压标准值 $P_{kmax}=448kN$，轨道自重 43kg/m，吊车轨高 130mm，截面如图所示，为了固定吊车轨道，在吊车梁上翼缘板上有两螺栓孔，为了连接下翼缘水平支撑，在下翼缘板的右侧有一个螺栓孔，上述螺栓孔径均为 $d=24mm$，试验算吊车梁截面是否满足要求。

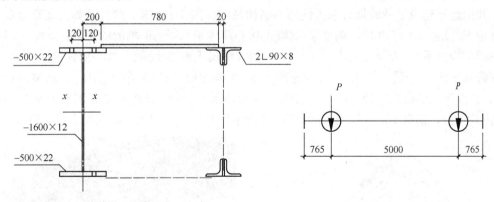

图 3-89　习题 3.2

第4章 多高层房屋钢结构设计

4.1 概 述

多层钢结构建筑和高层钢结构建筑之间并无严格的界限，根据房屋建筑的荷载特点及其力学行为，特别是对地震作用的反应，《建筑抗震设计规范》GB 50011—2010 以 50m 为界限，《全国民用建筑工程设计技术措施——结构》（2009）以 12 层（50m）为界限。高层房屋钢结构建筑与多层房屋钢结构建筑的设计在某些方面有相同之处，例如结构布置、荷载及其组合、楼（屋）面结构、框架柱、框架节点、构件拼接等。随着房屋高度的增加，水平荷载逐渐成为控制结构的主要因素，风压随着房屋高度的增加而变大，地震作用产生的水平荷载随高度的增加而增大。因此，水平荷载引起的弯矩和侧向位移是高层钢结构设计中的重要影响因素，抵抗水平荷载需要采用比多层钢结构更强的结构体系和抗侧力结构体系。

自 20 世纪 80 年代中期以来，我国兴建的高层钢结构房屋已达百余幢。上海金茂大厦（图 1-1）、上海环球金融中心大厦（图 1-2）等先后刷新过我国"第一高楼"的记录。近年来，钢结构节能住宅建筑体系，采用节能、工厂化生产的墙体材料替代黏土砖，推广并采用新型高效的采暖供热系统。通过改造传统的住宅建筑方式，提高了生产工业化和现场装配化程度，使住宅建筑向舒适化、功能化、智能化和工业化方向发展。

我国近年建成了一些具有示范性的钢结构住宅（图 4-1～图 4-8），例如，北京金宸公寓（地下 2 层、地上 13 层，钢框架-混凝土核心筒体系）、福州师范大学学生公寓（7 层，钢框架结构体系）、天津丽苑小区（11 层，钢管混凝土框架-混凝土核心筒体系）、青岛即墨德馨园小区（11 层、12 层，钢管混凝土框架-剪力墙结构体系；5 层，钢框架结构体系）、长沙远大集成住宅楼（6 层，钢框架结构体系）、济南信莱·艾菲尔花园居住小区（5 层、11 层，钢框架结构体系）、北京亦庄青年公寓（6 层，钢框架-混凝土核心筒体系）

图 4-1 北京金宸公寓

图 4-2 福州师范大学学生公寓

图 4-3　天津丽苑小区

图 4-4　青岛即墨德馨园小区

图 4-5　长沙远大集成住宅楼

图 4-6　济南信莱·艾菲尔花园居住小区

图 4-7　北京亦庄青年公寓

图 4-8　武汉赛博园小区

以及武汉赛博园小区（11层，钢框架-支撑结构体系）等，积累了宝贵的多层钢结构体系设计及施工经验。

钢结构住宅建筑具有如下优势：

（1）大跨度、大开间，有利于功能、空间的灵活布置。

钢结构住宅采用框架体系,改变了传统砖混和混凝土结构住宅以墙体承重的结构形式,空间通透,可以根据设计和使用要求灵活分隔空间。

(2) 抗震性能好。

钢结构具有良好的延性,在动力荷载作用下具有较好的耗能能力,可降低脆性破坏的危险程度。尤其在高烈度震区,使用钢结构更为有利。

(3) 自重轻,降低基础造价。

多高层钢结构的自重一般为混凝土结构自重的 1/2~3/5,结构自重的降低,可以减小地震作用,进而降低基础造价,这个优势在软土地区更加明显。

(4) 提高住宅的有效使用率。

钢结构体系的梁、柱截面与其他结构形式相比截面面积较小,可提高建筑物的使用面积。

(5) 质量容易保证。

钢结构构件一般都在专业化工厂制造和加工,构件精度高,质量易于保证,与混凝土结构现场施工相比,更易符合结构设计要求。

(6) 管线布置方便。

钢结构的梁柱等构件可以有许多孔洞与空腔,而且钢梁的腹板也允许穿越小于一定直径的管线,这样使管线的布置较为自由,也增加了建筑净高。

(7) 易拆卸、节能环保。

钢结构房屋的施工采用装配化建造方式,墙体多采用新型轻质复合墙。因此,钢结构房屋比传统结构的拆卸更容易,其钢材回收利用率高、拆除成本低、污染小,可避免混凝土湿作业造成的环境污染,符合建筑节能和环保的要求,属于绿色建筑结构体系。

(8) 施工效率高、速度快。

钢结构房屋具有较大的施工空间和较宽敞的施工作业面,运输和安装工程量小,因此其施工速度快。

从用钢量、面积利用系数、基础费用、工期等多方面的综合经济效益来看,多高层钢结构与钢筋混凝土结构的差距正在缩小。目前,多高层钢结构房屋设计主要依据《钢结构设计标准》GB 50017—2017、《建筑抗震设计规范》GB 50011—2010、《高层民用建筑钢结构技术规程》JGJ 99—2015 和《全国民用建筑工程设计技术措施——结构》(2009JSCS-2) 等。

4.2 结构体系及其布置

4.2.1 结构体系类型和特点

多高层房屋钢结构除了必须设置竖向承重体系外,还须考虑设置一定的抗侧力体系。超过一定高度或在设防烈度较高的地区,水平荷载可能会起控制作用。依据抵抗侧向荷载作用的功效,多层房屋钢结构常见结构类型有图 4-9 所示的纯框架体系、柱-支撑体系和框-支撑体系。高层房屋钢结构的结构体系通常分为四大类型,即框架体系、双重抗侧力体系 (图 4-12)、筒体结构体系 (图 4-22、图 4-24) 和巨型框架体系 (图 4-28、图 4-29)。随着房屋层数的增加,倾覆力矩很大时,宜采用立体构件为主的结构体系。多层房屋钢结

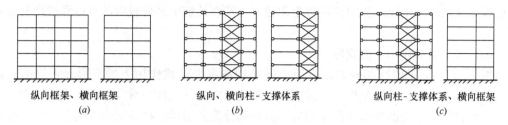

纵向框架、横向框架　　　　　纵向、横向柱-支撑体系　　　　纵向柱-支撑体系、横向框架
　　　　(a)　　　　　　　　　　　　(b)　　　　　　　　　　　　(c)

图 4-9　多层房屋钢结构的常见结构类型

(a) 纯框架体系；(b) 柱-支撑结构体系；(c) 框-支撑体系

构采用图 4-9 中的常见结构类型但抗侧刚度无法满足时，可采用双重抗侧力体系。

4.2.1.1　多层房屋钢结构的常见类型

1. 纯框架体系

（1）概述

框架结构最早出现于高层房屋建筑，也是从中低层到高层范围内广泛采用的最基本的主体结构形式。其具有以下优点：无承重墙，使建筑设计具有一定的自由度；外墙采用非承重构件，可使建筑立面设计灵活多变；轻质墙体的使用还可以大大降低房屋自重，减小地震作用，降低结构和基础造价；构件易于标准化生产，施工速度快，而且结构各部分的刚度比较均匀，自振周期长，对地震作用不敏感。纯框架结构的抗侧刚度较小，适于 30 层以下的房屋建筑。在地震区，需加大构件的截面尺寸，不甚经济，故一般不超过 15 层。

框架梁柱连接通常在柱截面抗弯刚度大的方向做成刚接，形成刚接框架；在另一个方向，常视柱截面抗弯刚度的大小，采用不同的连接形式，若柱截面抗弯刚度也较大，在该方向也可做成刚接，即形成纯框架体系（图 4-9a）。纯框架体系的平面框架既可作为主要承重构件也可作为抗侧力构件，适用于柱距较大而又无法设置支撑的建筑物。

（2）水平荷载下的受力状态

水平荷载作用下梁柱刚接的框架结构与梁柱铰接的排架结构的受力状态差别很大。如图 4-10（a）所示排架结构的横梁仅传递水平力，排架柱处于悬臂柱的受力状态，其抵抗水平荷载时的自由悬臂高度为 H。而图 4-10（b）则如同空腹桁架结构，结构一侧的部分柱脚产生轴向拉力，另一侧的部分柱脚则产生轴向压力，这些轴向力将形成力偶，平衡外部水平荷载产生的倾覆力矩；另外，楼层剪力使该层框架柱产生弯矩和剪力，而柱端弯矩

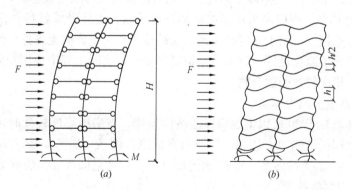

图 4-10　水平荷载作用下的受力状态

(a) 铰接排架；(b) 刚接框架

又使框架梁两端产生反对称的梁端弯矩和剪力，柱在抵抗水平荷载时的自由悬臂高度变为$h/2$。

（3）水平荷载作用下的变形

图 4-11（a）中虚线部分表示平面框架结构在水平荷载作用下的变形，它包括两部分，一部分是由于水平荷载作用下的倾覆力矩使竖向构件（柱）承受轴向拉力或压力，进而使结构整体产生弯曲变形（图 4-11b）；另一部分为各层梁、柱在剪力作用下引起的框架整体剪切变形（图 4-11c）。因此，框架整体侧移曲线呈剪切型。一般框架整体弯曲侧移分量小于总侧移的 10%～20%。欲提高框架结构的抗侧移能力则需要提高梁和柱的抗弯能力和刚度，这时只有加大梁、柱的截面。

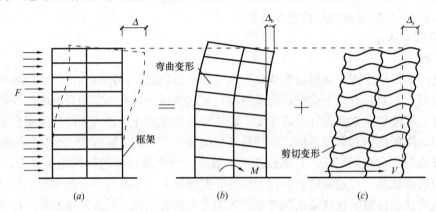

图 4-11　水平荷载作用下框架的侧移及其组成

2. 柱-支撑体系

平面为矩形的多层钢结构，横向一般要求较大的柱距，纵向可设较小的柱距。除纯框架体系以外，还可以采用如图 4-9（b）所示柱-支撑体系，即纵、横向柱-支撑体系，主要用于非地震区。构件间的连接全部为铰接，节点构造简单；结构的侧向刚度几乎全部由支撑体系提供，承载功能明确；侧向刚度较大，用于抗侧力的钢耗量较少；适用于柱距不大而又允许双向设置支撑的建筑物。

3. 框-支撑体系

综合纯框架体系和柱-支撑体系的特点，纵向柱截面抗弯刚度较小时，可采用如图 4-9（c）所示框-支撑体系，即横向采用刚接框架，在纵向，梁柱做成铰接并设柱间支撑，水平力主要由支撑承担，可用于 6 度设防区。这种体系在一个方向无支撑，便于建筑功能的安排，又适当考虑了简化设计、施工及用钢量等要求，实际工程中应用较多。特别适用于平面纵向较长、横向较短的建筑物。

4.2.1.2　双重抗侧力体系

由于框架体系对于 30 层以上的房屋经济性欠佳，当房屋高度较大时，可采用框架和支撑或剪力墙共同抵抗侧向力作用，形成双重抗侧力体系，如图 4-12 所示。双重抗侧力体系主要包括：框架-支撑体系、框架-剪力墙（筒体）体系以及加劲的框架-支撑体系。

1. 钢框架-支撑体系

框架结构体系有侧向刚度差之不足，建筑高度受到一定限制。当房屋高度较大时，在

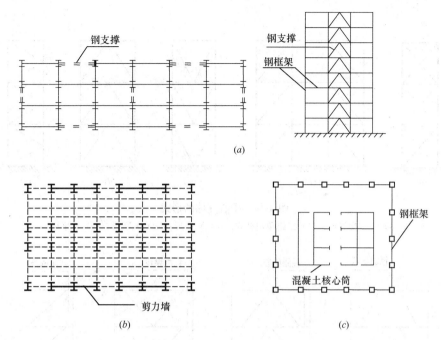

图 4-12 双重抗侧力体系

(a) 钢框架-支撑体系；(b) 钢框架-剪力墙体系；(c) 框架-核心筒体系

纵向、横向或其他主轴方向，根据侧力大小，布置一定数量的垂直支撑（图 4-12a），即形成钢框架-支撑体系，在多层房屋钢结构中应用较多。这类体系中的支撑结构承担大部分水平侧力，可用于 30～40 层的高层钢结构。地震区的钢框架-支撑结构中，梁柱连接原则上采用刚性连接，以便形成双重抗侧力体系。

钢框架-支撑体系的平面布置较灵活，设计、制作、安装简便，承载功能明确，侧向刚度较大，但支撑的设置容易与建筑立面处理、门窗布置等建筑要求发生冲突。

垂直支撑一般沿同一竖向柱距内连续布置，以保证刚度的连续性。如果支撑桁架的高宽比过大，为增加支撑桁架的宽度，也可将垂直支撑布置在几个柱间（图 4-13）。

支撑按与框架连接位置的不同可分为中心支撑、偏心支撑两大类。不超过 12 层的钢结构，支撑结构体系宜采用中心支撑，此时，支撑斜杆的设计轴线通过框架梁与柱重心线的交点。中心支撑的布置方式如图 4-14 所示，有十字交叉形、二组单斜杆式、V 字形、人字形以及 K 字形等多种。对于抗震设防结构，不宜采用 K 字形支撑（图 4-14e）。抗震设防烈度为 8 度及以上的地区，可采用偏心支撑（图 4-15）。偏心支撑的支撑斜杆的设计轴线偏离框架梁与柱重心线的交点，布置方式有门架式、人字形、V 形、单斜杆式等。

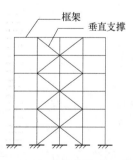

图 4-13 增加支撑桁架宽度的方法

在框架-支撑体系中，框架属于剪切型构件，支撑近似于弯曲型构件。当楼板可视为刚性体且结构不发生整体扭转时，在刚性楼盖的协调下，使各榀框架与各个支撑的变形相互协调一致，因此，框架-支撑体系可以简化成用刚性连杆将框

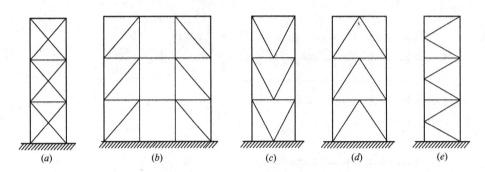

图 4-14　中心支撑的形式

(*a*) 十字交叉形；(*b*) 二组单斜杆式；(*c*) V 字形；(*d*) 人字形；(*e*) K 字形

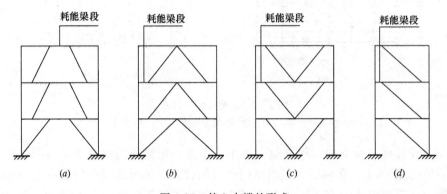

图 4-15　偏心支撑的形式

(*a*) 门架式；(*b*) 人字形；(*c*) V 形；(*d*) 单斜杆式

架与支撑并联，如图 4-16 所示，其侧移属于弯剪型变形。框架结构部分通过杆件抗弯提供侧向刚度，竖向支撑部分通过杆件轴向受力提供侧向刚度。

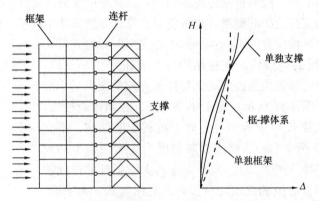

图 4-16　框架-支撑并联模型与侧移曲线

2. 钢框架-剪力墙（核心筒）体系

沿框架结构的纵、横两个方向，根据侧向力的大小，配置一定数量的钢筋混凝土剪力墙或钢板剪力墙，即构成钢框架-剪力墙体系（图 4-12*b*）。剪力墙刚度较大，承担大部分水平剪力，使整个结构的侧向刚度大大提高；框架则主要承担竖向荷载，同时也承担少量的水平荷载，因此柱的截面减小。框架与剪力墙的连接要可靠，以增强剪力墙抵抗水平荷载的有效性。

混凝土剪力墙可分为现浇和预制两大类。预制墙板镶嵌于钢框架梁柱所形成的框格内，一般应从结构底部到顶部连续布置，以免刚度发生突变。由于实心钢筋混凝土墙板的刚度较大，地震时容易发生应力集中，导致墙体产生斜向裂缝而发生脆性破坏。为避免这种现象，可采用带竖缝的预制钢筋混凝土墙板（图 4-17），使墙体形成许多并列壁柱，在风荷载或小地震作用下处于弹性状态，可确保结构的使用功能。在强震时进入塑性阶段，能大量吸收地震能，而各壁柱继续保持其承载能力。

钢板剪力墙由内嵌钢板及边缘构件（梁、柱）组成，通常采用 8～10mm 厚的钢板，并设纵、横向加劲肋（图 4-18），起到刚性构件的作用。钢板剪力墙抵抗水平荷载主要通过墙板的拉力带和邻接柱的抗倾覆力，整体受力特性类似于底端固接的竖向悬臂板梁，其中竖向边缘构件相当于翼缘，内嵌钢板相当于腹板，而水平边缘构件则可近似等效为横向加劲肋。在水平刚度相同的条件下，框架-钢板剪力墙的用钢量比纯框架低。

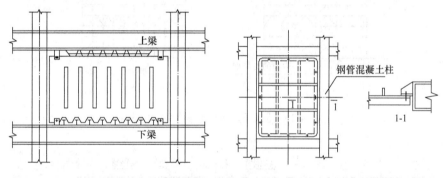

图 4-17　带竖缝的预制钢筋混凝土墙板　　　图 4-18　钢板剪力墙

很多情况下，混凝土剪力墙做成闭合的筒体，与电梯井功能配合，布置在建筑平面的中心，构成钢框架-核心筒体系（图 4-12c）。框架-剪力墙（核心筒）体系中的剪力墙，可视为一悬臂结构，其侧向变形特征与剪力墙的高宽比及开洞大小有关。通常，变形特点与框架-支撑系统一样，以弯曲变形为主，连带部分剪切变形。

3. 加劲的框架-支撑体系

（1）体系特征

在框架-支撑体系中，垂直支撑为"弯曲型"构件，其水平承载能力和抗弯刚度的大小与支撑的高宽比成反比。房屋很高时，由于支撑的高宽比较大，抗侧力效果显著降低，可采用以下改进的加强措施：沿垂直支撑所在平面，在房屋顶层以及每隔若干层（一般12 层左右），沿房屋纵向、横向，设置一层楼高伸臂桁架和周边桁架（图 4-19），将内部支撑与外圈框架柱连为一整体弯曲构件，共同抵抗水平荷载引起的倾覆力矩，这种体系即为加劲的框架-支撑体系。其效果相当于加大垂直支撑系统的有效宽度，可以提高整个结构的抗弯性能、框架-支撑体系的适用高度。

（2）受力特性

加劲的框架-支撑体系在水平荷载作用下，一侧外柱受压，另一侧外柱受拉，形成与

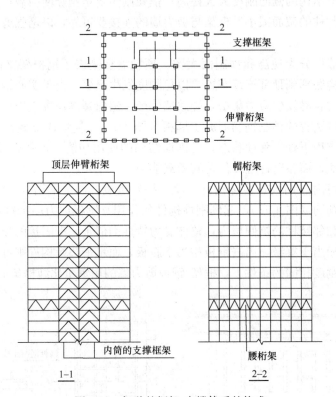

图 4-19　加劲的框架-支撑体系的构成

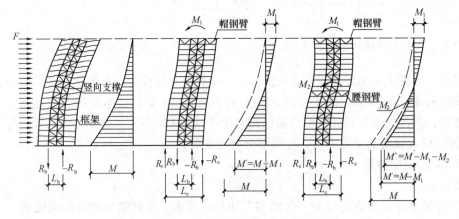

图 4-20　加劲桁架的作用

倾覆力矩方向相反的力偶，从而减小了支撑所受的倾覆力矩（图 4-20）。同时，由于伸臂桁架的强大竖向刚度和外柱的较大轴向刚度，使框架-支撑体系整体弯曲所产生的侧移也大幅度减少（图 4-21）。

腰桁架具有很大的抗弯刚度及剪切刚度，可使未与伸臂桁架直接相连的外框架柱的轴向变形及相应的轴力，几乎等同于与伸臂桁架相连的外框架柱，从而也能参与整体抗弯作用，扩大了伸臂桁架的作用和效果。

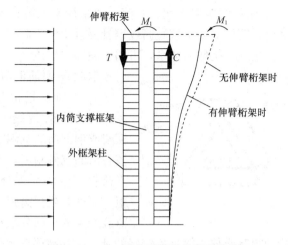

图 4-21　有、无伸臂桁架的侧移曲线

4.2.1.3　筒体体系

根据筒体的布置、组成以及数量的不同，可分为框筒、筒中筒、束筒等结构体系。

1. 框筒体系

框筒体系由外部框筒和内部承重框架组成（图 4-22）。当房屋高度超过 60 层后，结构体系必须具备更强的抗侧能力，宜把外圈柱网做成密柱深梁的框筒结构，使其能够承担水平荷载引起的水平剪力和倾覆力矩。此外，内部承重柱和各层梁也常以框架形式出现，形成承重框架，主要承担重力荷载。

框筒在水平荷载作用下发生整体弯曲时，若框筒能作为一整体并按单纯的悬臂实壁构件受弯，则框筒柱的轴力按直线分布（符合平截面假定）。但是，由于存在框架横梁（窗裙梁）的竖向弯剪变形，使框筒中柱的轴力不再符合平截面假定的直线分布规律，而呈非线性分布，出现"剪力滞后"现象（图 4-23）。剪力滞后会削弱框筒结构的筒体性能，降低结构的抗侧刚度。一般框筒结构的柱距越大，剪力滞后效应越大。

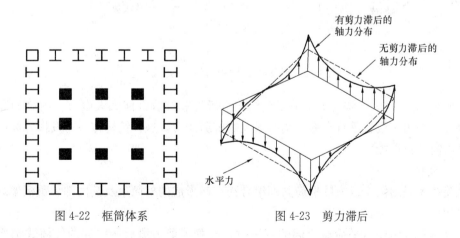

图 4-22　框筒体系　　　　　　图 4-23　剪力滞后

2. 筒中筒体系

筒中筒体系是由分别置于内外的两个以上筒体通过有效的连接组成一个共同工作的结

构体系。图 4-24 为筒中筒体系的典型平面。外筒一般采用钢框筒、支撑钢框筒，内筒可采用钢框筒、支撑钢框筒、钢筋混凝土核心筒或钢骨混凝土核心筒。筒中筒体系的抗侧刚度和承载力都比较大，又是双重抗侧力体系，可用于超高层建筑。

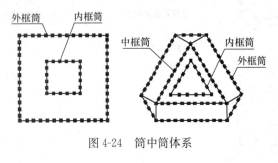

图 4-24　筒中筒体系

钢框筒-钢筋混凝土核心筒体系与图 4-12 (c) 所示钢框架-混凝土核心筒体系，均归属钢-混凝土混合体系。由于钢框架或钢框筒的抗侧刚度远远小于混凝土核心筒的抗侧刚度，因此，核心筒承担水平荷载产生的大部分水平剪力和倾覆力矩，而框架或框筒则承担竖向荷载及水平荷载产生的小部分水平剪力。设计时，应使作为主要抗侧力结构的混凝土核心筒具备较好的延性，在高层房屋受到地震水平力作用达到弹塑性变形限值时仍能承受不少于 75% 的水平力，使作为第二道抗侧力结构的钢框架或钢框筒能承受不少于 25% 的水平力。

钢骨混凝土内筒与钢筋混凝土内筒相比较，延性有所提高。其构成特点是在混凝土内筒的墙肢内设置钢暗柱及钢连梁（图 4-25），并形成暗藏的钢骨框架。内筒成为主要的抗侧力结构，结构体系的延性得到提高。

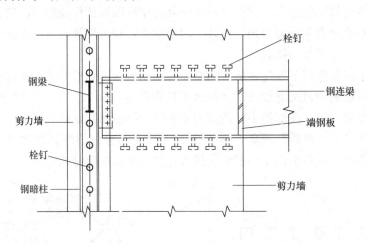

图 4-25　钢骨混凝土内筒的内部连接构造

钢框筒-支撑钢框筒体系由于采用钢结构，延性和抗震性能大大改善。内筒的高宽比虽然很大，但由于设置垂直支撑，具有很大的抗剪能力。这种结构体系可发挥外筒的抗弯能力和内筒的抗剪能力。

3. 束筒体系

束筒体系是由两个以上的框筒并列组合在一起形成的框筒束及其内部承重框架共同组成的结构体系（图 4-26）。

束筒结构在承受水平荷载引起的弯矩时，改善了剪力滞后所引起的外筒式结构体系（图 4-22）中各柱内力分布不均匀的缺点。芝加哥西尔斯大厦即为采用束筒结构的一个典型实例（图 4-27）。

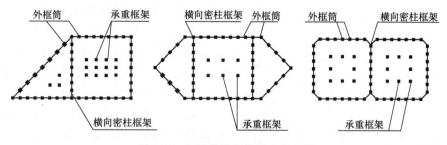

图 4-26 框筒束结构体系工程实例

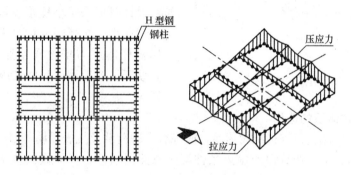

图 4-27 西尔斯大厦的束筒体系

4.2.1.4 巨型结构体系

巨型结构体系也被称为超级结构体系,包括巨型框架结构和巨型支撑框筒结构。这种结构体系把梁、柱或支撑做成数个楼层和数个开间内的构件,特别适用于超高层或有特殊、复杂功能要求的高层建筑。图 4-28、图 4-29 分别为巨型框架和巨型支撑框筒体系的实例。

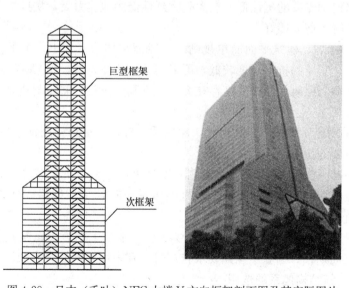

图 4-28 日本(千叶)NEC 大楼 Y 方向框架剖面图及其实际图片

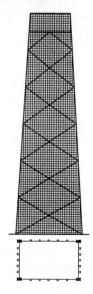

图 4-29 约翰·汉考克大厦支撑框筒立面图

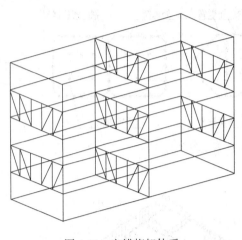

图 4-30　交错桁架体系

4.2.1.5　交错桁架体系

美国于 20 世纪 60 年代中期开发了交错桁架体系（图 4-30），其基本结构组成为：结构外围边柱、平面桁架及楼面板，横向框架在竖向平面内隔层设置桁架层，相邻横向框架的桁架层交错布置，在每层楼面形成双倍柱距的大开间，是一种经济、实用、高效的新型结构体系，可用于多高层轻型钢结构建筑。设计时可采用小柱距和短跨楼板，使楼板厚度减小，能减轻结构自重。桁架腹杆可采用斜杆体系与华伦氏空腹桁架体系相结合，便于设置走廊，房间在纵向必要时也可连通。

4.2.2　结构体系的选用

实际工程中具体选择哪种结构体系，应综合考虑荷载及抗震设防等级、房屋的尺寸和体型、房屋材料、工程造价以及施工条件等多方面因素，尽可能做到技术先进、经济合理、安全适用并确保质量。

4.2.2.1　多层钢结构建筑结构体系的选用

1. 荷载及抗震设防等级的影响。随着房屋高度的增加、抗震设防等级的提高，需要的抗侧刚度也随之增大。对于层数不多、设防等级不高的房屋，应优先采用框架体系。设防等级较高时，宜优先考虑框架-支撑体系，抗侧效果明显且构造简单。5～6 层以下的，可采用纯框架体系或框架-支撑体系，6 层以上的可采用框架-支撑体系或框架-混凝土剪力墙（核心筒）体系。剪力墙比钢支撑的延性低，在大震时延性低的地震力大，从抵抗大地震的性能来说，钢支撑比混凝土剪力墙好。

2. 房屋的尺寸和体型的影响。建筑平面简单规则时，风荷载体形系数小，水平荷载作用下也不易发生扭转振动，需要的抗侧刚度较低，可采用纯框架体系或框架-支撑体系。建筑立面有突变或结构存在薄弱层时，结构刚度存在突变，不利于抗震，需要调整对应层的抗侧刚度，往往采用钢框架-混凝土剪力墙体系。

3. 房屋材料的影响。采用轻质维护体系材料时，房屋质量轻，承重结构用钢量较少，同时，由于地震作用小，需要的抗侧刚度也较低。

4. 工程造价的影响。一般说来，结构体系的抗侧刚度越大，工程造价也越高。在地质条件较差的地区，应优先选用纯钢结构体系，如纯框架体系、框架-支撑体系或框架-支撑芯筒体系，以降低基础造价。

5. 施工条件的影响。钢构件一般在工厂制造，现场安装，施工工期短，而混凝土抗侧结构需要现场浇筑，施工周期长。当施工工期要求较短时，宜采用纯钢结构体系。

4.2.2.2　高层钢结构建筑结构体系的选用

依据《高层民用建筑钢结构技术规程》JGJ 99—2015 和《建筑抗震设计规范》GB 50011—2010，根据地震设防烈度对各类结构形式所适用的高度规定如表 4-1 所示。除表中结构体系的适用高度外，还应考虑结构体系的选择对经济指标的影响。例如，纽约蔡斯曼哈顿广场大楼（1961年，60层，248m），采用框架结构，用钢量为$270kg/m^2$；明尼阿波利斯IDS中心（1972年，57层，235m），框架-支撑结构，用钢量$87.5kg/m^2$。进行高层钢结构设计时，有必要对多种结构方案的用钢量进行比较分析。

钢结构高层建筑的适用高度   表 4-1

结构体系	设防烈度					
	6 度	7 度		8 度		9 度
		0.10g	0.15g	0.20g	0.30g	0.40g
框架	110	110	90	90	70	50
框架-中心支撑	220	220	200	180	150	120
框架-偏心支撑	240	240	220	200	180	160
筒体（框筒，筒中筒，桁架筒，束筒）	300	300	280	260	240	180

注：1. 房屋高度指室外地面标高至主要屋面的高度；
　　2. 当房屋高度超过表中数值时，结构设计应采取可靠且有效的措施。

4.2.3　结构布置

4.2.3.1　结构平面布置

1. 一般原则

（1）应首选由光滑曲线构成的平面形式，以减少风压作用。圆形、椭圆形等流线型平面，与矩形平面比较，风荷载体型系数大约减少30％。

（2）尽可能地采用中心对称或双轴对称的平面形式，以减小或避免在风荷载作用下的扭转振动。常用截面形式有方形、圆形、椭圆形、矩形和正多边形。

（3）平面尺寸关系应符合表4-2的要求，表中相应尺寸的示意图如图4-31所示。

平面尺寸的限值   表 4-2

平面的长宽比		凹凸部分的长宽比		大洞口宽度比
L/B	L/B_{max}	l/b	l'/B_{max}	B'/B_{max}
≤5	≤4	≤1.5	≥1	≤0.5

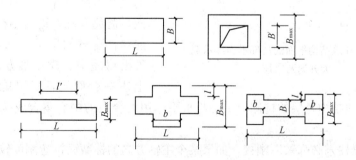

图 4-31　表 4-2 相应尺寸的示意图

（4）进行平面设计时，应尽量避免以下平面不规则结构：

① 扭转不规则：任一层的偏心率大于0.15；楼层最大弹性层间位移大于该楼层两端

弹性层间位移平均值的 1.2 倍，但不超过 1.5 倍（图 4-32）。

② 凹凸不规则：结构平面形状有凹角，凹角的伸出部分在一个方向的尺度，超过该方向建筑总尺寸的 30%（图 4-33）。

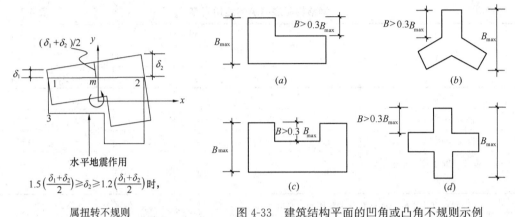

1.5$\left(\dfrac{\delta_1+\delta_2}{2}\right)\geqslant\delta_2\geqslant1.2\left(\dfrac{\delta_1+\delta_2}{2}\right)$ 时，

属扭转不规则

图 4-32　建筑结构平面的扭转不规则示例及扭转不规则的判别

图 4-33　建筑结构平面的凹角或凸角不规则示例

③ 楼面不连续或刚度突变：楼板尺寸和平面刚度急剧变化，例如，有效楼板宽度小于该层楼板典型宽度的 50%，或开洞面积超过该层总面积的 30%，或有较大错层（图 4-34）。

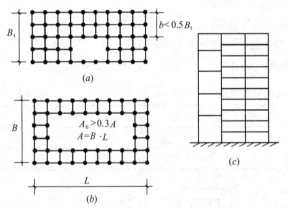

图 4-34　建筑结构平面的局部不连续示例（大开洞及错层）

（5）框筒结构采用矩形平面形式时，应控制其平面长度比小于 1.5。因风荷载平行于矩形平面的短边时会产生严重的剪切滞后现象，不能充分发挥框筒作为立体构件的空间作用。

2. 多层钢结构平面布置时的设计措施

（1）由于框架是多层房屋钢结构的最基本结构单元，应规则地布置柱网，避免零乱。进行结构平面布置时，应结合建筑的平面形状，将抗侧力构件沿房屋纵、横主轴方向布置，遵循上述一般原则，尽可能做到"分散、均匀、对称"，使结构各层的抗侧力中心与水平作用力合力的中心重合或接近，以避免或减小扭转振动。

（2）框架梁柱未必都采用刚接，如果某个主轴方向的柱截面抗弯刚度较小，可做成铰接，采用图 4-9（c）框-支撑体系。

（3）处于抗震设防地区的多层钢结构，宜采用由刚接框架和支撑结构共同抵抗地震作用的双重抗侧力体系。采用这种体系时，两个方向的框架梁柱均为刚性连接，同时两个方向均设置垂直支撑。框架和支撑的布置应使各层刚度中心和质量中心接近。代替支撑采用剪力墙，即采用钢框架-剪力墙体系时，其结构平面布置也应按照上述原则，但钢梁与混凝土剪力墙的连接一般都做成铰接连接。

4.2.3.2 结构竖向布置

1. 一般原则

（1）使结构各层的抗侧力刚度中心与水平合力中心接近重合，各层的刚度中心应接近在同一竖直线上。

（2）要强调建筑开间、进深的尽量统一。

（3）尽量避免以下竖向不规则结构：

① 楼层刚度小于其相邻上层刚度的70%，且连续三层总的刚度降低超过50%（图4-35）。

② 相邻楼层质量之比超过1.5。

③ 立面收进尺寸的比例为 $L_1/L < 0.75$（图4-36）。

④ 竖向抗侧力构件不连续（图4-37）。

⑤ 任一楼层抗侧力构件按实际截面和材料强度标准值计算所得的总受剪承载力小于其相邻上层受剪承载力的80%（图4-38）。

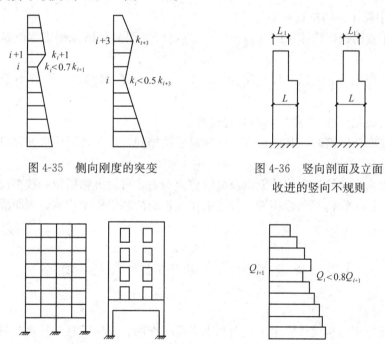

图4-35 侧向刚度的突变

图4-36 竖向剖面及立面
收进的竖向不规则

图4-37 竖向抗侧力构件
不连续示例

图4-38 竖向抗侧力结构受
剪承载力非均匀化

2. 多层钢结构竖向布置时的设计措施

（1）建筑立面和竖向剖面宜规则，结构的侧向刚度和承载力宜上下相同，避免抗侧力结构的侧向刚度和承载力突变，更应避免下柔上刚。

（2）在抗震设防地区，框架柱宜上下贯通并落地，避免出现悬空处和高度不一致的错层。若必须抽柱而无法贯通落地，应合理设置转换构件，使上部柱子的轴力和水平剪力能够安全可靠、简洁明确地传到下部直至基础。支撑和剪力墙等抗侧力结构更应上下贯通并落地。结构在两个主轴方向的动力特性宜相近。

（3）多层房屋设地下室的时候，钢结构宜延伸至地下室。

（4）强风地区的小高层建筑宜采用有利于减小风荷载的立面造型，如无棱角的流线形、沿高度均匀变化的简单几何图形，还可降低质心，减小地震倾覆力矩。

4.2.3.3　钢筒体结构体系的布置原则

筒体体系在高层建筑钢结构得到广泛应用，本节仅概述钢筒体结构体系的布置原则。

1. 钢框筒体系的布置原则

（1）为了更好地发挥框筒的立体作用，框筒结构高宽比不宜小于 4。

（2）框筒平面宜接近正方形、圆形或正三角形，框筒的平面边长不宜大于 45m，否则剪力滞后现象会较严重。

（3）密柱外框筒的柱距宜为 3m 左右，不宜超过 4m。

（4）角柱应采用方箱形柱，控制角柱截面积为非角柱的 1.5 倍左右。

（5）框筒为方形、矩形平面时，宜将其作成切角方形、矩形，以减少角柱受力和剪力滞后现象。

2. 钢筒中筒体系的布置原则

外筒的布置同钢框筒体系的（1）、（2）。外筒可采用钢框筒或钢支撑框筒，内筒采用钢支撑框筒。

（1）内外筒之间的进深一般控制在 10～16m 之间，内筒的边长不宜小于相应外框筒边长的 1/3。

（2）内筒高宽比在 12 左右，不宜超过 15。

（3）内筒亦为框筒时，其柱距宜与外框筒柱距相同，且在每层楼盖处都设置钢梁将相应内外柱相连接。

（4）为提高内外筒的整体性能以及缓解剪力滞后，可设置帽桁架和腰桁架。腰桁架一般布置于设备层，帽桁架和腰桁架一般是由相互正交的两组桁架构成，等距满布于建筑物的横（纵）向。

4.3　多高层房屋钢结构的荷载及其组合

4.3.1　荷载

多高层建筑钢结构设计要考虑竖向和水平荷载作用。竖向荷载包括永久荷载（房屋及设备自重）、可变荷载（屋面活荷载或楼面活荷载、雪荷载、积灰荷载、竖向地震作用等）。除竖向地震作用外，其余各项荷载的计算应按《建筑结构荷载规范》GB 50009—2012 的规定进行。水平荷载包括风荷载、水平地震作用以及吊车水平荷载等。多层工业房屋设有吊车时，吊车竖向荷载与水平荷载应按《建筑结构荷载规范》GB 50009—2012 的规定计算。屋面均布活荷载不应与雪荷载同时组合。

4.3.1.1　竖向荷载

1. 多层房屋钢结构一般应考虑活荷载的不利分布。考虑地震作用组合计算竖向荷载作用下构件的效应时，对楼（屋）面活荷载可不作最不利布置工况的选择，可按各跨满载进行简化计算。

2. 高层房屋钢结构中，活荷载值与永久荷载值相差不大，在计算楼面及屋面活荷载的作用时，可不考虑活荷载的最不利分布，而按各跨满载简化计算。但当活荷载大于 $4kN/m^2$ 时，应考虑楼面活荷载的不利布置，需将简化算得的框架梁的跨中弯矩计算值乘以 $1.1\sim1.2$ 的系数；梁端弯矩值乘以 $1.05\sim1.1$ 的系数予以提高。

3. 设计楼面梁、墙、柱及基础时，楼面活荷载标准值可按《建筑结构荷载规范》GB 50009—2012 的规定进行折减。

4. 高层钢结构对未作具体规定的屋面或楼面活荷载，如直升机平台的活荷载等，应根据《高层建筑钢结构设计与施工规程》JGJ 99—2015 以及其他规定采用。

5. 当计算侧向水平荷载与竖向荷载共同作用下结构产生的内力时，竖向荷载应按现行《建筑结构荷载规范》GB 50009—2012 的规定折减，但在抗震计算时另行考虑。

6. 施工中采用附墙塔、爬塔等施工设备时，应根据具体情况确定施工荷载，并进行施工阶段验算。

7. 旋转餐厅轨道和驱动设备的自重应按实际情况确定。

8. 擦窗机等清洗设备应按实际情况确定其自重和作用位置。

4.3.1.2 风荷载

1. 风荷载标准值

计算主要承重结构和抗侧力构件时，垂直作用于建筑物表面上的风荷载标准值应按下式计算：

$$w_k = \beta_z \mu_s \mu_z w_0 \tag{4-1}$$

式中　β_z——高度 z 处的风振系数，对于基本自振周期 T_1 大于 0.25s 的房屋及高度大于 30m 且高宽比大于 1.5 的房屋，应考虑风振系数，否则 β_z 取 1.0；

　　　μ_s——风荷载体型系数，按 GB 50009—2012 规定采用；

　　　μ_z——风压高度变化系数，与地面粗糙度有关，按 GB 50009—2012 规定采用；

　　　w_0——基本风压，一般多层房屋按 50 年重现期采用，对于特别重要或对风荷载比较敏感的高层房屋，一般情况下为房屋高度大于 60m 的高层房屋，其基本风压应按 100 年重现期的风压值采用，其值可按《建筑结构荷载规范》GB 50009—2012 采用。

2. 风荷载体型系数 μ_s

（1）建筑平面为圆形时风荷载体型系数 μ_s 可取 0.8。

（2）建筑平面为正多边形时风荷载体型系数 μ_s 采用式（4-2）计算：

$$\mu_s = 0.8 + 1.2/\sqrt{n} \tag{4-2}$$

式中　n——多边形的边数。

（3）以下三种情况下的风荷载体型系数 μ_s 可取 1.4：平面为 V 形、Y 形、弧形、双十字形和井字形建筑；平面为 L 形、槽形以及高宽比大于 4 的平面为十字形建筑；高宽比大于 4、长宽比不大于 1.5 的平面为矩形或鼓形建筑。

（4）对于特别重要或不规则的单个高层房屋，其风荷载体型系数应由风洞试验确定。

（5）多栋或群集的高层房屋建筑，宜考虑风力相互干扰适当放大风荷载体型系数 μ_s。

对于多个建筑物特别是群集的高层建筑，当相互间距较近时，由于漩涡的相互干扰，所受的风力要复杂和不利得多，房屋某些部位的局部风压会显著增大，此时宜考虑风力相互干扰的群体效应。一般可将单独建筑物的体型系数乘以相互干扰系数，该系数确定方法如下：

① 对于矩形平面高层建筑，根据施扰高层建筑（既有邻近建筑）的位置，对顺风向风荷载下的相互干扰系数可在 1.00～1.10 范围内选取；对横风向风荷载下的相互干扰系数可在 1.00～1.20 范围内选取。

② 其他情况可比照类似条件的风洞试验资料确定。

4.3.1.3 地震作用

1. 一般计算原则

高层建筑钢结构的抗震设计采用两阶段设计方法，第一阶段设计为多遇地震作用下的弹性分析，验算构件的承载力、稳定性及结构的层间位移；第二阶段设计为罕遇地震作用下的弹塑性分析，验算结构的层间位移和层间延性比。多遇地震作用下，对于体形简单、刚度分布均匀的高层钢结构，初步设计时可采用底部剪力法估计楼层的水平地震力；目前，普遍采用振型分解反应谱法进行结构计算。罕遇地震作用下，结构进入弹塑性状态，需要采用弹塑性时程法进行计算分析，找出薄弱环节，防止由于局部形成破坏机构引起结构倒塌。

采用第一阶段设计时，地震作用应考虑下列原则：

（1）一般应在结构的两个主轴方向分别计入水平地震作用，各方面的水平地震作用应全部由该方向的抗侧力构件承担；

（2）当有斜交抗侧力构件时，宜分别计入各抗侧力构件方向的水平地震作用；

（3）质量和刚度明显不均匀、不对称的结构，应计入水平地震作用的扭转影响；

（4）按 9 度抗震设防的高层建筑钢结构，其竖向地震作用下产生的轴力不可忽略，因此应计入竖向地震作用；

（5）对按 8 度和 8 度以上抗震设防、平面特别不规则的高层钢结构房屋，宜按双向水平地震同时作用进行抗震计算。计算时，可在主要方向按所规定地震作用的 100% 计算，在与其垂直方向的方向按所规定地震作用的 30% 计算。先各自按弹性振型分解反应谱法进行计算，然后再将两个方向求得的内力分别叠加。

在国家标准《建筑抗震设防分类标准》GB 50223 中，根据建筑使用功能的重要性，将其划分为甲、乙、丙和丁四个抗震设防类别。重大建筑工程和地震时可能发生严重次生灾害的建筑为甲类建筑，地震时使用功能不能中断或需尽快恢复的建筑为乙类建筑，抗震属于次要性的建筑为丁类建筑，丙类建筑指甲、乙和丙类除外的一般建筑。抗震设防的结构，除进行多遇地震作用下的弹性效应计算外，对甲类建筑和 9 度设防区的乙类建筑中的钢结构，尚应计算结构在罕遇地震作用下弹塑性状态的变形。

地震作用应按现行《建筑抗震设计规范》GB 50011 计算。对于多层房屋钢结构，进行多遇地震分析时，阻尼比可取 0.04；进行罕遇地震分析时，阻尼比可取 0.05。对于高度大于 50m 且小于 200m 的高层房屋钢结构，进行多遇地震分析时，阻尼比可取 0.03；而高度大于 200m 时，宜取 0.02。

2. 多高层建筑钢结构的抗震设计方法

（1）水平地震作用计算

水平地震作用下计算方法有：底部剪力法、振型分解反应谱法和时程分析法。应根据不同情况，分别采用不同的地震作用计算方法。

① 底部剪力法

底部剪力法适用于高度不超过 40m 且平面和竖向较规则的剪切性高层房屋，或高度不超过 60m 且平面和竖向较规则的高层房屋。底部剪力法根据建筑物的总重力荷载计算结构底部的总剪力，然后按一定的比例分配到各楼层，得到各楼层的水平地震作用后，即可按静力方法计算结构的内力。

采用底部剪力法计算水平地震作用时，各楼层可仅按一个自由度计算（图 4-39）。与结构的总水平地震作用等效的底部剪力标准值由下式计算：

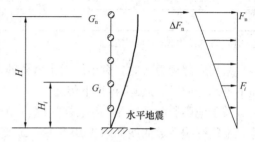

图 4-39 底部剪力法计算简图

$$F_{Ek} = \alpha_1 G_{eq} \tag{4-3}$$

在质量沿高度分布基本均匀、刚度沿高度分布基本均匀或向上均匀减小的结构中，各层水平地震作用标准值按下式比例分配：

$$F_i = \frac{G_i H_i}{\sum_{j=1}^{n} G_j H_j} F_{Ek}(1 - \delta_n) \quad (i = 1, 2 \cdots, n) \tag{4-4}$$

顶部附加水平地震作用标准值为：

$$\Delta F_n = \delta_n F_{Ek} \tag{4-5}$$

式中　　α_1——相应于结构基本自振周期 T_1 的水平地震影响系数；

　　　　G_{eq}——结构的等效总重力荷载，取总重力荷载代表值的 80%；

　G_i、G_j——分别为第 i、j 层重力荷载代表值；抗震计算中重力荷载代表值为恒荷载和活荷载组合值之和，但雪荷载取标准值的 50%，楼面活荷载按《建筑结构荷载规范》规定的标准值乘组合值系数取值，一般民用建筑应取 0.5，书库、档案库建筑应取 0.8；

　H_i，H_j——分别为第 i，j 层楼盖距底部固定端的高度；

　　　　F_i——第 i 层的水平地震作用标准值；

　　　　δ_n——顶部附加地震作用系数，按照表 4-3 取值，T_g 为特征周期；

　　　　ΔF_n——顶部附加水平地震作用；

关于结构基本自振周期 T_1，在初步计算时，可按下列经验公式估算：

$$T_1 = 0.1n \tag{4-6}$$

对于重量及刚度分布比较均匀的结构，可用下式近似计算：

$$T_1 = 1.7\xi_T \sqrt{u_n} \tag{4-7}$$

　　　　u_n——结构顶层假想侧移，即假想将结构各层的重力荷载作为楼层的集中水平力，按弹性静力方法计算所得到的顶层侧移值；

ξ_T——计算周期修正系数，可取 $\xi_T = 0.9$。

顶部附加地震作用系数 δ_n

表 4-3

T_g（s）	$T_1 > 1.4 T_g$	$T_1 < 1.4 T_g$
$T_g \leqslant 0.35$	$0.08T_1 + 0.07$	
$0.35 < T_g \leqslant 0.55$	$0.08T_1 + 0.01$	0
$T_g > 0.55$	$0.08T_1 - 0.02$	

注：T_1 为结构基本自振周期。

采用底部剪力法时，突出屋面小塔楼的地震作用效应宜乘以增大系数 3。增大影响宜向下考虑 1~2 层，但不再往下传递。

关于地震影响系数 α，应根据烈度、场地类别、设计地震分组及结构自振周期 T 计算，地震影响系数曲线如图 4-40 所示。地震影响系数最大值 α_{max} 及场地特征周期 T_g 分别按表 4-4 和表 4-5 的规定采用。当主要抗侧力构件为混凝土结构时，α_{max} 应按《建筑抗震设计规范》的有关规定采用。计算 8、9 度罕遇地震作用时，特征周期应增加 0.05s。

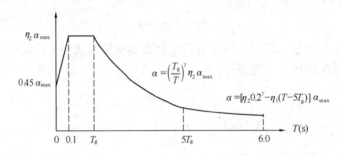

图 4-40　地震影响系数曲线

当结构的阻尼比按有关规定不等于 0.05 时，地震影响系数曲线的阻尼调整系数和形状参数应符合下列规定：

a. 曲线下降段的衰减指数应按式（4-8a）确定：

$$\gamma = 0.9 + \frac{0.05 - \zeta}{0.3 + 6\zeta} \tag{4-8a}$$

式中　γ——曲线下降段的衰减指数；

　　　ζ——阻尼比。

b. 直线下降段的下降斜率调整系数应按式（4-8b）确定：

$$\eta_1 = 0.02 + \frac{0.05 - \zeta}{4 + 32\zeta} \tag{4-8b}$$

式中　η_1——直线下降段的下降斜率调整系数，小于 0 时取 0。

c. 阻尼调整系数应按式（4-8c）确定：

$$\eta_2 = 1 + \frac{0.05 - \zeta}{0.08 + 1.6\zeta} \tag{4-8c}$$

式中　η_2——阻尼调整系数，当小于 0.55 时，应取 0.55。

抗震设计水平地震影响系数最大值   表 4-4

地震影响＼设防烈度	6 度	7 度	8 度	9 度
多遇地震	0.04	0.08 (0.12)	0.16 (0.24)	0.32
设防地震	0.12	0.22 (0.32)	0.42 (0.60)	0.80
罕遇地震	0.28	0.50 (0.72)	0.90 (1.20)	1.40

注：括号中为对应 7 度、8 度的设计基本地震加速度分别为 0.15g、0.30g 的数值。

特征周期 T_g (s)   表 4-5

设计地震分组＼场地类别	I_0	I_1	Ⅱ	Ⅲ	Ⅳ
第一组	0.20	0.25	0.35	0.45	0.65
第二组	0.25	0.30	0.40	0.55	0.75
第三组	0.30	0.35	0.45	0.65	0.90

② 振型分解反应谱法

不符合底部剪力法适用条件的其他高层钢结构，宜采用振型分解反应谱法。

对体型比较规则、简单，可不计扭转影响的结构，振型分解反应谱法仅考虑平移作用下的地震效应组合，沿主轴方向，结构第 j 振型第 i 质点的水平地震作用标准值，按下列公式计算：

$$F_{ij} = \alpha_j \gamma_j X_{ji} G_i \quad (i = 1,2\cdots,n; \ j = 1,2\cdots,m) \tag{4-9}$$

$$\gamma_j = \frac{\sum_{i=1}^{n} X_{ji} G_i}{\sum_{i=1}^{n} X_{ji}^2 G_i} \tag{4-10}$$

式中　α_j——相应于 j 振型计算周期 T_j 的地震影响系数；

　　　γ_j——j 振型的参与系数；

　　　X_{ji}——j 振型 i 质点的水平相对位移。

结构水平地震作用效应（弯矩、剪力、轴力和变形）按下式计算：

$$S_{Ek} = \sqrt{\sum S_j^2} \tag{4-11}$$

式中　S_{Ek}——水平地震作用标准值的效应；

　　　S_j——j 振型水平地震作用标准值的效应（包括弯矩、剪力、轴向力和位移等），可只取前 2～3 个振型。当基本自振周期大于 1.5s 或房屋高宽比大于 5 时，振型个数可适当增加，常取前 5 个振型。

③ 时程分析法

竖向特别不规则的建筑及高度较大的建筑，宜采用时程分析法进行补充验算。采用时程分析法计算结构的地震反应时，应输入典型的地震波进行计算，即将地震波按时段进行数值化后，输入结构体系的振动微分方程，采用逐步积分法进行结构动力反应分析，计算出结构在整个地震时域中的振动状态全过程。

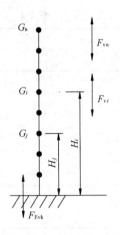

图 4-41 结构竖向地震
作用计算简图

（2）竖向地震作用计算

9度设防的高层建筑钢结构，其竖向地震作用标准值宜按式（4-12a）、式（4-12b）确定，结构竖向地震作用计算简图如图 4-41 所示；楼层的竖向地震作用效应可按各构件承受的重力荷载代表值的比例分配，并宜乘以增大系数 1.5。

$$F_{\mathrm{Evk}} = \alpha_{\mathrm{vmax}} G_{\mathrm{eq}} \quad\quad\quad (4\text{-}12a)$$

$$F_{\mathrm{vi}} = \frac{G_i H_i}{\sum G_j H_j} F_{\mathrm{Evk}} \quad\quad (4\text{-}12b)$$

式中 F_{Evk} ——结构总竖向地震作用标准值；

       F_{vi} ——质点 i 的竖向地震作用标准值；

       α_{vmax} ——竖向地震影响系数的最大值，可取水平地震影响系数最大值的 65%；

       G_{eq} ——结构等效总重力荷载，可取其重力荷载代表值的 75%。

4.3.2 荷载组合

4.3.2.1 多层钢结构的荷载组合方式

多层工业厂房有吊车设备并处于屋面积灰区时，荷载组合除恒荷载、屋（楼）面活荷载、风荷载、雪荷载以及地震作用以外，还应考虑吊车荷载和积灰荷载的组合。组合时取屋面活荷载和雪荷载中的较大值。以下主要描述不考虑吊车荷载和积灰荷载参与组合的情况。

1. 承载能力极限状态设计

荷载组合按基本组合，直接表达式如表 4-6、表 4-7 所示。

不考虑地震作用效应的组合表达式   表 4-6

荷载组合类别	组合表达式	注
重力荷载	$1.3D + 1.5[L_f + \max(S, L_r)]$	
重力荷载+风荷载	$1.3D + 1.5W$	风荷载效应起控制作用
	$1.3D + 1.5W + 1.5 \times 0.7[L_f + \max(S, L_r)]$	
	$1.3D + 1.5[L_f + \max(S, L_r)] + 1.5 \times 0.6W$	楼面活荷载效应起控制作用
	$1.35D + 1.5 \times 0.7[L_f + \max(S, L_r)] + 1.5 \times 0.6W$	永久荷载效应起控制作用

注：D——恒荷载标准值；L_f——楼面活荷载标准值；L_r——屋面活荷载标准值；

     W——风荷载标准值；S——雪荷载标准值。

考虑地震作用效应的组合表达式   表 4-7

荷载组合类别	组合表达式	注
重力荷载+水平地震作用（不计风荷载，不考虑竖向地震作用效应）	$1.3(D + 0.5L_f + 0.5L_r) + 1.3E_{\mathrm{hx}}$	
	$1.3(D + 0.5L_f + 0.5L_r) + 1.3E_{\mathrm{hy}}$	
	$D + 0.5L_f + 0.5L_r + 1.3E_{\mathrm{hx}}$	重力荷载效应对结构承力有利时
	$D + 0.5L_f + 0.5L_r + 1.3E_{\mathrm{hy}}$	

注：E_{hx}、E_{hy} 分别为 x 方向、y 方向水平地震作用。

2. 正常使用极限状态设计

荷载组合按标准组合，直接表达式如表 4-8、表 4-9 所示。考虑地震作用效应时，应进行多遇地震作用下的抗震变形验算。

不考虑地震作用效应的组合的组合表达式　　　　　　　　　　　表 4-8

荷载组合类别	组合表达式
重力荷载	$1.0D+1.0L_f+1.0\max\{S,L_r\}$
重力荷载＋风荷载	$1.0D+1.0W$
	$1.0D+1.0W+1.0\times0.7[L_f+\max(S,L_r)]$
	$1.0D+1.0L_f+1.0\max\{S,L_r\})+1.0\times0.6W$

考虑地震作用效应的组合表达式　　　　　　　　　　　表 4-9

荷载组合类别	组合表达式
重力荷载＋水平地震作用	$D+0.5L_f+0.5L_r+E_{hx}$
	$D+0.5L_f+0.5L_r+E_{hy}$

4.3.2.2　高层钢结构的荷载组合方式

1. 承载能力极限状态设计

荷载组合按基本组合，直接表达式如表 4-10、表 4-11 所示。

不考虑地震作用效应的组合表达式　　　　　　　　　　　表 4-10

荷载组合类别	组合表达式	注
楼面活荷载	$1.3D+1.5L_f+1.5\max(S,L_r)+1.5\times0.6W$	楼面活荷载起控制作用
风荷载	$1.3D+1.5W+1.5\times0.7L_f+1.5\times0.7\max(S,L_r)$	风荷载起控制作用
	$1.35D+1.5\times0.7L_f+1.5\times0.7\max(S,L_r)+1.5\times0.6W$	永久荷载效应起控制作用

注：D——恒荷载标准值；L_f——楼面活荷载标准值；L_r——屋面活荷载标准值；
W——风荷载标准值；S——雪荷载标准值。

考虑地震作用效应的组合表达式　　　　　　　　　　　表 4-11

荷载组合类别	组合表达式	注
重力荷载＋水平地震作用（不考虑竖向地震作用效应）	$1.3(D+0.5L_f+0.5L_r)+1.3E_{hx}+1.5\times0.2W$	针对 60m 以上高层民用钢结构建筑
	$1.3(D+0.5L_f+0.5L_r)+1.3E_{hy}+1.5\times0.2W$	
	$D+0.5L_f+0.5L_r+1.3E_{hx}+1.5\times0.2W$	重力荷载效应对结构承载力有利时
	$D+0.5L_f+0.5L_r+1.3E_{hy}+1.5\times0.2W$	

注：E_{hx}、E_{hy} 分别为 x 方向、y 方向水平地震作用。

2. 正常使用极限状态设计

荷载组合按标准组合，直接表达式如表 4-12、表 4-13 所示。考虑地震作用效应时，应进行多遇地震作用下的抗震变形验算。

不考虑地震作用效应的组合的组合表达式　　　　　　　　　　　表 4-12

荷载组合类别	组合表达式	注
楼面荷载	$1.0D+1.0L_f+1.0\max\{S,L_r\}+0.6W$	楼面活荷载起控制作用
风荷载	$1.0D+1.0W+0.7L_f+0.7\max\{S,L_r\}$	风荷载起控制作用

注：风荷载起控制作用时，若楼面活荷载 L_r 为书库、档案库、储藏室、密集柜书库、通风机房、电梯机房等，式中组合系数应 0.7 改为 0.9。

考虑地震作用效应的组合表达式	表 4-13

荷载组合类别	组合表达式
重力荷载＋水平地震作用	$D+0.5L_f+0.5L_r+E_{hx}$
	$D+0.5L_f+0.5L_r+E_{hy}$

4.4 多高层房屋钢结构的结构分析

4.4.1 结构分析原则

（1）钢框架的结构分析，应根据其抗侧力体系的类型分别按不同方法进行计算。在竖向荷载、风荷载以及多遇地震作用下，多高层民用钢结构的内力和变形可采用一阶弹性分析方法，此时假定结构和构件均处于弹性状态，验算构件承载力、稳定性、层间变形和结构整体稳定。对框架-支撑体系，计算前应判断其支撑体系属于强支撑体系还是弱支撑体系，规则框架结构的二阶效应系数采用式（4-13）计算，最大二阶效应系数满足 $0.1 <$ $\theta_{i,\max}^{\mathrm{II}} \leqslant 0.25$ 条件时，宜可采用二阶弹性分析，即分析时考虑 P-Δ 效应。

$$\theta_i^{\mathrm{II}} = \frac{\sum N_i \cdot \Delta u_i}{\sum H_{ki} \cdot h_i} \tag{4-13}$$

式中　　$\sum N_i$——所计算 i 楼层各柱轴压力设计值之和（N）；

$\sum H_{ki}$——产生层间位移 Δu 的计算楼层及以上各层的水平力标准值之和（N）；

h_i——所计算 i 楼层的高度；

Δu_i——$\sum H_{ki}$ 作用下按一阶弹性分析求得的计算楼层的层间位移（mm）。

（2）对有抗震设防要求的高层钢结构，除进行地震作用下的弹性效应计算外，还应考虑罕遇地震作用下结构可能进入弹塑性状态，采用弹塑性方法进行分析。

（3）楼面采用压型钢板组合楼板或钢筋混凝土楼板并与钢梁有可靠连接时，在框架弹性分析中，梁截面特性中应计入楼板的协同作用，梁惯性矩 I_b 可适当放大，钢梁两侧有楼板时 I_b 放大 1.5～2 倍，一侧有楼板时 I_b 放大 1.2 倍。在弹塑性阶段，因混凝土可能已经开裂，不再考虑协同作用。

（4）高层房屋钢结构分析通常采用空间结构计算模型，并视需要采用空间结构-刚性楼面计算模型或空间结构-弹性楼面计算模型。对于结构布置规则、质量及刚度沿高度分布均匀、可以忽略扭转效应的结构，可采用平面结构计算模型。

（5）结构分析宜采用有限元法，采用平面计算模型时，可采用近似实用计算方法。

（6）多层钢结构在进行内力和位移计算时，应考虑梁、柱的弯曲变形和剪切变形，可不考虑轴向变形；设有混凝土剪力墙时，应考虑剪力墙的弯曲变形、剪切变形、扭转变形和翘曲变形。但高层钢结构的内力和位移计算不仅应考虑梁和柱的弯曲变形和剪切变形，还应考虑轴向变形。多、高层钢结构均宜考虑框架梁柱节点域的剪切变形对内力和位移的影响。

（7）一般情况下，柱间支撑构建可按两端铰接考虑，偏心支撑中的耗能梁段应取为单独单元。

（8）设计时，采取能保证楼面整体刚度的构造措施后，可假定楼板在其自身平面内为绝对刚性。但对楼板局部不连续、开孔面积大和有较长外伸段的楼面，需考虑楼板在其自身平面内的变形，采用楼板平面内的实际刚度进行计算。

4.4.2 钢框架的近似实用分析法

多层房屋钢结构在结构布置规则、质量及刚度沿高度分布均匀、可以不计扭转效应的情况下，采用平面协同计算模型。此时，若不考虑侧向位移对内力的影响，按一阶弹性分析计算。力法、位移法、弯矩分配法、无剪力分配法均可用来计算框架结构内力和侧移，但是，多层钢结构往往杆件较多，超静定次数高，采用这些方法比较费时，因此实际计算时通常用近似方法分别计算结构在竖向荷载和水平荷载作用下的内力和位移。

1. 竖向荷载作用下的近似计算

（1）分层法计算弯矩和剪力

由于竖向荷载的作用下的框架的侧移很小，只对受荷的构件和与之相连的构件影响较大，为了简化计算，采用如下假定：

① 在竖向荷载作用下，框架的侧移忽略不计；

② 每层梁上的荷载对其他各层的梁以及非相邻层的柱的影响忽略不计。

基于上述假定，多层框架在竖向荷载作用下的弯矩和剪力便可分层计算，即采用分层法。分层法适用于节点梁、柱线刚度比不小于 3、结构与竖向荷载沿高度分布比较均匀的多、高层框架的内力计算。以图 4-42 所示的三层框架为例，用弯矩分配法对分解后的无侧移刚架分别进行计算。底层柱基础处，可按原结构将其视为固定支座，传递系数为 1/2；而非底层的柱，其实际的约束条件并非完全固定，其线刚度应乘以 0.9 的修正系数，同时其传递系数取 1/3。

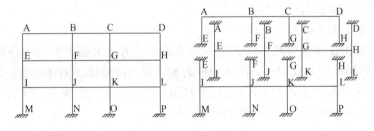

图 4-42　分层法示意图

分层法计算所得梁的弯矩即为最后弯矩。而柱同时属于上下两个楼层，因此，柱的弯矩为上下两层计算弯矩之和。叠加后节点处的弯矩可能不平衡，但不平衡弯矩一般很小。若节点不平衡弯矩较大，可以将节点不平衡弯矩再进行一次弯矩分配，但是不再传递。

（2）弯矩二次分配法计算弯矩和剪力

弯矩二次分配法是弯矩分配法的一种简化方法，此种方法就是将各节点的不平衡弯矩同时分配和传递，并以二次分配为限。这种方法忽略竖向荷载作用下产生的侧向位移，当框架为少层少跨时，采用弯矩二次分配法的计算精度能够满足工程设计的要求。

（3）轴力的计算

首先将各楼层的竖向总荷载按楼面面积平均为楼面均布荷载，然后近似按各个柱分担的楼面荷载面积，计算框架各柱在竖向荷载作用产生的轴力。如图 4-43 中柱 A 和 B 分别承担其周围的阴影部分的面积。应当注意的是，柱的轴力除了其所在楼层的楼面均布荷载

☐ A
☒ B

图 4-43　框架柱分担的
竖向荷载面积

外，还包括位于其上的各楼层的由该柱承担的楼面荷载面积。

2. 水平荷载作用下的近似计算

（1）弯矩和剪力的计算

作用在框架上的水平荷载主要有风荷载和地震作用。它们都可简化为作用在框架节点上的水平集中力。框架在水平集中力的作用下，由于无节间荷载，梁柱的弯矩图都是直线形，都有一个反弯点。若能求出各柱反弯点的位置及剪力，则各梁、柱的内力均可求得。因此，多层钢框架在水平作用下内力分析的关键是：确定各柱反弯点的位置；确定各柱分配到的剪力。当梁与柱的线刚度之比大于 3 时，采用反弯点法计算内力可获得较好的精度。

梁与柱的线刚度之比不满足上述条件，且上下横梁的线刚度及层高变化较大时，反弯点法的计算结果误差较大。此时可采用改进的反弯点法（D 值法）。

（2）轴力的计算

由于楼板的存在，水平荷载所引起的框架梁轴力一般可以近似忽略。柱轴力可利用上述方法求得的梁端剪力算得。

4.4.3　框架-支撑结构的近似实用分析法

1. 竖向荷载作用下的近似计算

可以忽略竖向荷载作用下支撑对于框架内力的影响，与框架结构相同，采用分层法计算框架-支撑结构在竖向荷载作用下的内力。

2. 水平荷载作用下的近似计算

框架-支撑结构在水平荷载作用下任一楼层的水平剪力由剪力方向的各榀框架与该方向的所有支撑共同承担，框架和支撑所分担的水平剪力按照楼层侧移刚度分配，故采用式（4-14a）和式（4-14b）分别计算第 i 榀框架和第 i 个支撑分担的剪力。然后即可按框架结构的近似计算方法计算该框架各构件的弯矩和剪力。

$$V_{\mathrm{f}i} = \frac{K_{\mathrm{f}i}V_i}{\sum K_{\mathrm{f}i} + \sum K_{\mathrm{b}i}} \tag{4-14a}$$

$$V_{\mathrm{b}i} = \frac{K_{\mathrm{b}i}V_i}{\sum K_{\mathrm{f}i} + \sum K_{\mathrm{b}i}} \tag{4-14b}$$

式中　　V_i——任一楼层的水平剪力；

　　　　$K_{\mathrm{f}i}$——剪力方向第 i 榀框架的楼层侧移刚度；

　　　　$K_{\mathrm{b}i}$——剪力方向第 i 个支撑的楼层侧移刚度。

支撑轴力 $N_{\mathrm{b}i}$ 则可由支撑分担的剪力按下式计算：

$$N_{\mathrm{b}i} = \frac{V_{\mathrm{b}i}}{\cos\theta\cos\varphi} \tag{4-15}$$

式中　　θ——支撑与框架梁的夹角；

　　　　φ——支撑在楼面上的投影方向与楼层剪力方向的夹角。

关于框架轴力，需要先计算与支撑相邻的框架柱轴力，可按梁—柱—支撑共享节点的平衡条件计算；然后按照框架结构的近似方法计算各榀框架边柱在水平荷载作用下的轴力，若该榀框架有支撑，计算该轴力所采用的框架楼层倾覆力矩应为：水平荷载所引起的倾覆力矩减去支撑相邻柱轴力所抵抗的倾覆力矩。

4.4.4 筒体结构的计算方法

1. 框筒结构的近似法

框筒结构的计算方法应反映其空间工作特点，并考虑所有抗侧力构件共同工作的影响。平面为矩形或其他规则的框筒结构，可采用等效截面法、展开平面框架法等，转化为平面框架进行近似计算。

（1）等效截面法

对于框筒结构，与侧向力作用方向垂直的框架称为翼缘框架，而与侧向力作用方向平行的框架称为腹板框架。框筒体系在侧向力作用下，剪力滞后效应会造成侧向力作用方向垂直的翼缘框架中部的柱子轴向应力减少，因此可假设这部分框架对结构抗侧力影响不大。可将外框筒简化为平行于荷载方向的两个等效槽形截面构件（图 4-44），其翼缘有效宽度 b 可取为 $\min(L/3，B/2，H/10)$，L 和 B 分别为筒体截面的长度和宽度，H 为结构高度。于是，可将双槽形截面作为悬臂构件来抵抗侧向力作用。框筒在水平荷载下的内力，可用材料力学公式进行计算。

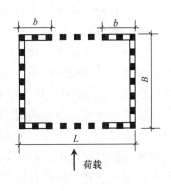

图 4-44 等效槽形截面

（2）展开平面框架法

双轴对称的框筒结构可取 1/4 结构进行分析。由于侧向力主要由腹板框架承担，腹板框架又通过竖向剪力将荷载传递到翼缘框架上，可设想将 1/4 的空间框架展开成一个平面框架，腹板框架与翼缘框架之间通过能传递竖向剪力的虚拟构件来连接；虚拟构件只能传递剪力而不能传递弯矩和轴力，即虚拟构件的剪切刚度无限大而弯曲和轴向刚度为零。在展开的等效平面框架的边界上，则代之以相应的约束条件。

由于角柱分别为翼缘框架和腹板框架所共有，计算时将角柱分为两个。计算角柱的轴向刚度时，所用截面面积取实际角柱截面面积的一半；计算弯曲刚度时，惯性矩可取角柱各自方向上的惯性矩。内力计算完成后，将翼缘框架和腹板框架角柱的轴力叠加，作为原角柱的轴力。于是，根据计算模型，可按平面框架用矩阵位移法计算框筒在侧向力作用下的内力和侧移。

2. 框筒结构的其他计算方法

框筒结构简化计算的另一种方法是按位移等效的原则将实际的杆系折合为等效的连续体，然后采用有限元法、有限条法等计算连续体的有效方法进行计算。

3. 框架-核心筒结构的计算方法

框架-核心筒结构可作为框架-剪力墙结构近似计算，核心筒作为剪力墙考虑，外框架只考虑平行于外荷载方向的框架。

4.5 楼面和屋面结构的布置方案与设计

4.5.1 楼面和屋面结构的类型与布置原则

多高层房屋钢结构的楼（屋）面板，除了要承受楼层上的竖向荷载外，作为横隔在建筑物中充当着重要角色。楼面和屋面结构的布置方案和设计将影响整个结构的工作性能、施工进程和造价等。选择合理的楼（屋）盖结构方案，应遵循以下原则：

(1) 满足设计要求，具有较好的防火、隔声性能，并便于管线的敷设；

(2) 尽可能减小结构自重和结构层的高度；

(3) 有利于现场施工方便，缩短工期；

(4) 保证楼（屋）盖具有足够的平面整体刚度。

楼（屋）盖结构由楼（屋）面板和梁系组成。梁系一般由主梁和次梁组成，当有框架时，框架中的钢梁宜作为主梁。为了减小楼面和屋面的结构高度，主次梁连接通常采用平接的形式（图 4-95）。楼（屋）面板一般采用现浇钢筋混凝土板、预制钢筋混凝土薄板-现浇混凝土叠合板、压型钢板-现浇混凝土组合板或非组合板以及轻质板材等。采用轻质板材时，应增设水平支撑来加强楼（屋）面的水平刚度。叠合板由预制底板与现浇叠合层粘结而成整体共同受力，由于要进行二次浇筑，新旧混凝土的结合面能否保证共同工作，是问题的关键所在。压型钢板-现浇混凝土组合板是考虑压型钢板和混凝土共同工作的受力构件，随着我国钢产量的提高、配套技术的日益完善，在工业建筑和高层钢结构建筑中得到广泛推广使用。

4.5.2 压型钢板-现浇混凝土组合板的设计

按照压型钢板在组合楼板中对承载力的贡献，组合楼板分为非组合板和组合板。非组合板以压型钢板为永久性模板，不考虑其承载，可按钢筋混凝土楼板设计，受拉钢筋在压型钢板钢槽内设置。组合板在施工阶段可不设临时支撑，但应考虑压型钢板承受板自重、钢筋自重、湿混凝土自重、施工荷载以及附加荷载作用下的强度和变形。而混凝土结硬并达到预期强度后，进入使用阶段，这时考虑压型钢板和混凝土的组合效应，压型钢板又起受拉钢筋的作用。因此，组合板分施工阶段和使用阶段两部分进行验算。

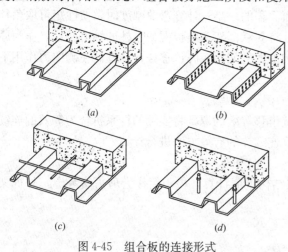

图 4-45　组合板的连接形式

为了发挥压型钢板和混凝土的组合效应，通常采取如图 4-45 中一种或几种构造措施：

(1) 改变压型钢板的截面形式，增加叠合面上的摩擦粘结，依靠纵向波槽传递压型钢板和与混凝土之间水平剪力（图 4-45a）；

(2) 在压型钢板上设置压痕、小洞或冲成不闭合的孔眼，增加叠合面上的机械粘结，依靠压痕等传递压型钢板和与混凝土之间水平剪力（图 4-45b）；

(3) 在压型钢板上翼缘焊接横向

钢筋，以此传递压型钢板和与混凝土之间水平剪力（图4-45c）；

（4）在压型钢板端部设置锚固件，借此传递压型钢板和与混凝土之间水平剪力（图4-45d）。

其中端部锚固件要求在（1）～（3）情形下都应当设置。

4.5.2.1　施工阶段压型钢板的计算

组合楼板在施工阶段的计算实质上是压型钢板强度和挠度的验算。关于压型钢板的计算，第2章已进行阐述。压型钢板在施工阶段考虑的永久荷载中，包括压型钢板、钢筋及湿混凝土等重量，如果压型钢板的跨中挠度大于20mm时，确定湿混凝土自重应考虑压型钢板的挠度 w_0 大于20mm的凹坑堆积量，可在全跨增加混凝土厚度 $0.7w_0$，或增设临时支撑。由于强边方向的截面刚度远大于弱边方向，故只考虑荷载沿强边方向传递，力学模型为单向弯曲板，如图4-46所示。如果验算不满足，可加临时支撑来减小板跨，并需加以验

图4-46　绕 x-x 轴单向弯曲板力学模型

算。以下为施工阶段验算压型钢板承载力时需要考虑的荷载效应组合公式：

$$S = 1.3S_s + 1.5S_c + 1.5S_q \tag{4-16}$$

式中　S——荷载效应设计值；

S_s——压型钢板、钢筋自重在计算截面产生的荷载效应标准值；

S_c——混凝土自重在在计算截面产生的荷载效应标准值；

S_q——施工荷载，应以实际施工荷载为依据，宜取不小于 $1.5kN/m^2$，当能测出施工实际可变荷载或实测施工可变荷载小于 $1.0kN/m^2$ 时，施工可变荷载可取 $1.0kN/m^2$。

压型钢板受弯承载力宜满足下式要求：

$$\gamma_0 M \leqslant f_a W_s \tag{4-17}$$

式中　M——计算宽度内压型钢板的弯矩设计值；

f_a——压型钢板抗拉强度设计值；

γ_0——结构重要性系数，施工阶段可取0.9；

W_s——计算宽度内压型钢板的有效截面抵抗矩，并考虑受拉截面抵抗矩 $W_{st} = I_s/(h_s - x_c)$ 和受压截面抵抗矩 $W_{sc} = I_s/x_c$，其中，I_s 为一个波宽内对压型钢板形心轴的惯性矩，h_s 为压型钢板截面高度，x_c 为压型钢板受压翼缘边缘至形心轴的距离。

4.5.2.2　组合板在使用阶段的计算

1. 计算规定

在使用阶段，应进行组合板的承载力和挠度的验算。首先按照以下规定计算内力（包括挠度）：

（1）当压型钢板上的混凝土厚度为50～100mm时，选择以下力学模型计算：

① 组合板强边（顺肋）方向正弯矩计算的力学模型为承受全部荷载的单向弯曲简支板；

② 组合板强边方向负弯矩计算的力学模型为承受全部荷载的单向弯曲固支板；

③ 不考虑弱边方向（垂直于肋方向）的正负弯矩。

（2）当压型钢板上的混凝土厚度大于 100mm 时，板的承载力应选择以下三种情形之一进行计算，但板的挠度仍按强边方向的单向弯曲简支板计算：

① 当 $\lambda_e < 0.5$ 时，力学模型为按强边方向的单向弯曲板；

② 当 $0.5 \leqslant \lambda_e \leqslant 2.0$ 时，力学模型为双向弯曲板；

③ 当 $\lambda_e > 2.0$ 时，力学模型为按弱边方向的单向弯曲板。

λ_e 为有效边长比，$\lambda_e = \mu l_x / l_y$，其中 l_x 和 l_y 分别是组合板顺肋方向和垂直肋方向的跨度，组合板的异向性系数 $\mu = (I_x / I_y)^{1/4}$，其中 I_x 和 I_y 分别是组合板顺肋方向和垂直肋方向的截面惯性矩，但计算 I_y 时只考虑压型钢板顶面以上的混凝土计算厚度 h_c。

（3）在局部荷载作用下，组合板的有效工作宽度 b_{ef}（图 4-47）可根据抗弯和抗剪取不大于下列公式的计算值：

① 抗弯计算时

简支板
$$b_{ef} = b_{fl} + 2l_p(1 - l_p/l) \tag{4-18}$$

连续板
$$b_{ef} = b_{fl} + [4l_p(1 - l_p/l)]/3 \tag{4-19}$$

② 抗剪计算时

$$b_{ef} = b_{fl} + l_p(1 - l_p/l) \tag{4-20a}$$

$$b_{fl} = b_f + 2(h_c + h_d) \tag{4-20b}$$

式中　　l ——组合板跨度；

l_p ——荷载作用点到组合板较近支座的距离（图 4-48）；

b_{fl} ——局部荷载在组合板中的工作宽度；

b_f ——局部荷载宽度；

h_c ——压型钢板顶面以上的混凝土计算厚度；

h_d ——地板饰面层厚度。

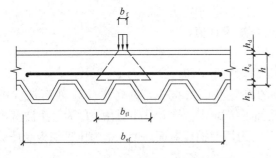

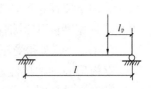

图 4-47　集中荷载分布的有效宽度　　图 4-48　荷载作用示意图

2. 组合板承载力的计算

计算假定如下：

① 采用塑性设计法计算，假定截面受拉区和受压区的材料均达到强度设计值。

② 由于混凝土抗拉强度低，忽略受拉区混凝土的抗拉作用。

③ 假设压型钢板与混凝土间有可靠粘结，界面上滑移很小，混凝土与压型钢板始终保持共同作用，因此直至达到极限状态，组合板都符合平截面假定。

组合板承载力计算通常包括沿板纵肋方向正截面受弯承载力、斜截面受剪承载力以及在较大集中荷载作用时进行的局部承压下的受冲剪承载力的验算。

（1）正截面受弯承载力的计算

① 当 $x \leqslant h_c$，即塑性中和轴在压型钢板顶面以上的混凝土内时（图 4-49），组合板的抗弯承载力按下式计算：

$$M \leqslant \alpha_1 f_c b x y_p \tag{4-21a}$$

$$x = \frac{A_P f_a + A_s f_y}{\alpha_1 f_c b} \tag{4-21b}$$

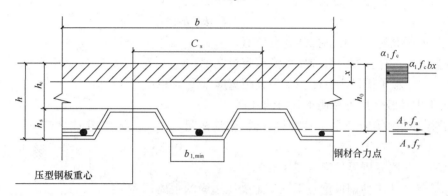

图 4-49　塑性中和轴在压型钢板顶面以上承载力计算简图

式（4-21a）的适用条件是 $x \leqslant h_c$ 且 $x \leqslant \xi_b h_0$；当 $x \geqslant \xi_b h_0$ 时，则取 $x = \xi_b h_0$；对于有屈服点钢材，相对界限受压区高度 $\xi_b = \beta_1 / \left(1 + \dfrac{f_a}{E_a \varepsilon_{cu}}\right)$。

式中　M——计算宽度内组合楼板的正弯矩设计值；

　　　x——组合板受压区高度；

　　　h_0——组合楼板有效高度，即压型钢板及钢筋拉力合力点至混凝土构件顶面的距离；

　　　α_1——受压区混凝土矩形应力图的应力与混凝土轴心抗压强度设计值的比值。混凝土强度等级不超过 C50 时，取 1.0；C80 时，取 0.94；在 C50～C80 之间时，可按线性插值取值；

　　　b——组合楼板的计算宽度，可取单位宽度 1000mm 或取一个波距宽度；

　　　A_p——压型钢板波距内的截面面积；

　　　A_s——计算宽度内受拉钢筋截面面积；

　　　y_p——钢材合力点至混凝土受压区截面应力合力的距离，$y_p = h_0 - x/2$；

　　　f_a——压型钢板钢材的抗拉强度设计值；

　　　f_c——混凝土抗压强度设计值；

　　　f_y——钢筋抗拉强度设计值；

　　　h_c——压型钢板顶面以上混凝土的计算厚度；

　　　ε_{cu}——非均匀受压时混凝土极限压应变，当混凝土强度等级不超过 C50 时，取 0.0033；

　　　β_1——系数，混凝土强度等级不超过 C50 时，取 0.8。

② 当组合板在强边方向正弯矩作用下，$x > h_c$，即塑性中和轴在压型钢板截面内时，宜调整压型钢板型号和尺寸，若无可替代的压型钢板，可按下式验算组合板的抗弯承

载力：

$$M \leqslant \alpha_1 f_c b h_c (h_0 - h_c/2) \tag{4-22}$$

（2）斜截面抗剪承载力的计算

由于组合板相对较柔，截面在垂直剪力作用下通常不把斜截面受剪作为板破坏控制条件，当板的高跨比和荷载很大时，需要计算斜截面承载力。组合板在均布荷载作用下斜截面最大剪力设计值 V_{in} 应当满足

$$V_{in} \leqslant 0.7 f_t b_{min} h_0 \tag{4-23}$$

式中　f_t ——混凝土轴心抗拉强度设计值；

　　　b_{min} ——计算宽度内组合楼板换算腹板宽度，$b_{min} = b_{1,min}(b/C_s)$，其中 $b_{1,min}$ 为压型钢板单槽最小宽度，C_s 为波距宽度（图 4-50）。

（3）集中荷载作用下冲切承载力的计算

组合板在集中荷载下的冲切力设计值 F_L 应满足

$$F_L \leqslant 0.7 f_t \eta u_{cr} h_0 \tag{4-24}$$

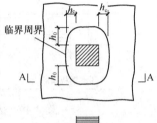

式中　u_{cr} ——临界周界长度（图 4-50）；

　　　h_0 ——从压型钢板重心至混凝土受压边缘的距离；

　　　h_c ——混凝土最小浇筑厚度；

　　　η ——系数，取 η_1 和 η_2 的较小值，其中，$\eta_1 = 0.4 + 1.2/\beta_s$，$\eta_2 = 0.5 + \alpha_s h_0/(4u_{cr})$；

　　　β_s ——集中荷载作用面积为矩形时的长边与短边尺寸比值，不宜大于 4，小于 2 时取 2；

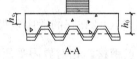

图 4-50　剪力临界周界

　　　α_s ——板柱结构中柱类型的影响系数，中柱取 40，边柱取 30，角柱则取 20。

3. 组合板负弯矩区段裂缝宽度

可忽略压型钢板的作用，近似采用混凝土板及其负弯筋计算板的最大裂缝宽度，并使其符合《混凝土结构设计规范》GB 50010—2010 规定的裂缝宽度限值。

4. 组合板挠度的计算

使用阶段，通常情况下计算组合板的挠度时，不论实际支承情况如何，均按简支单向弯曲板计算沿强边（顺肋）方向的挠度。计算时考虑荷载长期作用影响下的刚度等效，组合板的挠度

$$\nu = \frac{5 q_k l^4}{384 B} \leqslant [\nu] \tag{4-25}$$

式中　q_k ——一个波宽内的均布荷载标准值；

　　　$[\nu]$ ——楼板或屋面板挠度的限值，可取计算跨度的 $1/200$；

　　　B ——截面等效刚度，对于不同情况取短期荷载作用下的截面抗弯刚度 B^S 及长期荷载作用下的截面抗弯刚度 B^L，详见《组合楼板设计与施工规范》CECS 273:2010。

无支撑时，依荷载效应的标准组合和准永久组合的挠度计算分别如下：

$$\nu_S = \nu_{1Gk} + \left(\nu_{2Gk}^S + \nu_{Q1k}^S + \sum_2^n \psi_{ci} \nu_{Qik}^S \right) \tag{4-26a}$$

$$\nu_Q = \nu_{1Gk} + \left(\nu_{2Gk}^L + \sum_1^n \psi_{qi} \nu_{Qik}^L \right) \tag{4-26b}$$

式中　ν_{1Gk} ——施工阶段按永久荷载标准组合计算的压型钢板挠度；

ν_{2Gk}^{S} ——其他永久荷载（面层、构造层、天棚及管道自重等）标准组合，且按短期截面抗弯刚度 B^{S} 计算的组合板挠度；

ν_{Qik}^{S} ——第 i 个可变荷载标准值作用下，按短期截面抗弯刚度 B^{S} 计算的组合板挠度；

ν_{2Gk}^{L} ——其他永久荷载（面层、构造层、天棚及管道自重等）标准组合，且按长期截面抗弯刚度 B^{L} 计算的组合板挠度；

ν_{Qik}^{L} ——第 i 个可变荷载标准值作用下，按长期截面抗弯刚度 B^{L} 计算的组合板挠度；

ψ_{ci} ——第 i 个可变荷载的组合系数，按照现行《建筑结构荷载规范》取值。

ψ_{qi} ——第 i 个可变荷载的准永久系数，按照现行《建筑结构荷载规范》取值。

4.5.2.3　栓钉抗剪件的受剪承载力计算

1. 栓钉抗剪件的受剪承载力 N_{v}^{c}

组合楼板一般以板肋平行于主梁的方式布置于次梁上，如果不设次梁，则以板肋垂直于主梁的方式布置于主梁上（图 4-51）。搁置楼板的钢梁上翼缘通长设置抗剪连接件，以保证楼板和钢梁之间可靠地传递水平剪力。20 世纪 50 年代初在桥梁中主要是用螺旋筋及弯筋作为抗剪连接件，后来逐渐被槽钢和栓钉取代。目前，图 4-51 所示栓钉连接件最为常见。抗剪连接件的承载力不仅与其本身的材质及型号有关，且和混凝土的等级品种等有关。栓钉连接件的受剪承载力设计值为：

$$N_{v}^{c} = 0.43A_{s}\sqrt{E_{c}f_{c}} \leqslant 0.7A_{s}\gamma f \tag{4-27}$$

式中　A_{s} ——栓钉钉截面面积；

E_{c} ——混凝土弹性模量；

f_{c} ——混凝土轴心抗压强度设计值；据表 4-14 可知，$\sqrt{E_{c}f_{c}}$ 值随混凝土强度等级的提高而提高，增加幅度逐渐递减；

f ——栓钉钢材的抗拉强度设计值，抗震设防时还应除以承载力抗震调整系数 γ_{RE}；

γ ——栓钉材料抗拉强度最小值与屈服强度之比，当栓钉材料性能等级为 4.6 时，取 $f = 215N/mm^{2}$，$\gamma = 1.67$。

$\sqrt{E_{c}f_{c}}$ 值　　　　　　　　　　　　　　　表 4-14

混凝土强度等级	C20	C25	C30	C35	C40	C45	C50	C55	C60
$\sqrt{E_{c}f_{c}}$ （N/mm^{2}）	505	592	665	742	796	849	900	942	977

2. N_{v}^{c} 的折减

（1）考虑压型钢板影响。对于直接焊在梁翼缘上的栓钉采用公式（4-27）即可。但是，如图 4-52 所示压型钢板组合板中的栓钉连接件，由于需穿过压型钢板焊接至钢梁上，这时，栓钉根部周围没有混凝土的约束，公式（4-27）算得的 N_{v}^{c} 需要折减。当压型钢板肋与钢梁平行时（图 4-52a），应乘以折减系数

$$\beta_{v} = 0.6 \times \frac{b_{w}(h_{s} - h_{p})}{h_{p}^{2}} \leqslant 1.0 \tag{4-28}$$

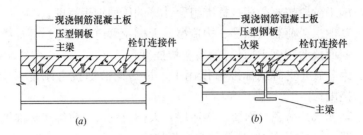

图 4-51　压型钢板组合楼（屋）盖

当压型钢板肋与钢梁垂直时（图 4-52b），应乘以折减系数

$$\beta_v = \frac{0.85}{\sqrt{n_0}} \times \frac{b_w(h_s - h_p)}{h_p^2} \leqslant 1.0 \tag{4-29}$$

式中　b_w——混凝土凸肋（压型钢板波槽）的平均宽度（图 4-53a），但当肋的上部宽度小于下部宽度时（图 4-53b），改取上部宽度；

　　　　h_p——压型钢板肋的高度；

　　　　h_s——栓钉焊接后的高度，但不应大于 $h_p +75mm$；

　　　　n_0——在梁某截面处一个肋中布置的栓钉数，当多于 3 个时，按 3 个计算。

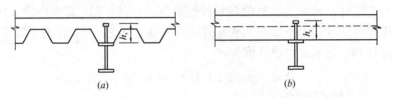

图 4-52　承载力设计值应折减的栓钉布置
(a) 肋平行于支承梁；(b) 肋垂直于支承梁

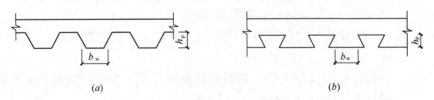

图 4-53　压型钢板组合楼板剖面图
(a) 凸肋；(b) 肋下部宽度大

（2）考虑栓钉位于梁负弯矩区的情况。此时，栓钉周围混凝土对其约束的程度不如受压区，对位于连续梁中间支座上负弯矩段的栓钉，对公式（4-27）算得的 N_v^c 应乘以折减系数 0.9；对位于悬臂梁负弯矩段的栓钉，对 N_v^c 应乘以折减系数 0.8。

4.5.2.4　压型钢板组合楼板的构造要求

1. 组合楼板的总厚度及压型钢板上的混凝土厚度

（1）压型钢板顶面以上的混凝土厚度不应小于 50mm；

（2）组合楼板的总厚度不应小于 90mm；

（3）尚应符合楼板防火保护层厚度要求，电气管线等铺设要求。

2. 组合楼板对压型钢板的要求

（1）压型钢板应采用镀锌钢板，其镀锌层厚度应满足使用期间不至锈损的要求；

（2）用于组合板的压型钢板净厚（不包括涂层）不应小于 0.75mm；

（3）仅作模板的压型钢板厚度不小于 0.5mm；浇注混凝土的波槽平均宽度不应小于 50mm；

（4）在槽内设置栓钉连接件时，压型钢板的总高度不应大于 80mm。

3. 组合楼板在混凝土内的配筋要求

为组合楼板提供储备承载力的附加抗拉钢筋；为连续组合板或悬臂板的负弯矩区配置连续钢筋；在集中荷载区段和空洞周围配置分布钢筋；为改善防火效果配置受拉钢筋；为改善组合楼板的抗剪性能，在压型钢板上翼缘焊接横向钢筋，应配置在剪跨区段内，其间距宜为 150～300mm。

4. 钢筋直径、配筋率及配筋长度

（1）连续组合楼板的钢筋长度：中间支座弯矩区的上部纵向钢筋，应伸过板的反弯点，并留出锚固长度和弯钩；下部纵向钢筋在支座处应连续配筋。

（2）连续楼板按简支板设计时的抗裂钢筋：截面面积应大于相应混凝土截面的 0.2%；配置长度从支承边缘算起应不小于板跨的 1/6，且应与不少于 5 根分布钢筋相交；顺肋方向抗裂钢筋的保护层取 20mm。

（3）集中荷载作用部位的钢筋：应设置横向钢筋，其配筋率不小于 0.2%，其延伸宽度不应小于板的有效工作宽度。

5. 组合楼板栓钉的设置要求

（1）栓钉的设置位置：为阻止压型钢板与混凝土之间的滑移，在组合板的端部（包括简支板端部及连续板的各跨端部）均应设置栓钉。栓钉穿透压型钢板，并将栓钉和压型钢板均焊于钢梁翼缘上。

（2）栓钉的直径：可按板跨度选取，当板跨度小于 3m 时，栓钉直径取 13～16mm；板跨度为 3～6m 时，栓钉直径取 16～19mm；当板跨度大于 6m 时，栓钉直径取 19mm。

（3）栓钉的间距：一般应在压型钢板端部每个凹肋处设置栓钉，栓钉间距还应满足下列要求：

① 沿梁轴线方向不小于 5d；

② 沿垂直于梁轴线方向不小于 4d；

③ 距钢梁翼缘边的边距不小于 35mm。

（4）栓钉顶面保护层的厚度及栓钉高度：栓钉顶面保护层的厚度应不小于 15mm，栓钉长度不应小于栓杆直径的 4 倍，栓钉焊后高度应大于压型钢板总高度加 30mm，且应小于压型钢板高度加上 75mm。

4.5.3 楼面梁的设计

4.5.3.1 钢梁的设计

1. 截面初选

首先进行截面初选。截面形式宜优选中、窄翼缘 H 型钢，若无法取得合适规格的 H 型钢可采用焊接工字形截面或蜂窝梁。

1）型钢梁截面的初选：利用抗弯强度要求，算得最小截面模量

$$W_{x,min} = M_{x,max}/\gamma_x f \qquad (4-30)$$

式中 $M_{x,max}$ ——梁绕强轴 x 的弯矩设计值;

　　γ_x ——截面塑性发展系数;

　　f ——钢材的抗弯强度设计值。

用上式所得 $W_{x,min}$ 查表确定型钢规格。当梁跨度较大时,还可根据允许挠度值确定最小截面惯性矩 $I_{x,min}$。

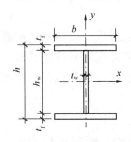

图 4-54　焊接钢梁截面

　　2) 焊接组合截面梁的截面初选

　　对于截面较大的梁,需要选用由板件焊接组合而成的截面(图 4-54)。

　　① 梁截面高度 h。从梁截面的容许最大高度 h_{max}、容许最小高度 h_{min} 和经济高度 h_s 三方面考虑。

　　梁的截面高度必须满足净空要求,也就是说不能超过建筑设计或工艺设备需要的净空所允许限值。梁截面的容许最大高度 h_{max} 即以此条件确定。

　　梁截面的最小高度 h_{min} 根据刚度条件(允许挠度要求)算得。以均布荷载作用下的简支梁为例,其最大挠度计算公式为:

$$\nu = \frac{5ql^4}{384EI} = \frac{5l^2}{48EI} \cdot \frac{ql^2}{8} = \frac{5Ml^2}{48EI} = \frac{5l^2}{48E\left(\frac{h}{2}\right)} \cdot \frac{M}{W} = \frac{10\sigma l^2}{48Eh} \tag{4-31}$$

　　正常使用极限状态按荷载标准值考虑,若使梁的强度得到充分利用,宜取上式中的应力 $\sigma = f/\gamma_s$,γ_s 为荷载分项系数,可近似取为 1.3。于是,式(4-31)可写成:

$$\nu = \frac{10fl^2}{48 \times 1.3Eh} \leqslant [\nu] \tag{4-32}$$

或

$$\frac{h_{min}}{l} \geqslant \frac{10f}{48 \times 1.3E} \cdot \frac{l}{[\nu]} \tag{4-33}$$

式中 $[\nu]$ ——梁的容许挠度,依据 $[\nu]$ 可以算得容许最小高度 h_{min}。

　　此外,经济高度 h_s 按用钢量最小原则,采用以下经验公式计算:

$$h_s = 7\sqrt[3]{W_x} - 30(\text{cm}) \tag{4-34}$$

式中 W_x ——梁所需要的截面模量,单位为 cm^3。

　　根据上述三个条件,使实际选择的梁高 h 介于 h_{min} 和 h_{max} 之间,并接近 h_s。

　　② 梁腹板高度 h_w。

　　取比梁高 h 略小的数值,通常取 50mm 的倍数。

　　③ 梁腹板厚度 t_w。

　　根据梁腹板高度 h_w,首先采用经验公式

$$t_w = \sqrt{h_w}/11 \tag{4-35}$$

再采用通过腹板抗剪承载力近似公式得到的计算公式

$$t_w \geqslant \frac{\alpha V_{max}}{h_w f_v} \tag{4-36}$$

式中 V_{max} ——梁中最大剪力设计值;

　　f_v ——梁腹板钢材的抗剪强度设计值;

　　α ——在梁端翼缘截面无削弱时取 1.2,有削弱时则取 1.5。

两个计算结果中的较大值可作为梁腹板厚度 t_w 的初选值，但应符合钢板厚度的规格。

④ 梁翼缘宽度 b 和厚度 t_f。

翼缘面积 A_f 可采用以下近似公式算得：

$$W_x \approx A_f h_w + \frac{1}{6} t_w h_w^2 \quad \text{或} \quad A_f \approx \frac{W_x}{h_w} - \frac{t_w h_w}{6} \tag{4-37}$$

翼缘太小不易保证梁的整体稳定，太大则易发生局部失稳，而且翼缘中的正应力分布的不均匀程度较大。可按 $b = 25t$ 选择 b 和 t，通常翼缘宽度 b 可取梁高 h 的 $1/6 \sim 1/2.5$。为了防止弹性局部失稳，翼缘悬伸宽厚比不宜超过 $15\sqrt{235/f_y}$；若利用部分塑性，翼缘悬伸宽厚比不宜超过 $13\sqrt{235/f_y}$。

2. 构件验算

选定截面尺寸后，进行构件验算。对钢梁需进行抗弯、抗剪和局部承压强度验算。弯矩、剪力都较大的截面还需进行折算应力的验算。构件计算时，应计入构件自重，对需设置加劲肋的构件，一般可将构件自重乘以 $1.05 \sim 1.10$ 的构造系数。不满足《钢结构设计标准》规定的可以不计算整体稳定的条件时，需采用梁的整体稳定性计算公式进行验算。按照国家标准生产的热轧型钢，能够满足局部稳定性的要求，不必验算局部稳定。对于焊接组合的工字形截面和箱形截面，需要验算板件的局部稳定。

抗震设计时，钢梁在罕遇地震作用下，会出现塑性区段，工字形截面翼缘和腹板的宽厚比限值如表 4-15 所示。非抗震设计时取值同抗震等级四级。

工字形梁截面翼缘和腹板宽厚比限值

表 4-15

抗震等级 板件名称	一级	二级	三级	四级
翼缘外伸部分	9	9	10	11
腹板	$72 - 120\eta \leqslant 60$	$72 - 100\eta \leqslant 65$	$80 - 110\eta \leqslant 70$	$85 - 120\eta \leqslant 75$

注：表中数据适于 Q235 钢，采用其他牌号钢材时，应乘以 $\sqrt{235/f_y}$；η 为梁轴压比，等于 $N_b/(Af)$。其中，N_b 为钢梁中的轴力设计值，A 为构件的截面面积；f 为钢材的抗拉、抗压和抗弯强度设计值；f_y 为钢材的屈服点。

3. 蜂窝梁的制作与设计

蜂窝梁具有自重轻、抗弯刚度大、孔洞便于敷设管道的优点，跨度较大、剪力较小时，不失为楼盖梁的一种适宜形式。

(1) 蜂窝梁的制作

蜂窝梁一般采用热轧 H 型钢再加工而成。如图 4-55 所示，对 H 型钢腹板按折线切割，然后用平移或掉头的方法对腹板部位按对接焊接要求进行等强焊接，从而构成高度 h_2 大于原截面高度 h_1 的蜂窝梁。

比值 h_2/h_1 称为扩张比，扩张比通常在 $1.3 \sim 1.6$ 之间。由于截面高度的扩张，相应地增加了截面惯性矩与抵抗矩，进而提高了钢梁的刚度和受弯承载力，并达到节省钢材用量的目的。但是，蜂窝梁扩张比的增大也会导致抗剪性能的降低，故剪力较大时不宜采用蜂窝梁。

（2）蜂窝梁的设计

为了简化计算，可以采用如下近似关系计算蜂窝梁关于强轴的截面惯性矩和截面模量：

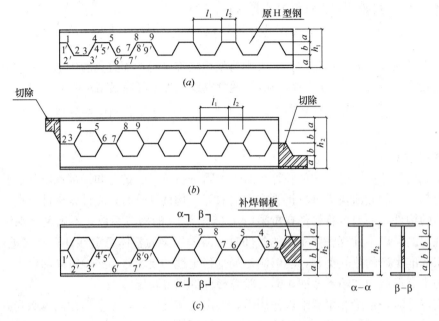

图 4-55　蜂窝梁的制作

（a）折线切割；（b）平移焊接；（c）掉头焊接

蜂窝梁与 H 型钢截面惯性矩之比：

$$I_2/I_1 \approx (h_2/h_1)^2 \qquad (4\text{-}38)$$

蜂窝梁与 H 型钢截面模量之比：

$$W_2/W_1 \approx h_2/h_1 \qquad (4\text{-}39)$$

① 抗弯强度验算

以掉头焊接方法为例，需验算如图 4-55(c) 所示无削弱截面 α-α 和有削弱截面 β-β。在开孔最薄弱截面 β-β 处的正应力验算，采用如下假定：弯矩作用下，应力在上下两个 T 形截面上均匀分布，方向相反，如图 4-56(a) 所示；截面剪力 V 按上下 T 形截面部分的抗剪刚度进行分配，如图 4-56(b) 所示。由于蜂窝梁上下 T 形截面一般相同，故剪力 V 上

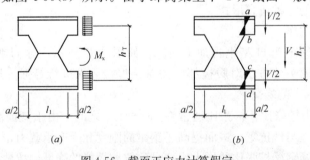

图 4-56　截面正应力计算假定

（a）纯弯曲作用下；（b）剪力作用下

下各分担一半。

按上述假定，削弱截面的最大正应力在图 4-56（b）中的 b 点和 c 点。蜂窝梁的强度验算公式如下：

无削弱截面 $\alpha\text{-}\alpha$：
$$\frac{1.1M_{\max}}{\gamma_x W_\alpha} \leqslant f \tag{4-40}$$

削弱截面 $\beta\text{-}\beta$：
$$\frac{M_\beta}{h_T A_T} + \frac{V_\beta a}{4\gamma_{x2} W_{T\min}} \leqslant f \tag{4-41}$$

式中　h_T——梁削弱最大处上下两 T 形截面形心之间的距离；

　　　A_T——梁削弱最大处单个 T 形截面的面积；

　　　a——蜂窝孔口的上下两边的边长；

　　$M_{\max}$——梁的最大弯矩；

M_β、V_β——梁削弱最大截面处弯矩和剪力的不利组合；

　　　W_α——梁未削弱截面的截面模量；

　　$W_{T\min}$——梁削弱最大处单个 T 形截面的最小截面模量。

γ_x、γ_{x2}——塑性发展系数，分别取 1.05 和 1.2。

② 抗剪强度验算

应对支座处截面和距支座最近的两孔间的水平焊缝进行验算。图 4-57 反映蜂窝梁上半部分 T 形截面的剪切受力情况。

$$\frac{VS}{It_w} \leqslant f_v（或\ f_v^w） \tag{4-42}$$

$$\frac{V_1 l_1}{h_T t_w a} \leqslant f_v^w \tag{4-43}$$

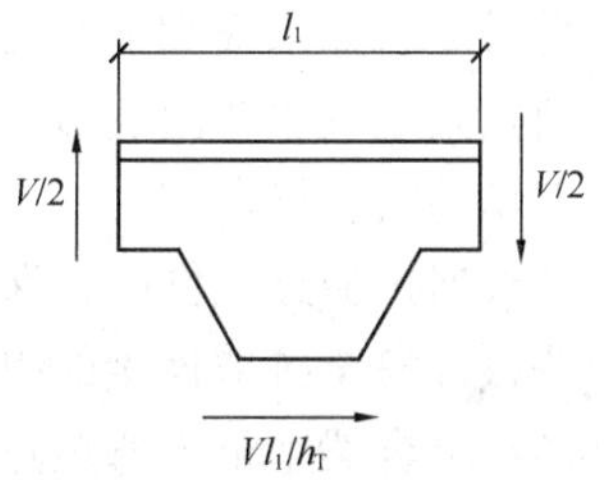

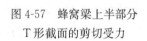

图 4-57　蜂窝梁上半部分
T 形截面的剪切受力

式中　V_1——距支座最近的两孔洞中间截面的剪力；

　　　l_1——距支座最近的两孔洞中心间的距离；

　　　V——支座截面的剪力；

　　　S——支座截面中和轴上（或下）部分截面关于中和轴的面积矩；

　　　I——支座截面关于中和轴的截面惯性矩；

　　　t_w——梁腹板厚度；

　　　f_v^w——对接焊缝的抗剪设计强度。

③ 整体稳定性验算

蜂窝梁的整体稳定性计算方法与通常的实腹式工字形钢梁相同。验算公式如下：

$$\frac{1.1M_{\max}}{\varphi_b W_\alpha} \leqslant f \tag{4-44}$$

式中　φ_b——依据未削弱截面计算的梁整体稳定系数。

④ 局部稳定验算

蜂窝梁受压翼缘 T 形截面的腹板自由外伸高度与腹板厚度的比值不应大于 $13\sqrt{235/f_y}$；

翼缘自由外伸长度与翼缘厚度的比值不应大于 $15\sqrt{235/f_y}$；

蜂窝梁截面高度与腹板厚度的比值不应大于 $80\sqrt{235/f_y}$。

⑤ 挠度验算

蜂窝梁的腹板开孔造成较大削弱时，需考虑剪切变形的影响。对于削弱程度不大（扩张比 $h_2/h_1 \leqslant 1.5$）时，可按下列近似公式进行计算：

$$\eta \frac{M_{\text{kmax}} l^2}{10EI} \leqslant [\nu] \tag{4-45}$$

式中　M_{kmax}——梁跨中最大弯矩标准值；

　　　η——考虑截面削弱的挠度增大系数，按表 4-16 选取；

　　　I——未削弱截面的惯性矩；

　　　$[\nu]$——挠度允许值。

考虑截面削弱的挠度增大系数 η　　　　　　　　表 4-16

高跨比 h_2/l	1/40	1/32	1/27	1/23	1/20	1/18
η	1.1	1.15	1.2	1.25	1.35	1.4

4.5.3.2　组合梁的设计

1. 组合梁的形式与特点

组合梁由钢梁、钢筋混凝土板或压型钢板组合板以及板梁之间的抗剪连接件组成。在正弯矩区段，混凝土处于受压区，钢梁主要处于受拉区，使两种材料发挥各自长处，受力合理且节约材料。钢梁可以采用热轧 H 型钢梁、焊接工字形截面梁和空腹式截面梁，如蜂窝梁等。如果板和钢梁之间无任何连接，则在楼板上的竖向荷载作用下，楼板和钢梁将分别独立地发生弯曲变形；如果楼板和钢梁之间设置抵抗相对滑移的抗剪连接件，变成统一工作的组合梁，作为一个整体承受楼板上的竖向荷载。

根据抗剪连接件能否保证组合梁发挥作用，可将组合梁分为以下两种：

（1）完全抗剪连接的组合梁（图 4-58）

在组合梁上最大弯矩点和邻近零弯矩点之间的区段内，叠合面间的纵向剪力全部由抗剪连接件承担时，该组合梁称为完全抗剪连接的组合梁。

（2）部分抗剪连接的组合梁（图 4-59）

这种组合梁采用的抗剪连接件数量较少，不足以抵抗楼板和钢梁之间的剪力，不能充分发挥组合梁的抗弯承载力。如果抗剪连接件数量小于完全抗剪连接组合梁所需数量的 50%，实际设计时不再考虑楼板与梁的组合作用。压型钢板混凝土组合板作为翼板的组合

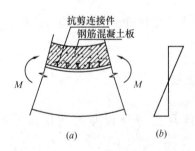

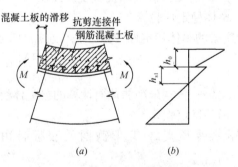

图 4-58　完全抗剪连接的组合梁　　　　　图 4-59　部分抗剪连接的组合梁

（a）梁板受力变形；（b）截面应力分布图　　　（a）梁板受力变形；（b）截面应力分布图

梁，宜按部分抗剪连接组合梁设计。部分抗剪连接限用于跨度不超过 20m 的等截面组合梁。

当楼板为现浇混凝土板时，为了提高组合梁的截面刚度与承载力，可在楼板与钢梁间设板托（图 4-60b）。当楼板为压型钢板组合板时，还要看压型钢板肋与钢梁是垂直还是平行。

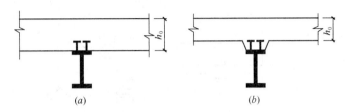

图 4-60　无压型钢板的钢-混凝土组合梁
(a) 无板托组合梁；(b) 有板托组合梁

在组合梁中，承受正弯矩作用时，中和轴靠近上翼板，钢梁的截面形式宜采用上翼缘较窄且较薄的上下不对称的工字形截面。

组合梁具有以下优点：

（1）利用钢梁上混凝土的受压作用，增加了梁截面的有效高度，提高了梁的抗弯能力和梁的抗弯刚度，从而节约钢材（比钢梁节约 20%～40%），降低楼盖和梁的总高度。

（2）试验研究表明，无论是完全抗剪连接组合梁还是部分抗剪连接组合梁，从屈服到破坏都经历较长的发展过程，延性较大，具有良好的抗震性能。

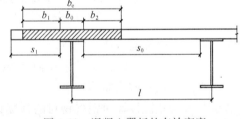

图 4-61　混凝土翼板的有效宽度

2. 组合梁的计算

组合梁的混凝土翼板的有效宽度 b_e（图 4-61）按下式计算：

对于边梁　　　　　　　　　　　$b_e = b_0 + b_1 + b_2$　　　　　　　　　　(4-46)

对于中间梁　　　　　　　　　　$b_e = b_0 + 2b_2$　　　　　　　　　　　(4-47)

式中　b_0——钢梁顶部的宽度，当有板托时，取板托顶部的宽度，当板托倾角小于 45°时，应按 45°计算托板顶部的宽度；

　　　b_1——梁外侧的翼板计算宽度，取 $\min\{l/6, 6h_c, s_1\}$，其中，l 为梁跨度；s_1 为翼板实际外伸长度；

　　　b_2——梁内侧的翼板计算宽度，取 $\min\{l/6, 6h_c, s_0/2\}$，其中，l 为梁跨度；s_0 为相邻钢梁上翼缘或托板净距；

　　　h_c 为翼板的计算厚度，采用钢筋混凝土翼板时计算厚度为板原厚；压型钢板组合板作为翼板的计算厚度，取压型钢板顶面以上混凝土厚度。

（1）完全抗剪连接组合梁的强度计算

为了计算组合梁正截面受弯承载力，通常做如下假定：在混凝土翼板的有效宽度内，纵向钢筋和钢梁受拉及受压应力均达到强度设计值；塑性中和轴受拉侧的混凝土强度设计值可忽略不计；塑性中和轴受压侧的混凝土截面均匀受压，并达到弯曲抗压强度设计值。

1）正弯矩作用区段的受弯承载力（图4-62）

① 当塑性中和轴在混凝土翼板内，即 $Af \leqslant b_e h_c \alpha_1 f_c$ 时，组合梁的受弯承载力应满足：

$$M \leqslant b_e x \alpha_1 f_c y \tag{4-48}$$

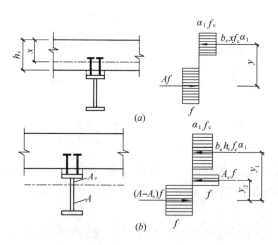

图 4-62　正弯矩时组合梁横截面抗弯承载力计算简图

（a）塑性中和轴在混凝土翼板内；（b）塑性中和轴在钢梁内

其中　M——全部荷载产生的弯矩；

$\quad x$——组合梁截面塑性中和轴至混凝土翼板顶面的距离，$x = Af/b_e \alpha_1 f_c$；

$\quad A$——钢梁截面面积；

$\quad f$——塑性设计时钢梁钢材的强度设计值，抗震设防时还应除以承载力抗震调整系数 γ_{RE}；

$\quad f_c$——混凝土抗压强度设计值；

$\quad \alpha_1$——受压区混凝土矩形应力图的应力与混凝土轴心抗压强度设计值的比值；混凝土强度等级不超过 C50 时，取 1.0；C80 时，取 0.94；在 C50～C80 之间时，可按线性插值取值；

$\quad y$——钢梁截面应力合力至混凝土受压区应力合力之间的距离。

② 当塑性中和轴在钢梁内，即 $Af > b_e h_c \alpha_1 f_c$ 时，组合梁的受弯承载力应满足：

$$M \leqslant b_e h_c \alpha_1 f_c y_1 + A_c f y_2 \tag{4-49}$$

式中　A_c——钢梁受压区截面面积，$A_c = 0.5(A - b_e h_c \alpha_1 f_c/f)$；

$\quad y_1$——钢梁受拉区截面形心至混凝土翼板受压区截面形心之间的距离；

$\quad y_2$——钢梁受拉区截面形心至钢梁受压区截面形心之间的距离。

2）负弯矩作用区段的受弯承载力（图4-63）

应满足：

$$M' = M_s + A_{st} f_{st}(y_3 + y_4/2) \tag{4-50a}$$

$$M_s = W_{sp} f \tag{4-50b}$$

$$A_{st} f_{st} + (A - A_c)f = A_c f \tag{4-50c}$$

式中　M'——负弯矩设计值；

　　　W_{sp}——钢梁截面的塑性截面模量；

　　　A_{st}——负弯矩区混凝土翼板有效宽度范围内的纵向钢筋截面面积；

　　　A_c——钢梁受压区截面面积；

　　　f_{st}——钢筋抗拉强度设计值；

　　　y_3——纵向钢筋截面形心至组合梁塑性中和轴的距离；

　　　y_4——组合梁塑性中和轴至钢梁塑性中和轴的距离，当塑性中和轴在钢梁腹板内时，$y_4 = A_{st}f_{st}/(2t_w f)$；当塑性中和轴在钢梁翼缘内时，可取 y_4 为钢梁塑性中和轴至腹板上边缘的距离。

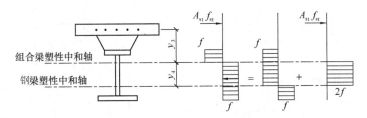

图 4-63　负弯矩时组合梁横截面抗弯承载力计算简图

3）受剪承载力

假定全部竖向剪力 V 由钢梁腹板承受，按下式计算：

$$V \leqslant h_w t_w f_v \tag{4-51}$$

式中　h_w、t_w——分别为钢梁腹板的高度和厚度；

　　　f_v——钢材的抗剪强度设计值。

4）钢梁截面局部稳定

采用塑性设计法进行上述计算需保证截面要具备足够的塑性发展能力，尤其要避免因钢梁板件的局部失稳而导致过早丧失抗弯承载力。显然，这一点对于连续组合梁的塑性设计更具有决定性意义。为此，必须对钢梁板件的局部稳定有更严格的要求。组合梁中钢梁截面的板件宽厚比可偏于安全地按塑性设计的规定选取。对于图 4-64 中的翼缘和腹板，其宽厚比限值如下：

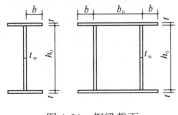

图 4-64　钢梁截面

① 翼缘：　　　　$b/t \leqslant 9\sqrt{235/f_y}$，$b_0/t \leqslant 25\sqrt{235/f_y}$ 　　(4-52)

② 腹板：　$h_0/t_w \leqslant 44\sqrt{235/f_y}$（图 4-64 中两种截面形式均采用该式）　(4-53)

（2）部分抗剪连接组合梁的强度计算

部分抗剪连接组合梁在混凝土翼板上的力取抗剪连接件所能传递的纵向剪力。沿组合梁跨长，以支座点、弯矩极值点和零点为界线，将梁划分为若干剪跨区段（图 4-65），图 4-66 为部分抗剪连接组合梁在正弯矩区段的计算简图。

① 正弯矩作用区段的受弯承载力

$$M_{u,r} \leqslant n_r N_v^c y_1 + A_c f y_2 \tag{4-54a}$$

$$A_c = 0.5(Af - n_r N_v^c)/f \tag{4-54b}$$

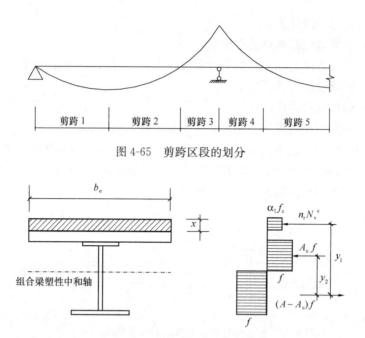

图 4-65　剪跨区段的划分

图 4-66　部分抗剪连接组合梁计算简图

$$x = n_{r}N_{v}^{c}/(b_{e}\alpha_{1}f_{c}) \tag{4-54c}$$

式中　　$M_{u,r}$——全部荷载产生的正弯矩设计值；

　　　　n_{r}——部分抗剪连接时，一个剪跨区的抗剪连接件数目；

　　　　N_{v}^{c}——每个抗剪连接件的纵向抗剪承载力，参见式（4-27）；

　　　　A_{c}——钢梁受压区截面面积；

　　　　A——钢梁截面面积；

　　　　y_{1}——钢梁受拉区截面形心至混凝土翼板受压区截面形心之间的距离；

　　　　y_{2}——钢梁受拉区截面形心至钢梁受压区截面形心之间的距离。

　　② 负弯矩作用区段的受弯承载力

$$M' = M_{s} + \min\{A_{st}f_{st}, \ n_{r}N_{v}^{c}\}(y_{3}' + y_{4}/2) \tag{4-55a}$$

$$M_{s} = W_{sp}f \tag{4-55b}$$

式中变量意义参见式（4-50a）和式（4-50b）。

　　③ 抗剪承载力和钢梁的局部稳定性

　　部分抗剪连接组合梁的抗剪承载力和钢梁截面的局部稳定验算方法同完全抗剪连接组合梁，如式（4-51）~式（4-53）所示。

　　3. 组合梁的构造要求

　　为保证梁的刚度，组合梁的高跨比 h/l 不宜小于 $1/16 \sim 1/15$；为避免出现钢梁抗剪能力不足的不协调现象，组合梁截面高度不宜超过钢梁截面高度的 2.5 倍；混凝土板托高度 h_{c2}（图 4-67a）不宜超过翼缘板厚度 h_{c} 的 1.5 倍；托板的顶面宽度不宜小于钢梁上翼缘宽度与 $1.5 h_{c2}$ 之和；当组合梁为边梁时，其混凝土翼板的伸出长度要满足图 4-67(b) 的要求。

　　组合梁抗剪连接件，必须与钢梁焊接，其设置应符合下列规定：

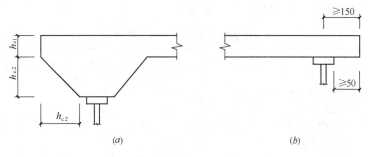

图 4-67　边梁构造图

（1）栓钉连接件钉头下表面或槽钢连接件上翼缘下表面宜高出翼板底部钢筋顶面30mm；

（2）抗剪连接件的最大间距不应大于混凝土翼板厚度的 3 倍，且不大于 300mm；

（3）抗剪连接件的外侧边缘与钢梁翼缘边缘之间的距离不应小于 20mm；

（4）抗剪连接件的外侧边缘至混凝土翼板边缘之间的距离不应小于 100mm；

（5）抗剪连接件顶面的混凝土保护层厚度不应小于 15mm。

连接件是栓钉时，尚应符合下列规定：

（1）当栓钉位置不正对钢梁腹板时，焊于钢梁受拉翼缘的栓钉直径不大于翼缘板厚度的 1.5 倍；焊于无拉应力部位的栓钉直径不大于翼缘板厚度的 2.5 倍；

（2）栓钉长度不应小于其杆径的 4 倍；

（3）栓钉沿梁轴线方向的间距不应小于杆径的 6 倍；垂直于梁轴线方向的间距不应小于杆径的 4 倍；

（4）用压型钢板作底模的组合梁，栓钉杆直径不宜大于 19mm，混凝土凸肋宽度不应小于栓钉杆直径的 2.5 倍，栓钉高度 h_d 应符合 $(h_e + 30) \leqslant h_d \leqslant (h_e + 75)$ 的要求（其中 h_e 是混凝土凸肋高度）。

4.6　框架柱的设计

4.6.1　框架柱的类型

多高层房屋框架柱主要有以下几种：钢柱、圆形钢管混凝土柱、方形钢管混凝土柱以及型钢混凝土组合柱。其中，钢柱用钢量最多、抗火性能也较差，但施工方便、环保效果好；钢管混凝土柱用钢量少、抗震性能也最佳，但施工复杂，尚需技术和经验的积累；型钢混凝土柱用钢量较少、施工较为方便，而且抗火性能好，但与钢柱和钢管混凝土柱相比，抗震性能较差。目前主要采用钢柱和钢管混凝土柱。

4.6.2　框架柱的设计概要

在此仅以钢柱作为设计对象阐述。框架柱通常作为压弯或拉弯构件设计。初选柱截面尺寸可先参考同类已建工程的设计资料，若在初设计中估算出柱的轴力设计值 N，则可用轴压力 $1.2N$ 作用下的轴心受压构件来初步设计柱截面尺寸。

一般采用变截面柱的形式，大致可按每 3～4 层作一次截面变化；尽量使用较薄的钢板，其厚度不宜超过 100mm；框架柱长细比和柱板件宽厚比应符合表 4-17 的规定，表中所列数值适用于 Q235 钢，其他牌号钢材应乘以 $\sqrt{235/f_y}$。

框架柱长细比和板件宽厚比的限值 表 4-17

		抗震等级				非抗震设计
		1 级	2 级	3 级	4 级	
长细比的限值		60	80	100	120	120
宽厚比限值	工字形截面翼缘外伸部分	10	11	12	13	13
	箱形截面壁板	33	36	38	40	40
	工字形截面腹板	43	45	48	52	52

　　钢结构在地震作用下可能损坏的部位有关键构件、普通竖向构件及耗能构件。关键构件指其失效可能引起结构的连续破坏或危及生命安全的严重破坏，普通竖向构件指关键构件以外的竖向构件，耗能构件包括框架梁、消能梁段、延性墙板及屈曲约束支撑等。抗震性能化设计时，需要设定构件塑性耗能区，框架结构的塑性耗能区和弹性区通产采用梁和柱替代，使抗震设防的框架柱满足强柱弱梁的设计要求，使塑性铰出现在梁端而不是在柱端，在框架的任一节点处，柱截面的塑性抵抗矩和梁截面塑性抵抗矩应满足下式要求：

$$\sum W_{Ec}(f_{yc} - N_p/A_c) \geqslant \eta_y \sum (W_{Eb} f_{yb}) \tag{4-56}$$

式中　W_{Ec}、W_{Eb}——分别为计算平面内交汇于节点的柱和梁的截面模量，截面板件宽厚比等级为 S1 和 S2 级时，按塑性截面模量计算，S3 级时考虑截面塑性发展系数 γ_x 计算截面模量，S4 级时按弹性截面模量计算。

　　f_{yc}、f_{yb}——分别为柱和梁钢材的屈服强度；

　　N_p——设防地震内力性能组合的柱轴力；

　　A_c——框架柱的截面面积；

　　η_y——钢材超强系数，取值依据塑性耗能区和弹性区的钢材牌号，参照表 4-18。

钢材超强系数 η_y 表 4-18

塑性耗能区 弹性区	Q235	Q345、Q345GJ
Q235	1.15	1.05
Q345、Q345GJ、Q390、Q420、Q460	1.2	1.1

　　在采用框筒结构时，式（4-56）往往难以满足。此时可用时程分析法检验框架柱在罕遇地震下出现塑性铰的情况，以下式限制柱的轴压比来代替式（4-56）：

$$N \leqslant \beta A_c f \tag{4-57}$$

式中的系数 β 在抗震等级为一、二、三级时取 0.75，四级时取 0.80。

4.6.3　框架柱的计算长度

　　现行《钢结构设计标准》GB 50017 采用计算长度法进行钢框架稳定设计。计算长度法实质是将框架整体稳定简化为框架柱稳定。一般而言，框架柱的临界荷载与失稳形式和约束程度有关。

　　首先就图 4-68 对单层单跨刚架的稳定问题进行分析。刚架的可能失稳形式有两种，一种是有支撑刚架（图 4-68a），其失稳形式为无侧移失稳；一种是无支撑的刚架（图 4-68b），其失稳形式为有侧移失稳。

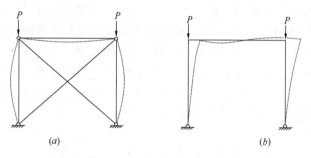

图 4-68　单层单跨刚架的失稳形式
(a) 无侧移失稳；(b) 有侧移失稳

约束对计算长度的影响由图 4-69 可知。图 4-69(a) 和图 4-69(c) 均为无侧移框架，假定两柱的几何高度相同、截面尺寸亦相同，且柱脚均为刚接。根据框架柱端部的约束，可将框架柱的计算简图分别简化为图 4-69(b) 和图 4-69(d)，可知两种框架柱的计算长度分别为 $0.5H$ 和 $0.7H$。图 4-69(e) 和图 4-69(g) 与前两个框架的不同之处仅在于水平支承的有无，变成有侧移框架，计算简图如图 4-69(f) 和图 4-69(h) 所示，可知两种框架柱的计算长度分别为 H 和 $2H$。

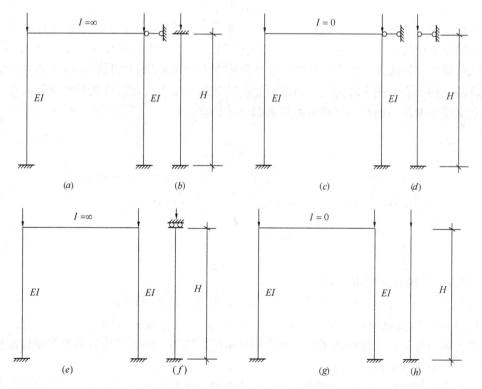

图 4-69　简单框架及其框架柱计算简图

上述单层框架是横梁刚度为无限大或为零的两个极端例。横梁对柱的约束作用取决于

横梁的线刚度 I_b/L 和柱的线刚度 I_c/H 的比值 K_0。有侧移或无侧移单层框架，可以采用相应的近似公式算得或查表得到对应于 K_0 的框架柱计算长度系数 μ。

同样道理，多层多跨框架的失稳形式也有两种，即无侧移失稳和有侧移失稳。柱的计算长度系数 μ，取决于柱上端节点处相交的横梁线刚度之和与柱线刚度之和的比值 K_1，同时还取决于该柱下端节点处相交的横梁线刚度之和与柱线刚度之和的比值 K_2。

在竖向荷载作用下，纯框架柱和弱支撑框架柱的计算长度系数应按有侧移情形查表（附表 2-14）或计算确定。强支撑（或剪力墙）框架，柱的计算长度系数应按无侧移情形查表（附表 2-15）或计算确定。计算时采用以下公式：

有侧移情形
$$\mu = \sqrt{\frac{1.6 + 4(K_1 + K_2) + 7.5 K_1 K_2}{K_1 + K_2 + 7.5 K_1 K_2}} \qquad (4\text{-}58a)$$

无侧移情形
$$\mu = \frac{3 + 1.4(K_1 + K_2) + 0.64 K_1 K_2}{3 + 2(K_1 + K_2) + 1.28 K_1 K_2} \qquad (4\text{-}58b)$$

纯框架和有支撑框架根据侧向约束情况划分而来，强支撑框架和弱支撑框架根据支撑结构的侧移刚度（产生单位倾角的水平力）S_b 的大小来判断［式（4-59a、b）］。

强支撑框架：
$$S_b \geqslant 3(1.2 \sum N_{bi} - \sum N_{0i}) \qquad (4\text{-}59a)$$

弱支撑框架：
$$S_b < 3(1.2 \sum N_{bi} - \sum N_{0i}) \qquad (4\text{-}59b)$$

式中　$\sum N_{bi}$、$\sum N_{0i}$——第 i 层所有框架柱用无侧移框架、有侧移框架计算长度系数算得的轴心压杆稳定承载力之和。

根据上述方法确定有侧移失稳柱的计算长度系数，适用于一阶弹性分析法计算内力的情况，适用于层数不多、侧移刚度较大的钢框架，可不计竖向荷载作用下的 $P\text{-}\Delta$ 效应。采用二阶弹性分析法计算内力，且在每层柱顶附加上考虑结构和构件的各种缺陷（如结构的初倾斜、初偏心和残余应力等）对内力影响的假想水平力时，计算长度系数取 1.0。

弱支撑框架柱的轴心压杆稳定系数依据下式计算：

$$\varphi = \varphi_0 + (\varphi_1 - \varphi_0) \frac{S_b}{3(1.2 \sum N_{bi} - \sum N_{0i})} \qquad (4\text{-}60)$$

式中　φ_0——框架柱用有侧移框架柱计算长度系数求得的轴心压杆稳定系数；

　　　φ_1——框架柱用无侧移框架柱计算长度系数求得的轴心压杆稳定系数。

4.7　抗侧力结构的设计

4.7.1　抗侧力结构的类型

抗侧力结构可分为：竖向支撑、带竖缝混凝土剪力墙板（图 4-17）、钢板剪力墙（图 4-18）、内藏钢板支撑剪力墙板（图 4-70）、带框混凝土剪力墙板（图 4-71）等。竖向支撑沿高度方向布置，其工作状态类似于竖向桁架系统，结构中的立柱作为桁架的弦杆。竖向支撑又分中心支撑和偏心支撑。

多层建筑钢结构的抗侧力结构多采用中心支撑，本节主要阐述中心支撑的设计。若有必要且条件许可，也可采用带有消能装置的消能支撑；抗震等级为一、二级的多高层钢结构，宜采用偏心支撑。图 4-15 所示偏心支撑中，位于支撑斜杆与梁柱节点（或支撑斜杆）

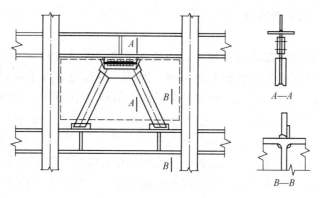

图 4-70　内藏钢板支撑剪力墙板

之间的梁段可设计成耗能梁段。在强震作用下，耗能段先屈服，通过塑性变形吸收能量，而支撑斜杆不屈曲，从而提高结构的延性和抗震性能。

钢板剪力墙板是高层钢结构抗侧力体系的一种，在 7 度及其以上的抗震设防区，宜设置竖直方向或水平加劲肋，竖直方向宜双面设置或交替两面设置，水平方向可单面、双面或交替双面设置。

内藏钢板支撑剪力墙板是以钢板作为基本支撑，外包钢筋混凝土墙板来防止钢板支撑的压屈，提高其抗震性能。这种墙板只在支撑节点处与钢框架相连，混凝土墙板与框架梁柱之间则留有间隙。

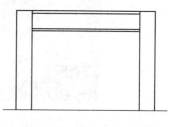

为了降低剪力墙板的抗剪刚度、减少地震作用，可在混凝土剪力墙板中开缝。带竖缝混凝土剪力墙板只承受水平荷载产生的剪力，不考虑竖向荷载产生的压力。

带框混凝土剪力墙板由现浇钢筋混凝土剪力墙板与框架梁、柱组成（图 4-71），既可承受水平荷载，也可承受竖向荷载。

图 4-71　带框混凝土剪力墙板

4.7.2　中心支撑的设计

4.7.2.1　中心支撑的类型

中心支撑是常用的支撑类型之一。中心支撑是指斜杆与横梁及柱汇交于一点，或两根斜杆与横梁汇交于一点，也可以与柱子汇交于一点，但汇交时无偏心距。根据斜杆的布置形式，可形成图 4-14 所示的十字交叉支撑、单斜杆支撑、V 形或人字形支撑、K 形支撑等类型。

风荷载作用下，中心支撑具有较大的侧向刚度，可有效地减小结构的水平位移、改善结构的内力分布。

但在水平地震作用下，会产生如下后果：中心支撑容易产生侧向屈曲，支撑斜杆重复压屈后，其受压承载力急剧下降；支撑的两侧柱子产生压缩变形和拉伸变形时，由于支撑的端节点实际构造做法并非铰接，引发支撑产生很大的内力和应力；往复的水平地震作用，斜杆会从受压的压屈状态变为受拉的拉伸状态，这将对结构产生冲击性作用力，使支撑及其节点和相邻的构件产生很大的附加应力；同一层支撑框架内的斜杆轮流压屈又不能恢复（拉直），楼层的受剪承载力迅速降低。图 4-72 为 2008 年汶川地震中支撑斜杆压屈的实例。

K 形支撑与柱相交，在地震作用下，因受压斜撑屈曲或受拉斜撑屈服引起较大大侧向变形，易导致柱提前丧失承载能力而倒塌。因此，抗震设防区不应采用 K 形支撑。采用单斜杆支撑时，应同时设置不同倾斜方向的两组斜杆（图 4-73），避免剪力的传力路线受到中断而破坏，防止支撑屈曲后使结构水平位移向一侧发展，每层中不同方向斜杆的截面面积在水平方向的投影面积之差不得超过 10％。交叉支撑和人字形支撑在弹性工作阶段，具有较大刚度，层间位移小，能够很好地满足正常使用的功能要求，较为常用。

交叉支撑按拉杆进行设计时，循环往复荷载作用下的受力能力较差，不宜用于抗震结构。在循环往复荷载作用下，与刚度较大的横梁相连的人字形支撑体系，在首次达到水平极限荷载后，有明显的承载力下降现象，但降幅不大；而与有限刚度横梁相连的人字形支撑体系，承载力下降幅度相当大，设计时应特别注意。

 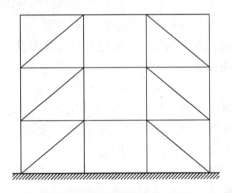

图 4-72　支撑斜杆压屈实例　　　　　图 4-73　单斜杆支撑的布置

4.7.2.2　中心支撑的杆件长细比限值

支撑杆件的滞回性能与杆件的长细比、截面形状、板件宽厚比、端部支承条件、杆件初始缺陷和钢材性能等因素有关。支撑杆件在轴向往复荷载作用下，其抗拉和抗压承载力均有不同程度的降低，在弹塑性屈曲后，支撑杆的抗压承载能力退化更为严重。支撑杆件的长细比是影响其性能的重要因素。小长细比杆件滞回曲线更丰满、耗能性能更好，大长细比杆件则相反。

试验研究表明，在反复拉压作用下，长细比大于 $40\sqrt{235/f_y}$ 的支撑承载力将显著降低。钢框架-中心支撑结构的支撑杆件长细比不宜大于表 4-19 的限值。非抗震设计时取值同抗震等级四级。

中心支撑杆件长细比限值　　　　　　　　　表 4-19

	1 级	2 级	3 级	4 级
按压杆设计		120		
按拉杆设计		不得采用拉杆		180

注：表中所列数值适用于 Q235 钢，采用其他牌号钢材应乘以 $\sqrt{235/f_y}$。

支撑斜杆应尽可能采用双轴对称截面。当采用单轴对称截面（如双角钢组成的 T 形截面）时，应采取防止绕对称轴屈曲的构造措施。试验结果表明，由双角钢组成的 T 形截面支撑斜杆，绕截面对称轴失稳时，其滞回性能和耗能容量将因杆件弯扭屈曲及单肢屈曲而急剧下降。因此，双角钢组合的 T 形截面，不宜用于设防烈度为 7 度及以上的中心支撑杆件。按 7 度及以上抗震设防的结构，当支撑填板连接的双肢组合构件时，肢件在填板间的长细比不应大于构件最大长细比的 1/2，且不应大于 40。

4.7.2.3 中心支撑的杆件板件宽厚比限值

板件的宽厚比是影响局部稳定的重要因素，直接影响支撑杆件的承载能力和耗能能力。在往复荷载作用下比单向静力荷载作用下更易失稳。一般满足静力荷载下充分发生塑性变形能力的宽厚比限值，不能满足往复荷载作用下发生塑性变形能力的要求，应该更小一些，以利于抗震。板件宽厚比应与支撑杆件长细比相匹配，对于小长细比支撑杆件，宽厚比应更严一些，对于大长细比的支撑杆件，宽厚比可放宽。6 度抗震设防和非抗震设防时，板件宽厚比可按现行《钢结构设计标准》规定采用。多层抗震设防结构中的支撑杆件板件的宽厚比不宜大于表 4-20 的限值。非抗震设计时取值同抗震等级四级。

中心支撑杆件板件宽厚比限值　　　　　　　　表 4-20

板件名称	抗震等级 1	抗震等级 2	抗震等级 3	抗震等级 4
翼缘外伸部分	8	9	10	13
工字形截面腹板	25	26	27	33
箱形截面腹板	18	20	25	30

注：表中所列数值适用于 Q235 钢，采用其他牌号钢材应乘以 $\sqrt{235/f_y}$。

4.7.2.4 中心支撑的杆件受压承载力验算

非抗震设防时，按压杆设计的支撑构件应按照轴心受压构件校核其强度、整体稳定及局部稳定。考虑多遇地震作用效应组合时，中心支撑斜杆的受压承载力应按下式验算：

$$\frac{N}{\varphi A_{br}} \leqslant \eta f / \gamma_{RE} \tag{4-61}$$

式中　A_{br}——计算楼层的支撑斜杆的截面面积；

　　　φ——轴心受压构件的稳定系数；

　　　η——循环荷载作用下的设计强度降低系数，$\eta = 1/(1 + 0.35\lambda_n)$，$\lambda_n$ 为支撑杆件的正则化长细比，$\lambda_n = \lambda (f_y/E)^{1/2}/\pi$；

　　　γ_{RE}——支撑稳定破坏承载力抗震调整系数，按 GB 50011 取值。

4.7.2.5 中心支撑与框架的连接

（1）支撑斜杆两端与梁、柱的连接应采取刚性连接构造；

（2）当支撑采用单（双）角钢或单（双）槽钢时，支撑节点可采用节点板的连接方式（图 4-74），支撑与节点板的连接应采用摩擦型高强度螺栓连接，必要时，也可采用焊接。

（3）地震区的工字形截面中心支撑宜采用轧制宽翼缘 H 型钢，做法有两种：一种是 H 型钢的腹板位于框架平面内（图 4-75），另一种是 H 型钢的腹板朝向框架平面外（图 4-76）。前者的节点可采用支托式连接，其平面外计算长度可取轴线长度的 0.7 倍；后者的平面外计算长度可取轴线长度的 0.9 倍。如果采用焊接工字形截面，则其腹板和翼缘的连

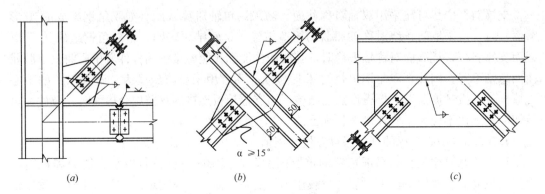

图 4-74 角钢或槽钢支撑连接节点

(a) 与梁柱节点的连接；(b) 支撑中部与节点板的连接；(c) 横梁跨中节点

接焊缝应设计成全熔透对接焊缝。

（4）为了使支撑翼缘上的内力能可靠地传给梁柱，在连接处梁、柱均应设置加劲肋（图 4-75、图 4-76）。

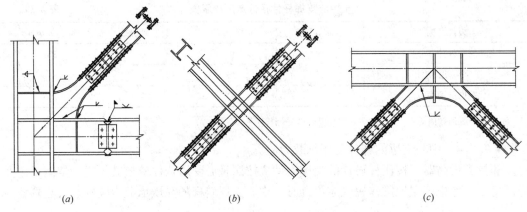

图 4-75 H 型钢支撑连接节点（支撑腹板位于框架平面内）

(a) 与梁柱节点的连接；(b) 支撑中部与相同截面伸臂杆的连接；(c) 横梁跨中节点

（5）与支撑相连接的柱通常加工成带悬臂梁段的形式，以避免梁柱节点处的工地焊缝。

4.7.3 偏心支撑框架的设计

偏心支撑框架的形式如图 4-15 所示，其设计思想是：在罕遇地震作用下通过消能梁段的屈服消耗地震能量，从而达到保护其他结构构件不破坏、防止结构整体倒塌的目的。因此，偏心支撑框架的设计原则是强柱、强支撑和弱消能梁段。

4.7.3.1 一般规定

偏心支撑框架设计应符合下列有关规定：

（1）由于高层钢结构顶层的地震作用较小，满足强度要求时支撑一般不会屈曲，因此顶层可不设消能梁段。在设置偏心支撑的框架跨，当首层的弹性承载力为其余各层承载力的 1.5 倍以上时，首层可采用中心支撑。

（2）消能梁段应有可靠的延性和消能能力，消能梁段以及与它同一跨内的非消能梁段

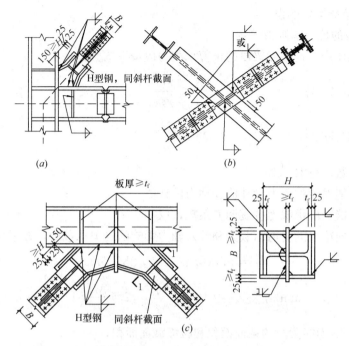

图 4-76　H 型钢支撑连接节点（支撑腹板朝向框架平面外）

(a) 与梁柱节点悬臂杆的转换连接；(b) 支撑中部与相同截面伸臂杆的连接；
(c) 横梁跨中与伸臂杆的转换连接节点

的钢材屈服强度不应大于 345MPa，其截面板件的宽厚比不应大于表 4-21 规定的限值。

（3）偏心支撑框架构件的内力设计值，应按消能梁段达到受剪承载力时构件的内力乘以增大系数取用，增大系数值见表 4-22。

偏心支撑消能梁段截面板件宽厚比限值　　　　　　　　　　表 4-21

板件名称		宽厚比限值
翼缘外伸部位		$8\sqrt{\dfrac{235}{f_y}}$
腹板	当 $\dfrac{N}{Af} \leqslant 0.14$ 时	$90\left(1-1.65\dfrac{N}{Af}\right)\sqrt{\dfrac{235}{f_y}}$
	当 $\dfrac{N}{Af} > 0.14$ 时	$33\left(2.3-\dfrac{N}{Af}\right)\sqrt{\dfrac{235}{f_y}}$

注：表中 N 为消能梁段的轴力设计值；A 为消能梁段的截面面积；f、f_y 为消能梁段钢材的抗拉强度设计值和屈服强度。

偏心支撑框架构件内力增大系数　　　　　　　　　　表 4-22

构件名称	抗震等级		
	一级	二级	三级
支撑斜杆	1.4	1.3	1.2
位于消能梁段同一跨的框架梁	1.3	1.2	1.1
框架柱	1.3	1.2	1.1

4.7.3.2 消能梁段的设计

1. 消能梁段的抗剪承载力验算

在多遇地震作用下，消能梁段的抗剪承载力应按下式验算：

当 $N \leqslant 0.15Af$ 时， $\qquad V \leqslant \dfrac{\phi V_l}{\gamma_{RE}}$ （4-62a）

当 $N > 0.15Af$ 时， $\qquad V \leqslant \dfrac{\phi V_{lc}}{\gamma_{RE}}$ （4-62b）

式中　ϕ——系数，可取 0.9；

V、N——消能梁段的剪力设计值和轴力设计值；

γ_{RE}——消能梁段承载力抗震调整系数，取 0.75；

V_l、V_{lc}——消能梁段的受剪承载力和计入轴力影响的受剪承载力，按下列公式计算：

$$V_l = \min(0.58A_w f_y, \ 2M_{lp}/a) \qquad (4\text{-}63a)$$

$$V_{lc} = \min\left[0.58A_w f_y \sqrt{1 - \left(\frac{N}{Af}\right)^2}, \ 2.4\frac{M_{lp}}{a}\left(1 - \frac{N}{Af}\right)\right] \qquad (4\text{-}63b)$$

式中　A、A_w——消能梁段的截面面积和腹板截面面积；

f、f_y——消能梁段钢材的抗拉强度设计值和屈服强度；

M_{lp}——消能梁段截面的全塑性受弯承载力：

$$M_{lp} = W_p f \qquad (4\text{-}64)$$

W_p——消能梁段截面的塑性截面模量；

a——消能梁段的长度。

2. 消能梁段的抗弯承载力验算

在多遇地震作用下，消能梁段的抗弯承载力应按下式验算：

当 $N \leqslant 0.15Af$ 时， $\qquad \dfrac{M}{W} + \dfrac{N}{A} \leqslant f/\gamma_{RE}$ （4-65a）

当 $N > 0.15Af$ 时， $\qquad \left(\dfrac{M}{h} + \dfrac{N}{2}\right)\dfrac{1}{b_f t_f} \leqslant f/\gamma_{RE}$ （4-65b）

式中　M——消能梁段的弯矩设计值；

W——消能梁段的截面模量；

h——消能梁段的截面高度；

b_f、t_f——消能梁段截面的翼缘宽度和厚度。

3. 消能梁段的构造规定

偏心支撑的构造如图 4-77 所示。为使消能梁段在反复荷载作用下具有良好的滞回性能，发挥预期的消能作用，消能梁段应符合下列构造规定。

1）消能梁段净长 $a \leqslant 1.6M_{lp}/V_l$ 时，称为短梁段，其塑性变形主要为剪切变形，属剪切屈服型；净长 $a > 1.6M_{lp}/V_l$ 时，称为长梁段，其塑性变形主要为弯曲变形，属弯曲屈服型。试验研究表明，剪切屈服型消能梁段对偏心支撑框架抵抗大震特别有利。

当 $N > 0.16Af$ 时，应设计成剪切屈服型，并符合下列规定：

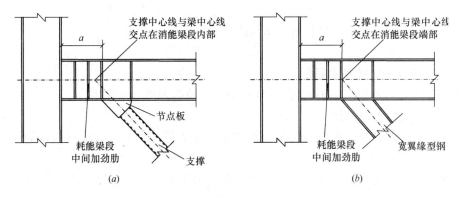

图 4-77 偏心支撑构造

当 $\dfrac{N}{V} \cdot \dfrac{A_w}{A} < 0.3$ 时， $\qquad a < 1.6 \dfrac{M_{lp}}{V_l}$ (4-66a)

当 $\dfrac{N}{V} \cdot \dfrac{A_w}{A} \geqslant 0.3$ 时， $\quad a < \left(1.15 - 0.5 \dfrac{N}{V} \cdot \dfrac{A_w}{A}\right) \cdot \dfrac{1.6 M_{lp}}{V_l}$ (4-66b)

2) 由于腹板上贴焊的补强板不能进入弹塑性状态，腹板上开洞也会影响消能梁段的腹板的弹塑性变形能力，因此腹板不得开洞、贴焊补强板，并按下列规定设置中间加劲肋：

① 当 $a \leqslant 1.6 M_{lp}/V_l$ 时，加劲肋间距不大于 $(30 t_w - h/5)$；

② 当 $2.6 M_{lp}/V_l < a \leqslant 5 M_{lp}/V_l$ 时，应在距消能梁段端部 $1.5 b_f$ 处配置中间加劲肋，且加劲肋间距不应大于 $(52 t_w - h/5)$；

③ 当 $1.6 M_{lp}/V_l < a \leqslant 2.6 M_{lp}/V_l$ 时，中间加劲肋的间距可在上述二者间线性插入；

④ 当 $a > 5 M_{lp}/V_l$ 时，可不配置中间加劲肋。

加劲肋应与消能梁段腹板等高，当消能梁段截面高度不大于 640mm 时，可配置单侧加劲肋；消能梁段截面高度大于 640mm 时，应在两侧配置加劲肋。一侧加劲肋的宽度不应小于消能梁段翼缘的外伸宽度，厚度不应小于 t_w 或 10mm。加劲肋应采用角焊缝与消能梁段腹板和翼缘焊接。

3) 消能梁段与支撑连接处，应在其腹板两侧配置加劲肋，加劲肋的高度应为梁腹板高度，一侧加劲肋的宽度不应小于消能梁段翼缘的外伸宽度，厚度不应小于 $0.75 t_w$ 或 10mm。

4) 消能梁段两端上下翼缘应设置侧向支撑，支撑的轴力设计值不得小于消能梁段翼缘轴向承载力设计值的 6%，即 $0.06 b_f t_f f$。

5) 偏心支撑的斜杆中心线与梁中心线的交点，一般都在消能梁段的端部（图 5-77b），也允许在消能梁段的内部（图 5-77a），此时将产生与消能梁段端部弯矩方向相反的附加弯矩，从而减少消能梁段和支撑杆的弯矩，有利于抗震，但交点不应在消能梁段以外。

6) 与梁柱连接的消能梁段应符合下列要求：

① 消能梁段的长度不得大于 $1.6 M_{lp}/V_l$。

② 消能梁段翼缘与柱翼缘之间应采用坡口全熔透对接焊缝连接，消能梁段腹板与柱之间应采用角焊缝连接。角焊缝的承载力不得小于消能梁段腹板的轴向承载力、受剪承载力和受弯承载力。

4.8 框架节点的设计

4.8.1 节点设计的基本原则

钢结构的节点设计是结构设计的重要环节。一般应遵循以下原则：

1. 节点传力应力求简捷、明了；

2. 节点受力的计算分析模型应与节点的实际受力情况相一致，节点构造应尽量与设计计算的假定相符合；

3. 保证节点连接有足够的强度和刚度，避免由于节点强度或刚度不足而导致整体结构破坏；

4. 节点连接应具有良好的延性，避免采用约束程度大和易产生层状撕裂的连接形式，以利于抗震；

5. 尽量简化节点构造，以便于加工、安装时的就位和调整，并减少用钢量；

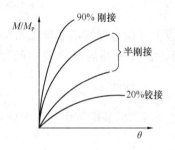

图 4-78　梁柱连接的弯矩和转角关系

6. 尽可能减少工地拼装的工作量，以保证节点质量并提高工作效率。

4.8.2 框架梁柱连接节点

钢结构梁与柱的连接按转动刚度的不同可分为：刚性连接、柔性连接和半刚性连接。刚性连接承受弯矩和剪力，柔性连接不能承受弯矩，半刚性连接能承受剪力和一定的弯矩。为了简化计算，通常假定梁柱节点为完全刚接或完全铰接，但实际工程中的节点并非完全刚接或完全铰接，梁柱节点处的弯矩及其转角的关系实际上呈非线性连接状态，如图 4-78 所示。

4.8.2.1 刚性连接

1. 梁柱刚性连接节点的构造

梁柱刚性连接应具有足够刚度，可以承受设计要求的弯矩，在达到承载能力之前，所连接的梁柱之间不发生相对转动。对于需要抵抗水平荷载的框架，主梁和柱的连接均应采用刚性连接形式。常用的刚性连接形式有：完全焊接、完全栓接和栓焊混合连接。图 4-79(a)为完全焊接的梁柱节点，梁的上下翼缘与柱翼缘采用全熔透坡口焊缝连接，梁腹板和柱翼缘采用角焊缝连接；图 4-79(c) 为完全栓接的梁柱节点，梁翼缘和腹板均用高强度螺栓与柱连接；图 4-79(b) 为栓焊混合连接的梁柱节点，梁上下翼缘与柱用全熔透坡口焊缝连接，梁腹板与柱则用高强度螺栓连接。完全焊接节点一般在工厂加工时采用，而

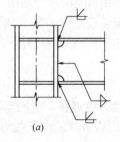
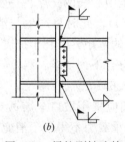
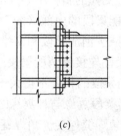

(a)　　　　　　　　(b)　　　　　　　　(c)

图 4-79　梁柱刚性连接

栓焊混合节点和完全栓接节点通常用于现场安装。

对于梁柱节点处有支撑的连接，可采用图 4-80 所示构造，其特点如下：梁翼缘端部放宽，以便和柱翼缘及腹板都能焊接相连；工地连接均为高强度螺栓连接，柱出厂时带有短梁段。

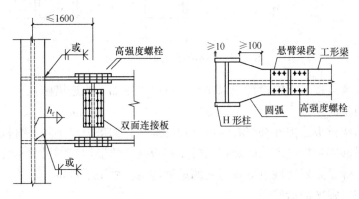

图 4-80　梁柱节点处有支撑的连接

H 型钢梁与钢管混凝土柱的刚性连接通常采用外连式水平加劲板进行连接，如图 4-81 所示，加劲板与钢管柱在工厂焊接好后，在工地上与钢梁腹板用高强度螺栓连接，与梁翼缘采用熔透的对接焊缝连接，是一种栓焊混合连接。

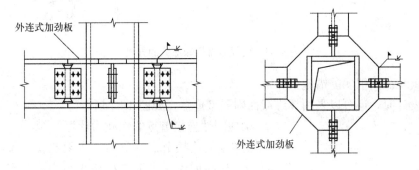

图 4-81　H 型钢梁与钢管混凝土柱的刚性连接

梁翼缘与柱焊接时，由于翼缘传递的弯矩很大，应采用全熔透坡口焊缝，坡口角度宜为 $30°\sim35°$，施焊时焊条保持适当的角度，被连接件的构件应留 $6\sim10mm$ 的焊根开口，使焊条能伸到连接构件的底部；为了保证焊缝全长有效，在梁上下翼缘底面设置钢衬板，钢衬板应比梁翼缘宽，伸出长度 $\geqslant2t$（t 为梁翼缘厚度），且不小于 $30mm$，钢衬板厚度约为 $8\sim10mm$。为了方便梁翼缘处的施焊，梁腹板两端应切割成弧形切角，切角半径通常采用 $35mm$。弧形切角端部与梁翼缘的连接处，应以 $10mm$ 半径的圆弧光滑过渡。

图 4-82 为两侧梁高不等时的连接形式。柱腹板在每个梁的翼缘处均应设置水平加劲肋，加劲肋的间距不应小于 $150mm$，且不应小于水平加劲肋的宽度。当不满足此要求时，应调整梁的端部高度（图 4-82b），腋部的坡度不得大于 1/3。

1994 年美国 Northridge 地震后发现一些钢框架梁柱焊接节点出现了脆性断裂现象，且多发生在梁下翼缘的连接处，对节点承载力的影响较大。因此，作为抗震措施，应对完

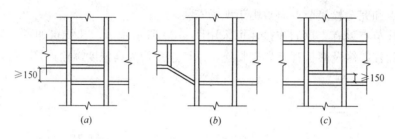

图 4-82　梁不等高时的梁柱连接

全焊接、栓焊混合连接节点的设计予以注意，可以采用如下改进措施：

（1）焊缝质量的改进

最好在焊后将衬板除去并补焊翼缘坡口焊的焊根；如果焊后不除去衬板，则下翼缘焊缝的衬板应有足够的角焊缝消除间隙；同时，腹板端部弧形切口的尺寸不宜过小，以便于施焊；为了防止焊缝金属韧性过低，对它的最低冲击功做出了规定。

（2）加强连接强度的措施

可采用梁端加盖板或加腋的方式加强连接的强度（图 4-83），适用于工程加固。

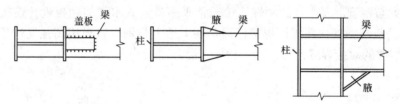

图 4-83　梁端加盖板和加腋的方式

（3）翼缘截面削弱的措施

实际设计时，还可以采用翼缘截面削弱型连接，如图 4-84 所示。

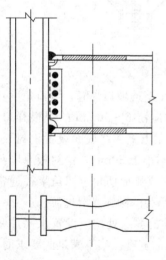

图 4-84　翼缘前弱型连接

2. 梁柱刚性连接节点的承载力计算

主梁与柱的连接节点计算时，主要验算主梁与柱连接的承载力、柱腹板或翼缘板的抗压承载力、节点域的抗剪承载力。

（1）主梁与柱连接的承载力

主梁与柱的刚性连接，可按简化设计法和全截面设计法进行连接的抗弯承载力和抗剪承载力的验算。

1）简化设计法

主梁翼缘的抗弯承载力大于主梁整个截面抗弯承载力 70%，即梁翼缘提供的塑性截面模量大于梁全截面塑性模量的 70%，可以采用简化设计法。此时，可以假定：翼缘承担梁端全部弯矩，而腹板承担梁端全部剪力。简化设计法计算简便，对高跨比适中或较大的大多数情况，计算结果偏于安全。

① 完全焊接连接（图 4-79a）时的承载力验算

梁翼缘与柱翼缘对接焊缝的抗拉强度验算公式如下:

$$\sigma = \frac{M}{b_f t_f (h - t_f)} \leqslant f_t^w \qquad (4\text{-}67)$$

式中　M——梁端弯矩设计值;

　　b_f、t_f——梁翼缘宽度和厚度;

　　　h——梁的高度;

　　f_t^w——对接焊缝的抗拉强度设计值。

梁腹板角焊缝的抗剪强度验算公式如下:

$$\tau = \frac{V}{2 l_w h_e} \leqslant f_f^w \qquad (4\text{-}68)$$

式中　V——梁端剪力设计值;

　　l_w——连接梁腹板与柱翼缘的角焊缝的计算长度;

　　h_e——角焊缝的有效厚度;

　　f_f^w——角焊缝的强度设计值。

② 栓焊混合连接时 (图 4-79b) 的承载力验算

梁翼缘与柱翼缘对接焊缝的抗拉强度验算同完全焊接连接。由于栓焊混合连接一般采用先栓后焊的方法,此时应考虑翼缘焊接热影响引起的高强度螺栓预拉力损失,故梁腹板高强度螺栓的抗剪承载力验算宜计入 0.9 的热损失系数,计算公式如下:

$$N_v = \frac{V}{n} \leqslant 0.9 N_v^b \qquad (4\text{-}69)$$

式中　n——梁腹板高强度螺栓的数目;

　　N_v——一个高强度螺栓所承受的剪力;

　　N_v^b——单个高强度螺栓的受剪承载力设计值。

2) 全截面设计法

梁翼缘提供的塑性截面模量小于梁全截面塑性模量的 70% 时,应考虑全截面的抗弯承载力,可采用全截面设计法。该方法认为梁腹板除承担剪力外,还与翼缘一起承担弯矩。梁翼缘和腹板分担弯矩的大小据其刚度比确定,即:

$$M_f = M \cdot \frac{I_f}{I}, \quad M_w = M \cdot \frac{I_w}{I} \qquad (4\text{-}70)$$

式中　M_f、M_w——梁翼缘、腹板分别分担的弯矩;

　　I_f、I_w——梁翼缘、腹板分别对梁形心的惯性矩;

　　　I——梁全截面的惯性矩。

① 完全焊接连接时 (图 4-79a) 的承载力验算

M_f 作用下,梁翼缘与柱翼缘对接焊缝的抗拉强度验算公式如下:

$$\sigma = \frac{M_f}{b_f t_f (h - t_f)} \leqslant f_t^w \qquad (4\text{-}71)$$

梁腹板与柱的连接承受剪力 V 和弯矩 M_w,角焊缝的强度验算公式如下:

$$\sqrt{\left(\frac{\sigma}{\beta_f}\right)^2 + \tau^2} \leqslant f_f^w \qquad (4\text{-}72)$$

其中,$\sigma = \dfrac{3 M_w}{h_e (l_w)^2}$,$\tau = \dfrac{V}{2 h_e l_w}$。

式中　β_f ——正面角焊缝强度设计值的增大系数，可取 1.22。

② 栓焊混合连接时（图 4-79b）的承载力验算

梁翼缘与柱翼缘对接焊缝的抗拉强度验算同完全焊接连接。梁腹板高强度螺栓的抗剪承载力计算公式如下：

$$N_v = \sqrt{(N_{1x}^T)^2 + \left(N_{1y}^T + \frac{V}{n}\right)^2} \leqslant 0.9 N_v^b \tag{4-73}$$

式中　N_{1x}^T、N_{1y}^T ——最外侧一螺栓在扭矩 $T = M_w$ 作用下所受剪力 N_1^T 在 x、y 方向的分力。

工字形柱在弱轴方向与主梁刚性连接时，通常在主梁的对应位置焊接柱水平加劲肋和竖向加劲肋，其厚度与主梁翼缘和腹板等厚。主梁与柱现场连接时，梁翼缘处采用焊接，腹板处采用高强度螺栓连接（图 4-85）。其计算方法同在强轴方向连接，梁端弯矩通过柱水平加劲肋传递，梁端剪力由梁腹板高强度螺栓承担。

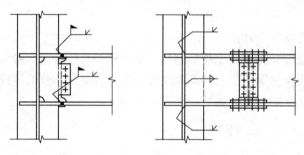

图 4-85　钢梁与钢柱在弱轴方向的刚性连接

（2）柱腹板或翼缘板的抗压承载力

柱腹板或翼缘板的抗压承载力的计算，主要是要解决是否应设加劲肋及如何设置的问题。在梁翼缘与柱的连接处，如果柱腹板两侧不设置水平加劲肋（图 4-86a），由梁端弯矩在梁的上下翼缘中产生的内力作为柱的水平集中力，由此拉力或压力形成的局部应力，可能会引起如下破坏：梁受压翼缘引起的压力 C 作用下，柱腹板发生屈服或屈曲破坏（图 4-86b）；梁受拉翼缘传来的荷载 T，使柱翼缘过大弯曲并产生塑性铰或与相邻腹板处的焊缝被拉开（图 4-86c）。

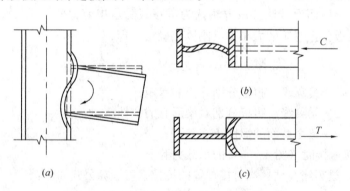

图 4-86　不设加劲肋时产生的破坏形式

① 压力 C 作用下柱腹板的承载力

根据试验资料，假定受压翼缘传来的力 C 以 1：2.5 的角度均匀地扩散到 r_c 线或腹板角焊缝的边缘（图 4-87），柱腹板受压区的有效宽度为：

$$b_e = t_{fb} + 5(t_{fc} + r_c) \tag{4-74}$$

同时假定梁受压翼缘全截面上的应力均达到屈服强度，则作用在柱翼缘上的集中力 C 为 $A_{\mathrm{fb}}f_{\mathrm{b}}$，其中 A_{fb} 为梁翼缘的截面面积。若只考虑力 C 的作用，若梁受压翼缘屈曲而柱腹板仍保持稳定，基于等强条件，柱腹板厚度 t_{wc} 应满足如下公式：

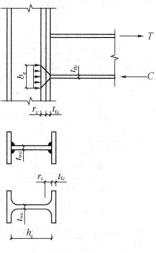

$$t_{\mathrm{wc}} \geqslant \frac{A_{\mathrm{fb}}f_{\mathrm{b}}}{b_{\mathrm{e}}f_{\mathrm{c}}} \qquad (4\text{-}75)$$

式中　t_{fb}——梁翼缘的厚度；

　　　t_{fc}——柱翼缘端部的厚度，焊接 H 型柱取其翼缘板厚度，轧制 H 型钢柱取其翼缘端部厚度（图 4-87）；

　　　r_{c}——焊接 H 型柱取角焊缝焊脚尺寸，轧制 H 型钢柱取弧根半径；

　f_{b}、f_{c}——梁、柱的强度设计值。

图 4-87　柱腹板受压区的有效宽度

② 拉力 T 作用下柱翼缘的承载力

梁受拉翼缘的作用下，柱翼缘可能会受拉挠曲，腹板附近应力集中，柱翼缘与腹板的连接焊缝会受到破坏。如果柱腹板受压区的计算结果不出现屈服，那么受拉区自然也不会屈服。因此柱受拉区只需验算柱翼缘及其焊缝。基于等强原则，柱翼缘的厚度 t_{fc} 应满足下式：

$$t_{\mathrm{fc}} \geqslant 0.4 \sqrt{\frac{A_{\mathrm{fb}}f_{\mathrm{b}}}{f_{\mathrm{c}}}} \qquad (4\text{-}76)$$

柱翼缘在拉力 T 作用下会产生弯曲变形，则连接柱翼缘和梁受拉翼缘的焊缝沿长度方向受力不均匀，中间部分应力最大。拉力 T 达到一定程度时焊缝中间部分会被拉裂。考虑应力的不均匀性，计算焊缝时应因采用有效长度 l_{e} 代替实际长度

$$l_{\mathrm{e}} = 2t_{\mathrm{wc}} + \chi t_{\mathrm{fc}} \qquad (4\text{-}77)$$

式中　t_{wc}、t_{fc}——柱腹板、翼缘的厚度；

　　　χ——系数，对于 Q235 和 Q345 钢分别取 7 和 5。

柱翼缘和梁受压翼缘的连接焊缝也用式（4-77）确定其有效计算长度，由于在压力作用下不会产生断裂现象，较受拉焊缝有效计算长度中的 χ 取值可大些，对于 Q235 和 Q345 钢分别取 10 和 7。

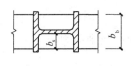

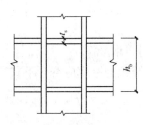

图 4-88　柱水平加劲肋的设置

式（4-75）与式（4-76）有一项不满足时，须考虑设置加劲肋（图 4-88）。确定水平加劲肋时，可将柱截面本身所能承担的梁受压翼缘作用力扣除后，余下的部分由水平加劲肋承担，故加劲肋的总截面积 A_{s} 应满足下式：

$$A_{\mathrm{s}}f_{\mathrm{s}} \geqslant A_{\mathrm{fb}}f_{\mathrm{b}} - t_{\mathrm{wc}}b_{\mathrm{e}}f_{\mathrm{c}} \qquad (4\text{-}78)$$

式中　f_{s}——加劲肋钢材的强度设计值。

为了防止加劲肋屈曲，应使加劲肋的宽厚比满足下式：

$$\frac{b_{\mathrm{s}}}{t_{\mathrm{s}}} \leqslant 9\sqrt{\frac{235}{f_{\mathrm{y}}}} \qquad (4\text{-}79)$$

式中　b_s、t_s ——加劲肋的宽度和厚度。

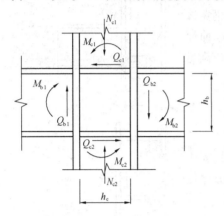

图 4-89　梁柱节点域的剪力和弯矩

（3）梁柱节点域的抗剪承载力

当柱受到极不平衡的梁端弯矩时，在梁翼缘中引起相当大的集中力，在上下水平加劲肋和柱翼缘所包围的节点板域，上述集中力将作为剪力传到节点板域的柱腹板上。柱端的不平衡弯矩也会在柱翼缘中产生类似的集中力，也将作为剪力传给节点板域的柱腹板。如图 4-89 所示，在节点板域存在两对剪力，它们在节点板域的柱腹板上引起对角方向的压力，若柱腹板厚度不够，板域可能先于节点连接首先屈曲，这对框架的整体性能影响较大，是节点设计中的一个薄弱环节，应予以充分重视。

① 强度计算

工程设计通常采用如下简化计算公式：

$$\tau = \frac{M_{b1} + M_{b2}}{V_p} \leqslant \frac{4}{3} f_v \tag{4-80}$$

其中　M_{b1}、M_{b2} ——节点两侧梁端弯矩设计值；

　　　V_p ——节点板域腹板的体积：对 H 形截面柱 $V_p = h_b h_c t_p$，对箱形截面柱 $V_p = 1.8 h_b h_c t_p$；

　　　t_p ——节点域板的厚度；

　　　h_b、h_c ——梁、柱截面高度；

　　　f_v ——节点域钢板的抗剪强度设计值，抗震设计时，应除以抗震调整系数 γ_{RE}。

当柱腹板节点域不满足上式时，则需要柱腹板局部加厚或在节点域设斜向加劲肋。

② 稳定性计算

节点域板厚应满足下式：

$$t_p \geqslant \frac{h_{oc} + h_{ob}}{90} \tag{4-81}$$

式中　h_{ob}、h_{oc} ——梁、柱腹板的高度。

③ 考虑抗震时节点域的计算

为了不使节点板域厚度太大，影响地震能量吸收，尚应验算受剪屈服应力：

$$\tau = \frac{\alpha(M_{pb1} + M_{pb2})}{V_p} \leqslant \frac{4}{3} f_v \tag{4-82}$$

式中　M_{pb1}、M_{pb2} ——节点两侧梁端截面全塑性受弯承载力；

　　　α ——折减系数，三、四级时取 0.6，一、二级时可取 0.7。

另外，8、9 度设防时，为确保大震时节点域的稳定性，节点域板的厚度应符合下式：

$$t_p \geqslant \frac{h_{oc} + h_{ob}}{70} \tag{4-83}$$

3. 完全螺栓连接的梁柱节点

图 4-79(c) 为采用 T 形连接件的完全螺栓连接节点。该种节点多用于 H 型钢构件组

成的结构。转动刚度很大程度上受螺栓预拉力和 T 形连接件翼缘抗弯能力的影响，在地震作用下，难以满足刚度要求。目前该种节点较少使用。

4.8.2.2 铰接连接

梁柱的铰接连接，又称为柔性连接。铰接连接构造简单、传力简捷、施工方便，在实际工程中也有广泛应用。多层钢框架中可由部分梁和柱刚性连接组成抗侧力结构，而另一部分梁铰接于柱，这些柱只承受竖向荷载。设有足够支撑的非地震区多层框架原则上可全部采用柔性连接，图 4-90 是一些典型的柔性连接，包括用连接角钢、端板和支托三种方式。连接角钢和图 4-90(c) 的端板都只把梁的腹板和柱相连，连接角钢也可用焊于柱上的板代替。连接角钢和端板或是放在梁高度中央（图 4-90a），或是偏上放置（图 4-90b、c）。偏上的好处是梁端转动时上翼缘处变形小，对梁上面的铺板影响小。当梁用承托连于柱腹板时，宜用厚板作为承托构件（图 4-90d），以免柱腹板承受较大弯矩。在需要用小牛腿时，则应如图 4-90(e) 所示做成工字形截面，并把它的两块翼缘都焊于柱翼缘，使偏心力矩 $M = R \cdot e$ 以力偶的形式传给柱翼缘。

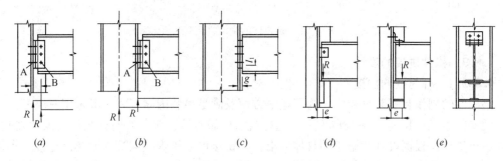

图 4-90　梁与柱的柔性连接

对图 4-90(a) 中的铰接节点进行设计时，将连接角钢与梁腹板相连接的螺栓群 B，在梁端传递剪力 R 和偏心弯矩 $M = R \cdot e$ 共同作用下，若采用摩擦型高强度螺栓且为单角钢连接，远端受力最大的一个高强度螺栓应满足：

$$\frac{N_{\mathrm{v}}}{N_{\mathrm{v}}^{\mathrm{b}}} + \frac{N_{\mathrm{t}}}{N_{\mathrm{t}}^{\mathrm{b}}} \leqslant 1 \tag{4-84}$$

$$N_{\mathrm{v}} = \frac{R}{n}, \ N_{\mathrm{t}} = N_1^{\mathrm{M}} = \frac{M y_1}{\sum y_i^2} \tag{4-85}$$

式中　N_{v}、N_{t} ——受力最大螺栓承受的剪力和拉力；

　　　$N_{\mathrm{v}}^{\mathrm{b}}$、$N_{\mathrm{t}}^{\mathrm{b}}$ ——单个高强度螺栓的受剪、受拉承载力设计值；

　　　y_i ——各螺栓到螺栓群中心的 y 方向距离；

　　　y_1 ——最外侧螺栓至螺栓群中心的 y 方向距离。

将连接角钢与柱腹板相连接的螺栓群 A，在梁端剪力作用下应满足：

$$N_{\mathrm{v}} = \frac{R}{n} \leqslant N_{\mathrm{v}}^{\mathrm{b}} \tag{4-86}$$

4.8.2.3 半刚性连接

多层框架靠梁柱组成的刚架体系来提供抗侧刚度较为经济。层数不多或水平力不大的建筑，梁与柱可以做成半刚性连接。半刚性连接节点在梁、柱端弯矩作用下，梁与柱在节点处的夹角会产生改变。这种连接在水平荷载作用下起刚性节点的作用，而在竖向荷载作用下可以看作梁简支于柱。显然，半刚性连接必须有抵抗弯矩的能力，但无需像刚性连接那么大。这类节点多采用高强度螺栓连接，图 4-91 是一些典型的半刚性连接。图 4-91(a)为梁上下翼缘处采用角钢连接，刚度较弱；图 4-91(b)、(c)采用端板将梁柱连接，图 4-91(c)中的端板上下伸出梁高，刚度较大，如端板厚度足够大，这种连接可以成为刚性连接。图 4-91(d)为梁的上下翼缘、腹板均采用角钢与柱连接，一般来说，这种连接的刚度较好。

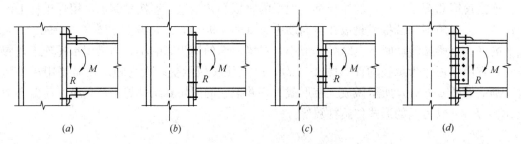

图 4-91　梁和柱的半刚性连接

4.8.3　构件拼接的设计

4.8.3.1　柱与柱的拼接

钢构件的制作和安装过程中，为了运输方便及满足吊装因素等，一般采用三层一根作为柱的安装单元，长度 10～12m 左右。这样就需要做拼接接头。有时柱截面需发生变化，也要进行拼接。根据设计和施工的具体要求，柱拼接可采用焊接或高强度螺栓连接。焊接接头无需拼接节点板，传力简捷、外形整齐、用料节省。但高空焊接作业，需要采取措施保证焊接质量。

1. 等截面柱的拼接

框架柱的拼接点应设在弯矩较小位置，宜位于框架梁上方 1.3m 附近。在抗震设防区，应使框架柱的拼接与柱自身等强，一般采用全熔透对接坡口焊缝，也可采用摩擦型高强度螺栓连接（图 4-92）。在非抗震设防区，当框架柱的拼接不产生拉力时，可不按等强连接设计。焊缝连接可采用坡口部分熔透焊缝。

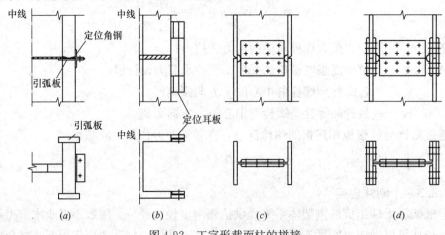

图 4-92　工字形截面柱的拼接

等强拼接构造可采用以下两种定位方法：图 4-92(*a*) 为采用定位角钢和安装螺栓定位的情况，即定位后施焊，然后割去引弧板和定位角钢，再补焊焊缝。图 4-92(*b*) 为采用定位耳板和安装螺栓定位的情况，采用这种定位方式，焊缝可一次施焊完成。

2. 变截面柱的拼接

柱截面变化时，宜保持截面高度不变，而改变其板件厚度，此时柱拼接构造与等截面时相同。当柱截面高度改变时，可采用图 4-93 的拼接构造。图 4-93(*a*) 为边柱的拼接，图 4-93(*b*) 为中柱的拼接，图 4-93(*c*) 为柱接头设于梁高度处的拼接。

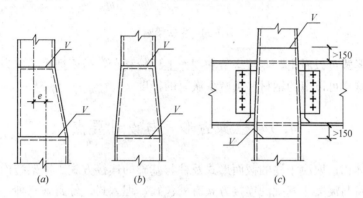

图 4-93　变截面柱的拼接

4.8.3.2　梁与梁的连接

梁与梁的连接包括梁与梁的拼接、主梁和次梁的连接。梁与梁的拼接可采用图 4-94 所示形式。图 4-94(*a*) 的梁翼缘和腹板都用高强度螺栓连接；图 4-94(*b*) 的梁翼缘和腹板都用全熔透焊缝连接；图 4-94(*c*) 的梁翼缘用全熔透焊缝连接，腹板用高强度螺栓连接。

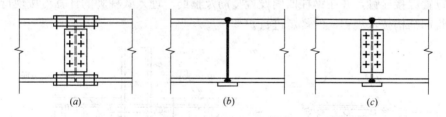

图 4-94　梁与梁的拼接

次梁与主梁的连接应将主梁作为次梁的支点，可有两种做法，即简支连接和刚性连接。实际工程中主次梁节点一般采用简支连接，常用形式如图 4-95 所示。从图 4-96 所示

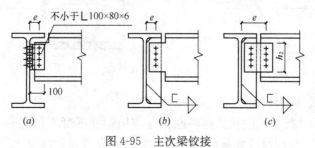

图 4-95　主次梁铰接

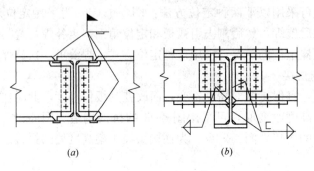

(a)   (b)

图 4-96　主次梁刚接

的主次梁刚接形式可以看出，连接构造和制作上比较复杂，需要把次梁作为连续梁时才采用刚性连接，这样可以节约钢材并可减少次梁的挠度。

4.9　柱脚的形式与设计要点

柱脚的具体构造取决于柱的截面形式及柱与基础的连接方式。框架结构大多采用刚接柱脚，刚接柱脚与混凝土基础的连接方式有外包式、埋入式、外露式三种。多层钢结构房屋的刚接柱脚优先采用外露式，构造简单、施工方便、经济；当荷载较大或层数较多时，也可以采用外包式或埋入式柱脚。

4.9.1　埋入式刚接柱脚

如图 4-97 所示，埋入式柱脚将钢柱固定在钢筋混凝土基础或基础梁中，然后浇灌混凝土，将柱脚直接埋入钢筋混凝土基础或基础梁中，形成刚性固定基础。多层钢结构房屋的埋入深度应不小于钢柱截面高度的 2 倍。钢柱埋入部分的顶部应设置水平加劲肋，在埋入部分设置焊接栓钉，并在钢柱四周设置竖筋及箍筋。埋入式柱脚的计算可按现行《高层民用建筑钢结构技术规程》的规定进行。

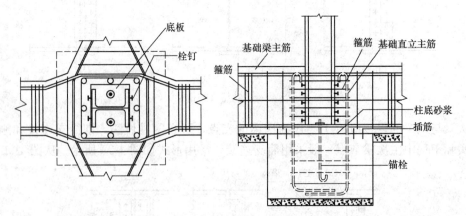

图 4-97　埋入式柱脚

4.9.2　外包式刚接柱脚

如图 4-98 所示，外包式刚接柱脚将刚接柱脚用钢筋混凝土包起来。外包式柱脚的钢筋混凝土包脚高度、截面尺寸和箍筋配置对柱脚的内力传递和恢复力特性起着重要作用。

对于 H 型钢柱，外包式柱脚的包脚高度可取柱截面高度的 2.2～2.7 倍。

外包式柱脚的计算可按现行《高层民用建筑钢结构技术规程》的规定进行。

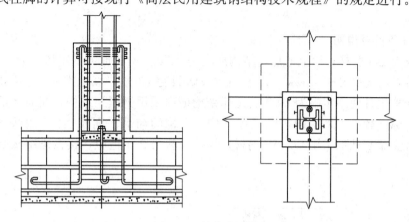

图 4-98　外包式柱脚

4.9.3　外露式刚接柱脚

图 4-99 为外露式刚接柱脚常见形式，包括支承加劲肋式（图 4-99*a*）和靴梁式（图 4-99*b*）外露式刚接柱脚构造比较简单，但不易获得可靠的刚性，因此必须设置加劲肋或锚栓支承托板。柱脚在地面以下部分，应采用强度等级较低的混凝土（如 C10）包裹，混凝土保护层的厚度不应小于 50mm，并使包裹的混凝土高出地面不小于 150mm；所埋入部分钢柱表面应作除锈处理，但不做涂料涂装。当地下有侵蚀作用时，柱脚不应埋入地下。柱脚在地面以上时，柱脚底面应高出地面不小于 100mm。

对于抗震设防结构，柱翼缘与底板间采用完全熔透的对接坡口焊缝连接，柱腹板及加劲肋与底板间宜采用双面角焊缝。此时，柱弯矩由翼缘对接焊缝承担，轴力由翼缘对接焊缝和腹板角焊缝共同承担，剪力则由腹板角焊缝承担，验算焊缝时可不考虑加劲肋的影响。

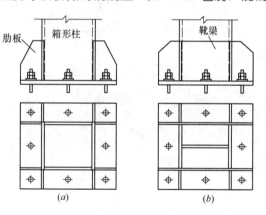

图 4-99　外露式柱脚

（*a*）支承加劲肋式；（*b*）靴梁式

对于非抗震结构，柱底宜磨平顶紧，柱翼缘与底板间可采用半熔透的对接坡口焊缝，柱腹板及加劲肋仍采用双面角焊缝连接。半熔透的对接坡口焊缝按角焊缝计算，轴力和弯矩均由翼缘和腹板的角焊缝共同承担，剪力仍由腹板角焊缝承担。

外露式刚接柱脚的轴力、弯矩直接传递给下部混凝土，此时应验算基础混凝土的抗压强度及锚栓的抗拉强度。柱底板的尺寸由底板反力和底板区格边界条件计算确定，柱脚底板与基础之间不能承受应力，在柱弯矩作用下，当底板压应力出现负值时，拉力由锚栓来承受。锚栓的数量和直径根据受拉侧锚栓的总拉力确定，同时应与钢柱的截面形式和大小，以及安装要求相协调。锚栓的数量每侧不应小于 2 个，直径为 30～76mm。

4.10 多层框架的设计例题

1. 设计条件及说明

本工程为某实验楼，地上三层，结构高度为9.5m。所在地区基本风压为$0.45kN/m^2$，地面粗糙度C，基本雪压$0.45kN/m^2$，抗震设防烈度为6度，场地类别为Ⅰ类，安全等级为二级，结构设计使用年限为50年。主体结构横向采用钢框架结构，横向承重，主梁沿横向布置；纵向较长，采用钢排架支撑结构。结构的局部平面及横向剖面如图4-100所示。本工程主梁和柱均采用Q235B钢材，焊接材料与之相适应，楼板采用压型钢板组合楼板。

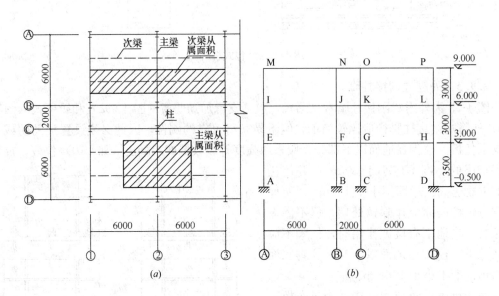

图 4-100　多层框架示意图

(a) 局部平面图；(b) 横向剖面图

2. 荷载计算

（1）恒荷载标准值

楼面：

1mm 厚压型钢板：	0.14 kN/m^2
100mm 厚 C30 钢筋混凝土板：	$0.10 \times 25 = 2.5 kN/m^2$
20mm 厚水泥砂浆找平层：	$0.02 \times 20 = 0.4 kN/m^2$
5mm 厚楼面装修层：	$0.1 kN/m^2$
吊顶及吊挂荷载：	$0.5 kN/m^2$
合计：	$3.64 kN/m^2$

屋面：

1mm 厚压型钢板：	0.14 kN/m^2
100mm 厚 C30 钢筋混凝土板：	$0.10 \times 25 = 2.5 kN/m^2$

40mm 厚细石混凝土防水层：	$0.04×25=1.0kN/m^2$
20mm 厚水泥砂浆找平层：	$0.02×20=0.4kN/m^2$
膨胀珍珠岩保温层（2％找坡，最薄处 100mm）：	$0.44kN/m^2$
20mm 厚水泥砂浆找平层：	$0.02×20=0.4kN/m^2$
高分子卷材防水：	$0.05kN/m^2$
吊顶及吊挂荷载：	$0.5kN/m^2$
合计：	$5.43kN/m^2$

内墙：

240mm 加气混凝土砌块：	$0.24×7.5=1.80kN/m^2$
20mm 粉刷层：	$0.02×17×2=0.68kN/m^2$
合计：	$2.48kN/m^2$
内墙自重（偏于安全取 3.0m 高）：	$2.48×3.0=7.44kN/m$

外墙：

900mm 高窗下墙体：	$0.24×7.5×0.9=1.62kN/m$
钢窗自重：	$0.45×2.5=1.13kN/m$
合计：	$2.75kN/m$

活荷载标准值

办公楼楼面：	$2.0kN/m^2$
不上人屋面：	$0.7kN/m^2$

（2）风压标准值

风压标准值计算公式：$w=\beta_z\mu_s\mu_zw_0$

基本风压（按 50 年一遇）$0.45kN/m^2$，地面粗糙度取 C 类，因结构高度 $H=9.5m<15m$，μ_z 取 0.74，风振系数 β_z 取 1.0，风荷载体型系数 μ_s 可按《建筑结构荷载规范》GB 50009 取值。

（3）雪荷载标准值

基本雪压 $0.45kN/m^2$，准永久分区 Ⅲ，雪荷载不与活荷载同时组合，取其中的最不利组合。本工程雪荷载较小，荷载组合时取活荷载进行组合，不考虑雪荷载组合。

（4）地震作用

本工程抗震设防烈度为 6 度（0.05g），计算中不考虑地震作用，仅从构造上予以考虑。

根据以上荷载情况，荷载按下面原则传递取值：组合楼板为单向板，次梁传递的荷载为集中荷载加载在主梁上，主梁自重和主梁上的墙体荷载按均布荷载加载在主梁上，外墙荷载按集中荷载加载在梁柱节点处。各荷载作用计算简图如图 4-101(a)～(c)所示。

3. 截面初选

（1）主梁

主梁的截面可根据跨度和荷载条件决定，同时受到建筑设计和使用要求的限制。本工程中由于楼板为组合楼板，可视为刚性铺板，因此主梁没有整体稳定问题，截面只需满足强度、刚度和局部稳定性的要求。工字形梁的截面高而窄，在主轴平面内截面模量较大，故本工程的主次梁均选用工字形截面，并优先选用窄翼缘 H 型钢梁。

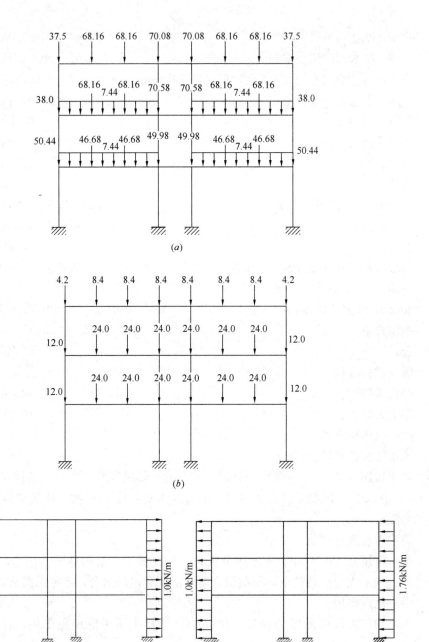

图 4-101 荷载作用计算简图

(a) 恒荷载标准值（kN，kN/m）；(b) 活荷载标准值（kN）；(c) 风荷载标准值

主梁跨度为 6000mm，按高跨比 1/20～1/10，取梁高为 400mm。对跨度为 2000mm 的主梁，梁高可取 250mm。按强度条件选择梁的截面，在满足抗弯条件下由公式 $W_{nx} = \dfrac{M_x}{\gamma_x f}$ 初估需要的截面模量，查《热轧 H 型钢和部分 T 型钢》GB/T 1163—2005，对 6m 跨主梁，选 HN400×200×8×13；对 2m 跨主梁，选 HN250×125×6×9；6m 跨次梁，选 HN350×175×7×11。

（2）框架柱

先估算柱在竖向荷载作用下的轴力 N，以 $1.2N$ 作为设计轴力按轴心受压构件来确定框架柱的初始截面。假定柱长细比 λ，根据 H 形焊接组合截面的近似回转半径，确定截面的轮廓和尺寸。本工程框架柱分 2 段，1、2 层柱初选截面为 H300×300×8×10，3 层柱初选截面为 H250×250×8×10。

4. 内力计算

电算平面框架结构在各工况下的内力，各荷载作用下内力图分别示于图 4-102～图 4-104。

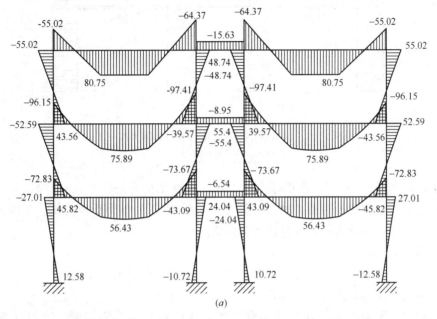

(a)

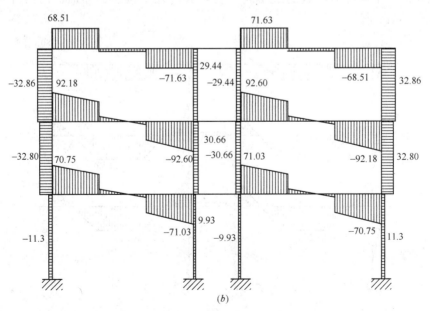

(b)

图 4-102　恒荷载作用下弯矩、剪力和轴力图（一）

(a) 弯矩图；(b) 剪力图

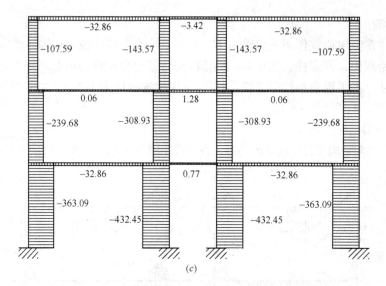

图 4-102　恒荷载作用下弯矩、剪力和轴力图（二）

(c) 轴力图

图中弯矩单位为"kN·m"；正负号：对于柱，右侧受拉为正、左侧受拉为负，对于梁，下侧受拉为正、上侧受拉为负。轴力、剪力单位为"kN"；轴力受拉为正、受压为负，剪力以使杆件顺时针转动为正，逆时针转动为负。

（1）恒荷载作用下内力计算结果

恒荷载作用下弯矩、剪力和轴力图，如图 4-102(a)～(c) 所示。

（2）活荷载作用下内力计算结果

作为例题，不考虑活荷载的最不利布置，活荷载全楼层满布时，内力计算结果如图 4-103(a)～(c) 所示。

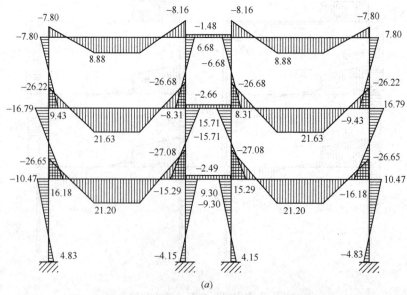

(a)

图 4-103　活荷载满布作用下内力计算结果（一）

(a) 弯矩图

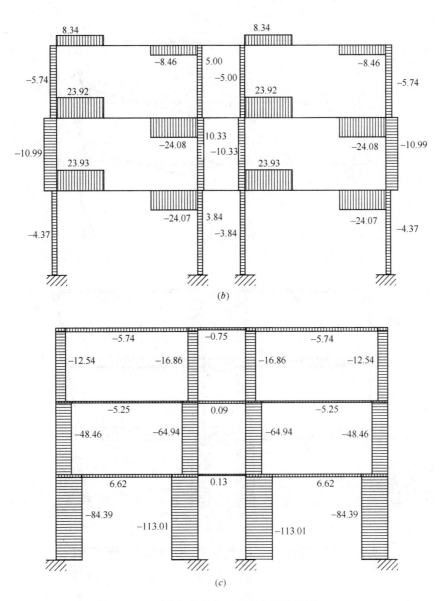

图 4-103 活荷载满布作用下内力计算结果（二）

(b) 剪力图；(c) 轴力图

（3）风荷载作用下内力计算结果

因结构、荷载对称，左、右风荷载作用下内力也对称，此处仅给出左风作用下内力计算结果，如图 4-104(a)～(c) 所示。

5. 荷载组合

参考《建筑结构荷载规范》GB 50009 的规定，梁、柱计算要考虑活荷载折减。设计第一、二层柱时，活荷载乘以折减系数 0.85。参照表 4-1，基本组合有：

（1）1.3 恒荷载＋1.5 活荷载

（2）1.3 恒荷载＋1.5 左风荷载

（3）1.3 恒荷载＋1.5 右风荷载

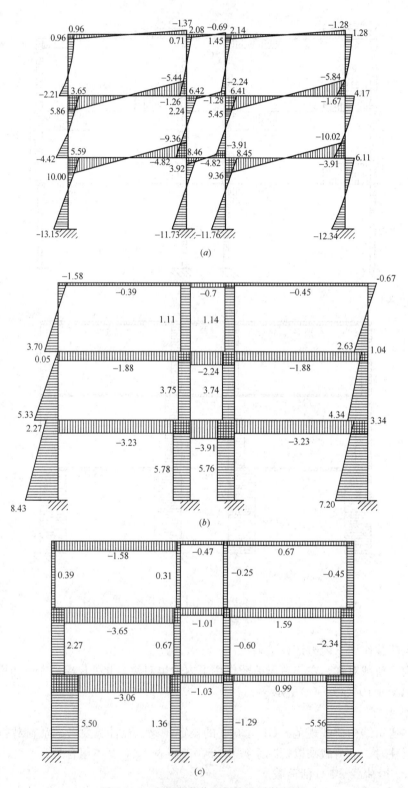

图 4-104　左风荷载作用下内力计算结果

(a) 弯矩图；(b) 剪力图；(c) 轴力图

（4）1.3 恒荷载＋1.5×0.7 活荷载＋1.5 左风荷载

（5）1.3 恒荷载＋1.5×0.7 活荷载＋1.5 右风荷载

（6）1.3 恒荷载＋1.5 活荷载＋1.5×0.6 左风荷载

（7）1.3 恒荷载＋1.5 活荷载＋1.5×0.6 右风荷载

（8）1.35 恒荷载＋1.5×0.7 活荷载＋1.5×0.6 左风荷载

（9）1.35 恒荷载＋1.5×0.7 活荷载＋1.5×0.6 右风荷载

各构件最不利内力组合示于表 4-23 和表 4-24。

框架柱最不利内力组合　　　　　　　　　　　　表 4-23

构件	组合	组合号	截面位置	M (kN·m)	N (kN)	Q (kN)
柱 AE	M_{max}^+	5	柱下端	41.15	−568.88	−31.92
	M_{max}^-	7	柱上端	−55.85	−603.55	−23.29
	N_{max}	7	柱上端	−55.85	−603.55	−23.29
柱 BF	M_{max}^+	4	柱上端	53.71	−678.81	25.61
	M_{max}^-	4	柱下端	−35.89	−678.81	25.61
	N_{max}	7	柱上端	37.59	−732.92	13.47
柱 EI	M_{max}^+	7	柱下端	87.81	−386.32	−63.92
	M_{max}^-	7	柱上端	−96.84	−386.32	−59.17
	N_{max}	7	柱上端	−96.84	−386.32	−59.17
柱 FJ	M_{max}^+	6	柱上端	101.36	−498.42	58.73
	M_{max}^-	6	柱下端	−83.29	−498.42	58.73
	N_{max}	7	柱上端	89.81	−499.62	51.98
柱 IM	M_{max}^+	7	柱下端	72.76	−159.03	−54.66
	M_{max}^-	7	柱上端	−84.09	−159.03	−49.91
	N_{max}	7	柱上端	−84.09	−159.03	−49.91
柱 JN	M_{max}^+	2	柱上端	66.48	−186.18	39.94
	M_{max}^-	6	柱下端	−65.04	−211.65	46.77
	N_{max}	7	柱下端	−62.77	−212.21	44.77

框架梁最不利内力组合　　　　　　　　　　　　表 4-24

构件	组合	组合号	截面位置	M (kN·m)	N (kN)	Q (kN)
梁 EF	M_{max}^+	6	1/3 端	108.35	−35.54	42.66
	M_{max}^-	6	梁右端	−144.82	−35.54	−131.35
	V_{max}	6	梁右端	−144.82	−35.54	−131.35
梁 FG	M_{max}^-	5	梁右端	−17.00	2.68	−5.87
	V_{max}	5	梁右端	−17.00	2.68	−5.87

构件	组合	组合号	截面位置	M (kN·m)	N (kN)	Q (kN)
梁 IJ	M_{max}^{+}	6	1/3 端	132.98	−11.08	43.86
	M_{max}^{-}	6	梁右端	−171.55	−11.08	−158.19
	V_{max}	6	梁右端	−171.55	−11.08	−158.19
梁 JK	M_{max}^{-}	5	梁左端	−17.79	3.27	−3.36
	V_{max}	5	梁左端	−17.79	3.27	−3.36
梁 MN	M_{max}^{+}	8	1/3 端	118.50	−51.81	100.89
	M_{max}^{-}	6	梁右端	−97.15	−52.75	−106.16
	V_{max}	6	梁右端	−97.15	−52.75	−106.16
梁 NO	M_{max}^{+}	9	梁左端	−23.29	−4.98	0.63
	V_{max}	5	梁左端	−22.94	−4.53	1.05

6. 结构、构件验算

（1）结构侧移验算

由软件计算结果知，结构在风荷载下的各层位移分别为 2.5mm、2.1mm、1.2mm。总位移 $2.5 < H/500 = 9500/500 = 19mm$，满足规范要求。层间最大侧移（底层）为 $2.5mm < h/400 = 3500/400 = 8.75mm$，也满足规范要求。

（2）框架柱验算

框架柱的验算包括强度、整体稳定和局部稳定验算。

1）1、2 层柱验算

柱截面为 H300×300×8×10，其截面特性：$A = 82.4cm^2$，$I_x = 14083.5cm^4$，$I_y = 4501.2cm^4$，$i_x = \sqrt{\dfrac{I_x}{A}} = 13.07cm$，$i_y = \sqrt{\dfrac{I_y}{A}} = 7.39cm$，$W_x = 938.9cm^3$，$W_y = 300.1cm^3$。

由表 4-11 得柱最不利内力组合：

组合 I：$M = 101.36N·m$，$N = −489.42kN$，$V = 58.73kN$（M_{max}，柱 FJ，组合号 6）

组合 II：$M = 37.59kN·m$，$N = −732.92kN$，$V = 11.77kN$（N_{max}，柱 BF，组合号 7）

组合 III：$M = −96.84kN·m$，$N = −386.32 kN$，$V = −59.17kN$（M、N 都较大，柱 EI，组合号 7）

① 强度验算（截面无削弱）

内力组合 I：

$$\frac{N}{A_n} + \frac{M_x}{\gamma_x W_{nx}} = \frac{489.42 \times 10^3}{82.4 \times 10^2} + \frac{101.36 \times 10^6}{1.05 \times 938.9 \times 10^3} = 162.21 \text{ N/mm}^2 < f = 215\text{N/mm}^2,$$

满足要求。

内力组合 II：

$$\frac{N}{A_n} + \frac{M_x}{\gamma_x W_{nx}} = \frac{732.92 \times 10^3}{82.4 \times 10^2} + \frac{37.59 \times 10^6}{1.05 \times 938.9 \times 10^3} = 127.08 \text{ N/mm}^2 < f = 215\text{N/mm}^2,$$

满足要求。

内力组合Ⅲ：

$$\frac{N}{A_n}+\frac{M_x}{\gamma_x W_{nx}}=\frac{386.32\times 10^3}{82.4\times 10^2}+\frac{96.84\times 10^6}{1.05\times 938.9\times 10^3}=145.11\text{ N/mm}^2<f=215\text{N/mm}^2,$$

满足要求。

② 弯矩作用平面内稳定验算

柱计算长度 $l_0=\mu l$，计算长度系数 μ 查表确定。

柱 FJ：

$$k_1=\frac{\sum I_b/l_b}{\sum I_c/l_c}=\frac{1.5\times 23700/600+1.5\times 4080/200}{14083.5/300+8015.3/300}=1.22$$

$$k_2=\frac{\sum I_b/l_b}{\sum I_c/l_c}=\frac{1.5\times 23700/600+1.5\times 4080/200}{14083.5/350+14083.5/300}=1.03$$

查表并插值得 $\mu=1.30$，$\lambda_x=\dfrac{\mu l}{i_x}=\dfrac{1.3\times 300}{13.07}=29.84$，查表得 b 类截面稳定性系数 $\varphi_x=0.937$；对于有横向荷载的柱脚铰接的单层框架柱和多层框架的底层柱，$\beta_{mx}=1.0$；其他情况下 β_{mx} 应按下式计算：$\beta_{mx}=1-0.36(1-m)\dfrac{N}{N_{cr}}$，式中 m 为自由端弯矩与固定端弯矩之比，当弯矩图无反弯点时取正号，有反弯点时取负号。

$$N'_{Ex}=\frac{\pi^2 EA}{1.1\lambda_x^2}=\frac{\pi^2\times 2.06\times 10^5\times 8240}{1.1\times 29.84^2}=17086.9\text{ kN}$$

内力组合Ⅰ：

$$\frac{N}{\varphi_x A}+\frac{\beta_{mx}M_x}{\gamma_x W_x(1-0.8N/N'_{Ex})}$$

$$=\frac{489.42\times 10^3}{0.937\times 82.4\times 10^2}+\frac{0.99\times 101.36\times 10^6}{1.05\times 938.9\times 10^3\times(1-0.8\times 489.42/17086.9)}$$

$$=167.6\text{N/mm}^2<f=215\text{N/mm}^2，满足要求。$$

柱 BF：

柱脚刚接 $k_2=10$，$k_1=\dfrac{\sum I_b/l_b}{\sum I_c/l_c}=\dfrac{1.5\times 23700/600+1.5\times 4080/200}{14083.5/350+14083.5/300}=1.03$，查表

并插值得 $\mu=1.17$，则 $\lambda_x=\dfrac{\mu l}{i_x}=\dfrac{1.17\times 350}{13.07}=31.33$，查表得 b 类截面稳定系数 $\varphi_x=0.931$，$\beta_{mx}=1.0$，

$$N'_{Ex}=\frac{\pi^2 EA}{1.1\lambda_x^2}=\frac{\pi^2\times 2.06\times 10^5\times 8240}{1.1\times 31.33^2}=15500.3\text{ kN}。$$

内力组合Ⅱ：

$$\frac{N}{\varphi_x A}+\frac{\beta_{mx}M_x}{\gamma_x W_x(1-0.8N/N'_{Ex})}$$

$$=\frac{732.92\times 10^3}{0.924\times 82.4\times 10^2}+\frac{1.0\times 37.59\times 10^6}{1.05\times 938.9\times 10^3\times(1-0.8\times 732.92/13557.2)}$$

$$=136.2\text{N/mm}^2<f=215\text{N/mm}^2，满足要求。$$

内力组合Ⅲ：

$$\frac{N}{\varphi_x A} + \frac{\beta_{mx} M_x}{\gamma_x W_x (1 - 0.8 N / N'_{Ex})}$$

$$= \frac{386.32 \times 10^3}{0.924 \times 82.4 \times 10^2} + \frac{1.0 \times 96.84 \times 10^6}{1.05 \times 938.9 \times 10^3 \times (1 - 0.8 \times 386.32 / 13557.2)}$$

$$= 151.3 \text{N/mm}^2 < f = 215 \text{N/mm}^2 \text{，满足要求。}$$

③ 弯矩作用平面外稳定验算

柱 FJ：

由 $\lambda_y = \dfrac{300}{7.39} = 40.6$，查得 b 类截面稳定系数 $\varphi_y = 0.897$，$\varphi_b = 1.07 - \dfrac{\lambda_y^2}{44000}\dfrac{f_y}{235} = 1.032$，取 $\varphi_b = 1.0$，截面形状系数 $\eta = 1.0$，$\beta_{tx} = 1.0$。

内力组合 I：

$$\frac{N}{\varphi_y A} + \frac{\beta_{tx} M_x}{\varphi_b W_{1x}} = \frac{489.42 \times 10^3}{0.897 \times 82.4 \times 10^2} + \frac{1.0 \times 101.36 \times 10^6}{1.0 \times 938.9 \times 10^3}$$

$$= 174.18 \text{N/mm}^2 < f = 215 \text{N/mm}^2 \text{，满足要求。}$$

柱 BF：

由 $\lambda_y = \dfrac{350}{7.39} = 47.36$，查得 b 类截面稳定系数 $\varphi_y = 0.862$，$\varphi_b = 1.07 - \dfrac{\lambda_y^2}{44000}\dfrac{f_y}{235} = 1.02$，取 $\varphi_b = 1.0$，截面形状系数 $\eta = 1.0$，$\beta_{tx} = 1.0$。

内力组合 II：

$$\frac{N}{\varphi_y A} + \frac{\beta_{tx} M_x}{\varphi_b W_{1x}} = \frac{732.92 \times 10^3}{0.862 \times 82.4 \times 10^2} + \frac{1.0 \times 37.59 \times 10^6}{1.0 \times 938.9 \times 10^3}$$

$$= 143.22 \text{N/mm}^2 < f = 215 \text{N/mm}^2 \text{，满足要求。}$$

内力组合 III：

$$\frac{N}{\varphi_y A} + \frac{\beta_{tx} M_x}{\varphi_b W_{1x}} = \frac{386.32 \times 10^3}{0.862 \times 82.4 \times 10^2} + \frac{1.0 \times 96.84 \times 10^6}{1.0 \times 938.9 \times 10^3}$$

$$= 157.53 \text{N/mm}^2 < f = 215 \text{N/mm}^2 \text{，满足要求。}$$

④ 局部稳定验算

本设计选用的是热轧型钢，局部稳定不需验算。

2）3 层柱验算

柱截面为 H250×250×8×10，其截面特性：其截面特性：$A = 68.4 \text{cm}^2$，$I_x = 8015.3 \text{cm}^4$，$I_y = 2605.1 \text{cm}^4$，$i_x = \sqrt{\dfrac{I_x}{A}} = 10.83 \text{ cm}$，$i_y = \sqrt{\dfrac{I_y}{A}} = 6.17 \text{ cm}$，$W_x = 641.2 \text{cm}^3$，$W_y = 208.4 \text{cm}^3$。

由表 4-11 得柱最不利内力组合：

组合 I：$M = -84.09 \text{kN·m}$，$N = -159.03 \text{kN}$，$V = -49.91 \text{kN}$（M_{max}，柱 IM，组合号 7）

组合 II：$M = -62.77 \text{kN·m}$，$N = -212.21 \text{ kN}$，$V = 44.77 \text{kN}$（N_{max}，柱 JN，组合号 7）

组合 III：$M = -65.04 \text{kN·m}$，$N = -211.65 \text{kN}$，$V = 46.77 \text{kN}$（M、N 都较大，柱 JN，组合号 6）

① 强度验算（截面无削弱）

内力组合Ⅰ：

$\dfrac{N}{A_n} + \dfrac{M_x}{\gamma_x W_{nx}} = \dfrac{159.03 \times 10^3}{68.4 \times 10^2} + \dfrac{84.09 \times 10^6}{1.05 \times 641.2 \times 10^3} = 148.15 \text{ N/mm}^2 < f = 215 \text{N/mm}^2$，

满足要求。

内力组合Ⅱ：

$\dfrac{N}{A_n} + \dfrac{M_x}{\gamma_x W_{nx}} = \dfrac{212.21 \times 10^3}{68.4 \times 10^2} + \dfrac{62.77 \times 10^6}{1.05 \times 641.2 \times 10^3} = 124.26 \text{ N/mm}^2 < f = 215 \text{N/mm}^2$，

满足要求。

内力组合Ⅲ：

$\dfrac{N}{A_n} + \dfrac{M_x}{\gamma_x W_{nx}} = \dfrac{211.65 \times 10^3}{68.4 \times 10^2} + \dfrac{65.04 \times 10^6}{1.05 \times 641.2 \times 10^3} = 127.55 \text{ N/mm}^2 < f = 215 \text{N/mm}^2$，

满足要求。

② 弯矩作用平面内稳定验算

柱 IM：

$$k_1 = \frac{\sum I_b/l_b}{\sum I_c/l_c} = \frac{1.5 \times 23700/600}{8015.3/300} = 2.22$$

$$k_2 = \frac{\sum I_b/l_b}{\sum I_c/l_c} = \frac{1.5 \times 23700/600}{8015.3/300 + 8015.3/300} = 1.11$$

查表并插值得 $\mu = 1.219$，$\lambda_x = \dfrac{\mu l}{i_x} = \dfrac{1.219 \times 300}{10.83} = 33.8$，查表得 b 类截面稳定性系数

$\varphi_x = 0.923$，$\beta_{mx} = 1.0$，$N'_{Ex} = \dfrac{\pi^2 EA}{1.1\lambda_x^2} = \dfrac{\pi^2 \times 2.06 \times 10^5 \times 6840}{1.1 \times 33.8^2} = 11054.9$ kN。

内力组合Ⅰ：

$\dfrac{N}{\varphi_x A} + \dfrac{\beta_{mx} M_x}{\gamma_x W_x (1 - 0.8 N/N'_{Ex})}$

$= \dfrac{159.03 \times 10^3}{0.923 \times 68.4 \times 10^2} + \dfrac{1.0 \times 84.09 \times 10^6}{1.05 \times 641.2 \times 10^3 \times (1 - 0.8 \times 159.03/11054.9)}$

$= 151.5 \text{N/mm}^2 < f = 215 \text{N/mm}^2$，满足要求。

柱 JN：

$$k_1 = \frac{\sum I_b/l_b}{\sum I_c/l_c} = \frac{1.5 \times 23700/600 + 1.5 \times 4080/200}{8015.3/300 + 8015.3/300} = 1.68$$

$$k_2 = \frac{\sum I_b/l_b}{\sum I_c/l_c} = \frac{1.5 \times 23700/600 + 1.5 \times 4080/200}{14083.5/300 + 8015.3/300} = 1.22$$

查表并插值得 $\mu = 1.25$，$\lambda_x = \dfrac{\mu l}{i_x} = \dfrac{1.25 \times 300}{10.83} = 34.6$，查表得 b 类截面稳定性系数

$\varphi_x = 0.920$，$\beta_{mx} = 1.0$，$N'_{Ex} = \dfrac{\pi^2 EA}{1.1\lambda_x^2} = \dfrac{\pi^2 \times 2.06 \times 10^5 \times 6840}{1.1 \times 34.6^2} = 10549.6$ kN。

内力组合Ⅱ：

$\dfrac{N}{\varphi_x A} + \dfrac{\beta_{mx} M_x}{\gamma_x W_x (1 - 0.8 N/N'_{Ex})}$

$= \dfrac{212.21 \times 10^3}{0.92 \times 68.4 \times 10^2} + \dfrac{1.0 \times 62.77 \times 10^6}{1.05 \times 641.2 \times 10^3 \times (1 - 0.8 \times 212.21/10549.6)}$

$= 128.5\text{N/mm}^2 < f = 215\text{N/mm}^2$，满足要求。

内力组合Ⅲ：

$$\frac{N}{\varphi_x A} + \frac{\beta_{mx} M_x}{\gamma_x W_x (1 - 0.8 N/N'_{Ex})}$$

$$= \frac{211.65 \times 10^3}{0.92 \times 68.4 \times 10^2} + \frac{1.0 \times 65.04 \times 10^6}{1.05 \times 641.2 \times 10^3 \times (1 - 0.8 \times 211.65/10549.6)}$$

$$= 131.8\text{N/mm}^2 < f = 215\text{N/mm}^2，满足要求。$$

③ 弯矩作用平面外稳定验算

$\lambda_y = \dfrac{300}{6.17} = 48.6$，查得 b 类截面稳定系数 $\varphi_y = 0.862$，$\varphi_b = 1.07 - \dfrac{\lambda_y^2}{44000} \dfrac{f_y}{235} =$

1.006，取 $\varphi_b = 1.0$，截面形状系数 $\eta = 1.0$，$\beta_{tx} = 1.0$。

内力组合Ⅰ：

$$\frac{N}{\varphi_y A} + \frac{\beta_{tx} M_x}{\varphi_b W_{1x}} = \frac{159.03 \times 10^3}{0.862 \times 68.4 \times 10^2} + \frac{1.0 \times 84.09 \times 10^6}{1.0 \times 641.2 \times 10^3}$$

$$= 158.12\text{N/mm}^2 < f = 215\text{N/mm}^2，满足要求。$$

内力组合Ⅱ：

$$\frac{N}{\varphi_y A} + \frac{\beta_{tx} M_x}{\varphi_b W_{1x}} = \frac{212.21 \times 10^3}{0.862 \times 68.4 \times 10^2} + \frac{1.0 \times 62.77 \times 10^6}{1.0 \times 641.2 \times 10^3}$$

$$= 133.89\text{N/mm}^2 < f = 215\text{N/mm}^2，满足要求。$$

内力组合Ⅲ：

$$\frac{N}{\varphi_y A} + \frac{\beta_{tx} M_x}{\varphi_b W_{1x}} = \frac{211.65 \times 10^3}{0.862 \times 68.4 \times 10^2} + \frac{1.0 \times 65.04 \times 10^6}{1.0 \times 641.2 \times 10^3}$$

$$= 137.33 < f = 215\text{N/mm}^2，满足要求。$$

④ 局部稳定验算

本设计选用的是热轧型钢，局部稳定不需验算。

（3）框架梁验算

框架梁的验算包括强度、稳定和挠度验算。当采用组合楼板时，楼板密铺在梁的受压翼缘上并与其牢固相连，能阻止梁上翼缘的侧向失稳，可不计算梁的整体稳定，且轧制H型钢的组成板件宽厚比较小，无局部稳定问题。因此主梁只需进行强度和挠度验算。

因跨度相同的各层主梁截面相同，可选择最不利内力组合验算。

1）跨度为 6m 的梁

截面为 H400×200×8×13，其截面特性：$A = 84.12\text{cm}^2$，$I_x = 23700\text{cm}^4$，$I_y = 1740\text{cm}^4$，$i_x = \sqrt{\dfrac{I_x}{A}} = 16.8\text{cm}$，$i_y = \sqrt{\dfrac{I_y}{A}} = 4.54\text{cm}$，$W_x = 1190\text{cm}^3$，$W_y = 174\text{cm}^3$。

① 强度验算

正应力：最不利内力组合：$M = -171.55\text{kN} \cdot \text{m}$，$N = -11.08\text{kN}$，$V = -158.19\text{kN}$（$M_{\max}$，梁 IJ，组合号 8），按拉弯构件验算。

$$\frac{N}{A_n} + \frac{M}{\gamma_x W_x} = \frac{11.08 \times 10^3}{84.12 \times 10^2} + \frac{171.55 \times 10^6}{1.05 \times 1190 \times 10^3} = 138.61 \text{ N/mm}^2 < f = 215\text{N/mm}^2，$$

满足要求。

剪应力：最不利内力组合：$M = -171.55\text{kN} \cdot \text{m}$，$N = -11.08\text{kN}$，$V = -158.19\text{kN}$（$V_{max}$，梁 EF，组合号 1）。

$$S_x = 200 \times 13 \times 193.5 + 187 \times 8 \times 187/2 = 643.0 \times 10^3 \text{mm}^3$$

$$\tau = \frac{VS_x}{I_x t_w} = \frac{158.19 \times 10^3 \times 643.0 \times 10^3}{23700 \times 10^4 \times 8} = 53.6 \text{ N/mm}^2 < f_v = 125\text{N/mm}^2，满足要求。$$

② 挠度验算

根据电算结果，梁 MN 在恒荷载下的挠度为 7.9mm，在活荷载作用下的挠度为 1.0mm，故 $\nu_T = 7.9 + 1.0 = 8.9\text{mm} < [\nu_T] = l/400 = 15$ mm，$\nu_Q = 0.9\text{mm} < [\nu_Q] = l/500 = 13.2$mm。梁 MN 在恒荷载下的挠度为 5.6mm，在活荷载作用下的挠度为 2.4mm，故 $\nu_T = 5.6 + 2.4 = 8.0\text{mm} < [\nu_T] = l/400 = 15$ mm，$\nu_Q = 7.9\text{mm} < [\nu_Q] = l/500 = 12$mm。

2）跨度为 2m 的梁

截面为 H250×125×6×9，其截面特性：$A = 37.87\text{cm}^2$，$I_x = 4080\text{cm}^4$，$I_y = 294\text{cm}^4$，$i_x = \sqrt{\frac{I_x}{A}} = 10.83\text{cm}$，$i_y = \sqrt{\frac{I_y}{A}} = 4.54\text{cm}$，$W_x = 326\text{cm}^3$，$W_y = 47.0\text{cm}^3$。

① 强度验算

正应力：最不利内力组合：$M = -23.29\text{kN} \cdot \text{m}$，$N = -4.98\text{kN}$，$V = 0.63\text{kN}$（$M_{max}$，梁 JK，组合号 9），按压弯构件验算。

$$\frac{N}{A_n} + \frac{M}{\gamma_x W_x} = \frac{4.98 \times 10^3}{37.87 \times 10^2} + \frac{23.29 \times 10^6}{1.05 \times 236 \times 10^3} = 95.30 \text{ N/mm}^2 < f = 215\text{N/mm}^2，满足要求。$$

剪应力：最不利内力组合 $M = -17.0\text{kN} \cdot \text{m}$，$N = 2.68\text{kN}$，$V = -5.87\text{kN}$（$V_{max}$，梁 FG，组合号 4），按压弯构件验算。

$$S_x = 125 \times 9 \times 120.5 + 116 \times 6 \times 116/2 = 175.9 \times 10^3 \text{mm}^3$$

$$\tau = \frac{VS_x}{I_x t_w} = \frac{5.47 \times 10^3 \times 175.9 \times 10^3}{5870 \times 10^4 \times 6} = 4.2\text{N/mm}^2 < f_v = 125\text{N/mm}^2，满足要求。$$

② 挠度计算

由电算结果得 2m 跨度的梁的挠度均为反挠度，且梁的最大反挠度 1.1mm < $[\nu_T] = l/400 = 5$mm，满足要求。

由以上验算可知所选构件截面满足要求。

思 考 题

4.1 多层钢结构体系有几种类型？简述它们的受力特点。

4.2 设计多层钢结构时，需考虑哪些荷载作用？如何进行荷载效应的组合？

4.3 进行多层钢结构体系内力分析时，常采用哪些方法？简述其适用范围。

4.4 多层建筑钢结构的常用楼盖结构有哪些？

4.5 压型钢板-混凝土组合楼板在施工阶段和使用阶段的受力有何特点？

4.6 为什么楼板与钢梁一般应采用栓钉或其他元件连接？

4.7 多层钢结构体系中有哪些主要的连接节点？简述各种节点的构造特点和计算方法。

4.8 梁柱节点域的受力如何计算？当节点域截面的抗剪强度不满足要求时，可采取哪些构造措施予以加强？

 4.9 简述多层钢框架体系中框架梁和柱的截面设计过程。

 4.10 抗震设计的结构如何才能实现强柱弱梁及强节点弱构件的设计思想？

 4.11 中心支撑钢框架抗震设计应注意哪些问题？K形支撑为何不宜用于地震区？

 4.12 防止框架梁柱连接脆性破坏可采取什么措施？

 4.13 高层钢结构房屋的结构体系有哪些类型？其体系特征和受力特点如何？

 4.14 框架-支撑结构体系中，中心支撑和偏心支撑的区别是什么？各有何受力特点？

 4.15 偏心支撑框架的哪个构件是消能构件？偏心支撑框架的抗震设计思想是什么？在设计中如何实现？

 4.16 对于框架-支撑体系，加设腰桁架和帽桁架有何作用？

 4.17 何谓剪力滞后现象？采用什么措施缓解该现象？

 4.18 高层房屋钢结构设计中往往起控制作用的是什么荷载？计算风荷载时，应该特别考虑哪些影响因素？

 4.19 高层房屋钢结构的抗震设计方法有哪些？是否进行罕遇地震结构反应分析？为什么？

附录1　钢材、焊缝和螺栓连接的强度设计值

热轧钢材的强度设计值（N/mm²）　　　　　　　　　　　附表1-1

钢材		抗拉、抗压和抗弯 f	抗剪 f_v	端面承压（刨平顶紧） f_{ce}
牌号	厚度或直径（mm）			
Q235钢	≤16	215	125	320
	>16~40	205	120	
	>40~100	200	115	
Q345钢	≤16	305	175	400
	>16~40	295	170	
	>40~63	290	165	
	>63~80	280	160	
	>80~100	270	155	
Q390钢	≤16	345	200	415
	>16~40	330	190	
	>40~63	310	180	
	>63~100	295	170	
Q420钢	≤16	375	215	440
	>16~40	355	205	
	>40~63	320	185	
	>63~100	305	175	
Q460钢	≤16	410	235	470
	>16~40	390	225	
	>40~63	355	205	
	>63~100	340	195	

注：表中厚度系指计算点的钢材厚度，对轴心受拉和轴心受压构件系指截面中较厚板件的厚度。

冷弯薄壁型钢的强度设计值（N/mm²）　　　　　　　　　附表1-2

钢材牌号	抗拉、抗压和抗弯 f	抗剪 f_v	端面承压（刨平顶紧） f_{ce}
Q235钢	205	120	310
Q345钢	300	175	400

用于热轧钢材钢结构的焊缝强度设计值（N/mm²）

焊接方法和焊条型号	构件钢材			对接焊缝				角焊缝
	牌号	厚度或直径（mm）	抗压 f_c^w	焊缝质量为下列等级时，抗拉 f_t^w		抗剪 f_v^w		抗拉、抗压和抗剪 f_f^w
				一级、二级	三级			
自动焊、半自动焊和E43型焊条的手工焊	Q235钢	≤16	215	215	185	125		160
		>16～40	205	205	175	120		
		>40～100	200	200	170	115		
自动焊、半自动焊和E50型焊条的手工焊	Q345钢	≤16	305	305	260	175		200
		>16～40	295	295	250	170		
		>40～63	290	290	245	165		
		>63～80	280	280	240	160		
		>80～100	270	270	230	155		
自动焊、半自动焊和E55型焊条的手工焊	Q390钢	≤16	345	345	295	200		220
		>16～40	330	330	280	190		
		>40～63	310	310	265	180		
		>63～100	295	295	250	170		
	Q420钢	≤16	375	375	320	215		220
		>16～40	355	355	300	205		
		>40～63	320	320	270	185		
		>63～100	305	305	260	175		

注：1. 自动焊和半自动焊所采用的焊丝和焊剂，应保证其熔敷金属的力学性能不低于现行国家标准《埋弧焊用非合金钢及细晶粒钢实心焊丝、药芯焊丝和焊剂-焊剂组合分类要求》GB/T 5293 和《埋弧焊用热强钢实心焊丝、药芯焊丝和焊剂-焊剂组合分类要求》GB/T 12470 中相关的规定；

2. 焊缝质量等级应符合现行国家标准《钢结构工程施工质量验收规范》GB 50205 的规定，其中厚度小于8mm钢材的对接焊缝，不应采用超声波探伤确定焊缝质量等级；

3. 对接焊缝在受压区的抗弯强度设计值取 f_c^w，在受拉区的抗弯强度设计值取 f_t^w；

4. 表中厚度系指计算点的钢材厚度，对轴心受拉和轴心受压构件系指截面中较厚板件的厚度。

用于热轧钢材钢结构的螺栓连接的强度设计值（N/mm²）

螺栓的性能等级、锚栓和构件钢材的牌号		普通螺栓						锚栓	承压型连接高强度螺栓		
		C级螺栓			A级、B级螺栓						
		抗拉 f_t^b	抗剪 f_v^b	承压 f_c^b	抗拉 f_t^b	抗剪 f_v^b	承压 f_c^b	抗拉 f_t^a	抗拉 f_t^b	抗剪 f_v^b	承压 f_c^b
普通螺栓	4.6级、4.8级	170	140	—	—	—	—	—	—	—	—
	5.6级	—	—	—	210	190	—	—	—	—	—
	8.8级	—	—	—	400	320	—	—	—	—	—
锚栓	Q235钢	—	—	—	—	—	—	140	—	—	—
	Q345钢	—	—	—	—	—	—	180	—	—	—
	Q390钢	—	—	—	—	—	—	185	—	—	—

螺栓的性能等级、锚栓和构件钢材的牌号	普通螺栓						锚栓	承压型连接高强度螺栓		
	C 级螺栓			A 级、B 级螺栓						
	抗拉 f_t^b	抗剪 f_v^b	承压 f_c^b	抗拉 f_t^b	抗剪 f_v^b	承压 f_c^b	抗拉 f_t^a	抗拉 f_t^b	抗剪 f_v^b	承压 f_c^b
承压型连接高强度螺栓　8.8 级	—	—	—	—	—	—	—	400	250	—
承压型连接高强度螺栓　10.9 级	—	—	—	—	—	—	—	500	310	—
构件　Q235 钢	—	—	305	—	—	405	—	—	—	470
构件　Q345 钢	—	—	385	—	—	510	—	—	—	590
构件　Q390 钢	—	—	400	—	—	530	—	—	—	615
构件　Q420 钢	—	—	425	—	—	560	—	—	—	655

注：1. A 级螺栓用于 $d \leqslant 24\text{m}$ 或 $l \leqslant 10d$ 或 $l \leqslant 150\text{m}$（按较小值）的螺栓；B 级螺栓用于 $d > 24\text{mm}$ 或 $l > 10d$ 或 $l > 150\text{mm}$（按较小值）的螺栓。d 为公称直径，l 为螺杆公称长度。

2. A、B 级螺栓孔的精度和孔壁表面粗糙度，C 级螺栓孔的允许偏差和孔壁表面粗糙度，均应符合现行国家标准《钢结构工程施工质量验收规范》GB 50205 的要求。

用于冷弯薄壁型钢结构的焊缝强度设计值（N/mm²） 附表 1-5

构件钢材牌号	对 接 焊 缝			角 焊 缝
	抗压 f_c^w	抗拉 f_t^w	抗剪 f_v^w	抗拉、抗压和抗剪 f_f^w
Q235 钢	205	175	120	140
Q345 钢	300	255	175	195

注：1. 当 Q235 钢与 Q345 钢对接焊接时，焊缝的强度设计值按附表 1-5 中 Q235 钢栏中的数值采用；

2. 经 X 射线检查符合一、二级焊缝标准质量的对接焊缝的抗拉强度设计值应采用抗压强度设计值。

用于冷弯薄壁型钢结构的 C 级普通螺栓连接的强度设计值（N/mm²） 附表 1-6

受力类别	性能等级	构件钢材的牌号	
	4.6 级、4.8 级	Q235 钢	Q345 钢
抗拉 f_t^b	165	—	—
抗剪 f_v^b	125	—	—
承压 f_c^b	—	290	370

附录2　　　　　　　计　算　系　数

附录2.1　热轧钢钢梁的整体稳定系数

1. 等截面焊接工字形和轧制 H 型钢简支梁

$$\varphi_b = \beta_b \frac{4320}{\lambda_y^2} \cdot \frac{Ah}{W_x} \left[\sqrt{1 + \left(\frac{\lambda_y t_1}{4.4h} \right)^2} + \eta_b \right] \frac{235}{f_y} \qquad \text{（附 2-1）}$$

式中　β_b——梁整体稳定的等效临界弯矩系数，按附表 2-1 采用；

λ_y——梁在侧向支承点间对截面弱轴 y-y 的长细比，$\lambda_y = \dfrac{l_1}{i_y}$，$l_1$ 为侧向支承点的距离，对跨中无侧向支承的梁，l_1 为其跨度；对跨中有侧向支承点的梁，l_1 为受压翼缘侧向支承点间的距离；i_y 为梁毛截面对 y 轴的截面回转半径；

A——梁的毛截面面积；

h、t_1——梁截面的全高和受压翼缘厚度；

η_b——截面不对称影响系数，对双轴对称截面，$\eta_b = 0$；对单轴对称截面，受压翼缘加强时，$\eta_b = 0.8\,(2\alpha_b - 1)$；受拉翼缘加强时，$\eta_b = 2\alpha_b - 1$；$\alpha_b = \dfrac{I_1}{I_1 + I_2}$，

I_1 和 I_2 分别为受压翼缘和受拉翼缘对 y 轴的惯性矩。

当由公式（附 2-1）算得的 φ_b 值大于 0.6 时，应用下式计算的 φ_b' 代替 φ_b：

$$\varphi_b' = 1.07 - \frac{0.282}{\varphi_b} \leqslant 1.0 \qquad \text{（附 2-2）}$$

H 型钢和等截面工字形简支梁的系数 β_b　　　　　　　　　　　附表 2-1

项次	侧向支承	荷　　载		$\xi \leqslant 2.0$	$\xi > 2.0$	适用范围
1	跨中无侧向支承	均布荷载作用在	上翼缘	$0.69 + 0.13\xi$	0.95	适用于双轴对称和受压翼缘加大的工字形截面梁
2			下翼缘	$1.73 - 0.20\xi$	1.33	
3		集中荷载作用在	上翼缘	$0.73 + 0.18\xi$	1.09	
4			下翼缘	$2.23 - 0.28\xi$	1.67	
5	跨度中点有一个侧向支承点	均布荷载作用在	上翼缘	1.15		适用于双轴对称和受压翼缘或受拉翼缘加强的工字形截面梁
6			下翼缘	1.40		
7		集中荷载作用在截面高度上任意位置		1.75		
8	跨中有不少于两个等距离侧向支承点	任意荷载作用在	上翼缘	1.20		
9			下翼缘	1.40		

项次	侧向支承	荷载	$\xi\leqslant 2.0$	$\xi>2.0$	适用范围
10	梁端有弯矩，但跨中无荷载作用		$1.75-1.05\left(\dfrac{M_2}{M_1}\right)+0.3\left(\dfrac{M_2}{M_1}\right)^2,$ 但$\leqslant 2.3$		适用于双轴对称和受压翼缘或受拉翼缘加强的工字形截面梁

注：1. ξ 为参数 $\xi=\dfrac{l_1t_1}{b_1h}$，其中 b_1 和 l_1 分别为受压翼缘的宽度和侧向支承点间的距离。

2. M_1、M_2 为梁的端弯矩，使梁产生同向曲率时 M_1 和 M_2 取同号，产生反向曲率时取异号，$|M_1|\geqslant|M_2|$。

3. 表中项次3、4和7的集中荷载是指一个或少数几个集中荷载位于跨中央附近的情况，对其他情况的集中荷载，应按表中项次1、2、5、6内的数值采用。

4. 表中项次8、9的 β_b，当集中荷载作用在侧向支承点处时，取 $\beta_b=1.20$。

5. 荷载作用在上翼缘系指荷载作用点在翼缘表面，方向指向截面形心；荷载作用在下翼缘系指荷载作用点在翼缘表面，方向背向截面形心。

6. 对 $\alpha_b>0.8$ 的加强受压翼缘工字形截面，下列情况的 β_b 值应乘以相应的系数：
　　项次1：当 $\xi\leqslant 1.0$ 时，乘以0.95；
　　项次3：当 $\xi\leqslant 0.5$ 时，乘以0.90；当 $0.5<\xi\leqslant 1.0$ 时，乘以0.95。

2. 轧制普通工字钢简支梁

φ_b 应按附表2-2取用，当所得的 φ_b 值大于0.6时，按公式（附2-2）算得的 φ_b' 代替 φ_b。

轧制普通工字钢简支梁 φ_b
附表2-2

项次	荷载情况		工字钢型号	自由长度 l_1 (m)								
				2	3	4	5	6	7	8	9	10
1	跨中无侧向支承点的梁	集中荷载作用于 上翼缘	10~20	2.00	1.30	0.99	0.80	0.68	0.58	0.53	0.48	0.43
			22~32	2.40	1.48	1.09	0.86	0.72	0.62	0.54	0.49	0.45
			36~63	2.80	1.60	1.07	0.83	0.68	0.56	0.50	0.45	0.40
2		下翼缘	10~20	3.10	1.95	1.34	1.01	0.82	0.69	0.63	0.57	0.52
			22~40	5.50	2.80	1.84	1.37	1.07	0.86	0.73	0.64	0.56
			45~63	7.30	3.60	2.30	1.62	1.20	0.96	0.80	0.69	0.60
3	跨中无侧向支承点的梁	均布荷载作用于 上翼缘	10~20	1.70	1.12	0.84	0.68	0.57	0.50	0.45	0.41	0.37
			22~40	2.10	1.30	0.93	0.73	0.60	0.51	0.45	0.40	0.36
			45~63	2.60	1.45	0.97	0.73	0.59	0.50	0.44	0.38	0.35
4		下翼缘	10~20	2.50	1.55	1.08	0.83	0.68	0.56	0.52	0.47	0.42
			22~40	4.00	2.20	1.45	1.10	0.85	0.70	0.60	0.52	0.46
			45~63	5.60	2.80	1.80	1.25	0.95	0.78	0.65	0.55	0.49
5	跨中有侧向支承点的梁（不论荷载作用点在截面高度上的位置）		10~20	2.20	1.39	1.01	0.79	0.66	0.57	0.52	0.47	0.42
			22~40	3.00	1.80	1.24	0.96	0.76	0.65	0.56	0.49	0.43
			45~63	4.00	2.20	1.38	1.01	0.80	0.66	0.56	0.49	0.43

注：1. 同附表2-1的注3、5。

2. 表中的 φ_b 适用于Q235钢。对其他钢号，表中数值应乘以 $235/f_y$。

3. 轧制槽钢简支梁

$$\varphi_b=\frac{570bt}{l_1h}\cdot\frac{235}{f_y}$$

（附2-3）

式中 h、b、t ——槽钢截面的高度、翼缘宽度和平均厚度。

按公式（附2-3）算得的 φ_b 值大于 0.6 时,应按公式（附2-2）算得相应的 φ_b' 代替 φ_b。

4. 双轴对称工字形等截面悬臂梁

φ_b 可按公式（附2-1）计算,但式中系数 β_b 应按附表2-3查得,$\lambda_y = \dfrac{l_1}{i_y}$,$l_1$ 为悬臂梁的悬伸长度。当求得的 φ_b 大于 0.6 时,应按公式（附2-2）算得相应的 φ_b' 代替 φ_b。

悬臂梁的系数 β_b 附表 2-3

项 次	荷 载 形 式		$0.60 \leqslant \xi \leqslant 1.24$	$1.24 < \xi \leqslant 1.96$	$1.96 < \xi \leqslant 3.10$
1	自由端一个集中荷载作用在	上翼缘	$0.21 + 0.67\xi$	$0.72 + 0.26\xi$	$1.17 + 0.03\xi$
2		下翼缘	$2.94 - 0.65\xi$	$2.64 - 0.40\xi$	$2.15 - 0.15\xi$
3	均布荷载作用在上翼缘		$0.62 + 0.82\xi$	$1.25 + 0.31\xi$	$1.66 + 0.10\xi$

注：1. 本表是按支承端为固定的情况确定的,当用于由邻跨延伸出来的伸臂梁时,应在构造上采取措施加强支承处的抗扭能力。

2. 表中 ξ 见附表 2-1 的注 1。

附录 2.2 受弯构件的整体稳定系数

1. 对于单轴或双轴对称截面（包括反对称截面）的简支梁,当绕对称轴（x 轴）弯曲时,其整体稳定系数应按下式计算：

$$\varphi_{bx} = \frac{4320Ah}{\lambda_y^2 W_x} \xi_1 \left(\sqrt{\eta^2 + \zeta} + \eta \right) \cdot \left(\frac{235}{f_y} \right) \tag{附 2-4}$$

$$\eta = 2\xi_2 e_a / h \tag{附 2-5}$$

$$\zeta = \frac{4I_\omega}{h^2 I_y} + \frac{0.156I_t}{I_y} \left(\frac{l_0}{h} \right)^2 \tag{附 2-6}$$

式中 λ_y ——梁在弯矩作用平面外的长细比;

    A ——长截面面积;

    h ——截面高度;

    l_0 ——梁的侧向计算长度,$l_0 = \mu_b l$;

    μ_b ——梁的侧向计算长度系数,按附表 2-4 采用;

    l ——梁的跨度;

ξ_1、ξ_2 ——系数,按附表 2-4 采用;

    e_a ——横向荷载作用点到弯心的距离：对于偏心压杆或当横向荷载作用在弯心时 $e_a = 0$;当荷载不作用在弯心且荷载方向指向弯心时 e_a 为负,而离开弯心时 e_a 为正;

    W_x ——对 x 轴的受压边缘毛截面模量;

    I_ω ——毛截面扇性惯性矩;

    I_y ——对 y 轴的毛截面惯性矩;

    I_t ——扭转惯性矩。

如按上列公式算得的 $\varphi_{bx} > 0.7$,则应以 φ_{bx}' 值代替 φ_{bx},φ_{bx}' 值应按下式计算：

$$\varphi_{bx}' = 1.091 - \frac{0.274}{\varphi_{bx}} \tag{附 2-7}$$

序号	弯矩作用平面内的荷载及支承情况	跨间无侧向支承 $\mu_b=1.00$		跨中设一道侧向支承 $\mu_b=0.50$		跨间有不少于两个等距离布置的侧向支承 $\mu_b=0.33$	
		ξ_1	ξ_2	ξ_1	ξ_2	ξ_1	ξ_2
1	均布荷载 q，跨度 l，两端简支	1.13	0.46	1.35	0.14	1.37	0.06
2	集中荷载 F，$l/2$、$l/2$	1.35	0.55	1.83	0	1.68	0.08
3	端弯矩 M、M	1.00	0	1.00	0	1.00	0
4	端弯矩 M、$M/2$	1.32	0	1.31	0	1.31	0
5	端弯矩 M	1.83	0	1.77	0	1.75	0
6	端弯矩 M、$M/2$	2.39	0	2.13	0	2.03	0
7	端弯矩 M、M	2.24	0	1.89	0	1.77	0

2. 对于附图 2-1 所示单轴对称截面简支梁，x 轴（强轴）为不对称轴，当绕 x 轴弯曲时，其整体稳定系数仍可按公式（附 2-4）计算，但需以下式代替公式（附 2-5）：

$$\eta = 2(\xi_2 e_a + \beta_y)/h \tag{附 2-8}$$

$$\beta_y = \frac{U_x}{2I_x} - e_{0y} \tag{附 2-9}$$

$$U_x = \int_A y(x^2 + y^2)\,\mathrm{d}A \tag{附 2-10}$$

式中　I_x——对 x 轴的毛截面惯性矩；

e_{0y}——弯心的 y 轴坐标。

3. 对于单轴或双轴对称截面的简支梁，当绕 y 轴（弱轴）弯曲时（如附图 2-2 所示），如需计算稳定性，其整体稳定系数 φ_{by} 可按下式计算：

$$\varphi_{by} = \frac{4320Ab}{\lambda_x^2 W_y}\xi_1\left(\sqrt{\eta^2 + \zeta} + \eta\right)\left(\frac{235}{f_y}\right) \tag{附 2-11}$$

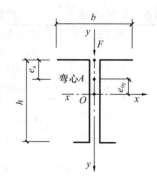

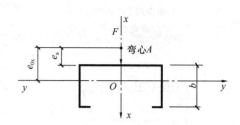

附图 2-1 单轴对称截面示意图　　　附图 2-2 单轴对称卷边槽钢

$$\eta = 2(\xi_2 e_a + \beta_x)/b \qquad (\text{附 2-12})$$

$$\zeta = \frac{4I_\omega}{b^2 I_x} + \frac{0.156 I_t}{I_x}\left(\frac{l_0}{b}\right)^2 \qquad (\text{附 2-13})$$

当 y 轴为对称轴时：

$$\beta_x = 0$$

当 y 轴为非对称轴时：

$$\beta_x = \frac{U_y}{2I_y} - e_{0x} \qquad (\text{附 2-14})$$

$$U_y = \int_A x(x^2 + y^2)\mathrm{d}A \qquad (\text{附 2-15})$$

式中　b——截面宽度；

　　λ_x——弯矩作用平面外的长细比（对 x 轴）；

　　W_y——对 y 轴的受压边缘毛截面模量；

　　e_{0x}——弯心的 x 轴坐标。

当 $\varphi_{by} > 0.7$ 时，应以 φ_{by} 代替 φ_{by}，φ'_{by} 按下式计算：

$$\varphi'_{by} = 1.091 - \frac{0.274}{\varphi_{by}} \qquad (\text{附 2-16})$$

附录2.3　轴心受压构件的稳定系数

轴心受压热轧钢钢构件的截面分类（板厚 $t < 40\text{mm}$）　　附表 2-5

截　面　形　式		对 x 轴	对 y 轴
（圆形截面）	轧制	a 类	a 类
（工字形截面）	轧制，$b/h \leqslant 0.8$	a 类	b 类

截面　形　式		对 x 轴	对 y 轴
 轧制，$b/h>0.8$	 焊接，翼缘为焰切边		
	 焊接		
 轧制	 轧制等边角钢		
 轧制，焊接(板件宽厚比＞20)	 轧制或焊接	b 类	b 类
 焊接	 轧制截面和 翼缘为焰切边 的焊接截面		
 格构式	 焊接，板件 边缘焰切		

295

截 面 形 式	对 x 轴	对 y 轴
焊接,翼缘为轧制或剪切边	b 类	c 类
焊接,板件边缘轧制或剪切	c 类	c 类
焊接,板件宽厚比≤20		

轴心受压热轧钢钢构件的截面分类（板厚 $t \geqslant 40\text{mm}$）　　　　附表 2-6

截 面 形 式		对 x 轴	对 y 轴
轧制工字形或 H 形截面	$t < 80\text{mm}$	b 类	c 类
	$t \geqslant 80\text{mm}$	c 类	d 类
焊接工字形截面	翼缘为焰切边	b 类	b 类
	翼缘为轧制或剪切边	c 类	d 类
焊接箱形截面	板件宽厚比>20	b 类	b 类
	板件宽厚比≤20	c 类	c 类

$\lambda\sqrt{\dfrac{f_y}{235}}$	0	1	2	3	4	5	6	7	8	9
0	1.000	1.000	1.000	1.000	0.999	0.999	0.998	0.998	0.997	0.996
10	0.995	0.994	0.993	0.992	0.991	0.989	0.988	0.986	0.985	0.983
20	0.981	0.979	0.977	0.976	0.974	0.972	0.970	0.968	0.966	0.964
30	0.963	0.961	0.959	0.957	0.954	0.952	0.950	0.948	0.946	0.944
40	0.941	0.939	0.937	0.934	0.932	0.929	0.927	0.924	0.921	0.918
50	0.916	0.913	0.910	0.907	0.903	0.900	0.897	0.893	0.890	0.886
60	0.883	0.879	0.875	0.871	0.867	0.862	0.858	0.854	0.849	0.844
70	0.839	0.834	0.829	0.824	0.818	0.813	0.807	0.801	0.795	0.789
80	0.783	0.776	0.770	0.763	0.756	0.749	0.742	0.735	0.728	0.721
90	0.713	0.706	0.698	0.691	0.683	0.676	0.668	0.660	0.653	0.645
100	0.637	0.630	0.622	0.614	0.607	0.599	0.592	0.584	0.577	0.569
110	0.562	0.555	0.548	0.541	0.534	0.527	0.520	0.514	0.507	0.500
120	0.494	0.487	0.481	0.475	0.469	0.463	0.457	0.451	0.445	0.439
130	0.434	0.428	0.423	0.417	0.412	0.407	0.402	0.397	0.392	0.387
140	0.382	0.378	0.373	0.368	0.364	0.360	0.355	0.351	0.347	0.343
150	0.339	0.335	0.331	0.327	0.323	0.319	0.316	0.312	0.308	0.305
160	0.302	0.298	0.295	0.292	0.288	0.285	0.282	0.279	0.276	0.273
170	0.270	0.267	0.264	0.261	0.259	0.256	0.253	0.250	0.248	0.245
180	0.243	0.240	0.238	0.235	0.233	0.231	0.228	0.226	0.224	0.222
190	0.219	0.217	0.215	0.213	0.211	0.209	0.207	0.205	0.203	0.201
200	0.199	0.197	0.196	0.194	0.192	0.190	0.188	0.187	0.185	0.183
210	0.182	0.180	0.178	0.177	0.175	0.174	0.172	0.171	0.169	0.168
220	0.166	0.165	0.163	0.162	0.161	0.159	0.158	0.157	0.155	0.154
230	0.153	0.151	0.150	0.149	0.148	0.147	0.145	0.144	0.143	0.142
240	0.141	0.140	0.139	0.137	0.136	0.135	0.134	0.133	0.132	0.131

$\lambda\sqrt{\dfrac{f_y}{235}}$	0	1	2	3	4	5	6	7	8	9
0	1.000	1.000	1.000	0.999	0.999	0.998	0.997	0.996	0.995	0.994
10	0.992	0.991	0.989	0.987	0.985	0.983	0.981	0.978	0.976	0.973
20	0.970	0.967	0.963	0.960	0.957	0.953	0.950	0.946	0.943	0.939
30	0.936	0.932	0.929	0.925	0.921	0.918	0.914	0.910	0.906	0.903
40	0.899	0.895	0.891	0.886	0.882	0.878	0.874	0.870	0.865	0.861
50	0.856	0.852	0.847	0.842	0.837	0.833	0.828	0.823	0.818	0.812
60	0.807	0.802	0.796	0.791	0.785	0.780	0.774	0.768	0.762	0.757
70	0.751	0.745	0.738	0.732	0.726	0.720	0.713	0.707	0.701	0.694
80	0.687	0.681	0.674	0.668	0.661	0.654	0.648	0.641	0.634	0.628
90	0.621	0.614	0.607	0.601	0.594	0.587	0.581	0.574	0.568	0.561
100	0.555	0.548	0.542	0.535	0.529	0.523	0.517	0.511	0.504	0.498
110	0.492	0.487	0.481	0.475	0.469	0.464	0.458	0.453	0.447	0.442
120	0.436	0.431	0.426	0.421	0.416	0.411	0.406	0.401	0.396	0.392
130	0.387	0.383	0.378	0.374	0.369	0.365	0.361	0.357	0.353	0.348
140	0.344	0.340	0.337	0.333	0.329	0.325	0.322	0.318	0.314	0.311
150	0.308	0.304	0.301	0.297	0.294	0.291	0.288	0.285	0.282	0.279
160	0.276	0.273	0.270	0.267	0.264	0.262	0.259	0.256	0.253	0.251
170	0.248	0.246	0.243	0.241	0.238	0.236	0.234	0.231	0.229	0.227
180	0.225	0.222	0.220	0.218	0.216	0.214	0.212	0.210	0.208	0.206
190	0.204	0.202	0.200	0.198	0.196	0.195	0.193	0.191	0.189	0.188
200	0.186	0.184	0.183	0.181	0.179	0.178	0.176	0.175	0.173	0.172
210	0.170	0.169	0.167	0.166	0.164	0.163	0.162	0.160	0.159	0.158
220	0.156	0.155	0.154	0.152	0.151	0.150	0.149	0.147	0.146	0.145
230	0.144	0.143	0.142	0.141	0.139	0.138	0.137	0.136	0.135	0.134
240	0.133	0.132	0.131	0.130	0.129	0.128	0.127	0.126	0.125	0.124
250	0.123	—	—	—	—	—	—	—	—	—

c 类截面轴心受压热轧钢钢构件的稳定系数 φ

$\lambda\sqrt{\dfrac{f_y}{235}}$	0	1	2	3	4	5	6	7	8	9
0	1.000	1.000	1.000	0.999	0.999	0.998	0.997	0.996	0.995	0.993
10	0.992	0.990	0.988	0.986	0.983	0.981	0.978	0.976	0.973	0.970
20	0.966	0.959	0.953	0.947	0.940	0.934	0.928	0.921	0.915	0.909
30	0.902	0.896	0.890	0.883	0.877	0.871	0.865	0.858	0.852	0.845
40	0.839	0.833	0.826	0.820	0.813	0.807	0.800	0.794	0.787	0.781
50	0.774	0.768	0.761	0.755	0.748	0.742	0.735	0.728	0.722	0.715
60	0.709	0.702	0.695	0.689	0.682	0.675	0.669	0.662	0.656	0.649
70	0.642	0.636	0.629	0.623	0.616	0.610	0.603	0.597	0.591	0.584
80	0.578	0.572	0.565	0.559	0.553	0.547	0.541	0.535	0.529	0.523
90	0.517	0.511	0.505	0.499	0.494	0.488	0.483	0.477	0.471	0.467
100	0.462	0.458	0.453	0.449	0.445	0.440	0.436	0.432	0.427	0.423
110	0.419	0.415	0.411	0.407	0.402	0.398	0.394	0.390	0.386	0.383
120	0.379	0.375	0.371	0.367	0.363	0.360	0.356	0.352	0.349	0.345
130	0.342	0.338	0.335	0.332	0.328	0.325	0.322	0.318	0.315	0.312
140	0.309	0.306	0.303	0.300	0.297	0.294	0.291	0.288	0.285	0.282
150	0.279	0.277	0.274	0.271	0.269	0.266	0.263	0.261	0.258	0.256
160	0.253	0.251	0.248	0.246	0.244	0.241	0.239	0.237	0.235	0.232
170	0.230	0.228	0.226	0.224	0.222	0.220	0.218	0.216	0.214	0.212
180	0.210	0.208	0.206	0.204	0.203	0.201	0.199	0.197	0.195	0.194
190	0.192	0.190	0.189	0.187	0.185	0.184	0.182	0.181	0.179	0.178
200	0.176	0.175	0.173	0.172	0.170	0.169	0.167	0.166	0.165	0.163
210	0.162	0.161	0.159	0.158	0.157	0.155	0.154	0.153	0.152	0.151
220	0.149	0.148	0.147	0.146	0.145	0.144	0.142	0.141	0.140	0.139
230	0.138	0.137	0.136	0.135	0.134	0.133	0.132	0.131	0.130	0.129
240	0.128	0.127	0.126	0.125	0.124	0.123	0.123	0.122	0.121	0.120
250	0.119	—	—	—	—	—	—	—	—	—

d 类截面轴心受压热轧钢钢构件的稳定系数 φ

$\lambda\sqrt{\dfrac{f_y}{235}}$	0	1	2	3	4	5	6	7	8	9
0	1.000	1.000	0.999	0.999	0.998	0.996	0.994	0.992	0.990	0.987
10	0.984	0.981	0.978	0.974	0.969	0.965	0.960	0.955	0.949	0.944
20	0.937	0.927	0.918	0.909	0.900	0.891	0.883	0.874	0.865	0.857
30	0.848	0.840	0.831	0.823	0.815	0.807	0.798	0.790	0.782	0.774
40	0.766	0.758	0.751	0.743	0.735	0.727	0.720	0.712	0.705	0.697
50	0.690	0.682	0.675	0.668	0.660	0.653	0.646	0.639	0.632	0.625
60	0.618	0.611	0.605	0.598	0.591	0.585	0.578	0.571	0.565	0.559
70	0.552	0.546	0.540	0.534	0.528	0.521	0.516	0.510	0.504	0.498
80	0.492	0.487	0.481	0.476	0.470	0.465	0.459	0.454	0.449	0.444
90	0.439	0.434	0.429	0.424	0.419	0.414	0.409	0.405	0.401	0.397
100	0.393	0.390	0.386	0.383	0.380	0.376	0.373	0.369	0.366	0.363
110	0.359	0.356	0.353	0.350	0.346	0.343	0.340	0.337	0.334	0.331
120	0.328	0.325	0.322	0.319	0.316	0.313	0.310	0.307	0.304	0.301
130	0.298	0.296	0.293	0.290	0.288	0.285	0.282	0.280	0.277	0.275
140	0.272	0.270	0.267	0.265	0.262	0.260	0.257	0.255	0.253	0.250
150	0.248	0.246	0.244	0.242	0.239	0.237	0.235	0.233	0.231	0.229
160	0.227	0.225	0.223	0.221	0.219	0.217	0.215	0.213	0.211	0.210
170	0.208	0.206	0.204	0.203	0.201	0.199	0.197	0.196	0.194	0.192
180	0.191	0.189	0.187	0.186	0.184	0.183	0.181	0.180	0.178	0.177
190	0.175	0.174	0.173	0.171	0.170	0.168	0.167	0.166	0.164	0.163
200	0.162	—	—	—	—	—	—	—	—	—

注：1. 附表 2-7 至附表 2-10 中的 φ 值系按下列公式算得：

当 $\lambda_n=\dfrac{\lambda}{\pi}\sqrt{f_y/E}\leqslant 0.215$ 时： $\varphi=1-\alpha_1\lambda_n^2$

当 $\lambda_n>0.215$ 时： $\varphi=\dfrac{1}{2\lambda_n^2}\left[(\alpha_2+\alpha_3\lambda_n+\lambda_n^2)-\sqrt{(\alpha_2+\alpha_3\lambda_n+\lambda_n^2)^2-4\lambda_n^2}\right]$

式中，α_1、α_2、α_3 为系数，根据附表 2-5 和附表 2-6 的截面分类，按附表 2-11 采用。

2. 当构件的 $\lambda\sqrt{f_y/235}$ 值超出附表 2-7 至附表 2-10 的范围时，则 φ 值按注 1 所列的公式计算。

系数 α_1、α_2、α_3

截 面 类 别		α_1	α_2	α_3
a 类		0.41	0.986	0.152
b 类		0.65	0.965	0.300
c 类	$\lambda_n\leqslant 1.05$	0.73	0.906	0.595
	$\lambda_n>1.05$		1.216	0.302
d 类	$\lambda_n\leqslant 1.05$	1.35	0.868	0.915
	$\lambda_n>1.05$		1.375	0.432

Q235 钢轴心受压冷弯薄壁型钢构件的稳定系数 φ

λ	0	1	2	3	4	5	6	7	8	9
0	1.000	0.997	0.995	0.992	0.989	0.987	0.984	0.981	0.979	0.976
10	0.974	0.971	0.968	0.966	0.963	0.960	0.958	0.955	0.952	0.949
20	0.947	0.944	0.941	0.938	0.936	0.933	0.930	0.927	0.924	0.921
30	0.918	0.915	0.912	0.909	0.906	0.903	0.899	0.896	0.893	0.889
40	0.886	0.882	0.879	0.875	0.872	0.868	0.864	0.861	0.858	0.855
50	0.852	0.849	0.846	0.843	0.839	0.836	0.832	0.829	0.825	0.822
60	0.818	0.814	0.810	0.806	0.802	0.797	0.793	0.789	0.784	0.779
70	0.775	0.770	0.765	0.760	0.755	0.750	0.744	0.739	0.733	0.728
80	0.722	0.716	0.710	0.704	0.698	0.692	0.686	0.680	0.673	0.667
90	0.661	0.654	0.648	0.641	0.634	0.626	0.618	0.611	0.603	0.595
100	0.588	0.580	0.573	0.566	0.558	0.551	0.544	0.537	0.530	0.523
110	0.516	0.509	0.502	0.496	0.489	0.483	0.476	0.470	0.464	0.458
120	0.452	0.446	0.440	0.434	0.428	0.423	0.417	0.412	0.406	0.401
130	0.396	0.391	0.386	0.381	0.376	0.371	0.367	0.362	0.357	0.353
140	0.349	0.344	0.340	0.336	0.332	0.328	0.324	0.320	0.316	0.312
150	0.308	0.305	0.301	0.298	0.294	0.291	0.287	0.284	0.281	0.277
160	0.274	0.271	0.268	0.265	0.262	0.259	0.256	0.253	0.251	0.248
170	0.245	0.213	0.240	0.237	0.235	0.232	0.230	0.227	0.225	0.223
180	0.220	0.218	0.216	0.214	0.211	0.209	0.207	0.205	0.203	0.201
190	0.199	0.197	0.195	0.193	0.191	0.189	0.188	0.186	0.184	0.182
200	0.180	0.179	0.177	0.175	0.174	0.172	0.171	0.169	0.167	0.166
210	0.164	0.163	0.161	0.160	0.159	0.157	0.156	0.154	0.153	0.152
220	0.150	0.149	0.148	0.146	0.145	0.144	0.143	0.141	0.140	0.139
230	0.138	0.137	0.136	0.135	0.133	0.132	0.131	0.130	0.129	0.128
240	0.127	0.126	0.125	0.124	0.123	0.122	0.121	0.120	0.119	0.118
250	0.117	—	—	—	—	—	—	—	—	—

Q345 钢轴心受压冷弯薄壁型钢构件的稳定系数 φ

附表 2-13

λ	0	1	2	3	4	5	6	7	8	9
0	1.000	0.997	0.994	0.991	0.988	0.985	0.982	0.979	0.976	0.973
10	0.971	0.968	0.965	0.962	0.959	0.956	0.952	0.949	0.946	0.943
20	0.940	0.937	0.934	0.930	0.927	0.924	0.920	0.917	0.913	0.909
30	0.906	0.902	0.898	0.894	0.890	0.886	0.882	0.878	0.874	0.870
40	0.867	0.864	0.860	0.857	0.853	0.849	0.845	0.841	0.837	0.833
50	0.829	0.824	0.819	0.815	0.810	0.805	0.800	0.794	0.789	0.783
60	0.777	0.771	0.765	0.759	0.752	0.746	0.739	0.732	0.725	0.718
70	0.710	0.703	0.695	0.688	0.680	0.672	0.664	0.656	0.648	0.640
80	0.632	0.623	0.615	0.607	0.599	0.591	0.583	0.574	0.566	0.558
90	0.550	0.542	0.535	0.527	0.519	0.512	0.504	0.497	0.489	0.482
100	0.475	0.467	0.460	0.452	0.445	0.438	0.431	0.424	0.418	0.411
110	0.405	0.398	0.392	0.386	0.380	0.375	0.369	0.363	0.358	0.352
120	0.347	0.342	0.337	0.332	0.327	0.322	0.318	0.313	0.309	0.304
130	0.300	0.296	0.292	0.288	0.284	0.280	0.276	0.272	0.269	0.265
140	0.261	0.258	0.255	0.251	0.248	0.245	0.242	0.238	0.235	0.232
150	0.229	0.227	0.224	0.221	0.218	0.216	0.213	0.210	0.208	0.205
160	0.203	0.201	0.198	0.196	0.194	0.191	0.189	0.187	0.185	0.183
170	0.181	0.179	0.177	0.175	0.173	0.171	0.169	0.167	0.165	0.163
180	0.162	0.160	0.158	0.157	0.155	0.153	0.152	0.150	0.149	0.147
190	0.146	0.144	0.143	0.141	0.140	0.138	0.137	0.136	0.134	0.133
200	0.132	0.130	0.129	0.128	0.127	0.126	0.124	0.123	0.122	0.121
210	0.120	0.119	0.118	0.116	0.115	0.114	0.113	0.112	0.111	0.110
220	0.109	0.108	0.107	0.106	0.106	0.105	0.104	0.103	0.102	0.101
230	0.100	0.099	0.098	0.098	0.097	0.096	0.095	0.094	0.094	0.093
240	0.092	0.091	0.091	0.090	0.089	0.088	0.088	0.087	0.086	0.086
250	0.085	—	—	—	—	—	—	—	—	—

附录 2.4　刚架柱的计算长度系数

K_2 \ K_1	0	0.05	0.1	0.2	0.3	0.4	0.5	1	2	3	4	5	≥10
0	1.000	0.990	0.981	0.964	0.949	0.935	0.922	0.875	0.820	0.791	0.773	0.760	0.732
0.05	0.990	0.981	0.971	0.955	0.940	0.926	0.914	0.867	0.814	0.784	0.766	0.754	0.726
0.1	0.981	0.971	0.962	0.946	0.931	0.918	0.906	0.860	0.807	0.778	0.760	0.748	0.721
0.2	0.964	0.955	0.946	0.930	0.916	0.903	0.891	0.846	0.795	0.767	0.749	0.737	0.711
0.3	0.949	0.940	0.931	0.916	0.902	0.889	0.878	0.834	0.784	0.756	0.739	0.728	0.701
0.4	0.935	0.926	0.918	0.903	0.889	0.877	0.866	0.823	0.774	0.747	0.730	0.719	0.693
0.5	0.922	0.914	0.906	0.891	0.878	0.866	0.855	0.813	0.765	0.738	0.721	0.710	0.685
1	0.875	0.867	0.860	0.846	0.834	0.823	0.813	0.774	0.729	0.704	0.688	0.677	0.654
2	0.820	0.814	0.807	0.795	0.784	0.774	0.765	0.729	0.686	0.663	0.648	0.638	0.615
3	0.791	0.784	0.778	0.767	0.756	0.747	0.738	0.704	0.663	0.640	0.625	0.616	0.593
4	0.773	0.766	0.760	0.749	0.739	0.730	0.721	0.688	0.648	0.625	0.611	0.601	0.580
5	0.760	0.754	0.748	0.737	0.728	0.719	0.710	0.677	0.638	0.616	0.601	0.592	0.570
≥10	0.732	0.726	0.721	0.711	0.701	0.693	0.685	0.654	0.615	0.593	0.580	0.570	0.549

注：1. 表中的计算长度系数 μ 值系按下式算得：

$$\left[\left(\frac{\pi}{\mu}\right)^2+2\left(K_1+K_2\right)-4K_1K_2\right]\frac{\pi}{\mu}\cdot\sin\frac{\pi}{\mu}-2\left[\left(K_1+K_2\right)\left(\frac{\pi}{\mu}\right)^2+4K_1K_2\right]\cos\frac{\pi}{\mu}+8K_1K_2=0$$

式中，K_1、K_2 分别为相交于柱上端、柱下端的横梁线刚度之和与柱线刚度之和的比值。当梁远端为铰接时，应将横梁线刚度乘以 1.5；当横梁远端为嵌固时，则将横梁线刚度乘以 2。

2. 当横梁与柱铰接时，取横梁线刚度为零。

3. 对底层框架柱：当柱与基础铰接时，取 $K_2=0$（对平板支座可取 $K_2=0.1$）；当柱与基础刚接时，取 $K_2=10$。

4. 当与柱刚性连接的横梁所受轴心压力 N_b 较大时，横梁线刚度应乘以折减系数 α_N：

横梁远端与柱刚接和横梁远端铰支时：$\alpha_N=1-N_b/N_{Eb}$

横梁远端嵌固时：$\alpha_N=1-N_b/(2N_{Eb})$

式中，$N_{Eb}=\pi^2EI_b/l^2$，I_b 为横梁截面惯性矩，l 为横梁长度。

有侧移框架柱的计算长度系数 μ　　　　　　　　　　　　附表 2-15

K_2 ＼ K_1	0	0.05	0.1	0.2	0.3	0.4	0.5	1	2	3	4	5	≥10
0	∞	6.02	4.46	3.42	3.01	2.78	2.64	2.33	2.17	2.11	2.08	2.07	2.03
0.05	6.02	4.16	3.47	2.86	2.58	2.42	2.31	2.07	1.94	1.90	1.87	1.86	1.83
0.1	4.46	3.47	3.01	2.56	2.33	2.20	2.11	1.90	1.79	1.75	1.73	1.72	1.70
0.2	3.42	2.86	2.56	2.23	2.05	1.94	1.87	1.70	1.60	1.57	1.55	1.54	1.52
0.3	3.01	2.58	2.33	2.05	1.90	1.80	1.74	1.58	1.49	1.46	1.45	1.44	1.42
0.4	2.78	2.42	2.20	1.94	1.80	1.71	1.65	1.50	1.42	1.39	1.37	1.37	1.35
0.5	2.64	2.31	2.11	1.87	1.74	1.65	1.59	1.45	1.37	1.34	1.32	1.32	1.30
1	2.33	2.07	1.90	1.70	1.58	1.50	1.45	1.32	1.24	1.21	1.20	1.19	1.17
2	2.17	1.94	1.79	1.60	1.49	1.42	1.37	1.24	1.16	1.14	1.12	1.12	1.10
3	2.11	1.90	1.75	1.57	1.46	1.39	1.34	1.21	1.14	1.11	1.10	1.09	1.07
4	2.08	1.87	1.73	1.55	1.45	1.37	1.32	1.20	1.12	1.10	1.08	1.08	1.06
5	2.07	1.86	1.72	1.54	1.44	1.37	1.32	1.19	1.12	1.09	1.08	1.07	1.05
≥10	2.03	1.83	1.70	1.52	1.42	1.35	1.30	1.17	1.10	1.07	1.06	1.05	1.03

注：1. 表中的计算长度系数 μ 值系按下式算得：

$$\left[36K_1K_2-\left(\frac{\pi}{\mu}\right)^2\right]\sin\frac{\pi}{\mu}+6(K_1+K_2)\frac{\pi}{\mu}\cdot\cos\frac{\pi}{\mu}=0$$

式中，K_1、K_2 分别为相交于柱上端、柱下端的横梁线刚度之和与柱线刚度之和的比值。当横梁远端为铰接时，应将横梁线刚度乘以 0.5；当横梁远端为嵌固时，则应乘以 2/3。

2. 当横梁与柱铰接时，取横梁线刚度为零。

3. 对底层框架柱：当柱与基础铰接时，取 $K_2=0$（对平板支座可取 $K_2=0.1$）；当柱与基础刚接时，取 $K_2=10$。

4. 当与柱刚性连接的横梁所受轴心压力 N_b 较大时，横梁线刚度应乘以折减系数 α_N：

横梁远端与柱刚接时：$\alpha_N=1-N_b/(4N_{Eb})$

横梁远端铰支时：$\alpha_N=1-N_b/N_{Eb}$

横梁远端嵌固时：$\alpha_N=1-N_b/(2N_{Eb})$

N_{Eb} 的计算式见附表 2-14 的注 4。

柱上端为自由的单阶柱下段的计算长度系数 μ_2　　　　　　附表 2-16

简　图	K_1 ＼ η_1	0.06	0.08	0.10	0.12	0.14	0.16	0.18	0.20	0.22	0.24	0.26	0.28	0.3	0.4	0.5	0.6	0.7	0.8
	0.2	2.00	2.01	2.01	2.01	2.01	2.01	2.01	2.02	2.02	2.02	2.02	2.02	2.02	2.03	2.04	2.05	2.06	2.07
	0.3	2.01	2.02	2.02	2.02	2.03	2.03	2.03	2.04	2.04	2.05	2.05	2.06	2.07	2.08	2.10	2.12	2.13	2.15
	0.4	2.02	2.03	2.04	2.04	2.05	2.06	2.07	2.08	2.09	2.10	2.11	2.12	2.13	2.14	2.18	2.21	2.25	2.28
	0.5	2.04	2.05	2.06	2.07	2.09	2.10	2.11	2.12	2.13	2.15	2.16	2.17	2.18	2.24	2.29	2.35	2.40	2.45
$K_1=\dfrac{I_1}{I_2}\cdot\dfrac{H_2}{H_1}$	0.6	2.06	2.08	2.10	2.12	2.14	2.16	2.18	2.19	2.21	2.23	2.25	2.26	2.28	2.36	2.44	2.52	2.59	2.66
$\eta_1=\dfrac{H_1}{H_2}\sqrt{\dfrac{N_1}{N_2}\cdot\dfrac{I_2}{I_1}}$	0.7	2.10	2.13	2.16	2.18	2.21	2.24	2.26	2.29	2.31	2.34	2.36	2.38	2.41	2.52	2.62	2.72	2.81	2.90
N_1——上段柱的轴心力；	0.8	2.15	2.20	2.24	2.27	2.31	2.34	2.38	2.41	2.44	2.47	2.50	2.53	2.56	2.70	2.82	2.94	3.06	3.16
	0.9	2.24	2.29	2.35	2.39	2.44	2.48	2.52	2.56	2.60	2.63	2.67	2.71	2.74	2.90	3.05	3.19	3.32	3.44
N_2——下段柱的轴心力	1.0	2.36	2.43	2.48	2.54	2.59	2.64	2.69	2.73	2.77	2.82	2.86	2.90	2.94	3.12	3.29	3.45	3.59	3.74

简　　图	$\frac{K_1}{\eta_1}$	0.06	0.08	0.10	0.12	0.14	0.16	0.18	0.20	0.22	0.24	0.26	0.28	0.3	0.4	0.5	0.6	0.7	0.8
	1.2	2.69	2.76	2.83	2.89	2.95	3.01	3.07	3.12	3.17	3.22	3.27	3.32	3.37	3.59	3.80	3.99	4.17	4.34
	1.4	3.07	3.14	3.22	3.29	3.36	3.42	3.48	3.55	3.61	3.66	3.72	3.78	3.83	4.09	4.33	4.56	4.77	4.97
	1.6	3.47	3.55	3.63	3.71	3.78	3.85	3.92	3.99	4.07	4.12	4.18	4.25	4.31	4.61	4.88	5.14	5.38	5.62
	1.8	3.88	3.97	4.05	4.13	4.21	4.29	4.37	4.44	4.52	4.59	4.66	4.73	4.80	5.13	5.44	5.73	6.00	6.26
$K_1=\dfrac{I_1}{I_2}\cdot\dfrac{H_2}{H_1}$	2.0	4.29	4.39	4.48	4.57	4.65	4.74	4.82	4.90	4.99	5.07	5.14	5.22	5.30	5.66	6.00	6.32	6.63	6.92
$\eta_1=\dfrac{H_1}{H_2}\sqrt{\dfrac{N_1}{N_2}\cdot\dfrac{I_2}{I_1}}$	2.2	4.71	4.81	4.91	5.00	5.10	5.19	5.28	5.37	5.46	5.54	5.63	5.71	5.80	6.19	6.57	6.92	7.26	7.58
N_1——上段柱	2.4	5.13	5.24	5.34	5.44	5.54	5.64	5.74	5.84	5.93	6.03	6.12	6.21	6.30	6.73	7.14	7.52	7.89	8.24
的轴心力；	2.6	5.55	5.66	5.77	5.88	5.99	6.10	6.20	6.31	6.41	6.51	6.61	6.71	6.80	7.27	7.71	8.13	8.52	8.90
N_2——下段柱	2.8	5.97	6.09	6.21	6.33	6.44	6.55	6.67	6.78	6.89	6.99	7.10	7.21	7.31	7.81	8.28	8.73	9.16	9.57
的轴心力	3.0	6.39	6.52	6.64	6.77	6.89	7.01	7.13	7.25	7.37	7.48	7.59	7.71	7.82	8.35	8.86	9.34	9.80	10.24

注：表中的计算长度系数 μ_2 值系按下式计算得出：

$$\eta_1 K_1 \cdot \tan\frac{\pi}{\mu_2} \cdot \tan\frac{\pi\eta_1}{\mu_2} - 1 = 0$$

柱上端可移动但不转动的单阶柱下段的计算长度系数 μ_2　　　　附表 2-17

简　　图	$\frac{K_1}{\eta_1}$	0.06	0.08	0.10	0.12	0.14	0.16	0.18	0.20	0.22	0.24	0.26	0.28	0.3	0.4	0.5	0.6	0.7	0.8
	0.2	1.96	1.94	1.93	1.91	1.90	1.89	1.88	1.86	1.85	1.84	1.83	1.82	1.81	1.76	1.72	1.68	1.65	1.62
	0.3	1.96	1.94	1.93	1.92	1.91	1.89	1.88	1.87	1.86	1.85	1.84	1.83	1.82	1.77	1.73	1.70	1.66	1.63
	0.4	1.96	1.95	1.94	1.92	1.91	1.90	1.89	1.88	1.87	1.86	1.85	1.84	1.83	1.79	1.75	1.72	1.68	1.66
	0.5	1.96	1.95	1.94	1.93	1.92	1.91	1.90	1.89	1.88	1.87	1.86	1.85	1.85	1.81	1.77	1.74	1.71	1.69
	0.6	1.97	1.96	1.95	1.94	1.93	1.92	1.91	1.90	1.90	1.89	1.88	1.87	1.87	1.83	1.80	1.78	1.75	1.73
	0.7	1.97	1.97	1.96	1.95	1.94	1.94	1.93	1.92	1.92	1.91	1.90	1.90	1.89	1.86	1.84	1.82	1.80	1.78
	0.8	1.98	1.98	1.97	1.96	1.96	1.95	1.95	1.94	1.94	1.93	1.93	1.93	1.92	1.90	1.88	1.87	1.86	1.84
	0.9	1.99	1.99	1.98	1.98	1.98	1.97	1.97	1.97	1.97	1.96	1.96	1.96	1.96	1.95	1.94	1.93	1.92	1.92
$K_1=\dfrac{I_1}{I_2}\cdot\dfrac{H_2}{H_1}$	1.0	2.00	2.00	2.00	2.00	2.00	2.00	2.00	2.00	2.00	2.00	2.00	2.00	2.00	2.00	2.00	2.00	2.00	2.00
	1.2	2.03	2.04	2.04	2.05	2.06	2.07	2.07	2.08	2.08	2.09	2.10	2.10	2.11	2.13	2.15	2.17	2.18	2.20
	1.4	2.07	2.09	2.11	2.12	2.14	2.16	2.17	2.18	2.20	2.21	2.22	2.23	2.24	2.29	2.33	2.37	2.40	2.42
$\eta_1=\dfrac{H_1}{H_2}\sqrt{\dfrac{N_1}{N_2}\cdot\dfrac{I_2}{I_1}}$	1.6	2.13	2.16	2.19	2.22	2.25	2.27	2.30	2.32	2.34	2.36	2.37	2.39	2.41	2.48	2.54	2.59	2.63	2.67
	1.8	2.22	2.27	2.31	2.35	2.39	2.42	2.45	2.48	2.50	2.53	2.55	2.57	2.59	2.69	2.76	2.83	2.88	2.93
N_1——上段柱	2.0	2.35	2.41	2.46	2.50	2.55	2.59	2.62	2.66	2.69	2.72	2.75	2.77	2.80	2.91	3.00	3.08	3.14	3.20
的轴心	2.2	2.51	2.57	2.63	2.68	2.73	2.77	2.81	2.85	2.89	2.92	2.95	2.98	3.01	3.14	3.25	3.33	3.41	3.47
力；	2.4	2.68	2.75	2.81	2.87	2.92	2.97	3.01	3.05	3.09	3.13	3.17	3.20	3.24	3.38	3.50	3.59	3.68	3.75
N_2——下段柱	2.6	2.87	2.94	3.00	3.06	3.12	3.17	3.22	3.27	3.31	3.35	3.39	3.43	3.46	3.62	3.75	3.86	3.95	4.03
的轴心	2.8	3.06	3.14	3.20	3.27	3.33	3.38	3.43	3.48	3.53	3.58	3.62	3.66	3.70	3.87	4.01	4.13	4.23	4.32
力	3.0	3.26	3.34	3.41	3.47	3.54	3.60	3.65	3.70	3.75	3.80	3.85	3.89	3.93	4.12	4.27	4.40	4.51	4.61

注：表中的计算长度系数 μ_2 值系按下式计算得出：

$$\tan\frac{\pi\eta_1}{\mu_2} + \eta_1 K_1 \cdot \tan\frac{\pi}{\mu_2} = 0$$

简图	K_1		0.05										
	η_1 \ η_2	K_2	0.2	0.3	0.4	0.5	0.6	0.7	0.8	0.9	1.0	1.1	1.2
	0.2	0.2	2.02	2.03	2.04	2.05	2.05	2.06	2.07	2.08	2.09	2.10	2.10
		0.4	2.08	2.11	2.15	2.19	2.22	2.25	2.29	2.32	2.35	2.39	2.42
		0.6	2.20	2.29	2.37	2.45	2.52	2.60	2.67	2.73	2.80	2.87	2.93
		0.8	2.42	2.57	2.71	2.83	2.95	3.06	3.17	3.27	3.37	3.47	3.56
		1.0	2.75	2.95	3.13	3.30	3.45	3.60	3.74	3.87	4.00	4.13	4.25
		1.2	3.13	3.38	3.60	3.80	4.00	4.18	4.35	4.51	4.67	4.82	4.97
	0.4	0.2	2.04	2.05	2.05	2.06	2.07	2.08	2.09	2.09	2.10	2.11	2.12
		0.4	2.10	2.14	2.17	2.20	2.24	2.27	2.31	2.34	2.37	2.40	2.43
		0.6	2.24	2.32	2.40	2.47	2.54	2.62	2.68	2.75	2.82	2.88	2.94
		0.8	2.47	2.60	2.73	2.85	2.97	3.08	3.19	3.29	3.38	3.48	3.57
		1.0	2.79	2.98	3.15	3.32	3.47	3.62	3.75	3.89	4.02	4.11	4.26
		1.2	3.18	3.41	3.62	3.82	4.01	4.19	4.36	4.52	4.68	4.83	4.98
	0.6	0.2	2.09	2.09	2.10	2.10	2.11	2.12	2.12	2.13	2.14	2.15	2.15
		0.4	2.17	2.19	2.22	2.25	2.28	2.31	2.34	2.38	2.41	2.44	2.47
		0.6	2.32	2.38	2.45	2.52	2.59	2.66	2.72	2.79	2.85	2.91	2.97
		0.8	2.56	2.67	2.79	2.90	3.01	3.11	3.22	3.32	3.41	3.50	3.60
		1.0	2.88	3.04	3.20	3.36	3.50	3.65	3.78	3.91	4.04	4.16	4.26
		1.2	3.26	3.46	3.66	3.86	4.04	4.22	4.38	4.55	4.70	4.85	5.00
	0.8	0.2	2.29	2.24	2.22	2.21	2.21	2.22	2.22	2.22	2.23	2.23	2.24
		0.4	2.37	2.34	2.34	2.36	2.38	2.40	2.43	2.45	2.48	2.51	2.54
		0.6	2.52	2.52	2.56	2.61	2.67	2.73	2.79	2.85	2.91	2.96	3.02
		0.8	2.74	2.79	2.88	2.98	3.08	3.17	3.27	3.36	3.46	3.55	3.63
		1.0	3.04	3.15	3.28	3.42	3.56	3.69	3.82	3.95	4.07	4.19	4.31
		1.2	3.39	3.55	3.73	3.91	4.08	4.25	4.42	4.58	4.73	4.88	5.02
	1.0	0.2	2.69	2.57	2.51	2.48	2.46	2.45	2.45	2.44	2.44	2.44	2.44
		0.4	2.75	2.64	2.60	2.59	2.59	2.59	2.60	2.62	2.63	2.65	2.67
		0.6	2.86	2.78	2.77	2.79	2.83	2.87	2.91	2.96	3.01	3.06	3.10
		0.8	3.04	3.01	3.05	3.11	3.19	3.27	3.35	3.44	3.52	3.61	3.70
		1.0	3.29	3.32	3.41	3.52	3.64	3.76	3.89	4.01	4.13	4.24	4.35
		1.2	3.60	3.69	3.83	3.99	4.15	4.31	4.47	4.62	4.77	4.92	5.06
	1.2	0.2	3.16	3.00	2.92	2.87	2.84	2.81	2.80	2.79	2.78	2.77	2.77
		0.4	3.21	3.05	2.98	2.94	2.92	2.90	2.90	2.90	2.90	2.91	2.92
		0.6	3.30	3.15	3.10	3.08	3.08	3.10	3.12	3.15	3.18	3.22	3.26
		0.8	3.43	3.32	3.30	3.33	3.37	3.43	3.49	3.56	3.63	3.71	3.78
		1.0	3.62	3.57	3.60	3.68	3.77	3.87	3.98	4.09	4.20	4.31	4.42
		1.2	3.88	3.88	3.98	4.11	4.25	4.39	4.54	4.68	4.83	4.97	5.10
	1.4	0.2	3.66	3.46	3.36	3.29	3.25	3.23	3.20	3.19	3.18	3.17	3.16
		0.4	3.70	3.50	3.40	3.35	3.31	3.29	3.27	3.26	3.26	3.26	3.26
		0.6	3.77	3.58	3.49	3.45	3.43	3.42	3.42	3.43	3.45	3.47	3.49
		0.8	3.87	3.70	3.64	3.63	3.64	3.67	3.70	3.75	3.81	3.86	3.92
		1.0	4.02	3.89	3.87	3.90	3.96	4.04	4.12	4.22	4.31	4.41	4.51
		1.2	4.23	4.15	4.19	4.27	4.39	4.51	4.64	4.77	4.91	5.04	5.17

简图栏：

$$K_1 = \frac{I_1}{I_3} \cdot \frac{H_3}{H_1}$$

$$K_2 = \frac{I_2}{I_3} \cdot \frac{H_3}{H_2}$$

$$\eta_1 = \frac{H_1}{H_3} \sqrt{\frac{N_1}{N_3} \cdot \frac{I_3}{I_1}}$$

$$\eta_2 = \frac{H_2}{H_3} \sqrt{\frac{N_2}{N_3} \cdot \frac{I_3}{I_2}}$$

N_1——上段柱的轴心力；

N_2——中段柱的轴心力；

N_3——下段柱的轴心力

简　图	K_1		0.10										
	η_1	K_2 η_2	0.2	0.3	0.4	0.5	0.6	0.7	0.8	0.9	1.0	1.1	1.2
	0.2	0.2	2.03	2.03	2.04	2.05	2.06	2.07	2.08	2.08	2.09	2.10	2.11
		0.4	2.09	2.12	2.16	2.19	2.23	2.26	2.29	2.33	2.36	2.39	2.42
		0.6	2.21	2.30	2.38	2.46	2.53	2.60	2.67	2.74	2.81	2.87	2.93
		0.8	2.44	2.58	2.71	2.84	2.96	3.07	3.17	3.28	3.37	3.47	3.56
		1.0	2.76	2.96	3.14	3.30	3.46	3.60	3.74	3.88	4.01	4.13	4.25
		1.2	3.15	3.39	3.61	3.81	4.00	4.18	4.35	4.52	4.68	4.83	4.98
	0.4	0.2	2.07	2.07	2.08	2.08	2.09	2.10	2.11	2.12	2.12	2.13	2.14
		0.4	2.14	2.17	2.20	2.23	2.26	2.30	2.33	2.36	2.39	2.42	2.46
		0.6	2.28	2.36	2.43	2.50	2.57	2.64	2.71	2.77	2.84	2.90	2.96
		0.8	2.53	2.65	2.77	2.88	3.00	3.10	3.21	3.31	3.40	3.50	3.59
		1.0	2.85	3.02	3.19	3.34	3.49	3.64	3.77	3.91	4.03	4.16	4.28
		1.2	3.24	3.45	3.65	3.85	4.03	4.21	4.38	4.54	4.70	4.85	4.99
	0.6	0.2	2.22	2.19	2.18	2.17	2.18	2.18	2.19	2.19	2.20	2.20	2.21
		0.4	2.31	2.30	2.31	2.33	2.35	2.38	2.41	2.44	2.47	2.49	2.52
		0.6	2.48	2.49	2.54	2.60	2.66	2.72	2.78	2.84	2.90	2.96	3.02
		0.8	2.72	2.78	2.87	2.97	3.07	3.17	3.27	3.36	3.46	3.55	3.64
		1.0	3.04	3.15	3.28	3.42	3.56	3.70	3.83	3.95	4.08	4.20	4.31
		1.2	3.40	3.56	3.74	3.91	4.09	4.26	4.42	4.58	4.73	4.88	5.03
	0.8	0.2	2.63	2.49	2.43	2.40	2.38	2.37	2.37	2.36	2.36	2.37	2.37
		0.4	2.71	2.59	2.55	2.54	2.54	2.55	2.57	2.59	2.61	2.63	2.65
		0.6	2.86	2.76	2.76	2.78	2.82	2.86	2.91	2.96	3.01	3.07	3.12
		0.8	3.06	3.02	3.06	3.13	3.20	3.29	3.37	3.46	3.54	3.63	3.71
		1.0	3.33	3.35	3.44	3.55	3.67	3.79	3.90	4.03	4.15	4.26	4.37
		1.2	3.65	3.73	3.86	4.02	4.18	4.34	4.49	4.64	4.79	4.94	5.08
	1.0	0.2	3.18	2.95	2.84	2.77	2.73	2.70	2.68	2.67	2.66	2.65	2.65
		0.4	3.24	3.03	2.93	2.88	2.85	2.84	2.84	2.84	2.85	2.86	2.87
		0.6	3.36	3.16	3.09	3.07	3.08	3.09	3.12	3.15	3.19	3.23	3.27
		0.8	3.52	3.37	3.34	3.36	3.41	3.46	3.53	3.60	3.67	3.75	3.82
		1.0	3.74	3.64	3.67	3.74	3.83	3.93	4.03	4.14	4.25	4.35	4.46
		1.2	4.00	3.97	4.05	4.17	4.31	4.45	4.59	4.73	4.87	5.01	5.14
	1.2	0.2	3.77	3.47	3.32	3.23	3.17	3.12	3.09	3.07	3.05	3.04	3.03
		0.4	3.82	3.53	3.39	3.31	3.26	3.22	3.20	3.19	3.19	3.19	3.19
		0.6	3.91	3.64	3.51	3.45	3.42	3.42	3.42	3.43	3.45	3.48	3.50
		0.8	4.04	3.80	3.71	3.68	3.69	3.72	3.76	3.81	3.86	3.92	3.98
		1.0	4.21	4.02	3.97	3.99	4.05	4.12	4.20	4.29	4.39	4.48	4.58
		1.2	4.43	4.30	4.31	4.38	4.48	4.60	4.72	4.85	4.98	5.11	5.24
	1.4	0.2	4.37	4.01	3.82	3.71	3.63	3.58	3.54	3.51	3.49	3.47	3.45
		0.4	4.41	4.06	3.88	3.77	3.70	3.66	3.63	3.60	3.59	3.58	3.57
		0.6	4.48	4.15	3.98	3.89	3.83	3.80	3.79	3.78	3.79	3.80	3.81
		0.8	4.59	4.28	4.13	4.07	4.04	4.04	4.06	4.08	4.12	4.16	4.21
		1.0	4.74	4.45	4.35	4.32	4.34	4.38	4.43	4.50	4.58	4.66	4.74
		1.2	4.92	4.69	4.63	4.65	4.72	4.80	4.90	5.10	5.13	5.24	5.36

$$K_1 = \frac{I_1}{I_3} \cdot \frac{H_3}{H_1}$$

$$K_2 = \frac{I_2}{I_3} \cdot \frac{H_3}{H_2}$$

$$\eta_1 = \frac{H_1}{H_3} \sqrt{\frac{N_1}{N_3} \cdot \frac{I_3}{I_1}}$$

$$\eta_2 = \frac{H_2}{H_3} \sqrt{\frac{N_2}{N_3} \cdot \frac{I_3}{I_2}}$$

N_1——上段柱的轴心力；
N_2——中段柱的轴心力；
N_3——下段柱的轴心力

简　图	K_1		0.20										
	η_1	K_2 η_2	0.2	0.3	0.4	0.5	0.6	0.7	0.8	0.9	1.0	1.1	1.2
	0.2	0.2	2.04	2.04	2.05	2.06	2.07	2.08	2.08	2.09	2.10	2.11	2.12
		0.4	2.10	2.13	2.17	2.20	2.24	2.27	2.30	2.34	2.37	2.40	2.43
		0.6	2.23	2.31	2.39	2.47	2.54	2.61	2.68	2.75	2.82	2.88	2.94
		0.8	2.46	2.60	2.73	2.85	2.97	3.08	3.18	3.29	3.38	3.48	3.57
		1.0	2.79	2.98	3.15	3.32	3.47	3.61	3.75	3.89	4.02	4.14	4.26
		1.2	3.18	3.41	3.62	3.82	4.01	4.19	4.36	4.52	4.68	4.83	4.98
	0.4	0.2	2.15	2.13	2.13	2.14	2.14	2.15	2.15	2.16	2.17	2.17	2.18
		0.4	2.24	2.24	2.26	2.29	2.32	2.35	2.38	2.41	2.44	2.47	2.50
		0.6	2.40	2.44	2.50	2.56	2.63	2.69	2.76	2.82	2.88	2.94	3.00
		0.8	2.66	2.74	2.84	2.95	3.05	3.15	3.25	3.35	3.44	3.53	3.62
		1.0	2.98	3.12	3.25	3.40	3.54	3.68	3.81	3.94	4.07	4.19	4.30
		1.2	3.35	3.53	3.71	3.90	4.08	4.25	4.41	4.57	4.73	4.87	5.02
	0.6	0.2	2.57	2.42	2.37	2.34	2.33	2.32	2.32	2.32	2.32	2.32	2.33
		0.4	2.67	2.54	2.50	2.50	2.51	2.52	2.54	2.56	2.58	2.61	2.63
		0.6	2.83	2.74	2.73	2.76	2.80	2.85	2.90	2.96	3.01	3.06	3.12
		0.8	3.06	3.01	3.05	3.12	3.20	3.29	3.38	3.46	3.55	3.63	3.72
		1.0	3.34	3.35	3.44	3.56	3.68	3.80	3.92	4.04	4.15	4.27	4.38
		1.2	3.67	3.74	3.88	4.03	4.19	4.35	4.50	4.65	4.80	4.94	5.08
	0.8	0.2	3.25	2.96	2.82	2.74	2.69	2.66	2.64	2.62	2.61	2.61	2.60
		0.4	3.33	3.05	2.93	2.87	2.84	2.83	2.83	2.83	2.84	2.85	2.87
		0.6	3.45	3.21	3.12	3.10	3.10	3.12	3.14	3.18	3.22	3.26	3.30
		0.8	3.63	3.44	3.39	3.41	3.45	3.51	3.57	3.64	3.71	3.79	3.86
		1.0	3.86	3.73	3.73	3.80	3.88	3.98	4.08	4.18	4.29	4.39	4.50
		1.2	4.13	4.07	4.13	4.24	4.36	4.50	4.64	4.78	4.91	5.05	5.18
	1.0	0.2	4.00	3.60	3.39	3.26	3.18	3.13	3.08	3.05	3.03	3.01	3.00
		0.4	4.06	3.67	3.48	3.37	3.30	3.26	3.23	3.21	3.21	3.20	3.20
		0.6	4.15	3.79	3.63	3.54	3.50	3.48	3.49	3.50	3.51	3.54	3.57
		0.8	4.29	3.97	3.84	3.80	3.79	3.81	3.85	3.90	3.95	4.01	4.07
		1.0	4.48	4.21	4.13	4.13	4.17	4.23	4.31	4.39	4.48	4.57	4.66
		1.2	4.70	4.49	4.47	4.52	4.60	4.71	4.82	4.94	5.07	5.19	5.31
	1.2	0.2	4.76	4.26	4.00	3.83	3.72	3.65	3.59	3.54	3.51	3.48	3.46
		0.4	4.81	4.32	4.07	3.91	3.82	3.75	3.70	3.67	3.65	3.63	3.62
		0.6	4.89	4.43	4.19	4.05	3.98	3.93	3.91	3.89	3.89	3.90	3.91
		0.8	5.00	4.57	4.36	4.26	4.21	4.20	4.21	4.23	4.26	4.30	4.34
		1.0	5.15	4.76	4.59	4.53	4.53	4.55	4.60	4.66	4.73	4.80	4.88
		1.2	5.34	5.00	4.88	4.87	4.91	4.98	5.07	5.17	5.27	5.38	5.49
	1.4	0.2	5.53	4.94	4.62	4.42	4.29	4.19	4.12	4.06	4.02	3.98	3.95
		0.4	5.57	4.99	4.68	4.49	4.36	4.27	4.21	4.16	4.13	4.10	4.08
		0.6	5.64	5.07	4.78	4.60	4.49	4.42	4.38	4.35	4.33	4.32	4.32
		0.8	5.74	5.19	4.92	4.77	4.69	4.64	4.62	4.62	4.63	4.65	4.67
		1.0	5.86	5.35	5.12	5.00	4.95	4.94	4.96	4.99	5.03	5.09	5.15
		1.2	6.02	5.55	5.36	5.29	5.28	5.31	5.37	5.44	5.52	5.61	5.71

$$K_1 = \frac{I_1}{I_3} \cdot \frac{H_3}{H_1}$$

$$K_2 = \frac{I_2}{I_3} \cdot \frac{H_3}{H_2}$$

$$\eta_1 = \frac{H_1}{H_3} \sqrt{\frac{N_1}{N_3} \cdot \frac{I_3}{I_1}}$$

$$\eta_2 = \frac{H_2}{H_3} \sqrt{\frac{N_2}{N_3} \cdot \frac{I_3}{I_2}}$$

N_1——上段柱的轴心力；
N_2——中段柱的轴心力；
N_3——下段柱的轴心力

简 图	K_1		0.30									
	K_2		0.2	0.3	0.4	0.5	0.6	0.7	0.8	0.9	1.0	1.1	1.2
	η_1	η_2											
	0.2	0.2	2.05	2.05	2.06	2.07	2.08	2.09	2.09	2.10	2.11	2.12	2.13
		0.4	2.12	2.15	2.18	2.21	2.25	2.28	2.31	2.35	2.38	2.41	2.44
		0.6	2.25	2.33	2.41	2.48	2.56	2.63	2.69	2.76	2.83	2.89	2.95
		0.8	2.49	2.62	2.75	2.87	2.98	3.09	3.20	3.30	3.39	3.49	3.58
		1.0	3.82	3.00	3.17	3.33	3.48	3.63	3.76	3.90	4.02	4.15	4.27
		1.2	3.20	3.43	3.64	3.83	4.02	4.20	4.37	4.53	4.69	4.84	4.99
	0.4	0.2	2.26	2.21	2.20	2.19	2.19	2.20	2.20	2.21	2.21	2.22	2.23
		0.4	2.36	2.33	2.33	2.35	2.38	2.40	2.43	2.46	2.49	2.51	2.54
		0.6	2.54	2.54	2.58	2.63	2.69	2.75	2.81	2.87	2.93	2.99	3.04
		0.8	2.79	2.83	2.91	3.01	3.10	3.20	3.30	3.39	3.48	3.57	3.66
		1.0	3.11	3.20	3.32	3.46	3.59	3.72	3.85	3.98	4.10	4.22	4.33
		1.2	3.47	3.60	3.77	3.95	4.12	4.28	4.45	4.60	4.75	4.90	5.04
	0.6	0.2	2.93	2.68	2.57	2.52	2.49	2.47	2.46	2.45	2.45	2.45	2.45
		0.4	3.02	2.79	2.71	2.67	2.66	2.66	2.67	2.69	2.70	2.72	2.74
		0.6	3.17	2.98	2.93	2.93	2.95	2.98	3.02	3.07	3.11	3.16	3.21
		0.8	4.37	3.24	3.23	3.27	3.33	3.41	3.48	3.56	3.64	3.72	3.80
		1.0	3.63	3.56	3.60	3.69	3.79	3.90	4.01	4.12	4.23	4.34	4.45
		1.2	3.94	3.92	4.02	4.15	4.29	4.43	4.58	4.72	4.87	5.01	5.14
	0.8	0.2	3.78	3.38	3.18	3.06	2.98	2.93	2.89	2.86	2.84	2.83	2.82
		0.4	3.85	3.47	3.28	3.18	3.12	3.09	3.07	3.06	3.06	3.06	3.06
		0.6	3.96	3.61	3.46	3.39	3.36	3.35	3.36	3.38	3.41	3.44	3.47
		0.8	4.12	3.82	3.70	3.67	3.68	3.72	3.76	3.82	3.88	3.94	4.01
		1.0	4.32	4.07	4.01	4.03	4.08	4.16	4.24	4.33	4.43	4.52	4.62
		1.2	4.57	4.38	4.38	4.44	4.54	4.66	4.78	4.90	5.03	5.16	5.29
	1.0	0.2	4.68	4.15	3.86	3.69	3.57	3.49	3.43	3.38	3.35	3.32	3.30
		0.4	4.73	4.21	3.94	3.78	3.68	3.61	3.57	3.54	3.51	3.50	3.49
		0.6	4.82	4.33	4.08	3.95	3.87	3.83	3.80	3.80	3.80	3.81	3.83
		0.8	4.94	4.49	4.28	4.18	4.14	4.13	4.14	4.17	4.20	4.25	4.29
		1.0	5.10	4.70	4.53	4.48	4.48	4.51	4.56	4.62	4.70	4.77	4.85
		1.2	5.30	4.95	4.84	4.83	4.88	4.96	5.05	5.15	5.26	5.37	5.48
	1.2	0.2	5.58	4.93	4.57	4.35	4.20	4.10	4.01	3.95	3.90	3.86	3.83
		0.4	5.62	4.98	4.64	4.43	4.29	4.19	4.12	4.07	4.03	4.01	3.98
		0.6	5.70	5.08	4.75	4.56	4.44	4.37	4.32	4.29	4.27	4.26	4.26
		0.8	5.80	5.21	4.91	4.75	4.66	4.61	4.59	4.59	4.60	4.62	4.65
		1.0	5.93	5.38	5.12	5.00	4.95	4.94	4.95	4.99	5.03	5.09	5.15
		1.2	6.10	5.59	5.38	5.31	5.30	5.33	5.39	5.46	5.54	5.63	5.73
	1.4	0.2	6.49	5.72	5.30	5.03	4.85	4.72	4.62	4.54	4.48	4.43	4.38
		0.4	6.53	5.77	5.35	5.10	4.93	4.80	4.71	4.64	4.59	4.55	4.51
		0.6	6.59	5.85	5.45	5.21	5.05	4.95	4.87	4.82	4.78	4.76	4.74
		0.8	6.68	5.96	5.59	5.37	5.24	5.15	5.10	5.08	5.06	5.06	5.07
		1.0	6.79	6.10	5.76	5.58	5.48	5.43	5.41	5.41	5.44	5.47	5.51
		1.2	6.93	6.28	5.98	5.84	5.78	5.76	5.79	5.83	5.89	5.95	6.03

$$K_1 = \frac{I_1}{I_3} \cdot \frac{H_3}{H_1}$$

$$K_2 = \frac{I_2}{I_3} \cdot \frac{H_3}{H_2}$$

$$\eta_1 = \frac{H_1}{H_3} \sqrt{\frac{N_1}{N_3} \cdot \frac{I_3}{I_1}}$$

$$\eta_2 = \frac{H_2}{H_3} \sqrt{\frac{N_2}{N_3} \cdot \frac{I_3}{I_2}}$$

N_1——上段柱的轴心力；
N_2——中段柱的轴心力；
N_3——下段柱的轴心力

注：表中的计算长度系数 μ_3 值系按下式算得：

$$\frac{\eta_1 K_1}{\eta_2 K_2} \cdot \tan \frac{\pi \eta_1}{\mu_3} \cdot \tan \frac{\pi \eta_2}{\mu_3} + \eta_1 K_1 \cdot \tan \frac{\pi \eta_1}{\mu_3} \cdot \tan \frac{\pi}{\mu_3} + \eta_2 K_2 \cdot \tan \frac{\pi \eta_2}{\mu_3} \cdot \tan \frac{\pi}{\mu_3} - 1 = 0$$

简　图	η_1	K_1	0.05									
		$\dfrac{K_2}{\eta_2}$	0.2	0.3	0.4	0.5	0.6	0.7	0.8	0.9	1.0	1.1	1.2
	0.2	0.2	1.99	1.99	2.00	2.00	2.01	2.02	2.02	2.03	2.04	2.05	2.06
		0.4	2.03	2.06	2.09	2.12	2.16	2.19	2.22	2.25	2.29	2.32	2.35
		0.6	2.12	2.20	2.28	2.36	2.43	2.50	2.57	2.64	2.71	2.77	2.83
		0.8	2.28	2.43	2.57	2.70	2.82	2.94	3.04	3.15	3.25	3.34	3.43
		1.0	2.53	2.76	2.96	3.13	3.29	3.44	3.59	3.72	3.85	3.98	4.10
		1.2	2.86	3.15	3.39	3.61	3.80	3.99	4.16	4.33	4.49	4.64	4.79
	0.4	0.2	1.99	1.99	2.00	2.01	2.01	2.02	2.03	2.04	2.04	2.05	2.06
		0.4	2.03	2.06	2.09	2.13	2.16	2.19	2.23	2.26	2.29	2.32	2.35
		0.6	2.12	2.20	2.28	2.36	2.44	2.51	2.58	2.64	2.71	2.77	2.84
		0.8	2.29	2.44	2.58	2.71	2.83	2.94	3.05	3.15	3.25	3.35	3.44
		1.0	2.54	2.77	2.96	3.14	3.30	3.45	3.59	3.73	3.85	3.98	4.10
		1.2	2.87	3.15	3.40	2.61	3.81	3.99	4.17	4.33	4.49	4.65	4.79
	0.6	0.2	1.99	1.98	2.00	2.01	2.02	2.03	2.04	2.04	2.05	2.06	2.07
		0.4	2.04	2.07	2.10	2.14	2.17	2.20	2.23	2.27	2.30	2.33	2.36
		0.6	2.13	2.21	2.29	2.37	2.45	2.52	2.59	2.65	2.72	2.78	2.84
		0.8	2.30	2.45	2.59	2.72	2.84	2.95	3.06	3.16	3.26	3.35	3.44
		1.0	2.56	2.78	2.97	3.15	3.31	3.46	3.60	3.73	3.86	3.99	4.11
		1.2	2.89	3.17	3.41	3.62	3.82	4.00	4.17	4.34	4.50	4.65	4.80
	0.8	0.2	2.00	2.01	2.02	2.02	2.03	2.04	2.05	2.05	2.06	2.07	2.08
		0.4	2.05	2.08	2.12	2.15	2.18	2.21	2.25	2.28	2.31	2.34	2.37
		0.6	2.15	2.23	2.31	2.39	2.46	2.53	2.60	2.67	2.73	2.79	2.85
		0.8	2.32	2.47	2.61	2.73	2.85	2.96	3.07	3.17	3.27	3.36	3.45
		1.0	2.59	2.80	2.99	3.16	3.32	3.47	3.61	3.74	3.87	3.99	4.11
		1.2	2.92	3.19	3.42	3.63	3.83	4.01	4.18	4.35	4.51	4.66	4.81
	1.0	0.2	2.02	2.02	2.03	2.04	2.05	2.05	2.06	2.07	2.08	2.09	2.09
		0.4	2.07	2.10	2.14	2.17	2.20	2.23	2.26	2.30	2.33	2.36	2.39
		0.6	2.17	2.26	2.33	2.41	2.48	2.55	2.62	2.68	2.75	2.81	2.87
		0.8	2.36	2.50	2.63	2.76	2.87	2.98	3.08	3.19	3.28	3.38	3.47
		1.0	2.62	2.83	3.01	3.18	3.34	3.48	3.62	3.75	3.88	4.01	4.12
		1.2	2.95	3.21	3.44	3.65	3.82	4.02	4.20	4.36	4.52	4.67	4.81
	1.2	0.2	2.04	2.05	2.06	2.06	2.07	2.08	2.09	2.09	2.10	2.11	2.12
		0.4	2.10	2.13	2.17	2.20	2.23	2.26	2.29	2.32	2.35	2.38	2.41
		0.6	2.22	2.29	2.37	2.44	2.51	2.58	2.64	2.71	2.77	2.83	2.89
		0.8	2.41	2.54	2.67	2.78	2.90	3.00	3.11	3.20	3.30	3.39	3.48
		1.0	2.68	2.87	3.04	3.21	3.36	3.50	3.64	3.77	3.90	4.02	4.14
		1.2	3.00	3.25	3.47	3.67	3.86	4.04	4.21	4.37	4.53	4.68	4.83
	1.4	0.2	2.10	2.10	2.10	2.11	2.11	2.12	2.13	2.13	2.14	2.15	2.15
		0.4	2.17	2.19	2.21	2.24	2.27	2.30	2.33	2.36	2.39	2.41	2.44
		0.6	2.29	2.35	2.41	2.48	2.55	2.61	2.67	2.74	2.80	2.86	2.91
		0.8	2.48	2.60	2.71	2.82	2.93	3.03	3.13	3.23	3.32	3.41	3.50
		1.0	2.74	2.92	3.08	3.24	3.39	3.53	3.66	3.79	3.92	4.04	4.15
		1.2	3.06	3.29	3.50	3.70	3.89	4.06	4.23	4.39	4.55	4.70	4.84

$$K_1 = \frac{I_1}{I_3}\cdot\frac{H_3}{H_1}$$

$$K_2 = \frac{I_2}{I_3}\cdot\frac{H_3}{H_2}$$

$$\eta_1 = \frac{H_1}{H_3}\sqrt{\frac{N_1}{N_3}\cdot\frac{I_3}{I_1}}$$

$$\eta_2 = \frac{H_2}{H_3}\sqrt{\frac{N_2}{N_3}\cdot\frac{I_3}{I_2}}$$

N_1——上段柱的轴心力;
N_2——中段柱的轴心力;
N_3——下段柱的轴心力

简图

$K_1 = \dfrac{I_1}{I_3} \cdot \dfrac{H_3}{H_1}$

$K_2 = \dfrac{I_2}{I_3} \cdot \dfrac{H_3}{H_2}$

$\eta_1 = \dfrac{H_1}{H_3}\sqrt{\dfrac{N_1}{N_3} \cdot \dfrac{I_3}{I_1}}$

$\eta_2 = \dfrac{H_2}{H_3}\sqrt{\dfrac{N_2}{N_3} \cdot \dfrac{I_3}{I_2}}$

N_1——上段柱的轴心力;
N_2——中段柱的轴心力;
N_3——下段柱的轴心力

K_1		0.10										
η_1	η_2\K_2	0.2	0.3	0.4	0.5	0.6	0.7	0.8	0.9	1.0	1.1	1.2
0.2	0.2	1.96	1.96	1.97	1.97	1.98	1.98	1.99	2.00	2.00	2.01	2.02
	0.4	2.00	2.02	2.05	2.08	2.11	2.14	2.17	2.20	2.23	2.26	2.29
	0.6	2.07	2.14	2.22	2.29	2.36	2.43	2.50	2.56	2.63	2.69	2.75
	0.8	2.20	2.35	2.48	2.61	2.73	2.84	2.94	3.05	3.14	3.24	3.33
	1.0	2.41	2.64	2.83	3.01	3.17	3.32	3.46	3.59	3.72	3.85	3.97
	1.2	2.70	2.99	3.23	3.45	3.65	3.84	4.01	4.18	4.34	4.49	4.64
0.4	0.2	1.96	1.97	1.97	1.98	1.98	1.99	2.00	2.00	2.01	2.02	2.03
	0.4	2.00	2.03	2.06	2.09	2.12	2.15	2.18	2.21	2.24	2.27	2.30
	0.6	2.08	2.15	2.23	2.30	2.37	2.44	2.51	2.57	2.64	2.70	2.76
	0.8	2.21	2.36	2.49	2.62	2.73	2.85	2.95	3.05	3.15	3.24	3.34
	1.0	2.43	2.65	2.84	3.02	3.18	3.33	3.47	3.60	3.73	3.85	3.97
	1.2	2.71	3.00	3.24	3.46	3.66	3.85	4.02	4.19	4.34	4.49	4.64
0.6	0.2	1.97	1.98	1.98	1.99	2.00	2.00	2.01	2.02	2.02	2.03	2.04
	0.4	2.01	2.04	2.07	2.10	2.13	2.16	2.19	2.22	2.26	2.29	2.32
	0.6	2.09	2.17	2.24	2.32	2.39	2.46	2.52	2.59	2.65	2.71	2.77
	0.8	2.23	2.38	2.51	2.64	2.75	2.86	2.97	3.07	3.16	3.26	3.35
	1.0	2.45	2.68	2.86	3.03	3.19	3.34	3.48	3.61	3.71	3.86	3.98
	1.2	2.74	3.02	3.26	3.48	3.67	3.86	4.03	4.20	4.35	4.50	4.65
0.8	0.2	1.99	1.99	2.00	2.01	2.01	2.02	2.03	2.04	2.04	2.05	2.06
	0.4	2.03	2.06	2.09	2.12	2.15	2.19	2.22	2.25	2.28	2.31	2.34
	0.6	2.12	2.19	2.27	2.34	2.41	2.48	2.55	2.61	2.67	2.73	2.79
	0.8	2.27	2.41	2.54	2.66	2.78	2.89	2.99	3.09	3.18	3.28	3.37
	1.0	2.49	2.70	2.89	3.06	3.21	3.36	3.50	3.63	3.76	3.88	4.00
	1.2	2.78	3.05	3.29	3.50	3.69	3.88	4.05	4.21	4.37	4.52	4.66
1.0	0.2	2.01	2.02	2.03	2.04	2.04	2.05	2.06	2.07	2.07	2.08	2.09
	0.4	2.06	2.10	2.13	2.16	2.19	2.22	2.25	2.28	2.31	2.34	2.37
	0.6	2.16	2.24	2.31	2.38	2.45	2.51	2.58	2.64	2.70	2.76	2.82
	0.8	2.32	2.46	2.58	2.70	2.81	2.92	3.02	3.12	3.21	3.30	3.39
	1.0	2.55	2.75	2.93	3.09	3.25	3.39	3.53	3.66	3.78	3.90	4.02
	1.2	2.84	3.10	3.32	3.53	3.72	3.90	4.07	4.23	4.39	4.54	4.68
1.2	0.2	2.07	2.08	2.08	2.09	2.09	2.10	2.11	2.11	2.12	2.13	2.13
	0.4	2.13	2.16	2.18	2.21	2.24	2.27	2.30	2.33	2.35	2.38	2.41
	0.6	2.24	2.30	2.37	2.43	2.50	2.56	2.63	2.68	2.74	2.80	2.86
	0.8	2.41	2.53	2.64	2.75	2.86	2.96	3.06	3.15	3.24	3.33	3.42
	1.0	2.64	2.82	2.98	3.14	3.29	3.43	3.56	3.69	3.81	3.93	4.04
	1.2	2.92	3.16	3.37	3.57	3.76	3.93	4.10	4.26	4.41	4.56	4.70
1.4	0.2	2.20	2.18	2.17	2.17	2.17	2.18	2.18	2.19	2.19	2.20	2.20
	0.4	2.26	2.26	2.27	2.29	2.32	2.34	2.37	2.39	2.42	2.44	2.47
	0.6	2.37	2.41	2.46	2.51	2.57	2.63	2.68	2.74	2.80	2.85	2.91
	0.8	2.53	2.62	2.72	2.82	2.92	3.01	3.11	3.20	3.29	3.37	3.46
	1.0	2.75	2.90	3.05	3.20	3.34	3.47	3.60	3.72	3.84	3.96	4.07
	1.2	3.02	3.23	3.43	3.62	3.80	3.97	4.13	4.29	4.44	4.59	4.73

简图

$$K_1 = \frac{I_1}{I_3} \cdot \frac{H_3}{H_1}$$

$$K_2 = \frac{I_2}{I_3} \cdot \frac{H_3}{H_2}$$

$$\eta_1 = \frac{H_1}{H_3} \sqrt{\frac{N_1}{N_3} \cdot \frac{I_3}{I_1}}$$

$$\eta_2 = \frac{H_2}{H_3} \sqrt{\frac{N_2}{N_3} \cdot \frac{I_3}{I_2}}$$

N_1——上段柱的轴心力;
N_2——中段柱的轴心力;
N_3——下段柱的轴心力

η_1	η_2	$K_1=0.20$ / K_2=0.2	0.3	0.4	0.5	0.6	0.7	0.8	0.9	1.0	1.1	1.2
0.2	0.2	1.94	1.93	1.93	1.93	1.93	1.93	1.94	1.94	1.95	1.95	1.96
	0.4	1.96	1.98	1.99	2.02	2.04	2.07	2.09	2.12	2.15	2.17	2.20
	0.6	2.02	2.07	2.13	2.19	2.26	2.32	2.38	2.44	2.50	2.56	2.62
	0.8	2.12	2.23	2.35	2.47	2.58	2.68	2.78	2.88	2.98	3.07	3.15
	1.0	2.28	2.47	2.65	2.82	2.97	3.12	3.26	3.39	3.51	3.63	3.75
	1.2	2.50	2.77	3.01	3.22	3.42	3.60	3.77	3.93	4.09	4.23	4.38
0.4	0.2	1.93	1.93	1.93	1.93	1.94	1.94	1.95	1.95	1.96	1.96	1.97
	0.4	1.97	1.98	2.00	2.03	2.05	2.08	2.11	2.13	2.16	2.19	2.22
	0.6	2.03	2.08	2.14	2.21	2.27	2.33	2.40	2.46	2.52	2.58	2.63
	0.8	2.13	2.25	2.37	2.48	2.59	2.70	2.80	2.90	2.99	3.08	3.17
	1.0	2.29	2.49	2.67	2.83	2.99	3.13	3.27	3.40	3.53	3.64	3.76
	1.2	2.52	2.79	3.02	3.23	3.43	3.61	3.78	3.94	4.10	4.24	4.39
0.6	0.2	1.95	1.95	1.95	1.95	1.96	1.96	1.97	1.97	1.98	1.98	1.99
	0.4	1.98	2.00	2.02	2.05	2.08	2.10	2.13	2.16	2.19	2.21	2.24
	0.6	2.04	2.10	2.17	2.23	2.30	2.36	2.42	2.48	2.54	2.60	2.66
	0.8	2.15	2.27	2.39	2.51	2.62	2.72	2.82	2.92	3.01	3.10	3.19
	1.0	2.32	2.52	2.70	2.86	3.01	3.16	3.29	3.42	3.55	3.66	3.78
	1.2	2.55	2.82	3.05	3.26	3.45	3.63	3.80	3.96	4.11	4.26	4.40
0.8	0.2	1.97	1.97	1.98	1.98	1.99	1.99	2.00	2.01	2.01	2.02	2.03
	0.4	2.00	2.03	2.06	2.08	2.11	2.14	2.17	2.20	2.22	2.25	2.28
	0.6	2.08	2.14	2.21	2.27	2.34	2.40	2.46	2.52	2.58	2.64	2.69
	0.8	2.19	2.32	2.44	2.55	2.66	2.76	2.86	2.96	3.05	3.13	3.22
	1.0	2.37	2.57	2.74	2.90	3.05	3.19	3.33	3.45	3.58	3.69	3.81
	1.2	2.61	2.87	3.09	3.30	3.49	3.66	3.83	3.99	4.14	4.29	4.42
1.0	0.2	2.01	2.02	2.03	2.03	2.04	2.05	2.05	2.06	2.07	2.07	2.08
	0.4	2.06	2.09	2.11	2.14	2.17	2.20	2.23	2.25	2.28	2.31	2.33
	0.6	2.14	2.21	2.27	2.34	2.40	2.46	2.52	2.58	2.63	2.69	2.74
	0.8	2.27	2.39	2.51	2.62	2.72	2.82	2.91	3.00	3.09	3.18	3.26
	1.0	2.46	2.64	2.81	2.96	3.10	3.24	3.37	3.50	3.61	3.73	3.84
	1.2	2.69	2.94	3.15	3.35	3.53	3.71	3.87	4.02	4.17	4.32	4.46
1.2	0.2	2.13	2.12	2.12	2.13	2.13	2.14	2.14	2.15	2.15	2.16	2.16
	0.4	2.18	2.19	2.21	2.24	2.26	2.29	2.31	2.34	2.36	2.38	2.41
	0.6	2.27	2.32	2.37	2.43	2.49	2.54	2.60	2.65	2.70	2.76	2.81
	0.8	2.41	2.50	2.60	2.70	2.80	2.89	2.98	3.07	3.15	3.23	3.32
	1.0	2.59	2.74	2.89	3.04	3.17	3.30	3.43	3.55	3.66	3.78	3.89
	1.2	2.81	3.03	3.23	3.42	3.59	3.76	3.92	4.07	4.22	4.36	4.49
1.4	0.2	2.35	2.31	2.29	2.28	2.27	2.27	2.27	2.27	2.27	2.28	2.28
	0.4	2.40	2.37	2.37	2.38	2.39	2.41	2.43	2.45	2.47	2.49	2.51
	0.6	2.48	2.49	2.52	2.56	2.61	2.65	2.70	2.75	2.80	2.85	2.89
	0.8	2.60	2.66	2.73	2.82	2.90	2.98	3.07	3.15	3.23	3.31	3.38
	1.0	2.77	2.88	3.01	3.14	3.26	3.38	3.50	3.62	3.73	3.84	3.94
	1.2	2.97	3.15	3.33	3.50	3.67	3.83	3.98	4.13	4.27	4.41	4.54

| 简　图 | K_1 | | | | | 0.30 | | | | | | |
	η_1＼η_2	0.2	0.3	0.4	0.5	0.6	0.7	0.8	0.9	1.0	1.1	1.2
	0.2											
	0.2	1.92	1.91	1.90	1.89	1.89	1.89	1.90	1.90	1.90	1.90	1.91
	0.4	1.95	1.95	1.96	1.97	1.99	2.01	2.04	2.06	2.08	2.11	2.13
	0.6	1.99	2.03	2.08	2.13	2.18	2.24	2.29	2.35	2.41	2.46	2.52
	0.8	2.07	2.16	2.27	2.37	2.47	2.57	2.66	2.75	2.84	2.93	3.01
	1.0	2.20	2.37	2.53	2.69	2.83	2.97	3.10	3.23	3.35	3.46	3.57
	1.2	2.39	2.63	2.85	3.05	3.24	3.42	3.58	3.74	3.89	4.03	4.17
	0.4											
	0.2	1.92	1.91	1.91	1.90	1.90	1.91	1.91	1.91	1.92	1.92	1.92
	0.4	1.95	1.96	1.97	1.99	2.01	2.03	2.05	2.08	2.10	2.12	2.15
	0.6	2.00	2.04	2.09	2.14	2.20	2.26	2.31	2.37	2.42	2.48	2.53
	0.8	2.08	2.18	2.28	2.39	2.49	2.59	2.68	2.77	2.86	2.95	3.03
	1.0	2.22	2.39	2.55	2.71	2.85	2.99	3.12	3.24	3.36	3.48	3.59
	1.2	2.41	2.65	2.87	3.07	3.26	3.43	3.60	3.75	3.90	4.04	4.18
	0.6											
	0.2	1.93	1.93	1.92	1.92	1.93	1.93	1.93	1.94	1.94	1.95	1.95
	0.4	1.96	1.97	1.99	2.01	2.03	2.06	2.08	2.11	2.13	2.16	2.18
	0.6	2.02	2.06	2.12	2.17	2.23	2.29	2.35	2.40	2.46	2.51	2.57
	0.8	2.11	2.21	2.32	2.42	2.52	2.62	2.71	2.80	2.89	2.98	3.06
	1.0	2.25	2.42	2.59	2.74	2.88	3.02	3.15	3.27	3.39	3.50	3.61
	1.2	2.44	2.69	2.91	3.11	3.29	3.46	3.62	3.78	3.93	4.07	4.20
	0.8											
	0.2	1.96	1.95	1.96	1.96	1.97	1.97	1.98	1.98	1.99	1.99	2.00
	0.4	1.99	2.01	2.03	2.05	2.08	2.10	2.13	2.15	2.18	2.21	2.23
	0.6	2.05	2.10	2.16	2.22	2.28	2.34	2.40	2.45	2.51	2.56	2.81
	0.8	2.15	2.26	2.37	2.47	2.57	2.67	2.76	2.85	2.94	3.02	3.10
	1.0	2.30	2.48	2.64	2.79	2.93	3.07	3.19	3.31	3.43	3.54	3.65
	1.2	2.50	2.74	2.96	3.15	3.33	3.50	3.66	3.81	3.96	4.10	4.23
	1.0											
	0.2	2.01	2.02	2.02	2.03	2.04	2.04	2.05	2.06	2.06	2.07	2.07
	0.4	2.05	2.08	2.10	2.13	2.16	2.18	2.21	2.23	2.26	2.28	2.31
	0.6	2.13	2.19	2.25	2.30	2.36	2.42	2.47	2.53	2.58	2.63	2.68
	0.8	2.24	2.35	2.45	2.55	2.65	2.74	2.83	2.92	3.00	3.08	3.16
	1.0	2.40	2.57	2.72	2.86	3.00	3.13	3.25	3.37	3.48	3.59	3.70
	1.2	2.60	2.83	3.03	3.22	3.39	3.56	3.71	3.86	4.01	4.14	4.28
	1.2											
	0.2	2.17	2.16	2.16	2.16	2.16	2.16	2.17	2.17	2.18	2.18	2.19
	0.4	2.22	2.22	2.24	2.26	2.28	2.30	2.32	2.34	2.36	2.39	2.41
	0.6	2.29	2.33	2.38	2.43	2.48	2.53	2.58	2.62	2.67	2.72	2.77
	0.8	2.41	2.49	2.58	2.67	2.75	2.84	2.92	3.00	3.08	3.16	3.23
	1.0	2.56	2.69	2.83	2.96	3.09	3.21	3.33	3.44	3.55	3.66	3.76
	1.2	2.74	2.94	3.13	3.30	3.47	3.63	3.78	3.92	4.06	4.20	4.33
	1.4											
	0.2	2.45	2.40	2.37	2.35	2.35	2.34	2.34	2.34	2.34	2.34	2.34
	0.4	2.48	2.45	2.44	2.44	2.45	2.46	2.48	2.49	2.51	2.53	2.55
	0.6	2.55	2.54	2.56	2.60	2.63	2.67	2.71	2.75	2.80	2.84	2.88
	0.8	2.64	2.68	2.74	2.81	2.89	2.96	3.04	3.11	3.18	3.25	3.33
	1.0	2.77	2.87	2.98	3.09	3.20	3.32	3.43	3.53	3.64	3.74	3.84
	1.2	2.94	3.09	3.26	3.41	3.57	3.72	3.86	4.00	4.13	4.26	4.39

$$K_1 = \frac{I_1}{I_3}\cdot\frac{H_3}{H_1}$$

$$K_2 = \frac{I_2}{I_3}\cdot\frac{H_3}{H_2}$$

$$\eta_1 = \frac{H_1}{H_3}\sqrt{\frac{N_1}{N_3}\cdot\frac{I_3}{I_1}}$$

$$\eta_2 = \frac{H_2}{H_3}\sqrt{\frac{N_2}{N_3}\cdot\frac{I_3}{I_2}}$$

N_1——上段柱的轴心力；
N_2——中段柱的轴心力；
N_3——下段柱的轴心力

注：表中的计算长度系数 μ_3 值系按下式算得：

$$\frac{\eta_1 K_1}{\eta_2 K_2}\cdot\cot\frac{\pi\eta_1}{\mu_3}\cdot\cot\frac{\pi\eta_2}{\mu_3}+\frac{\eta_1 K_1}{(\eta_2 K_2)^2}\cdot\cot\frac{\pi\eta_1}{\mu_3}\cdot\cot\frac{\pi}{\mu_3}+\frac{1}{\eta_2 K_2}\cdot\cot\frac{\pi\eta_2}{\mu_3}\cdot\cot\frac{\pi}{\mu_3}-1=0$$

附录2.5 截面塑性发展系数

项次	截 面 形 式	γ_x	γ_y
1			1.2
2		1.05	1.05
3		$\gamma_{x1}=1.05$ $\gamma_{x2}=1.2$	1.2
4			1.05
5		1.2	1.2
6		1.15	1.15
7			1.05
8		1.0	1.0

计 算 公 式

各种截面回转半径的近似值

截面 1	截面 2	截面 3	截面 4
$i_x=0.305h$ $i_y=0.305b$ $i_{x_0}=0.385h$ $i_{y_0}=0.195h$	$i_x=0.395h$ $i_y=0.20b$	$i_x=0.39h$ $i_y=0.24b$	$i_x=0.28h$ $i_y=0.37b$
$i_x=0.32h$ $i_y=0.28b$ $i_{y_0}=0.17\dfrac{h+b}{2}$	$i_x=0.43h$ $i_y=0.24b$	$i_x=0.36h$ $i_y=0.28b$	$i_x=0.45h$ $i_y=0.235b$
$i_x=0.305h$ $i_y=0.215b$	$i_x=0.385h$ $i_y=0.285b$	$i_x=0.39h$ $i_y=0.19b$	$i_x=0.41h$ $i_y=0.20b$
$i_x=0.32h$ $i_y=0.20b$	$i_x=0.27h$ $i_y=0.23b$	$i_x=0.32h$ $i_y=0.54b$	$i_x=0.43h$ $i_y=0.23b$
$i_x=0.28h$ $i_y=0.235b$	$i_x=0.289h$ $i_y=0.289b$	$i_x=0.31h$ $i_y=0.41b$	$i_x=0.42h$ $i_y=0.29b$
$i_x=0.215h$ $i_y=0.215b$ $i_{x0}=0.385b_1$ $=0.185b$	$i_x=0.385h$ $i_y=0.20b$	$i_x=0.33h$ $i_y=0.47b$	$i_x=0.40h$ $i_y=0.25b$
$i_x=0.215h$ $i_y=0.215b$	$i_x=0.43h$ $i_y=0.21b$	$i_x=0.43h$ $i_y=0.33b$	$i_x=0.37h$ $i_y=0.54b$
$i_x=0.289h$ $i_y=0.289b$	$i_x=0.385h$ $i_y=0.59b$	$i_x=0.42h$ $i_y=0.40b$	$i_x=0.37h$ $i_y=0.45b$
$i_x=0.289\bar{h}\cdot\sqrt{\dfrac{3A_1+A_0}{A_1+A_0}}$ $i_y=0.289\bar{b}\cdot\sqrt{\dfrac{A_1+3A_0}{A_1+A_0}}$	$i_x=0.385h$	$i_x=0.35h$ $i_y=0.56b$	$i_x=0.39h$ $i_y=0.53b$
$i=0.25d$	$i_x=0.395h$ $i_y=0.505b$	$i_x=0.30h$ $i_y=0.17b$	$i_x=0.29h$ $i_y=0.50b$
$i=0.25\cdot\sqrt{D^2+d^2}$ $=0.354\bar{d}$	$i_x=0.43h$ $i_y=0.43b$	$i_x=0.26h$ $i_y=0.21b$	$i_x=0.29h$ $i_y=0.44b$

截面形式	扇形坐标	最大扇形面积矩	扇形惯性矩
	 $\omega_1 = hb_1/\alpha/2$ $\omega_2 = hb_2(1-\alpha)/2$ $\alpha = \dfrac{1}{1+(b_1/b_2)^3(t_1/t_2)}$	 $S_{\omega 1} = hb_1^2 t_1 \alpha/8$ $S_{\omega 2} = hb_2^2 t_2 (1-\alpha)/8$	$I_\omega = h^2 b_1^3 t_1 \alpha/12$
	 $\omega_1 = hb_1\alpha/2$ $\omega_2 = hb(1-\alpha)/2$ $\alpha = \dfrac{1}{2+ht_w/3bt}$	 $S_{\omega 1} = hb^2 t(1-\alpha)^2/4$ $S_{\omega 2} = hb^2 t(1-2\alpha)/4$ $S_{\omega 3} = \dfrac{hb^2 t}{4}\left(1-2\alpha-\dfrac{ht_w\alpha}{2bt}\right)$	$I_\omega = h^2 b^3 t\left[\dfrac{1-3\alpha}{6}+\dfrac{\alpha^2}{2}\right.$ $\left.\times\left(1+\dfrac{ht_w}{6bt}\right)\right]$
	 $\omega_1 = hb\alpha$ $\omega_2 = hb\alpha(1+ht_w/bt)$ $\alpha = \dfrac{bt}{2(2bt+ht_w)}$	 $S_{\omega 1} = hb^2 t\alpha^2\left(1+\dfrac{ht_w}{bt}\right)^2$ $S_{\omega 2} = hb^2 t_w\alpha/2$	$I_\omega = \dfrac{h^2 b^3 t}{24}\left(1+\dfrac{6\alpha ht_w}{bt}\right)$

注：本表中几何长度 b、h 指截面的中线长度。

简支梁双力矩 *B* 的计算公式 附表 3-3

序号	I	II	III
荷载简图	*O,A* … *e*, *F*, *z*, *x*, *z*；$l/2$， $l/2$	z_1；*O,A*，*e*，*F*，*e*，*F*，*z*，*x*，z_2；$l/3$，$l/3$，$l/3$	*O,A*，*e*，*z*；*z*，*x*，*q*；l
B（任意截面处）	$\dfrac{F \cdot e}{2k} \cdot \dfrac{\mathrm{sh}kz}{\mathrm{ch}\dfrac{kl}{2}}$	当 $z = z_1$ 时， $\dfrac{F \cdot e}{k} \cdot \dfrac{\mathrm{ch}\dfrac{kl}{6}}{\mathrm{ch}\dfrac{kl}{2}} \cdot \mathrm{sh}kz_1$ 当 $z = z_2$ 时 $\dfrac{F \cdot e}{k} \cdot \dfrac{\mathrm{sh}\dfrac{kl}{3}}{\mathrm{ch}\dfrac{kl}{2}}\,\mathrm{ch}k\left(\dfrac{l}{2} - z_2\right)$	$\dfrac{q \cdot e}{k^2}\left[1 - \dfrac{\mathrm{ch}k\left(\dfrac{l}{2} - z\right)}{\mathrm{ch}\dfrac{kl}{2}}\right]$
$B_{\max}$（跨中）	$0.02\delta \cdot F \cdot e \cdot l$	$0.02\delta \cdot F \cdot e \cdot l$	$0.01\delta \cdot q \cdot e \cdot l^2$

注：k——弯扭特性系数，$k = \sqrt{GI_\mathrm{t}/EI_\omega}$；

G——钢材的剪变模量，$G = 0.79 \times 10^5\,\mathrm{N/mm^2}$；

δ——$B_{\max}$ 的计算系数，可由下图查得。

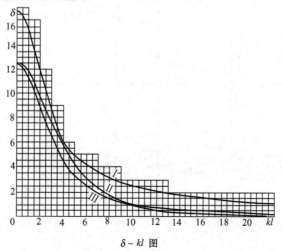

$\delta - kl$ 图

荷载与截面简图				
截面上的点				
1	−	＋	＋	−
2	＋	−	−	＋
3	＋	−	＋	−
4	−	＋	−	＋

注：1. 表中正应力符号"＋"代表压应力，"−"代表拉应力；

2. 表中外荷载 F 绕截面弯心 A 顺时针方向旋转；如外荷载 F 绕截面弯心 A 逆时针方向旋转，则表中所有符号均应反号。

换算长细比的计算公式 附表 3-5

截 面 形 式	绕何轴	计 算 公 式
等边单角钢	y-y 轴	$\dfrac{b}{t} \leqslant 0.54\dfrac{l_{oy}}{b}$ 时：$\lambda_{yz} = \lambda_y\left(1+\dfrac{0.85b^4}{l_{oy}^2 t^2}\right)$ $\dfrac{b}{t} > 0.54\dfrac{l_{oy}}{b}$ 时：$\lambda_{yz} = 4.78\dfrac{b}{t}\left(1+\dfrac{l_{oy}^2 t^2}{13.5b^4}\right)$
等边双角钢	y-y 轴	$\dfrac{b}{t} \leqslant 0.58\dfrac{l_{oy}}{b}$ 时：$\lambda_{yz} = \lambda_y\left(1+\dfrac{0.475b^4}{l_{oy}^2 t^2}\right)$ $\dfrac{b}{t} > 0.58\dfrac{l_{oy}}{b}$ 时：$\lambda_{yz} = 3.9\dfrac{b}{t}\left(1+\dfrac{l_{oy}^2 t^2}{18.6b^4}\right)$

截面形式	绕何轴	计算公式
长肢相并的不等边双角钢	y-y 轴	$\dfrac{b_2}{t} \leqslant 0.48 \dfrac{l_{oy}}{b_2}$ 时：$\lambda_{yz} = \lambda_y \left(1 + \dfrac{1.09 b_2^4}{l_{oy}^2 t^2} \right)$ $\dfrac{b_2}{t} > 0.48 \dfrac{l_{oy}}{b_2}$ 时：$\lambda_{yz} = 5.1 \dfrac{b_2}{t} \left(1 + \dfrac{l_{oy}^2 t^2}{17.4 b_2^4} \right)$
短肢相并的不等边双角钢	y-y 轴	$\dfrac{b_1}{t} \leqslant 0.56 \dfrac{l_{oy}}{b_1}$ 时：$\lambda_{yz} = \lambda_y$ $\dfrac{b_1}{t} > 0.56 \dfrac{l_{oy}}{b_1}$ 时：$\lambda_{yz} = 3.7 \dfrac{b_1}{t} \left(1 + \dfrac{l_{oy}^2 t^2}{52.7 b_1^4} \right)$
等边单角钢	u-u 轴	$\dfrac{b}{t} \leqslant 0.69 \dfrac{l_{ou}}{b}$ 时：$\lambda_{uz} = \lambda_u \left(1 + \dfrac{0.25 b^4}{l_{ou}^2 t^2} \right)$ $\dfrac{b}{t} > 0.69 \dfrac{l_{ou}}{b}$ 时：$\lambda_{uz} = 5.4 \dfrac{b}{t}$
双肢组合构件	x-x 轴	缀件为缀板时：$\lambda_{ox} = \sqrt{\lambda_x^2 + \lambda_1^2}$ 缀件为缀条时：$\lambda_{ox} = \sqrt{\lambda_x^2 + 27 \dfrac{A}{A_{1x}}}$

截面形式	绕何轴	计算公式
四肢组合构件 	x-x 轴 和 y-y 轴	缀件为缀板时：$\lambda_{ox} = \sqrt{\lambda_x^2 + \lambda_1^2}$ $\lambda_{oy} = \sqrt{\lambda_y^2 + \lambda_1^2}$ 缀件为缀条时：$\lambda_{ox} = \sqrt{\lambda_x^2 + 40\dfrac{A}{A_{1x}}}$ $\lambda_{oy} = \sqrt{\lambda_y^2 + 40\dfrac{A}{A_{1y}}}$
三肢缀条组合构件 	x-x 轴 和 y-y 轴	$\lambda_{ox} = \sqrt{\lambda_x^2 + \dfrac{42A}{A_1(1.5 - \cos^2\theta)}}$ $\lambda_{oy} = \sqrt{\lambda_y^2 + \dfrac{42A}{A_1\cos^2\theta}}$

注：λ_x、λ_y——构件对主轴 x 和 y 的长细比；

l_{ox}、l_{oy}——构件对主轴 x 和 y 的计算长度；

$\lambda_x = l_{ox}/i_x$

$\lambda_y = l_{oy}/i_y$

i_x、i_y——构件截面对主轴 x 和 y 的回转半径；

λ_u——构件对 u 轴的长细比；

l_{ou}——构件对 u 轴的计算长度；

$\lambda_u = l_{ou}/i_u$

i_u——构件截面对 u 轴的回转半径；

λ_1——分肢对最小刚度轴 1-1 的长细比；

A——构件截面的毛截面面积；

A_{1x}、A_{1y}——构件截面中垂直于 x 轴和 y 轴的各斜缀条毛截面面积之和；

A_1——构件截面中各斜缀条毛截面面积之和。

截 面 特 性

热轧等边角钢截面特性表（按 GB 9787—88 计算）

附表 4-1

b—边宽　　　　　　I—截面惯性矩　　　　z_0—形心距离
d—边厚　　　　　　W—截面模量　　　　　$r_1=d/3$（边端圆弧半径）
r—内圆弧半径　　　i—回转半径

尺寸 (mm)			截面面积 A (cm²)	重量 (kg/m)	$x-x$				x_0-x_0			y_0-y_0				x_1-x_1	z_0
b	d	r			I_x (cm⁴)	i_x (cm)	W_{xmin} (cm³)	W_{xmax} (cm³)	I_{x0} (cm⁴)	i_{x0} (cm)	W_{x0} (cm³)	I_{y0} (cm⁴)	i_{y0} (cm)	W_{y0min} (cm³)	W_{y0max} (cm³)	I_{x1} (cm⁴)	(cm)
20	3	3.5	1.132	0.889	0.40	0.59	0.29	0.66	0.63	0.75	0.45	0.17	0.39	0.20	0.23	0.81	0.60
	4		1.459	1.145	0.50	0.58	0.36	0.78	0.78	0.73	0.55	0.22	0.38	0.24	0.29	1.09	0.64
25	3	3.5	1.432	1.124	0.82	0.76	0.46	1.12	1.29	0.95	0.73	0.34	0.49	0.33	0.37	1.57	0.73
	4		1.859	1.459	1.03	0.74	0.59	1.34	1.62	0.93	0.92	0.43	0.48	0.40	0.47	2.11	0.76
30	3	4.5	1.749	1.373	1.46	0.91	0.68	1.72	2.31	1.15	1.09	0.61	0.59	0.51	0.56	2.71	0.85
	4		2.276	1.787	1.84	0.90	0.87	2.08	2.92	1.13	1.37	0.77	0.58	0.62	0.71	3.63	0.89
36	3	4.5	2.109	1.656	2.58	1.11	0.99	2.59	4.09	1.39	1.61	1.07	0.71	0.76	0.82	4.67	1.00
	4		2.756	2.163	3.29	1.09	1.28	3.18	5.22	1.38	2.05	1.37	0.70	0.93	1.05	6.25	1.04
	5		3.382	2.655	3.95	1.08	1.56	3.68	6.24	1.36	2.45	1.65	0.70	1.09	1.26	7.84	1.07
40	3	5	2.359	1.852	3.59	1.23	1.23	3.28	5.69	1.55	2.01	1.49	0.79	0.96	1.03	6.41	1.09
	4		3.086	2.423	4.60	1.22	1.60	4.05	7.29	1.54	2.58	1.91	0.79	1.19	1.31	8.56	1.13
	5		3.792	2.977	5.53	1.21	1.96	4.72	8.76	1.52	3.10	2.30	0.78	1.39	1.58	10.74	1.17

续表

尺寸 (mm)			截面面积 A (cm²)	重量 (kg/m)	$x-x$				x_0-x_0			y_0-y_0				x_1-x_1	z_0
b	d	r			I_x (cm⁴)	i_x (cm)	W_{xmin} (cm³)	W_{xmax} (cm³)	I_{x0} (cm⁴)	i_{x0} (cm)	W_{x0} (cm³)	I_{y0} (cm⁴)	i_{y0} (cm)	W_{y0min} (cm³)	W_{y0max} (cm³)	I_{x1} (cm⁴)	(cm)
45	3	5	2.659	2.088	5.17	1.39	1.58	4.25	8.20	1.76	2.58	2.14	0.90	1.24	1.31	9.12	1.22
	4		3.486	2.737	6.65	1.38	2.05	5.29	10.56	1.74	3.32	2.75	0.89	1.54	1.69	12.18	1.26
	5		4.292	3.369	8.04	1.37	2.51	6.20	12.74	1.72	4.00	3.33	0.88	1.81	2.04	15.25	1.30
	6		5.076	3.985	9.33	1.36	2.95	6.99	14.76	1.71	4.64	3.89	0.88	2.06	2.38	18.36	1.33
50	3	5.5	2.971	2.332	7.18	1.55	1.96	5.36	11.37	1.96	3.22	2.98	1.00	1.57	1.64	12.50	1.34
	4		3.897	3.059	9.26	1.54	2.56	6.70	14.69	1.94	4.16	3.82	0.99	1.96	2.11	16.69	1.38
	5		4.803	3.770	11.21	1.53	3.13	7.90	17.79	1.92	5.03	4.63	0.98	2.31	2.56	20.90	1.42
	6		5.688	4.465	13.05	1.51	3.68	8.95	20.68	1.91	5.85	5.42	0.98	2.63	2.98	25.14	1.46
56	3	6	3.343	2.624	10.19	1.75	2.48	6.86	16.14	2.20	4.08	4.24	1.13	2.02	2.09	17.56	1.48
	4		4.390	3.446	13.18	1.73	3.24	8.63	20.92	2.18	5.28	5.45	1.11	2.52	2.69	23.43	1.53
	5		5.415	4.251	16.02	1.72	3.97	10.22	25.42	2.17	6.42	6.61	1.10	2.98	3.26	29.33	1.57
	8		8.367	6.568	23.63	1.68	6.03	14.06	37.37	2.11	9.44	9.89	1.09	4.16	4.85	47.24	1.68
63	4	7	4.978	3.907	19.03	1.96	4.13	11.22	30.17	2.46	6.77	7.89	1.26	3.29	3.45	33.35	1.70
	5		6.143	4.822	23.17	1.94	5.08	13.33	36.77	2.45	8.25	9.57	1.25	3.90	4.20	41.73	1.74
	6		7.288	5.721	27.12	1.93	6.00	15.26	43.03	2.43	9.66	11.20	1.24	4.46	4.91	50.14	1.78
	8		9.515	7.469	34.45	1.90	7.75	18.59	54.56	2.39	12.25	14.33	1.23	5.47	6.26	67.11	1.85
	10		11.657	9.151	41.09	1.88	9.39	21.34	64.85	2.36	14.56	17.33	1.22	6.37	7.53	84.31	1.93
70	4	8	5.570	4.372	26.39	2.18	5.14	14.16	41.80	2.74	8.44	10.99	1.40	4.17	4.32	45.74	1.86
	5		6.875	5.397	32.21	2.16	6.32	16.89	51.08	2.73	10.32	13.34	1.39	4.95	5.26	57.21	1.91
	6		8.160	6.406	37.77	2.15	7.48	19.39	59.93	2.71	12.11	15.61	1.38	5.67	6.16	68.73	1.95
	7		9.424	7.398	43.09	2.14	8.59	21.68	68.35	2.69	13.81	17.82	1.38	6.34	7.02	80.29	1.99
	8		10.667	8.373	48.17	2.13	9.68	23.79	76.37	2.68	15.43	19.98	1.37	6.98	7.86	91.92	2.03
75	5	9	7.412	5.818	39.96	2.32	7.30	19.73	63.30	2.92	11.94	16.61	1.50	5.80	6.10	70.36	2.03
	6		8.797	6.905	46.91	2.31	8.63	22.69	74.38	2.91	14.02	19.43	1.49	6.65	7.14	84.51	2.07
	7		10.160	7.976	53.57	2.30	9.93	25.42	84.96	2.89	16.02	22.18	1.48	7.44	8.15	98.71	2.11
	8		11.503	9.030	59.96	2.28	11.20	27.93	95.07	2.87	17.93	24.86	1.47	8.19	9.13	112.97	2.15
	10		14.126	11.089	71.98	2.26	13.64	32.40	113.92	2.48	21.48	30.05	1.46	9.56	11.01	141.71	2.22

| 尺 寸 (mm) | | | 截面面积 A (cm²) | 重 量 (kg/m) | x—x | | | | x₀—x₀ | | | y₀—y₀ | | | | x₁—x₁ | z₀ |
b	d	r			I_x (cm⁴)	i_x (cm)	W_{xmin} (cm³)	W_{xmax} (cm³)	I_{x0} (cm⁴)	i_{x0} (cm)	W_{x0} (cm³)	I_{y0} (cm⁴)	i_{y0} (cm)	W_{y0min} (cm³)	W_{y0max} (cm³)	I_{x1} (cm⁴)	(cm)
80	5	9	7.912	6.211	48.79	2.48	8.34	22.70	77.33	3.13	13.67	20.25	1.60	6.66	6.98	85.36	2.15
	6		9.397	7.376	57.35	2.47	9.87	26.16	90.98	3.11	16.08	23.72	1.59	7.65	8.18	102.50	2.19
	7		10.860	8.525	65.58	2.46	11.37	29.38	104.07	3.10	18.40	27.10	1.58	8.58	9.35	119.70	2.23
	8		12.303	9.658	73.50	2.44	12.83	32.36	116.60	3.08	20.61	30.39	1.57	9.46	10.48	136.97	2.27
	10		15.126	11.874	88.43	2.42	15.64	37.68	140.09	3.04	24.76	36.77	1.56	11.08	12.65	171.74	2.35
90	6	10	10.637	8.350	82.77	2.79	12.61	33.99	131.26	3.51	20.63	34.28	1.80	9.95	10.51	145.87	2.44
	7		12.301	9.656	94.83	2.78	14.54	38.28	150.47	3.50	23.64	39.18	1.78	11.19	12.02	170.30	2.48
	8		13.944	10.946	106.47	2.76	16.42	42.30	168.97	3.48	26.55	43.97	1.78	12.35	13.49	194.80	2.52
	10		17.167	13.476	128.58	2.74	20.07	49.57	203.90	3.45	32.04	53.26	1.76	14.52	16.31	244.08	2.59
	12		20.306	15.940	149.22	2.71	23.57	55.93	236.21	3.41	37.12	62.22	1.75	16.49	19.01	293.77	2.67
100	6	12	11.932	9.367	114.95	3.10	15.68	43.04	181.98	3.91	25.74	47.92	2.00	12.69	13.18	200.07	2.67
	7		13.796	10.830	131.86	3.09	18.10	48.57	208.98	3.89	29.55	54.74	1.99	14.26	15.08	233.54	2.71
	8		15.639	12.276	148.24	3.08	20.47	53.78	235.07	3.88	33.24	61.41	1.98	15.75	16.93	267.09	2.76
	10		19.261	15.120	179.51	3.05	25.06	63.29	284.68	3.84	40.26	74.35	1.96	18.54	20.49	334.48	2.84
	12		22.800	17.898	208.90	3.03	29.47	71.72	330.95	3.81	46.80	86.84	1.95	21.08	23.89	402.34	2.91
	14		26.256	20.611	236.53	3.00	33.73	79.19	374.06	3.77	52.90	98.99	1.94	23.44	27.17	470.75	2.99
	16		29.627	23.257	262.53	2.98	37.82	85.81	414.16	3.74	58.57	110.89	1.93	25.63	30.34	539.80	3.06
110	7	12	15.196	11.929	177.16	3.41	22.05	59.78	280.94	4.30	36.12	73.38	2.20	17.51	18.41	310.64	2.96
	8		17.239	13.532	199.46	3.40	24.95	66.36	316.49	4.28	40.69	82.42	2.19	19.39	20.70	355.21	3.01
	10		21.261	16.690	242.19	3.38	30.60	78.48	384.39	4.25	49.42	99.98	2.17	22.91	25.10	444.65	3.09
	12		25.200	19.782	282.55	3.35	36.05	89.34	448.17	4.22	57.62	116.93	2.15	26.15	29.32	534.60	3.16
	14		29.056	22.809	320.71	3.32	41.31	99.07	508.01	4.18	65.31	133.40	2.14	29.14	33.38	625.16	3.24

| 尺寸 (mm) | | | 截面面积 A (cm²) | 重量 (kg/m) | x—x | | | | x0—x0 | | | y0—y0 | | | | x1—x1 | z0 (cm) |
b	d	r			I_x (cm⁴)	i_x (cm)	W_{xmin} (cm³)	W_{xmax} (cm³)	I_{x0} (cm⁴)	i_{x0} (cm)	W_{x0} (cm³)	I_{y0} (cm⁴)	i_{y0} (cm)	W_{y0min} (cm³)	W_{y0max} (cm³)	I_{x1} (cm⁴)	
125	8	14	19.750	15.504	297.03	3.88	32.52	88.20	470.89	4.88	53.28	123.16	2.50	25.86	27.18	521.01	3.37
	10		24.373	19.133	361.67	3.85	39.97	104.81	573.89	4.85	64.93	149.46	2.48	30.62	33.01	651.93	3.45
	12		28.912	22.696	423.16	3.83	47.17	119.88	671.44	4.82	75.96	174.88	2.46	35.03	38.61	783.42	3.53
	14		33.367	26.193	481.65	3.80	54.16	133.56	763.73	4.78	86.41	199.57	2.45	39.13	44.00	915.61	3.61
140	10	14	27.373	21.488	514.65	4.34	50.58	134.55	817.27	5.46	82.56	212.04	2.78	39.20	41.91	915.11	3.82
	12		32.512	25.522	603.68	4.31	59.80	154.62	958.79	5.43	96.85	248.57	2.77	45.02	49.12	1099.28	3.90
	14		37.567	29.490	688.81	4.28	68.75	173.02	1093.56	5.40	110.47	284.06	2.75	50.45	56.07	1284.22	3.98
	16		42.539	33.393	770.24	4.26	77.46	189.90	1221.81	5.36	123.42	318.67	2.74	55.55	62.81	1470.07	4.06
160	10	16	31.502	24.729	779.53	4.97	66.70	180.77	1237.30	6.27	109.36	321.76	3.20	52.76	55.63	1365.33	4.31
	12		37.441	29.391	916.58	4.95	78.98	208.58	1455.68	6.24	128.67	377.49	3.18	60.74	65.29	1639.57	4.39
	14		43.296	33.987	1048.36	4.92	90.95	234.37	1665.02	6.20	147.17	431.70	3.16	68.24	74.63	1914.68	4.47
	16		49.067	38.518	1175.08	4.89	102.63	258.27	1865.57	6.17	164.89	484.59	3.14	75.31	83.70	2190.82	4.55
180	12	16	42.241	33.159	1321.35	5.59	100.82	270.03	2100.10	7.05	165.00	542.61	3.58	78.41	83.60	2332.80	4.89
	14		48.896	38.383	1514.48	5.57	116.25	304.57	2407.42	7.02	189.15	621.53	3.57	88.38	95.73	2723.48	4.97
	16		55.467	43.542	1700.99	5.54	131.35	336.86	2703.37	6.98	212.40	698.60	3.55	97.83	107.52	3115.29	5.05
	18		61.955	48.635	1881.12	5.51	146.11	367.05	2988.24	6.94	234.78	774.01	3.53	106.79	119.00	3508.42	5.13
200	14	18	54.642	42.894	2103.55	6.20	144.70	385.08	3343.26	7.82	236.40	863.83	3.98	111.82	119.75	3734.10	5.46
	16		62.013	48.680	2366.15	6.18	163.65	426.99	3760.88	7.79	265.93	971.41	3.96	123.96	134.62	4270.39	5.54
	18		69.301	54.401	2620.64	6.15	182.22	466.45	4164.54	7.75	294.48	1076.74	3.94	135.52	149.11	4808.13	5.62
	20		76.505	60.056	2867.30	6.12	200.42	503.58	4554.55	7.72	322.06	1180.04	3.93	146.55	163.26	5347.51	5.69
	24		90.661	71.168	3338.20	6.07	235.78	571.45	5294.97	7.64	374.41	1381.43	3.90	167.22	190.63	6431.99	5.84

热轧不等边角钢截面特性表（按 GB 9788—88 计算）

B—长边宽度　　　　I—截面惯性矩　　　　x_0, y_0—形心距离
b—短边宽度　　　　W—截面模量　　　　r—内圆弧半径
d—边厚　　　　　　i—回转半径　　　　$r_1 = d/3$（边端圆弧半径）

尺寸 (mm)				截面面积 A (cm²)	重量 (kg/m)	x—x				y—y				x₁—x₁		y₁—y₁		u—u			
B	b	d	r			I_x (cm⁴)	i_x (cm)	W_{xmin} (cm³)	W_{xmax} (cm³)	I_y (cm⁴)	i_y (cm)	W_{ymin} (cm³)	W_{ymax} (cm³)	I_{x1} (cm⁴)	y_0 (cm)	I_{y1} (cm⁴)	x_0 (cm)	I_u (cm⁴)	i_u (cm)	W_u (cm³)	$\tan\theta$
25	16	3	3.5	1.162	0.912	0.70	0.78	0.43	0.82	0.22	0.44	0.19	0.53	1.56	0.86	0.43	0.42	0.13	0.34	0.16	0.392
		4		1.499	1.176	0.88	0.77	0.55	0.98	0.27	0.43	0.24	0.60	2.09	0.90	0.59	0.46	0.17	0.34	0.20	0.381
32	20	3	3.5	1.492	1.171	1.53	1.01	0.72	1.41	0.46	0.55	0.30	0.93	3.27	1.08	0.82	0.49	0.28	0.43	0.25	0.382
		4		1.939	1.522	1.93	1.00	0.93	1.72	0.57	0.54	0.39	1.08	4.37	1.12	1.12	0.53	0.35	0.42	0.32	0.374
40	25	3	4	1.890	1.484	3.08	1.28	1.15	2.32	0.93	0.70	0.49	1.59	6.39	1.32	1.59	0.59	0.56	0.54	0.40	0.386
		4		2.467	1.936	3.93	1.26	1.49	2.88	1.18	0.69	0.63	1.88	8.53	1.37	2.14	0.63	0.71	0.54	0.52	0.381
45	28	3	5	2.149	1.687	4.45	1.44	1.47	3.02	1.34	0.79	0.62	2.08	9.10	1.47	2.23	0.64	0.80	0.61	0.51	0.383
		4		2.806	2.203	5.70	1.43	1.91	3.76	1.70	0.78	0.80	2.49	12.14	1.51	3.00	0.68	1.02	0.60	0.66	0.380
50	32	3	5.5	2.431	1.908	6.24	1.60	1.84	3.89	2.02	0.91	0.82	2.78	12.49	1.60	3.31	0.73	1.20	0.70	0.68	0.404
		4		3.177	2.494	8.02	1.59	2.39	4.86	2.58	0.90	1.06	3.36	16.65	1.65	4.45	0.77	1.53	0.69	0.87	0.402
56	36	3	6	2.743	2.153	8.88	1.80	2.32	5.00	2.92	1.03	1.05	3.63	17.54	1.78	4.70	0.80	1.73	0.79	0.87	0.408
		4		3.590	2.818	11.45	1.79	3.03	6.28	3.74	1.02	1.36	4.43	23.39	1.82	6.31	0.85	2.21	0.78	1.12	0.407
		5		4.415	3.466	13.86	1.77	3.71	7.43	4.49	1.01	1.65	5.09	29.24	1.87	7.94	0.88	2.67	0.78	1.36	0.404
63	40	4	7	4.058	3.185	16.49	2.02	3.87	8.10	5.23	1.14	1.70	5.72	33.30	2.04	8.63	0.92	3.12	0.88	1.40	0.398
		5		4.993	3.920	20.02	2.00	4.74	9.62	6.31	1.12	2.07	6.61	41.63	2.08	10.86	0.95	3.76	0.87	1.71	0.396
		6		5.908	4.638	23.36	1.99	5.59	11.01	7.31	1.11	2.43	7.36	49.98	2.12	13.14	0.99	4.38	0.86	2.01	0.393
		7		6.802	5.339	26.53	1.97	6.41	12.27	8.24	1.10	2.78	8.00	58.34	2.16	15.47	1.03	4.97	0.86	2.29	0.389

B	b	d	r	截面积 A (cm²)	重量 (kg/m)	I_x (cm⁴)	i_x (cm)	W_{xmin} (cm³)	W_{xmax} (cm³)	I_y (cm⁴)	i_y (cm)	W_{ymin} (cm³)	W_{ymax} (cm³)	I_{x1} (cm⁴)	y_0 (cm)	I_{y1} (cm⁴)	x_0 (cm)	I_u (cm⁴)	i_u (cm)	W_u (cm³)	$tg\theta$
尺寸 (mm)						x—x				y—y				x_1—x_1		y_1—y_1		u—u			
70	45	4	7.5	4.547	3.570	22.97	2.25	4.82	10.28	7.55	1.29	2.17	7.43	45.68	2.23	12.26	1.02	4.47	0.99	1.79	0.408
		5		5.609	4.403	27.95	2.23	5.92	12.26	9.13	1.28	2.65	8.64	57.10	2.28	15.39	1.06	5.40	0.98	2.19	0.407
		6		6.644	5.215	32.70	2.22	6.99	14.08	10.62	1.26	3.12	9.69	68.54	2.32	18.59	1.10	6.29	0.97	2.57	0.405
		7		7.657	6.011	37.22	2.20	8.03	15.75	12.01	1.25	3.57	10.60	79.99	2.36	21.84	1.13	7.16	0.97	2.94	0.402
75	50	5	8	6.125	4.808	35.09	2.39	6.87	14.65	12.61	1.43	3.30	10.75	70.23	2.40	21.04	1.17	7.32	1.09	2.72	0.436
		6		7.260	5.699	41.12	2.38	8.12	16.86	14.70	1.42	3.88	12.12	84.30	2.44	25.37	1.21	8.54	1.08	3.19	0.435
		8	8	9.467	7.431	52.39	2.35	10.52	20.79	18.53	1.40	4.99	14.39	112.50	2.52	34.23	1.29	10.87	1.07	4.10	0.429
		10		11.590	9.098	62.71	2.33	12.79	24.15	21.96	1.38	6.04	16.14	140.82	2.60	43.43	1.36	13.10	1.06	4.99	0.423
80	50	5		6.375	5.005	41.96	2.57	7.78	16.11	12.82	1.42	3.32	11.28	85.21	2.60	21.06	1.14	7.66	1.10	2.74	0.388
		6		7.560	5.935	49.21	2.55	9.20	18.58	14.95	1.41	3.91	12.71	102.26	2.65	25.41	1.18	8.94	1.09	3.23	0.386
		7	8	8.724	6.848	56.16	2.54	10.58	20.87	16.96	1.39	4.48	13.96	119.32	2.69	29.82	1.21	10.18	1.08	3.70	0.384
		8		9.867	7.745	62.83	2.52	11.92	23.00	18.85	1.38	5.03	15.06	136.41	2.73	34.32	1.25	11.38	1.07	4.16	0.381
90	56	5		7.212	5.661	60.45	2.90	9.92	20.81	18.33	1.59	4.21	14.70	121.32	2.91	29.53	1.25	10.98	1.23	3.49	0.385
		6		8.557	6.717	71.03	2.88	11.74	24.06	21.42	1.58	4.97	16.65	145.59	2.95	35.58	1.29	12.82	1.22	4.10	0.384
		7	9	9.880	7.756	81.22	2.87	13.53	27.12	24.36	1.57	5.70	18.38	169.87	3.00	41.71	1.33	14.60	1.22	4.70	0.383
		8		11.183	8.779	91.03	2.85	15.27	29.98	27.15	1.56	6.41	19.91	194.17	3.04	47.93	1.36	16.34	1.21	5.29	0.380
100	63	6		9.617	7.550	99.06	3.21	14.64	30.62	30.94	1.79	6.35	21.69	199.71	3.24	50.50	1.43	18.42	1.38	5.25	0.394
		7		11.111	8.722	113.45	3.20	16.88	34.59	35.26	1.78	7.29	24.06	233.00	3.28	59.14	1.47	21.00	1.37	6.02	0.393
		8	10	12.584	9.878	127.37	3.18	19.08	38.33	39.39	1.77	8.21	26.18	266.32	3.32	67.88	1.50	23.50	1.37	6.78	0.391
		10		15.467	12.142	153.81	3.15	23.32	45.18	47.12	1.75	9.98	29.83	333.06	3.40	85.73	1.58	28.33	1.35	8.24	0.387
100	80	6		10.637	8.350	107.04	3.17	15.19	36.24	61.24	2.40	10.16	31.03	199.83	2.95	102.68	1.97	31.65	1.72	8.37	0.627
		7		12.301	9.656	122.73	3.16	17.52	40.96	70.08	2.39	11.71	34.79	233.20	3.00	119.98	2.01	36.17	1.71	9.60	0.626
		8	10	13.944	10.946	137.92	3.15	19.81	45.40	78.58	2.37	13.21	38.27	266.61	3.04	137.37	2.05	40.58	1.71	10.80	0.625
		10		17.167	13.476	166.87	3.12	24.24	53.54	94.65	2.35	16.12	44.45	333.63	3.12	172.48	2.13	49.10	1.69	13.12	0.622

尺寸 (mm)				截面面积 A (cm²)	重量 (kg/m)	$x-x$				$y-y$				x_1-x_1		y_1-y_1		$u-u$			
B	b	d	r			I_x (cm⁴)	i_x (cm)	W_{xmin} (cm³)	W_{xmax} (cm³)	I_y (cm⁴)	i_y (cm)	W_{ymin} (cm³)	W_{ymax} (cm³)	I_{x1} (cm⁴)	y_0 (cm)	I_{y1} (cm⁴)	x_0 (cm)	I_u (cm⁴)	i_u (cm)	W_u (cm³)	$tg\theta$
110	70	6	10	10.637	8.350	133.37	3.54	17.85	37.80	42.92	2.01	7.90	27.36	265.78	3.53	69.08	1.57	25.36	1.54	6.53	0.403
		7		12.301	9.656	153.00	3.53	20.60	42.82	49.02	2.00	9.09	30.48	310.07	3.57	80.83	1.61	28.96	1.53	7.50	0.402
		8		13.944	10.946	172.04	3.51	23.30	47.57	54.87	1.98	10.25	33.31	354.39	3.62	92.70	1.65	32.45	1.53	8.45	0.401
		10		17.167	13.476	208.39	3.48	28.54	56.36	65.88	1.96	12.48	38.24	443.13	3.70	116.83	1.72	39.20	1.51	10.29	0.397
125	80	7	11	14.096	11.066	227.98	4.02	26.86	56.81	74.42	2.30	12.01	41.34	454.99	4.01	120.32	1.80	43.81	1.76	9.92	0.408
		8		15.989	12.551	256.77	4.01	30.41	63.28	83.49	2.29	13.56	45.38	519.99	4.06	137.85	1.84	49.15	1.75	11.18	0.407
		10		19.712	15.474	312.04	3.98	37.33	75.35	100.67	2.26	16.56	52.41	650.09	4.14	173.40	1.92	59.45	1.74	13.64	0.404
		12		23.351	18.330	364.41	3.95	44.01	86.34	116.67	2.24	19.43	58.46	780.39	4.22	209.67	2.00	69.35	1.72	16.01	0.400
140	90	8	12	18.039	14.160	365.64	4.50	38.48	81.30	120.69	2.59	17.34	59.15	730.53	4.50	195.79	2.04	70.83	1.98	14.31	0.411
		10		22.261	17.475	445.50	4.47	47.31	97.19	146.03	2.56	21.22	68.94	913.20	4.58	245.93	2.12	85.82	1.96	17.48	0.409
		12		26.400	20.724	521.59	4.44	55.87	111.81	169.79	2.54	24.95	77.38	1096.09	4.66	296.89	2.19	100.21	1.95	20.54	0.406
		14		30.456	23.908	594.10	4.42	64.18	125.26	192.10	2.51	28.54	84.68	1279.26	4.74	348.82	2.27	114.13	1.94	23.52	0.403
160	100	10	13	25.315	19.872	668.69	5.14	62.13	127.69	205.03	2.85	26.56	89.94	1362.89	5.24	336.59	2.28	121.74	2.19	21.92	0.390
		12		30.054	23.592	784.91	5.11	73.49	147.54	239.06	2.82	31.28	101.45	1635.56	5.32	405.94	2.36	142.33	2.18	25.79	0.388
		14		34.709	27.247	896.30	5.08	84.56	165.97	271.20	2.80	35.83	111.53	1908.50	5.40	476.42	2.43	162.23	2.16	29.56	0.385
		16		39.281	30.835	1003.05	5.05	95.33	183.11	301.60	2.77	40.24	120.37	2181.79	5.48	548.22	2.51	181.57	2.15	33.25	0.382
180	110	10	14	28.373	22.273	956.25	5.81	78.96	162.37	278.11	3.13	32.49	113.91	1940.40	5.89	447.22	2.44	166.50	2.42	26.88	0.376
		12		33.712	26.464	1124.72	5.78	93.53	188.23	325.03	3.11	38.32	129.03	2328.38	5.98	538.94	2.52	194.87	2.40	31.66	0.374
		14		38.967	30.589	1286.91	5.75	107.76	212.46	369.55	3.08	43.97	142.41	2716.60	6.06	631.95	2.59	222.30	2.39	36.32	0.372
		16		44.139	34.649	1443.06	5.72	121.64	235.16	411.85	3.05	49.44	154.26	3105.15	6.14	726.46	2.67	248.94	2.37	40.87	0.369
200	125	12	14	37.912	29.761	1570.90	6.44	116.73	240.10	483.16	3.57	49.99	170.46	3193.85	6.54	787.74	2.83	285.79	2.75	41.23	0.392
		14		43.867	34.436	1800.97	6.41	134.65	271.86	550.83	3.54	57.44	189.24	3726.17	6.62	922.47	2.91	326.58	2.73	47.34	0.390
		16		49.739	39.045	2023.35	6.38	152.18	301.81	615.44	3.52	64.69	206.12	4258.86	6.70	1058.86	2.99	366.21	2.71	53.32	0.388
		18		55.526	43.588	2238.30	6.35	169.33	330.05	677.19	3.49	71.74	221.30	4792.00	6.78	1197.13	3.06	404.83	2.70	59.18	0.385

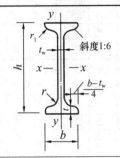

I—截面惯性矩

W—截面模量

S—半截面面积矩

i—截面回转半径

型　号	尺　寸 (mm)						截面面积 A (cm²)	每米重量 (kg/m)	截　面　特　性						
									$x-x$ 轴				$y-y$ 轴		
	h	b	t_w	t	r	r_1			I_x (cm⁴)	W_x (cm³)	S_x (cm³)	i_x (cm)	I_y (cm⁴)	W_y (cm³)	i_y (cm)
I10	100	68	4.5	7.6	6.5	3.3	14.33	11.25	245	49.0	28.2	4.14	32.8	9.6	1.51
I12.6	126	74	5.0	8.4	7.0	3.5	18.10	14.21	488	77.4	44.2	5.19	46.9	12.7	1.61
I14	140	80	5.5	9.1	7.5	3.8	21.50	16.88	712	101.7	58.4	5.75	64.3	16.1	1.73
I16	160	88	6.0	9.9	8.0	4.0	26.11	20.50	1127	140.9	80.8	6.57	93.1	21.1	1.89
I18	180	94	6.5	10.7	8.5	4.3	30.74	24.13	1699	185.4	106.5	7.37	122.9	26.2	2.00
I20a	200	100	7.0	11.4	9.0	4.5	35.55	27.91	2369	236.9	136.1	8.16	157.9	31.6	2.11
I20b	200	102	9.0	11.4	9.0	4.5	39.55	31.05	2502	250.2	146.1	7.95	169.0	33.1	2.07
I22a	220	110	7.5	12.3	9.5	4.8	42.10	33.05	3406	309.6	177.7	8.99	225.9	41.1	2.32
I22b	220	112	9.5	12.3	9.5	4.8	46.50	36.50	3583	325.8	189.8	8.78	240.2	42.9	2.27
I25a	250	116	8.0	13.0	10.0	5.0	48.51	38.08	5017	401.4	230.7	10.17	280.4	48.4	2.40
I25b	250	118	10.0	13.0	10.0	5.0	53.51	42.01	5278	422.2	246.3	9.93	297.3	50.4	2.36
I28a	280	122	8.5	13.7	10.5	5.3	55.37	43.47	7115	508.2	292.7	11.34	344.1	56.4	2.49
I28b	280	124	10.5	13.7	10.5	5.3	60.97	47.86	7481	534.4	312.3	11.08	363.8	58.7	2.44
I32a	320	130	9.5	15.0	11.5	5.8	67.12	52.69	11080	692.5	400.5	12.85	459.0	70.6	2.62
I32b	320	132	11.5	15.0	11.5	5.8	73.52	57.71	11626	726.7	426.1	12.58	483.8	73.3	2.57
I32c	320	134	13.5	15.0	11.5	5.8	79.92	62.74	12173	760.8	451.7	12.34	510.1	76.1	2.53
I36a	360	136	10.0	15.8	12.0	6.0	76.44	60.00	15796	877.6	508.8	12.38	554.9	81.6	2.69
I36b	360	138	12.0	15.8	12.0	6.0	83.64	65.66	16574	920.8	541.2	14.08	583.6	84.6	2.64
I36c	360	140	14.0	15.8	12.0	6.0	90.84	71.31	17351	964.0	573.6	13.82	614.0	87.7	2.60
I40a	400	142	10.5	16.5	12.5	6.3	86.07	67.56	21714	1085.7	631.2	15.88	659.9	92.9	2.77
I40b	400	144	12.5	16.5	12.5	6.3	94.07	73.84	22781	1139.0	671.2	15.56	692.8	96.2	2.71
I40c	400	146	14.5	16.5	12.5	6.3	102.07	80.12	23847	1192.4	711.2	15.29	727.5	99.7	2.67
I45a	450	150	11.5	18.0	13.5	6.8	102.40	80.38	32241	1432.9	836.4	17.74	855.0	114.0	2.89
I45b	450	152	13.5	18.0	13.5	6.8	111.40	87.45	33759	1500.4	887.1	17.41	895.4	117.8	2.84
I45c	450	154	15.5	18.0	13.5	6.8	120.40	94.51	35278	1567.9	937.7	17.12	938.0	121.8	2.79
I50a	500	158	12.0	20.0	14.0	7.0	119.25	93.61	46472	1858.9	1084.1	19.74	1121.5	142.0	3.07
I50b	500	160	14.0	20.0	14.0	7.0	129.25	101.46	48556	1942.2	1146.6	19.38	1171.4	146.4	3.01
I50c	500	162	16.0	20.0	14.0	7.0	139.25	109.31	50639	2025.6	1209.1	19.07	1223.9	151.1	2.96
I56a	560	166	12.5	21.0	14.5	7.3	135.38	106.27	65576	2342.0	1368.8	22.01	1365.8	164.6	3.18
I56b	560	168	14.5	21.0	14.5	7.3	146.58	115.06	68503	2446.5	1447.2	21.62	1423.8	169.5	3.12
I56c	560	170	16.5	21.0	14.5	7.3	157.78	123.85	71430	2551.1	1525.6	21.28	1484.8	174.7	3.07
I63a	630	176	13.0	22.0	15.0	7.5	154.59	121.36	94004	2984.3	1747.4	24.66	1702.4	193.5	3.32
I63b	630	178	15.0	22.0	15.0	7.5	167.19	131.35	98171	3116.6	1846.6	24.23	1770.7	199.0	3.25
I63c	630	180	17.0	22.0	15.0	7.5	179.79	141.14	102339	3248.9	1945.9	23.86	1842.4	204.7	3.20

注：普通工字钢的通常长度：I10～I18，为 5～19m；I 20～I 63，为 6～19m。

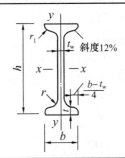

I—截面惯性矩

W—截面模量

S—半截面面积矩

i—截面回转半径

型 号	尺　寸 (mm)						截面面积 A (cm²)	每米重量 (kg/m)	截　面　特　性						
									$x-x$ 轴				$y-y$ 轴		
	h	b	t_w	t	r	r_1			I_x (cm⁴)	W_x (cm³)	S_x (cm³)	i_x (cm)	I_y (cm⁴)	W_y (cm³)	i_y (cm)
I10	100	55	4.5	7.2	7.0	2.5	12.05	9.46	198	39.7	23.0	4.06	17.9	6.5	1.22
I12	120	64	4.8	7.3	7.5	3.0	14.71	11.55	351	58.4	33.7	4.88	27.9	8.7	1.38
I14	140	73	4.9	7.5	8.0	3.0	17.43	13.68	572	81.7	46.8	5.73	41.9	11.5	1.55
I16	160	81	5.0	7.8	8.5	3.5	20.24	15.89	873	109.2	62.3	6.57	58.6	14.5	1.70
I18	180	90	5.1	8.1	9.0	3.5	23.38	18.35	1288	143.1	81.4	7.42	82.6	18.4	1.88
I18a	180	100	5.1	8.3	9.0	3.5	25.38	19.92	1431	159.0	89.8	7.51	114.2	22.8	2.12
I20	200	100	5.2	8.4	9.5	4.0	26.81	21.04	1840	184.0	104.2	8.28	115.4	23.1	2.08
I20a	200	110	5.2	8.6	9.5	4.0	28.91	22.69	2027	202.7	114.1	8.37	154.9	28.2	2.32
I22	220	110	5.4	8.7	10.0	4.0	30.62	24.04	2554	232.1	131.2	9.13	157.4	28.6	2.27
I22a	220	120	5.4	8.9	10.0	4.0	32.82	25.76	2792	253.8	142.7	9.22	205.9	34.3	2.50
I24	240	115	5.6	9.5	10.5	4.0	34.83	27.35	3465	288.7	163.1	9.97	198.5	34.5	2.39
I24a	240	125	5.6	9.8	10.5	4.0	37.45	29.40	3801	316.7	177.9	10.07	260.0	41.6	2.63
I27	270	125	6.0	9.8	11.0	4.5	40.17	31.54	5011	371.2	210.0	11.17	259.6	41.5	2.54
I27a	270	135	6.0	10.2	11.0	4.5	43.17	33.89	5500	407.4	229.1	11.29	337.5	50.0	2.80
I30	300	135	6.5	10.2	12.0	5.0	46.48	36.49	7084	472.3	267.8	12.35	337.0	49.9	2.69
I30a	300	145	6.5	10.7	12.0	5.0	49.91	39.18	7776	518.4	292.1	12.48	435.8	60.1	2.95
I33	330	140	7.0	11.2	13.0	5.0	53.82	42.25	9845	596.6	339.2	13.52	419.4	59.9	2.79
I36	360	145	7.5	12.3	14.0	6.0	61.86	48.56	13377	743.2	423.3	14.71	515.8	71.2	2.89
I40	400	155	8.0	13.0	15.0	6.0	71.44	56.08	18932	946.6	540.1	16.28	666.0	86.0	3.05
I45	450	160	8.6	14.2	16.0	7.0	83.03	65.18	27446	1219.8	699.0	18.18	806.9	100.9	3.12
I50	500	170	9.5	15.2	17.0	7.0	97.84	76.81	39295	1571.8	905.0	20.04	1041.8	122.6	3.26
I55	550	180	10.3	16.5	18.0	7.0	114.43	89.83	55155	2005.6	1157.7	21.95	1353.0	150.3	3.44
I60	600	190	11.1	17.8	20.0	8.0	132.46	103.98	75456	2515.2	1455.0	23.07	1720.1	181.1	3.60
I65	650	200	12.0	19.2	22.0	9.0	152.80	119.94	101412	3120.4	1809.4	25.76	2170.1	217.0	3.77
I70	700	210	13.0	20.8	24.0	10.0	176.03	138.18	134609	3846.0	2235.1	27.65	2733.3	260.3	3.94
I70a	700	210	15.0	24.0	24.0	10.0	201.67	158.31	152706	4363.0	2547.5	27.52	3243.5	308.9	4.01
I70b	700	210	17.5	28.2	24.0	10.0	234.14	183.80	175374	5010.7	2941.6	27.37	3914.7	372.8	4.09

注：轻型工字钢的通常长度：I10～I18，为 5～19m；I20～I70，为 6～19m。

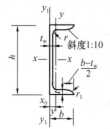

斜度1:10

I—截面惯性矩
W—截面模量
S—半截面面积矩
i—截面回转半径

型号	尺寸 (mm) h	b	t_w	t	r	r_1	截面面积 A (cm²)	每米重量 (kg/m)	x_0 (cm)	$x-x$轴 I_x (cm⁴)	W_x (cm³)	S_x (cm³)	i_x (cm)	$y-y$轴 I_y (cm⁴)	W_{ymax} (cm³)	W_{ymin} (cm³)	i_y (cm)	y_1-y_1轴 I_{y1} (cm⁴)
[5	50	37	4.5	7.0	7.0	3.50	6.92	5.44	1.35	26.0	10.4	6.4	1.94	8.3	6.2	3.5	1.10	20.9
[6.3	63	40	4.8	7.5	7.5	3.75	8.45	6.63	1.39	51.2	16.3	9.8	2.46	11.9	8.5	4.6	1.19	28.3
[8	80	43	5.0	8.0	8.0	4.00	10.24	8.04	1.42	101.3	25.3	15.1	3.14	16.6	11.7	5.8	1.27	37.4
[10	100	48	5.3	8.5	8.5	4.25	12.74	10.00	1.52	198.3	39.7	23.5	3.94	25.6	16.9	7.8	1.42	54.9
[12.6	126	53	5.5	9.0	9.0	4.50	15.69	12.31	1.59	388.5	61.7	36.4	4.98	38.0	23.9	10.3	1.56	77.8
[14a	140	58	6.0	9.5	9.5	4.75	18.51	14.53	1.71	563.7	80.5	47.5	5.52	53.2	31.2	13.0	1.70	107.2
[14b	140	60	8.0	9.5	9.5	4.75	21.31	16.73	1.67	609.4	87.1	52.4	5.35	61.2	36.6	14.1	1.69	120.6
[16a	160	63	6.5	10.0	10.0	5.00	21.95	17.23	1.79	866.2	108.3	63.9	6.28	73.4	40.9	16.3	1.83	144.1
[16b	160	65	8.5	10.0	10.0	5.00	25.15	19.75	1.75	934.5	116.8	70.2	6.10	83.4	47.6	17.6	1.82	160.8
[18a	180	68	7.0	10.5	10.5	5.25	25.69	20.17	1.88	1272.7	141.4	83.5	7.04	98.6	52.3	20.0	1.96	189.7
[18b	180	70	9.0	10.5	10.5	5.25	29.29	22.99	1.84	1369.9	152.2	91.6	6.84	111.0	60.4	21.5	1.95	210.1
[20a	200	73	7.0	11.0	11.0	5.50	28.83	22.63	2.01	1780.4	178.0	104.7	7.86	128.0	63.8	24.2	2.11	244.0
[20b	200	75	9.0	11.0	11.0	5.50	32.83	25.77	1.95	1913.7	191.4	114.7	7.64	143.6	73.7	25.9	2.09	268.4
[22a	220	77	7.0	11.5	11.5	5.75	31.84	24.99	2.10	2393.9	217.6	127.6	8.67	157.8	75.1	28.2	2.23	298.2
[22b	220	79	9.0	11.5	11.5	5.75	36.24	28.45	2.03	2571.3	233.8	139.7	8.42	176.5	86.8	30.1	2.21	326.3
[25a	250	78	7.0	12.0	12.0	6.00	34.91	27.40	2.07	3359.1	268.7	157.8	9.81	175.9	85.1	30.7	2.24	324.8
[25b	250	80	9.0	12.0	12.0	6.00	39.91	31.33	1.99	3619.5	289.6	173.5	9.52	196.4	98.5	32.7	2.22	355.1
[25c	250	82	11.0	12.0	12.0	6.00	44.91	35.25	1.96	3880.0	310.4	189.1	9.30	215.9	110.1	34.6	2.19	388.6
[28a	280	82	7.5	12.5	12.5	6.25	40.02	31.42	2.09	4752.5	339.5	200.2	10.90	217.9	104.1	35.7	2.33	393.3
[28b	280	84	9.5	12.5	12.5	6.25	45.62	35.81	2.02	5118.4	365.6	219.8	10.59	241.5	119.3	37.9	2.30	428.5
[28c	280	86	11.5	12.5	12.5	6.25	51.22	40.21	1.99	5484.3	391.7	239.4	10.35	264.1	132.6	40.0	2.27	467.3
[32a	320	88	8.0	14.0	14.0	7.00	48.50	38.07	2.24	7510.6	469.4	276.0	12.44	304.7	136.2	46.4	2.51	547.5
[32b	320	90	10.0	14.0	14.0	7.00	54.90	43.10	2.16	8056.8	503.5	302.5	12.11	335.6	155.0	49.1	2.47	592.9
[32c	320	92	12.0	14.0	14.0	7.00	61.30	48.12	2.13	8602.9	537.7	328.1	11.85	365.0	171.5	51.6	2.44	642.7
[36a	360	96	9.0	16.0	16.0	8.00	60.89	47.80	2.44	11874.1	659.7	389.9	13.96	455.0	186.2	63.6	2.73	818.5
[36b	360	98	11.0	16.0	16.0	8.00	68.09	53.45	2.37	12651.7	702.9	422.3	13.63	496.7	209.2	66.9	2.70	880.5
[36c	360	100	13.0	16.0	16.0	8.00	75.29	59.10	2.34	13429.3	746.1	454.7	13.36	536.6	229.5	70.0	2.67	948.0
[40a	400	100	10.5	18.0	18.0	9.00	75.04	58.91	2.49	17577.7	878.9	524.4	15.30	592.0	237.6	78.8	2.81	1057.9
[40b	400	102	12.5	18.0	18.0	9.00	83.04	65.19	2.44	18644.4	932.2	564.4	14.98	640.6	262.4	82.6	2.78	1135.8
[40c	400	104	14.5	18.0	18.0	9.00	91.04	71.47	2.42	19711.0	985.6	604.4	14.71	687.8	284.4	86.2	2.75	1220.3

注：普通槽钢的通常长度：[5～[8，为 5～12m；[10～[18，为 5～19m；[20～[40，为 6～19m。

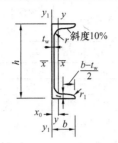

I—截面惯性矩
W—截面模量
S—半截面面积矩
i—截面回转半径

型号	尺寸 (mm)						截面面积 A (cm²)	每米重量 (kg/m)	截面特性										
									x_0 (cm)	$x-x$ 轴				$y-y$ 轴				y_1-y_1 轴
	h	b	t_w	t	r	r_1				I_x (cm⁴)	W_x (cm³)	S_x (cm³)	i_x (cm)	I_y (cm⁴)	W_{ymax} (cm³)	W_{ymin} (cm³)	i_y (cm)	I_{y1} (cm⁴)
[5	50	32	4.4	7.0	6.0	2.5	6.16	4.84	1.16	22.8	9.1	5.6	1.92	5.6	4.8	2.8	0.95	13.9
[6.5	65	36	4.4	7.2	6.0	2.5	7.51	5.70	1.24	48.6	15.0	9.0	2.54	8.7	7.0	3.7	1.08	20.2
[8	80	40	4.5	7.4	6.5	2.5	8.98	7.05	1.31	89.4	22.4	13.3	3.16	12.8	9.8	4.8	1.19	28.2
[10	100	46	4.5	7.6	7.0	3.0	10.94	8.59	1.44	173.9	34.8	20.4	3.99	20.4	14.2	6.5	1.37	43.0
[12	120	52	4.8	7.8	7.5	3.0	13.28	10.43	1.54	303.9	50.6	29.6	4.78	31.2	20.2	8.5	1.53	62.8
[14	140	58	4.9	8.1	8.0	3.0	15.65	12.28	1.67	491.1	70.2	40.8	5.60	45.4	27.1	11.0	1.70	89.2
[14a	140	62	4.9	8.7	8.0	3.0	16.98	13.33	1.87	544.8	77.8	45.1	5.66	57.5	30.7	13.3	1.84	116.9
[16	160	64	5.0	8.4	8.5	3.5	18.12	14.22	1.80	747.0	93.4	54.1	6.42	63.3	35.1	13.8	1.87	122.4
[16a	160	68	5.0	9.0	8.5	3.5	19.54	15.34	2.00	823.3	102.9	59.4	6.49	78.8	39.4	16.4	2.01	157.1
[18	180	70	5.1	8.7	9.0	3.5	20.71	16.25	1.94	1086.3	120.7	69.8	7.24	86.0	44.4	17.0	2.04	163.6
[18a	180	74	5.1	9.3	9.0	3.5	22.23	17.45	2.14	1190.7	132.3	76.1	7.32	105.4	49.4	20.0	2.18	206.7
[20	200	76	5.2	9.0	9.5	4.0	23.40	18.37	2.07	1522.0	152.2	87.8	8.07	113.4	54.9	20.5	2.20	213.3
[20a	200	80	5.2	9.7	9.5	4.0	25.16	19.75	2.28	1672.4	167.2	95.7	8.15	138.6	60.8	24.2	2.35	269.3
[22	220	82	5.4	9.5	10.0	4.0	26.72	20.97	2.21	2109.5	191.8	110.4	8.89	150.6	68.0	25.1	2.37	281.4
[22a	220	87	5.4	10.2	10.0	4.0	28.81	22.62	2.46	2327.3	211.6	121.1	8.99	187.1	76.1	30.0	2.55	361.3
[24	240	90	5.6	10.0	10.5	4.0	30.64	24.05	2.42	2901.1	241.8	138.8	9.73	207.6	85.7	31.6	2.60	387.4
[24a	240	95	5.6	10.7	10.5	4.0	32.89	25.82	2.67	3181.2	265.1	151.3	9.83	253.6	95.0	37.2	2.78	488.5
[27	270	95	6.0	10.5	11.0	4.5	35.23	27.66	2.47	4163.3	308.4	177.6	10.87	261.8	105.8	37.3	2.73	477.5
[30	300	100	6.5	11.0	12.0	4.5	40.47	31.77	2.52	5808.3	387.2	224.0	11.98	326.6	129.8	43.6	2.84	582.9
[33	330	105	7.0	11.7	13.0	5.0	46.52	36.52	2.59	7984.1	483.9	280.9	13.10	410.1	158.3	51.8	2.97	722.2
[36	360	110	7.5	12.6	14.0	6.0	53.37	41.90	2.68	10815.5	600.9	349.6	14.24	513.5	191.3	61.8	3.10	898.2
[40	400	115	8.0	13.5	15.0	6.0	61.53	48.30	2.75	15219.6	761.0	444.3	15.73	642.3	233.1	73.4	3.23	1109.2

注：轻型槽钢的通常长度，[5～[8，为 5～12m；[10～[18，为 5～19m；[20～[40，为 6～19m。

H型钢截面尺寸、截面面积、理论重量及截面特性(按 GB/T 11263—2017)　附表 4-7

类别	型 号 (高度×宽度) (mm×mm)	截面尺寸 (mm)					截面面积 (cm²)	理论重量 (kg/m)	表面积 (m²/m)	惯性矩(cm⁴)		惯性半径 (cm)		截面模数 (cm³)	
		H	B	t_1	t_2	r				I_x	I_y	i_x	i_y	W_x	W_y
HW	100×100	100	100	6	8	8	21.58	16.9	0.574	378	134	4.18	2.48	75.6	26.7
	125×125	125	125	6.5	9	8	30.00	23.6	0.723	839	293	5.28	3.12	134	46.9
	150×150	150	150	7	10	8	39.64	31.1	0.872	1620	563	6.39	3.76	216	75.1
	175×175	175	175	7.5	11	13	51.42	40.4	1.01	2900	984	7.50	4.37	331	112
	200×200	200	200	8	12	13	63.53	49.9	1.16	4720	1600	8.61	5.02	472	160
		* 200	204	12	12	13	71.53	56.2	1.17	4980	1700	8.34	4.87	498	167
	250×250	* 244	252	11	11	13	81.31	63.8	1.45	8700	2940	10.3	6.01	713	233
		250	250	9	14	13	91.43	71.8	1.46	10700	3650	10.8	6.31	860	292
		* 250	255	14	14	13	103.9	81.6	1.47	11400	3880	10.5	6.10	912	304
	300×300	* 294	302	12	12	13	106.3	83.5	1.75	16600	5510	12.5	7.20	1130	365
		300	300	10	15	13	118.5	93.0	1.76	20200	6750	13.1	7.55	1350	450
		* 300	305	15	15	13	133.5	105	1.77	21300	7100	12.6	7.29	1420	466
	350×350	* 338	351	13	13	13	133.3	105	2.03	27700	9380	14.4	8.38	1640	534
		* 344	348	10	16	13	144.0	113	2.04	32800	11200	15.1	8.83	1910	646
		* 344	354	16	16	13	164.7	129	2.05	34900	11800	14.6	8.48	2030	669
		350	350	12	19	13	171.9	135	2.05	39800	13600	15.2	8.88	2280	776
		* 350	357	19	19	13	196.4	154	2.07	42300	14400	14.7	8.57	2420	808
	400×400	* 388	402	15	15	22	178.5	140	2.32	49000	16300	16.6	9.54	2520	809
		* 394	398	11	18	22	186.8	147	2.32	56100	18900	17.3	10.1	2850	951
		* 394	405	18	18	22	214.4	168	2.33	59700	20000	16.7	9.64	3030	985
		400	400	13	21	22	218.7	172	2.34	66600	22400	17.5	10.1	3330	1120
		* 400	408	21	21	22	250.7	197	2.35	70900	23800	16.8	9.74	3540	1170
		* 414	405	18	28	22	295.4	232	2.37	92800	31000	17.7	10.2	4480	1530
		* 428	407	20	35	22	360.7	283	2.41	119000	39400	18.2	10.4	5570	1930
		* 458	417	30	50	22	528.6	415	2.49	187000	60500	18.8	10.7	8170	2900
		* 498	432	45	70	22	770.1	604	2.60	298000	94400	19.7	11.1	12000	4370
	500×500	* 492	465	15	20	22	258.0	202	2.78	117000	33500	21.3	11.4	4770	1440
		* 502	465	15	25	22	304.5	239	2.80	146000	41900	21.9	11.7	5810	1800
		* 502	470	20	25	22	329.6	259	2.81	151000	43300	21.4	11.5	6020	1840
HM	150×100	148	100	6	9	8	26.34	20.7	0.670	1000	150	6.16	2.38	135	30.1
	200×150	194	150	6	9	8	38.10	29.9	0.962	2630	507	8.30	3.64	271	67.6
	250×175	244	175	7	11	13	55.49	43.6	1.15	6040	984	10.4	4.21	495	112
	300×200	294	200	8	12	13	71.05	55.8	1.35	11100	1600	12.5	4.74	756	160
		* 298	201	9	14	13	82.03	64.4	1.36	13100	1900	12.6	4.80	878	189
	350×250	340	250	9	14	13	99.53	78.1	1.64	21200	3650	14.6	6.05	1250	292
	400×300	390	300	10	16	13	133.3	105	1.94	37900	7200	16.9	7.35	1940	480
	450×300	440	300	11	18	13	153.9	121	2.04	54700	8110	18.9	7.25	2490	540
	500×300	* 482	300	11	15	13	141.2	111	2.12	58300	6760	20.3	6.91	2420	450
		488	300	11	18	13	159.2	125	2.13	68900	8110	20.8	7.13	2820	540
	550×300	* 544	300	11	15	13	148.0	116	2.24	76400	6760	22.7	6.75	2810	450
		* 550	300	11	18	13	166.0	130	2.26	89800	8110	23.3	6.98	3270	540
	600×300	* 582	300	12	17	13	169.2	133	2.32	98900	7660	24.2	6.72	3400	511
		588	300	12	20	13	187.2	147	2.33	114000	9010	24.7	6.93	3890	601
		* 594	302	14	23	13	217.1	170	2.35	134000	10600	24.8	6.97	4500	700

类别	型号(高度×宽度)(mm×mm)	截面尺寸(mm)					截面面积(cm²)	理论重量(kg/m)	表面积(m²/m)	惯性矩(cm⁴)		惯性半径(cm)		截面模数(cm³)	
		H	B	t_1	t_2	r				I_x	I_y	i_x	i_y	W_x	W_y
HN	*100×50	100	50	5	7	8	11.84	9.30	0.376	187	14.8	3.97	1.11	37.5	5.91
	*125×60	125	60	6	8	8	16.68	13.1	0.464	409	29.1	4.95	1.32	65.4	9.71
	150×75	150	75	5	7	8	17.84	14.0	0.576	666	49.5	6.10	1.66	88.8	13.2
	175×90	175	90	5	8	8	22.89	18.0	0.686	1210	97.5	7.25	2.06	138	21.7
	200×100	*198	99	4.5	7	8	22.68	17.8	0.769	1540	113	8.24	2.23	156	22.9
		200	100	5.5	8	8	26.66	20.9	0.775	1810	134	8.22	2.23	181	26.7
	250×125	*248	124	5	8	8	31.98	25.1	0.968	3450	255	10.4	2.82	278	41.1
		250	125	6	9	8	36.96	29.0	0.974	3960	294	10.4	2.81	317	47.0
	300×150	*298	149	5.5	8	13	40.80	32.0	1.16	6320	442	12.4	3.29	424	59.3
		300	150	6.5	9	13	46.78	36.7	1.16	7210	508	12.4	3.29	481	67.7
	350×175	*346	174	6	9	13	52.45	41.2	1.35	11000	791	14.5	3.88	638	91.0
		350	175	7	11	13	62.91	49.4	1.36	13500	984	14.6	3.95	771	112
	400×150	400	150	8	13	13	70.37	55.2	1.36	18600	734	16.3	3.22	929	97.8
	400×200	*396	199	7	11	13	71.41	56.1	1.55	19800	1450	16.6	4.50	999	145
		400	200	8	13	13	83.37	65.4	1.56	23500	1740	16.8	4.56	1170	174
	450×150	*446	150	7	12	13	66.99	52.6	1.46	22000	677	18.1	3.17	985	90.3
		450	151	8	14	13	77.49	60.8	1.47	25700	806	18.2	3.22	1140	107
	450×200	*446	199	8	12	13	82.97	65.1	1.65	28100	1580	18.4	4.36	1260	159
		450	200	9	14	13	95.43	74.9	1.66	32900	1870	18.6	4.42	1460	187
	475×150	*470	150	7	13	13	71.53	56.2	1.50	26200	733	19.1	3.20	1110	97.8
		*475	151.5	8.5	15.5	13	86.15	67.6	1.52	31700	901	19.2	3.23	1330	119
		482	153.5	10.5	19	13	106.4	83.5	1.53	39600	1150	19.3	3.28	1640	150
	500×150	*492	150	7	12	13	70.21	55.1	1.55	27500	677	19.8	3.10	1120	90.3
		*500	152	9	16	13	92.21	72.4	1.57	37000	940	20.0	3.19	1480	124
		504	153	10	18	13	103.3	81.1	1.58	41900	1080	20.1	3.23	1660	141
	500×200	*496	199	9	14	13	99.29	77.9	1.75	40800	1840	20.3	4.30	1650	185
		500	200	10	16	13	112.3	88.1	1.76	46800	2140	20.4	4.36	1870	214
		*506	201	11	19	13	129.3	102	1.77	55500	2580	20.7	4.46	2190	257
	550×200	*546	199	9	14	13	103.8	81.5	1.85	50800	1840	22.1	4.21	1860	185
		550	200	10	16	13	117.3	92.0	1.86	58200	2140	22.3	4.27	2120	214
	600×200	*596	199	10	15	13	117.8	92.4	1.95	66600	1980	23.8	4.09	2240	199
		600	200	11	17	13	131.7	103	1.96	75600	2270	24.0	4.15	2520	227
		*606	201	12	20	13	149.8	118	1.97	88300	2720	24.3	4.25	2910	270
	625×200	*625	198.5	13.5	17.5	13	150.6	118	1.99	88500	2300	24.2	3.90	2830	231
		630	200	15	20	13	170.0	193	2.01	101000	2690	24.4	3.97	3220	268
		*638	202	17	24	13	198.7	156	2.03	122000	3320	24.8	4.09	3820	329

类别	型号 (高度×宽度) (mm×mm)	截面尺寸(mm)					截面面积 (cm²)	理论重量 (kg/m)	表面积 (m²/m)	惯性矩(cm⁴)		惯性半径 (cm)		截面模数 (cm³)	
		H	B	t_1	t_2	r				I_x	I_y	i_x	i_y	W_x	W_y
HN	650×300	*646	299	12	18	18	183.6	144	2.43	131000	8030	26.7	6.61	4080	537
		*650	300	13	20	18	202.1	159	2.44	146000	9010	26.9	6.67	4500	601
		*654	301	14	22	18	220.6	173	2.45	161000	10000	27.4	6.81	4930	666
	700×300	*692	300	13	20	18	207.5	163	2.53	168000	9020	28.5	6.59	4870	601
		700	300	13	24	18	231.5	182	2.54	197000	10800	29.2	6.83	5640	721
	750×300	*734	299	12	16	18	182.7	143	2.61	161000	7140	29.7	6.25	4390	478
		*742	300	13	20	18	214.0	168	2.63	197000	9020	30.4	6.49	5320	601
		*750	300	13	24	18	238.0	187	2.64	231000	10800	31.1	6.74	6150	721
		*758	303	16	28	18	284.8	224	2.67	276000	13000	31.1	6.75	7270	859
	800×300	*792	300	14	22	18	239.5	188	2.73	248000	9920	32.2	6.43	6270	661
		800	300	14	26	18	263.5	207	2.74	286000	11700	33.0	6.66	7160	781
	850×300	*834	298	14	19	18	227.5	179	2.80	251000	8400	33.2	6.07	6020	564
		*842	299	15	23	18	259.7	204	2.82	298000	10300	33.9	6.28	7080	687
		*850	300	16	27	18	292.1	229	2.84	346000	12200	34.4	6.45	8140	812
		*858	301	17	31	18	324.7	255	2.86	395000	14100	34.9	6.59	9210	939
	900×300	*890	299	15	23	18	266.9	210	2.92	339000	10300	35.6	6.20	7610	687
		900	300	16	28	18	305.8	240	2.94	404000	12600	36.4	6.42	8990	842
		*912	302	18	34	18	360.1	283	2.97	491000	15700	36.9	6.59	10800	1040
	1000×300	*970	297	16	21	18	276.0	217	3.07	393000	9210	37.8	5.77	8110	620
		*980	298	17	26	18	315.5	248	3.09	472000	11500	38.7	6.04	9630	772
		*990	298	17	31	18	345.3	271	3.11	544000	13700	39.7	6.30	11000	921
		*1000	300	19	36	18	395.1	310	3.13	634000	16300	40.1	6.41	12700	1080
		*1008	302	21	40	18	439.3	345	3.15	712000	18400	40.3	6.47	14100	1220
HT	100×50	95	48	3.2	4.5	8	7.620	5.98	0.362	115	8.39	3.88	1.04	24.2	3.49
		97	49	4	5.5	8	9.370	7.36	0.368	143	10.9	3.91	1.07	29.6	4.45
	100×100	96	99	4.5	6	8	16.20	12.7	0.565	272	97.2	4.09	2.44	56.7	19.6
	125×60	118	58	3.2	4.5	8	9.250	7.26	0.448	218	14.7	4.85	1.26	37.0	5.08
		120	59	4	5.5	8	11.39	8.94	0.454	271	19.0	4.87	1.29	45.2	6.43
	125×125	119	123	4.5	6	8	20.12	15.8	0.707	532	186	5.14	3.04	89.5	30.3
	150×75	145	73	3.2	4.5	8	11.47	9.00	0.562	416	29.3	6.01	1.59	57.3	8.02
		147	74	4	5.5	8	14.12	11.1	0.568	516	37.3	6.04	1.62	70.2	10.1
	150×100	139	97	3.2	4.5	8	13.43	10.6	0.546	476	68.6	5.94	2.25	68.4	14.1
		142	99	4.5	6	8	18.27	14.3	0.657	654	97.2	5.98	2.30	92.1	19.6
	150×150	144	148	5	7	8	27.76	21.8	0.856	1090	378	6.25	3.69	151	51.1
		147	149	6	8.5	8	33.67	26.4	0.864	1350	469	6.32	3.73	183	63.0

类别	型号(高度×宽度)(mm×mm)	截面尺寸(mm)					截面面积(cm²)	理论重量(kg/m)	表面积(m²/m)	惯性矩(cm⁴)		惯性半径(cm)		截面模数(cm³)	
		H	B	t_1	t_2	r				I_x	I_y	i_x	i_y	W_x	W_y
HT	175×90	168	88	3.2	4.5	8	13.55	10.6	0.668	670	51.2	7.02	1.94	79.7	11.6
		171	89	4	6	8	17.58	13.8	0.676	894	70.7	7.13	2.00	105	15.9
	175×175	167	173	5	7	13	33.32	26.2	0.994	1780	605	7.30	4.26	213	69.9
		172	175	6.5	9.5	13	44.64	35.0	1.01	2470	850	7.43	4.36	287	97.1
	200×100	193	98	3.2	4.5	8	15.25	12.0	0.758	994	70.7	8.07	2.15	103	14.4
		196	99	4	6	8	19.78	15.5	0.766	1320	97.2	8.18	2.21	135	19.6
	200×150	188	149	4.5	6	8	26.34	20.7	0.949	1730	331	8.09	3.54	184	44.4
	200×200	192	198	6	8	13	43.69	34.3	1.14	3060	1040	8.37	4.86	319	105
	250×125	244	124	4.5	6	8	25.86	20.3	0.961	2650	191	10.1	2.71	217	30.8
	250×175	238	173	4.5	8	13	39.12	30.7	1.14	4240	691	10.4	4.20	356	79.9
	300×150	294	148	4.5	6	13	31.90	25.0	1.15	4800	325	12.3	3.19	327	43.9
	300×200	286	198	6	8	13	49.33	38.7	1.33	7360	1040	12.2	4.58	515	105
	350×175	340	173	4.5	8	13	36.97	29.0	1.34	7490	518	14.2	3.74	441	59.9
	400×150	390	148	6	8	13	47.57	37.3	1.34	11700	434	15.7	3.01	602	58.6
	400×200	390	198	6	8	13	55.57	43.6	1.54	14700	1040	16.2	4.31	752	105

注 1. 表中同一型号的产品，其内侧尺寸高度一致。

2. 表中截面面积计算公式为：$t_1(H-2t_2)+2Bt_2+0.858r^2$。

3. 表中"＊"表示的规格为市场非常用规格。

剖分 T 型钢截面尺寸、截面面积、理论重量及截面特性（按 GB/T 11263—2017 计算）

附表 4-8

类别	型号(高度×宽度)(mm×mm)	截面尺寸(mm)					截面面积(cm²)	理论重量(kg/m)	表面积(m²/m)	惯性矩(cm⁴)		惯性半径(cm)		截面模数(cm³)		重心C_x(cm)	对应H型钢系列型号
		h	B	t_1	t_2	r				I_x	I_y	i_x	i_y	W_x	W_y		
TW	50×100	50	100	6	8	8	10.79	8.47	0.293	16.1	66.8	1.22	2.48	4.02	13.4	1.00	100×100
	62.5×125	62.5	125	6.5	9	8	15.00	11.8	0.368	35.0	147	1.52	3.12	6.91	23.5	1.19	125×125
	75×150	75	150	7	10	8	19.82	15.6	0.443	66.4	282	1.82	3.76	10.8	37.5	1.37	150×150
	87.5×175	87.5	175	7.5	11	13	25.71	20.2	0.514	115	492	2.11	4.37	15.9	56.2	1.55	175×175
	100×200	100	200	8	12	13	31.76	24.9	0.589	184	801	2.40	5.02	22.3	80.1	1.73	200×200
		100	204	12	12	13	35.76	28.1	0.597	256	851	2.67	4.87	32.4	83.4	2.09	
	125×250	125	250	9	14	13	45.71	35.9	0.739	412	1820	3.00	6.31	39.5	146	2.08	250×250
		125	255	14	14	13	51.96	40.8	0.749	589	1940	3.36	6.10	59.4	152	2.58	
	150×300	147	302	12	12	13	53.16	41.7	0.887	857	2760	4.01	7.20	72.3	183	2.85	300×300
		150	300	10	15	13	59.22	46.5	0.889	798	3380	3.67	7.55	63.7	225	2.47	
		150	305	15	15	13	66.72	52.4	0.899	1110	3550	4.07	7.29	92.5	233	3.04	

类别	型号 (高度×宽度) (mm×mm)	截面尺寸(mm)					截面面积 (cm²)	理论重量 (kg/m)	表面积 (m²/m)	惯性矩 (cm⁴)		惯性半径 (cm)		截面模数 (cm³)		重心 C_x (cm)	对应H型钢系列型号
		h	B	t_1	t_2	r				I_x	I_y	i_x	i_y	W_x	W_y		
TW	175×350	172	348	10	16	13	72.00	56.5	1.03	1230	5620	4.13	8.83	84.7	323	2.67	350×350
		175	350	12	19	13	85.94	67.5	1.04	1520	6790	4.20	8.88	104	388	2.87	
	200×400	194	402	15	15	22	89.22	70.0	1.17	2480	8130	5.27	9.54	158	404	3.70	400×400
		197	398	11	18	22	93.40	73.3	1.17	2050	9460	4.67	10.1	123	475	3.01	
		200	400	13	21	22	109.3	85.8	1.18	2480	11200	4.75	10.1	147	560	3.21	
		200	408	21	21	22	125.3	98.4	1.2	3650	11900	5.39	9.74	229	584	4.07	
		207	405	18	28	22	147.7	116	1.21	3620	15500	4.95	10.2	213	766	3.68	
		214	407	20	35	22	180.3	142	1.22	4380	19700	4.92	10.4	250	967	3.90	
TM	75×100	74	100	6	9	8	13.17	10.3	0.341	51.7	75.2	1.98	2.38	8.84	15.0	1.56	150×100
	100×150	97	150	6	9	8	19.05	15.0	0.487	124	253	2.55	3.64	15.8	33.8	1.80	200×150
	125×175	122	175	7	11	13	27.74	21.8	0.583	288	492	3.22	4.21	29.1	56.2	2.28	250×175
	150×200	147	200	8	12	13	35.52	27.9	0.683	571	801	4.00	4.74	48.2	80.1	2.85	300×200
		149	201	9	14	13	41.01	32.2	0.689	661	949	4.01	4.80	55.2	94.4	2.92	
	175×250	170	250	9	14	13	49.76	39.1	0.829	1020	1820	4.51	6.05	73.2	146	3.11	350×250
	200×300	195	300	10	16	13	66.62	52.3	0.979	1730	3600	5.09	7.35	108	240	3.43	400×300
	225×300	220	300	11	18	13	76.94	60.4	1.03	2680	4050	5.89	7.25	150	270	4.09	450×300
	250×300	241	300	11	15	13	70.58	55.4	1.07	3400	3380	6.93	6.91	178	225	5.00	500×300
		244	300	11	18	13	79.58	62.5	1.08	3610	4050	6.73	7.13	184	270	4.72	
	275×300	272	300	11	15	13	73.99	58.1	1.13	4790	3380	8.04	6.75	225	225	5.96	550×300
		275	300	11	18	13	82.99	65.2	1.14	5090	4050	7.82	6.98	232	270	5.59	
	300×300	291	300	12	17	13	84.60	66.4	1.17	6320	3830	8.64	6.72	280	255	6.51	600×300
		294	300	12	20	13	93.60	73.5	1.18	6680	4500	8.44	6.93	288	300	6.17	
		297	302	14	23	13	108.5	85.2	1.19	7890	5290	8.52	6.97	339	350	6.41	
TN	50×50	50	50	5	7	8	5.920	4.65	0.193	11.8	7.39	1.41	1.11	3.18	2.950	1.28	100×50
	62.5×60	62.5	60	6	8	8	8.340	6.55	0.238	27.5	14.6	1.81	1.32	5.96	4.85	1.64	125×60
	75×75	75	75	5	7	8	8.920	7.00	0.293	42.6	24.7	2.18	1.66	7.46	6.59	1.79	150×75

类别	型号(高度×宽度)(mm×mm)	截面尺寸(mm)					截面面积(cm²)	理论重量(kg/m)	表面积(m²/m)	惯性矩(cm⁴)		惯性半径(cm)		截面模数(cm³)		重心 C_x(cm)	对应H型钢系列型号
		h	B	t_1	t_2	r				I_x	I_y	i_x	i_y	W_x	W_y		
TN	87.5×90	85.5	89	4	6	8	8.790	6.90	0.342	53.7	35.3	2.47	2.00	8.02	7.94	1.86	175×90
		87.5	90	5	8	8	11.44	8.98	0.348	70.6	48.7	2.48	2.06	10.4	10.8	1.93	
	100×100	99	99	4.5	7	8	11.34	8.90	0.389	93.5	56.7	2.87	2.23	12.1	11.5	2.17	200×100
		100	100	5.5	8	8	13.33	10.5	0.393	114	66.9	2.92	2.23	14.8	13.4	2.31	
	125×125	124	124	5	8	8	15.99	12.6	0.489	207	127	3.59	2.82	21.3	20.5	2.66	250×125
		125	125	6	9	8	18.48	14.5	0.493	248	147	3.66	2.81	25.6	23.5	2.81	
	150×150	149	149	5.5	8	13	20.40	16.0	0.585	393	221	4.39	3.29	33.8	29.7	3.26	300×150
		150	150	6.5	9	13	23.39	18.4	0.589	464	254	4.45	3.29	40.0	33.8	3.41	
	175×175	173	174	6	9	13	26.22	20.6	0.683	679	396	5.08	3.88	50.0	45.5	3.72	350×175
		175	175	7	11	13	31.45	24.7	0.689	814	492	5.08	3.95	59.3	56.2	3.76	
	200×200	198	199	7	11	13	35.70	28.0	0.783	1190	723	5.77	4.50	76.4	72.7	4.20	400×200
		200	200	8	13	13	41.68	32.7	0.789	1390	868	5.78	4.56	88.6	86.8	4.26	
	225×150	223	150	7	12	13	33.49	26.3	0.735	1570	338	6.84	3.17	93.7	45.1	5.54	450×150
		225	151	8	14	13	38.74	30.4	0.741	1830	403	6.87	3.22	108	53.4	5.62	
	225×200	223	199	8	12	13	41.48	32.6	0.833	1870	789	6.71	4.36	109	79.3	5.15	450×200
		225	200	9	14	13	47.71	37.5	0.839	2150	935	6.71	4.42	124	93.5	5.19	
	237.5×150	235	150	7	13	13	35.76	28.1	0.759	1850	367	7.18	3.20	104	48.9	7.50	475×150
		237.5	151.5	8.5	15.5	13	43.07	33.8	0.767	2270	451	7.25	3.23	128	59.5	7.57	
		241	153.5	10.5	19	13	53.20	41.8	0.778	2860	575	7.33	3.28	160	75.0	7.67	
	250×150	246	150	7	12	13	35.10	27.6	0.781	2060	339	7.66	3.10	113	45.1	6.36	500×150
		250	152	9	16	13	46.10	36.2	0.793	2750	470	7.71	3.19	149	61.9	6.53	
		252	153	10	18	13	51.66	40.6	0.799	3100	540	7.74	3.23	167	70.5	6.62	
	250×200	248	199	9	14	13	49.64	39.0	0.883	2820	921	7.54	4.30	150	92.6	5.97	500×200
		250	200	10	16	13	56.12	44.1	0.889	3200	1070	7.54	4.36	169	107	6.03	
		253	201	11	19	13	64.65	50.8	0.897	3660	1290	7.52	4.46	189	128	6.00	
	275×200	273	199	9	14	13	51.89	40.7	0.933	3690	921	8.43	4.21	180	92.6	6.85	550×200
		275	200	10	16	13	58.62	46.0	0.939	4180	1070	8.44	4.27	203	107	6.89	
	300×200	298	199	10	15	13	58.87	46.2	0.983	5150	988	9.35	4.09	235	99.3	7.92	600×200
		300	200	11	17	13	65.85	51.7	0.989	5770	1140	9.35	4.15	262	114	7.95	
		303	201	12	20	13	74.88	58.8	0.997	6530	1360	9.33	4.25	291	135	7.88	
	312.5×200	312.5	198.5	13.5	17.5	13	75.28	59.1	1.01	7460	1150	9.95	3.90	338	116	9.15	625×200
		315	200	15	20	13	84.97	66.7	1.02	8470	1340	9.98	3.97	380	134	9.21	
		319	202	17	24	13	99.35	78.0	1.03	9960	1160	10.0	4.08	440	165	9.26	
	325×300	323	299	12	18	18	91.81	72.1	1.23	8570	4020	9.66	6.61	344	269	7.36	650×300
		325	300	13	20	18	101.0	79.3	1.23	9430	4510	9.66	6.67	376	300	7.40	
		327	301	14	22	18	110.3	86.59	1.24	10300	5010	9.66	6.73	408	333	7.45	
	350×300	346	300	13	20	18	103.8	81.5	1.28	11300	4510	10.4	6.59	424	301	8.09	700×300
		350	300	13	24	18	115.8	90.9	1.28	12000	5410	10.2	6.83	438	361	7.63	
	400×300	396	300	14	22	18	119.8	94.0	1.38	17600	4960	12.1	6.43	592	331	9.78	800×300
		400	300	14	26	18	131.8	103	1.38	18700	5860	11.9	6.66	610	391	9.27	
	450×300	445	299	15	23	18	133.5	105	1.47	25900	5140	13.9	6.20	789	344	11.7	900×300
		450	300	16	28	18	152.9	120	1.48	29100	6320	13.8	6.42	865	421	11.4	
		456	302	18	34	18	180.0	141	1.50	34100	7830	13.8	6.59	997	518	11.3	

高频焊接轻型 H 型钢的规格及截面特性表（按 JG/T 137—2001 计算）

可生产截面范围（单位：mm）

	最小	最大
H	80.0	300
B	40.0	150
t_1	2.2	6.3
t_2	3.3	9.0

序号	规格(mm)	高度 H (mm)	宽度 B (mm)	腹板厚度 t_1 (mm)	翼缘厚度 t_2 (mm)	截面积 A (cm²)	理论重量 G (kg/m)	I_x (cm⁴)	W_x (cm³)	i_x (cm)	S (cm³)	I_y (cm⁴)	W_y (cm³)	i_y (cm)
1	100×50×3×3	100	50	3.0	3.0	5.82	4.57	91.35	18.27	3.96	10.59	6.27	2.51	1.04
2	100×50×3.2×4.5	100	50	3.2	4.5	7.41	5.82	122.77	24.55	4.07	14.06	9.40	3.76	1.13
3	100×100×6×8	100	100	6.0	8.0	21.04	16.52	369.05	73.81	4.19	42.09	133.48	26.70	2.52
4	120×120×3.2×4.5	120	120	3.2	4.5	14.35	11.27	396.84	66.14	5.26	36.11	129.63	21.61	3.01
5	120×120×4.5×6	120	120	4.5	6.0	19.26	15.12	515.53	85.92	5.17	47.60	172.88	28.81	3.00
6	150×75×3×3	150	75	3.0	3.0	8.82	6.92	317.78	42.37	6.00	24.31	21.13	5.63	1.55
7	150×75×3.2×4.5	150	75	3.2	4.5	11.26	8.84	432.11	57.62	6.19	32.51	31.68	8.45	1.68
8	150×75×4.5×6	150	75	4.5	6.0	15.21	11.94	565.38	75.38	6.10	43.11	42.29	11.28	1.67
9	150×100×3.2×4.5	150	100	3.2	4.5	13.51	10.61	551.24	73.50	6.39	40.69	75.04	15.01	2.36
10	150×100×4.5×6	150	100	4.5	6.0	18.21	14.29	720.99	96.13	6.29	53.91	100.10	20.02	2.34
11	150×150×4.5×6	150	150	4.5	6.0	24.21	19.00	1032.21	137.66	6.53	75.51	337.60	45.01	3.73
12	150×150×6×8	150	150	6.0	8.0	32.04	25.15	1331.43	177.52	6.45	98.67	450.24	60.03	3.75
13	200×100×3×3	200	100	3.0	3.0	11.82	9.28	764.71	76.47	8.04	43.66	50.04	10.01	2.06
14	200×100×3.2×4.5	200	100	3.2	4.5	15.11	11.86	1045.92	104.59	8.32	58.58	75.05	15.01	2.23
15	200×100×4.5×6	200	100	4.5	6.0	20.46	16.06	1378.62	137.86	8.21	78.08	100.14	20.03	2.21

续表

序号	规格(mm)	高度 H (mm)	宽度 B (mm)	腹板厚度 t_1 (mm)	翼缘厚度 t_2 (mm)	截面积 A (cm²)	理论重量 G (kg/m)	I_x (cm⁴)	W_x (cm³)	i_x (cm)	S (cm³)	I_y (cm⁴)	W_y (cm³)	i_y (cm)
16	200×100×6×8	200	100	6.0	8.0	27.04	21.23	1786.89	178.69	8.13	102.19	133.66	26.73	2.22
17	200×125×3.2×4.5	200	125	3.2	4.5	17.36	13.63	1260.94	126.09	8.52	69.58	146.54	23.45	2.91
18	200×125×4.5×6	200	125	4.5	6.0	23.46	18.42	1660.98	166.10	8.41	92.63	195.46	31.27	2.89
19	200×125×6×8	200	125	6.0	8.0	31.04	24.37	2155.74	215.57	8.33	121.39	260.75	41.72	2.90
20	200×150×3.2×4.5	200	150	3.2	4.5	19.61	15.40	1475.97	147.60	8.68	80.57	253.18	33.76	3.59
21	200×150×4.5×6	200	150	4.5	6.0	26.46	20.77	1943.34	194.33	8.57	107.18	337.64	45.02	3.57
22	200×150×6×8	200	150	6.0	8.0	35.04	27.51	2524.60	252.46	8.49	140.59	450.33	60.04	3.58
23	250×100×3×3	250	100	3.0	3.0	13.32	10.46	1278.35	102.27	9.80	59.38	50.05	10.01	1.91
24	250×100×3.2×4.5	250	100	3.2	4.5	16.71	13.12	1729.50	138.36	10.17	78.47	75.07	15.01	2.12
25	250×125×3.2×4.5	250	125	3.2	4.5	18.96	14.89	2068.56	165.48	10.44	92.28	146.55	23.45	2.78
26	250×125×4.5×6	250	125	4.5	6.0	25.71	20.18	2738.60	219.09	10.32	123.36	195.49	31.28	2.76
27	250×125×4.5×8	250	125	4.5	8.0	30.53	23.97	3409.75	272.78	10.57	151.80	260.59	41.70	2.92
28	250×125×6×8	250	125	6.0	8.0	34.04	26.72	3569.91	285.59	10.21	162.07	260.84	41.73	2.77
29	250×150×3.2×4.5	250	150	3.2	4.5	21.21	16.55	2407.62	192.61	10.65	106.09	253.19	33.76	3.45
30	250×150×4.5×6	250	150	4.5	6.0	28.71	22.54	3185.21	254.82	10.53	141.66	337.68	45.02	3.43
31	250×150×4.5×8	250	150	4.5	8.0	34.53	27.11	3995.60	319.65	10.76	176.00	450.18	60.02	3.61
32	250×150×6×8	250	150	6.0	8.0	38.04	29.86	4155.77	332.46	10.45	186.27	450.42	60.06	3.44
33	300×150×3.2×4.5	300	150	3.2	4.5	22.81	17.91	3604.41	240.29	12.57	133.60	253.20	33.76	3.33
34	300×150×4.5×6	300	150	4.5	6.0	30.96	24.30	4785.96	319.06	12.43	178.96	337.72	45.03	3.30
35	300×150×4.5×8	300	150	4.5	8.0	36.78	28.87	5976.11	398.41	12.75	220.57	450.22	60.03	3.50
36	300×150×6×8	300	150	6.0	8.0	41.04	32.22	6262.44	417.50	12.35	235.69	450.51	60.07	3.31
37	320×150×5×8	320	150	5.0	8.0	39.20	30.77	7012.52	438.28	13.38	244.96	450.32	60.04	3.39
38	350×175×4.5×6	350	175	4.5	6.0	36.21	28.42	7661.31	437.79	14.55	244.86	536.19	61.28	3.85

I—截面惯性矩

W—截面模量

i—截面回转半径

尺寸(mm)		截面面积 A (cm²)	每米重量 (kg·m⁻¹)	截面特性			尺寸(mm)		截面面积 A (cm²)	每米重量 (kg·m⁻¹)	截面特性		
d	t			I (cm⁴)	W (cm³)	i (cm)	d	t			I (cm⁴)	W (cm³)	i (cm)
32	2.5	2.32	1.82	2.54	1.59	1.05	60	3.0	5.37	4.22	21.88	7.29	2.02
	3.0	2.73	2.15	2.90	1.82	1.03		3.5	6.21	4.88	24.88	8.29	2.00
	3.5	3.13	2.46	3.23	2.02	1.02		4.0	7.04	5.52	27.73	9.24	1.98
	4.0	3.52	2.76	3.52	2.20	1.00		4.5	7.85	6.16	30.41	10.14	1.97
38	2.5	2.79	2.19	4.41	2.32	1.26		5.0	8.64	6.78	32.94	10.98	1.95
	3.0	3.30	2.59	5.09	2.68	1.24		5.5	9.42	7.39	35.32	11.77	1.94
	3.5	3.79	2.98	5.70	3.00	1.23		6.0	10.18	7.99	37.56	12.52	1.92
	4.0	4.27	3.35	6.26	3.29	1.21	63.5	3.0	5.70	4.48	26.15	8.24	2.14
42	2.5	3.10	2.44	6.07	2.89	1.40		3.5	6.60	5.18	29.79	9.38	2.12
	3.0	3.68	2.89	7.03	3.35	1.38		4.0	7.48	5.87	33.24	10.47	2.11
	3.5	4.23	3.32	7.91	3.77	1.37		4.5	8.34	6.55	36.50	11.50	2.09
	4.0	4.78	3.75	8.71	4.15	1.35		5.0	9.19	7.21	39.60	12.47	2.08
45	2.5	3.34	2.62	7.56	3.36	1.51		5.5	10.02	7.87	42.52	13.39	2.06
	3.0	3.96	3.11	8.77	3.90	1.49		6.0	10.84	8.51	45.28	14.26	2.04
	3.5	4.56	3.58	9.89	4.40	1.47	68	3.0	6.13	4.81	32.42	9.54	2.30
	4.0	5.15	4.04	10.93	4.86	1.46		3.5	7.09	5.57	36.99	10.88	2.28
50	2.5	3.73	2.93	10.55	4.22	1.68		4.0	8.04	6.31	41.34	12.16	2.27
	3.0	4.43	3.48	12.28	4.91	1.67		4.5	8.98	7.05	45.47	13.37	2.25
	3.5	5.11	4.01	13.90	4.56	1.65		5.0	9.90	7.77	49.41	14.53	2.23
	4.0	5.78	4.54	15.41	6.16	1.63		5.5	10.80	8.48	53.14	15.63	2.22
	4.5	6.43	5.05	16.81	6.72	1.62		6.0	11.69	9.17	56.68	16.67	2.20
	5.0	7.07	5.55	18.11	7.25	1.60	70	3.0	6.31	4.96	35.50	10.14	2.37
54	3.0	4.81	3.77	15.68	5.81	1.81		3.5	7.31	5.74	40.53	11.58	2.35
	3.5	5.55	4.36	17.79	6.59	1.79		4.0	8.29	6.51	45.33	12.95	2.34
	4.0	6.28	4.93	19.76	7.32	1.77		4.5	9.26	7.27	49.89	14.26	2.32
	4.5	7.00	5.49	21.61	8.00	1.76		5.0	10.21	8.01	54.24	15.50	2.30
	5.0	7.70	6.04	23.34	8.64	1.74		5.5	11.14	8.75	58.38	16.68	2.29
	5.5	8.38	6.58	24.96	9.24	1.73		6.0	12.06	9.47	62.31	17.80	2.27
	6.0	9.05	7.10	26.46	9.80	1.71	73	3.0	6.60	5.18	40.48	11.09	2.48
57	3.0	5.09	4.00	18.61	6.53	1.91		3.5	7.64	6.00	46.26	12.67	2.46
	3.5	5.88	4.62	21.14	7.42	1.90		4.0	8.67	6.81	51.78	14.19	2.44
	4.0	6.66	5.23	23.52	8.25	1.88		4.5	9.68	7.60	57.04	15.63	2.43
	4.5	7.42	5.83	25.76	9.04	1.86		5.0	10.68	8.38	62.07	17.01	2.41
	5.0	8.17	6.41	27.86	9.78	1.85		5.5	11.66	9.16	66.87	18.32	2.39
	5.5	8.90	6.99	29.84	10.47	1.83		6.0	12.63	9.91	71.43	19.57	2.38
	6.0	9.61	7.55	31.69	11.12	1.82							

尺寸(mm)		截面面积 A (cm²)	每米重量 (kg·m⁻¹)	截 面 特 性			尺寸(mm)		截面面积 A (cm²)	每米重量 (kg·m⁻¹)	截 面 特 性		
d	t			I (cm⁴)	W (cm³)	i (cm)	d	t			I (cm⁴)	W (cm³)	i (cm)
76	3.0	6.88	5.40	45.91	12.08	2.58	108	4.0	13.06	10.26	177.00	32.78	3.68
	3.5	7.97	6.26	52.50	13.82	2.57		4.5	14.62	11.49	196.35	36.36	3.66
	4.0	9.05	7.10	58.81	15.48	2.55		5.0	16.17	12.70	215.12	39.84	3.65
	4.5	10.11	7.93	64.85	17.07	2.53		5.5	17.70	13.90	233.32	43.21	3.63
	5.0	11.15	8.75	70.62	18.59	2.52		6.0	19.22	15.09	250.97	46.48	3.61
	5.5	12.18	9.56	76.14	20.04	2.50		6.5	20.72	16.27	268.08	49.64	3.60
	6.0	13.19	10.36	81.41	21.42	2.48		7.0	22.20	17.44	284.65	52.71	3.58
83	3.5	8.74	6.86	69.19	16.67	2.81		7.5	23.67	18.59	300.71	55.69	3.56
	4.0	9.93	7.79	77.64	18.71	2.80		8.0	25.12	19.73	316.25	58.57	3.55
	4.5	11.10	8.71	85.76	20.67	2.78	114	4.0	13.82	10.85	209.35	36.73	3.89
	5.0	12.25	9.62	93.56	22.54	2.76		4.5	15.48	12.15	232.41	40.77	3.87
	5.5	13.39	10.51	101.04	24.35	2.75		5.0	17.12	13.44	254.81	44.70	3.86
	6.0	14.51	11.39	108.22	26.08	2.73		5.5	18.75	14.72	276.58	48.52	3.84
	6.5	15.62	12.26	115.10	27.74	2.71		6.0	20.36	15.98	297.73	52.23	3.82
	7.0	16.71	13.12	121.69	29.32	2.70		6.5	21.95	17.23	318.26	55.84	3.81
89	3.5	9.40	7.38	86.05	19.34	3.03		7.0	23.53	18.47	338.19	59.33	3.79
	4.0	10.68	8.38	96.68	21.73	3.01		7.5	25.09	19.70	357.58	62.73	3.77
	4.5	11.95	9.38	106.92	24.03	2.99		8.0	26.64	20.91	376.30	66.02	3.76
	5.0	13.19	10.36	116.79	26.24	2.98	121	4.0	14.70	11.54	251.87	41.63	4.14
	5.5	14.43	11.33	126.29	28.38	2.96		4.5	16.47	12.93	279.83	46.25	4.12
	6.0	15.75	12.28	135.43	30.43	2.94		5.0	18.22	14.30	307.05	50.75	4.11
	6.5	16.85	13.22	144.22	32.41	2.93		5.5	19.96	15.67	333.54	55.13	4.09
	7.0	18.03	14.16	152.67	34.31	2.91		6.0	21.68	17.02	359.32	59.39	4.07
95	3.5	10.06	7.90	105.45	22.20	3.24		6.5	23.38	18.35	384.40	63.54	4.05
	4.0	11.44	8.98	118.60	24.97	3.22		7.0	25.07	19.68	408.80	67.57	4.04
	4.5	12.79	10.04	131.31	27.64	3.20		7.5	26.74	20.99	432.51	71.49	4.02
	5.0	14.14	11.10	143.58	30.23	3.19		8.0	28.40	22.29	455.57	75.30	4.01
	5.5	15.46	12.14	155.43	32.72	3.17	127	4.0	15.46	12.13	292.61	46.08	4.35
	6.0	16.78	13.17	166.86	35.13	3.15		4.5	17.32	13.59	325.29	51.23	4.33
	6.5	18.07	14.19	177.89	37.45	3.14		5.0	19.16	15.04	357.14	56.24	4.32
	7.0	19.35	15.19	188.51	39.69	3.12		5.5	20.99	16.48	388.19	61.13	4.30
102	3.5	10.83	8.50	131.52	25.79	3.48		6.0	22.81	17.90	418.44	65.90	4.28
	4.0	12.32	9.67	148.09	29.04	3.47		6.5	24.61	19.32	447.92	70.54	4.27
	4.5	13.78	10.82	164.14	32.18	3.45		7.0	26.39	20.72	476.63	75.06	4.25
	5.0	15.24	11.96	179.68	35.23	3.43		7.5	28.16	22.10	504.58	79.46	4.23
	5.5	16.67	13.09	194.72	38.18	3.42		8.0	29.91	23.48	531.80	83.75	4.22
	6.0	18.10	14.21	209.28	41.03	3.40	133	4.0	16.21	12.73	337.53	50.76	4.56
	6.5	19.50	15.31	223.35	43.79	3.38		4.5	18.17	14.26	375.42	56.45	4.55
	7.0	20.89	16.40	236.96	46.46	3.37		5.0	20.11	15.78	412.40	62.02	4.53
								5.5	22.03	17.29	448.50	67.44	4.51
								6.0	23.94	18.79	483.72	72.74	4.50
								6.5	25.83	20.28	518.07	77.91	4.48
								7.0	27.71	21.75	551.58	82.94	4.46
								7.5	29.57	23.21	584.25	87.86	4.45
								8.0	31.42	24.66	616.11	92.65	4.43

尺寸(mm) d	t	截面面积 A (cm²)	每米重量 (kg·m⁻¹)	截面特性 I (cm⁴)	W (cm³)	i (cm)	尺寸(mm) d	t	截面面积 A (cm²)	每米重量 (kg·m⁻¹)	截面特性 I (cm⁴)	W (cm³)	i (cm)
140	4.5	19.16	15.04	440.12	62.87	4.79	168	4.5	23.11	18.14	772.96	92.02	5.78
	5.0	21.21	16.65	483.76	69.11	4.78		5.0	25.60	20.10	851.14	101.33	5.77
	5.5	23.24	18.24	526.40	75.20	4.76		5.5	28.08	22.04	927.85	110.46	5.75
	6.0	25.26	19.83	568.06	81.15	4.74		6.0	30.54	23.97	1003.12	119.42	5.73
	6.5	27.26	21.40	608.76	86.97	4.73		6.5	32.98	25.89	1076.95	128.21	5.71
	7.0	29.25	22.96	648.51	92.64	4.71		7.0	35.41	27.79	1149.36	136.83	5.70
	7.5	31.22	24.51	687.32	98.19	4.69		7.5	37.82	29.69	1220.38	145.28	5.68
	8.0	33.18	26.04	725.21	103.60	4.68		8.0	40.21	31.57	1290.01	153.57	5.66
	9.0	37.04	29.08	798.29	114.04	4.64		9.0	44.96	35.29	1425.22	169.67	5.63
	10	40.84	32.06	867.86	123.98	4.61		10	49.64	38.97	1555.13	185.13	5.60
146	4.5	20.00	15.70	501.16	68.65	5.01	180	5.0	27.49	21.58	1053.17	117.02	6.19
	5.0	22.15	17.39	551.10	75.49	4.99		5.5	30.15	23.67	1148.79	127.64	6.17
	5.5	24.28	19.06	599.95	82.19	4.97		6.0	32.80	25.75	1242.72	138.08	6.16
	6.0	26.39	20.72	647.73	88.73	4.95		6.5	35.43	27.81	1335.00	148.33	6.14
	6.5	28.49	22.36	694.44	95.13	4.94		7.0	38.04	29.87	1425.63	158.40	6.12
	7.0	30.57	24.00	740.12	101.39	4.92		7.5	40.64	31.91	1514.64	168.29	6.10
	7.5	32.63	25.62	784.77	107.50	4.90		8.0	43.23	33.93	1602.04	178.00	6.09
	8.0	34.68	27.23	828.41	113.48	4.89		9.0	48.35	37.95	1772.12	196.90	6.05
	9.0	38.74	30.41	912.71	125.03	4.85		10	53.41	41.92	1936.01	215.11	6.02
	10	42.73	33.54	993.16	136.05	4.82		12	63.33	49.72	2245.84	249.54	5.95
152	4.5	20.85	16.37	567.61	74.69	5.22	194	5.0	29.69	23.31	1326.54	136.76	6.68
	5.0	23.09	18.13	624.43	82.16	5.20		5.5	32.57	25.57	1447.86	149.26	6.67
	5.5	25.31	19.87	680.06	89.48	5.18		6.0	35.44	27.82	1567.21	161.57	6.65
	6.0	27.52	21.60	734.52	96.65	5.17		6.5	38.29	30.06	1684.61	173.67	6.63
	6.5	29.71	23.32	787.82	103.66	5.15		7.0	41.12	32.28	1800.08	185.57	6.62
	7.0	31.89	25.03	839.99	110.52	5.13		7.5	43.94	34.50	1913.64	197.28	6.60
	7.5	34.05	26.73	891.03	117.24	5.12		8.0	46.75	36.70	2025.31	208.79	6.58
	8.0	36.19	28.41	940.97	123.81	5.10		9.0	52.31	41.06	2243.08	231.25	6.55
	9.0	40.43	31.74	1037.59	136.53	5.07		10	57.81	45.38	2453.55	252.94	6.51
	10	44.61	35.02	1129.99	148.68	5.03		12	68.51	53.86	2853.25	294.15	6.45
159	4.5	21.84	17.15	652.27	82.05	5.46	203	6.0	37.13	29.15	1803.07	177.64	6.97
	5.0	24.19	18.99	717.88	90.30	5.45		6.5	40.13	31.50	1938.81	191.02	6.95
	5.5	26.52	20.82	782.18	98.39	5.43		7.0	43.10	33.84	2072.43	204.18	6.93
	6.0	28.84	22.64	845.19	106.31	5.41		7.5	46.06	36.16	2203.94	217.14	6.92
	6.5	31.14	24.45	906.92	114.08	5.40		8.0	49.01	38.47	2333.37	229.89	6.90
	7.0	33.43	26.24	967.41	121.69	5.38		9.0	54.85	43.06	2586.08	254.79	6.87
	7.5	35.70	28.02	1026.65	129.14	5.36		10	60.63	47.60	2830.72	278.89	6.83
	8.0	37.95	29.79	1084.67	136.44	5.35		12	72.01	56.52	3296.49	324.78	6.77
	9.0	42.41	33.29	1197.12	150.58	5.31		14	83.13	65.25	3732.07	367.69	6.70
	10	46.81	36.75	1304.88	164.14	5.28		16	94.00	73.79	4138.78	407.76	6.64

尺寸(mm) d	t	截面面积 A (cm²)	每米重量 (kg·m⁻¹)	截面特性 I (cm⁴)	W (cm³)	i (cm)	尺寸(mm) d	t	截面面积 A (cm²)	每米重量 (kg·m⁻¹)	截面特性 I (cm⁴)	W (cm³)	i (cm)
219	6.0	40.15	31.52	2278.74	208.10	7.53	325	7.5	74.81	58.73	9431.80	580.42	11.23
	6.5	43.39	34.06	2451.64	223.89	7.52		8.0	79.67	62.54	10013.92	616.24	11.21
	7.0	46.62	36.60	2622.04	239.46	7.50		9.0	89.35	70.14	11161.33	686.85	11.18
	7.5	49.83	39.12	2789.96	254.79	7.48		10	98.96	77.68	12286.52	756.09	11.14
	8.0	53.03	41.63	2955.43	269.90	7.47		12	118.00	92.63	14471.45	890.55	11.07
	9.0	59.38	46.61	3279.12	299.46	7.43		14	136.78	107.38	16570.98	1019.75	11.01
	10	65.66	51.54	3593.29	328.15	7.40		16	155.32	121.93	18587.38	1143.84	10.94
	12	78.04	61.26	4193.81	383.00	7.33	351	8.0	86.21	67.67	12684.36	722.76	12.13
	14	90.16	70.78	4758.50	434.57	7.26		9.0	96.70	75.91	14147.55	806.13	12.10
	16	102.04	80.10	5288.81	483.00	7.20		10	107.13	84.10	15584.62	888.01	12.06
245	6.5	48.70	38.23	3465.46	282.89	8.44		12	127.80	100.32	18381.63	1047.39	11.99
	7.0	52.34	41.08	3709.06	302.78	8.42		14	148.22	116.35	21077.86	1201.02	11.93
	7.5	55.96	43.93	3949.52	322.41	8.40		16	168.39	132.19	23675.75	1349.05	11.86
	8.0	59.56	46.76	4186.87	341.79	8.38	377	9	104.00	81.68	17628.57	935.20	13.02
	9.0	66.73	52.38	4652.32	379.78	8.35		10	115.24	90.51	19430.86	1030.81	12.98
	10	73.83	57.95	5105.63	416.79	8.32		11	126.42	99.29	21203.11	1124.83	12.95
	12	87.84	68.95	5976.67	487.89	8.25		12	137.53	108.02	22945.66	1217.28	12.81
	14	101.60	79.76	6801.68	555.24	8.18		13	148.59	116.70	24658.84	1308.16	12.88
	16	115.11	90.36	7582.30	618.96	8.12		14	159.58	125.33	26342.98	1397.51	12.84
273	6.5	54.42	42.72	4834.18	354.15	9.42		15	170.50	133.91	27998.42	1485.33	12.81
	7.0	58.50	45.92	5177.30	379.29	9.41		16	181.37	142.45	29625.48	1571.64	12.78
	7.5	62.56	49.11	5516.47	404.14	9.39	402	9	111.06	87.23	21469.37	1068.13	13.90
	8.0	66.60	52.28	5851.71	428.70	9.37		10	123.09	96.67	23676.21	1177.92	13.86
	9.0	74.64	58.60	6510.56	476.96	9.34		11	135.05	106.07	25848.66	1286.00	13.83
	10	82.62	64.86	7154.09	524.11	9.31		12	146.95	115.42	27987.08	1392.39	13.80
	12	98.39	77.24	8396.14	615.10	9.24		13	158.79	124.71	30091.82	1497.11	13.76
	14	114.91	89.42	9579.75	701.84	9.17		14	170.56	133.96	32163.24	1600.16	13.73
	16	129.18	101.41	10706.79	784.38	9.10		15	182.28	143.16	34201.69	1701.58	13.69
299	7.5	68.68	53.92	7300.02	488.30	10.31		16	193.93	152.31	36207.53	1801.37	13.66
	8.0	73.14	57.41	7747.42	518.22	10.29	426	9	117.84	93.00	25646.28	1204.05	14.75
	9.0	82.00	64.37	8628.09	577.13	10.26		10	130.62	102.59	28294.52	1328.38	14.71
	10	90.79	71.27	9490.15	634.79	10.22		11	143.34	112.58	30903.91	1450.89	14.68
	12	108.20	84.93	11159.52	746.46	10.16		12	156.00	122.52	33474.84	1571.59	14.64
	14	125.35	98.40	12757.61	853.35	10.09		13	168.59	132.41	36007.67	1690.50	14.60
	16	142.25	111.67	14286.48	955.62	10.02		14	181.12	142.25	38502.80	1807.64	14.47
								15	193.58	152.04	40960.60	1923.03	14.54
								16	205.98	161.78	43381.44	2036.69	14.51

尺寸(mm)		截面面积 A (cm²)	每米重量 (kg·m⁻¹)	截 面 特 性			尺寸(mm)		截面面积 A (cm²)	每米重量 (kg·m⁻¹)	截 面 特 性		
d	t			I (cm⁴)	W (cm³)	i (cm)	d	t			I (cm⁴)	W (cm³)	i (cm)
450	9	124.63	97.88	30332.67	1348.12	15.60	530	13	211.04	165.75	70609.15	2664.50	18.28
	10	138.61	108.51	33477.56	1487.89	15.56		14	226.83	178.15	75608.08	2853.14	18.25
	11	151.63	119.09	36578.87	1625.73	15.53		15	242.57	190.51	80547.62	3039.53	18.22
	12	165.04	129.62	39637.01	1761.65	15.49		16	258.23	202.82	85428.24	3223.71	18.18
	13	178.38	140.10	42652.38	1895.66	15.46	550	9	152.89	120.08	55992.00	2036.07	19.13
	14	191.67	150.53	45625.38	2027.79	15.42		10	169.56	133.17	61873.07	2249.93	19.10
	15	204.89	160.92	48556.41	2158.06	15.39		11	186.17	146.22	67687.94	2461.38	19.06
	16	218.04	171.25	51445.87	2286.48	15.35		12	202.72	159.22	73437.11	2670.44	19.03
465	9	128.87	101.21	33533.41	1442.30	16.13		13	219.20	172.16	79121.07	2877.13	18.99
	10	142.87	112.46	37018.21	1592.18	16.09		14	235.63	185.06	84740.31	3081.47	18.96
	11	156.81	123.16	40456.34	1740.06	16.06		15	251.99	197.91	90295.34	3283.47	18.92
	12	170.69	134.06	43848.22	1885.94	16.02		16	268.28	210.71	95786.64	3483.15	18.89
	13	184.51	144.81	47194.27	2029.86	15.99	560	9	155.71	122.30	59154.07	2112.65	19.48
	14	198.26	155.71	50494.89	2171.82	15.95		10	172.70	135.64	65373.70	2334.78	19.45
	15	211.95	166.47	53750.51	2311.85	15.92		11	189.62	148.93	71524.61	2554.45	19.41
	16	225.58	173.22	56961.53	2449.96	15.88		12	206.49	162.17	77607.30	2771.69	19.38
480	9	133.11	104.54	36951.77	1539.66	16.66		13	223.29	175.37	83622.29	2986.51	19.34
	10	147.58	115.91	40800.14	1700.01	16.62		14	240.02	188.51	89570.06	3198.93	19.31
	11	161.99	127.23	44598.63	1858.28	16.59		15	256.70	201.61	95451.14	3408.97	19.28
	12	176.34	138.50	48347.69	2014.49	16.55		16	273.31	214.65	101266.01	3616.64	19.24
	13	190.63	149.08	52047.74	2168.66	16.52	600	9	167.02	131.17	72992.31	2433.08	20.90
	14	204.85	160.20	55699.21	2320.80	16.48		10	185.26	145.50	80696.05	2689.87	20.86
	15	219.02	172.01	59302.54	2470.94	16.44		11	203.44	159.78	88320.50	2944.02	20.83
	16	233.11	183.08	62858.14	2619.09	16.41		12	221.56	174.01	95866.21	3195.54	20.79
500	9	138.76	108.98	41860.49	1674.42	17.36		13	239.61	188.19	103333.73	3444.46	20.76
	10	153.86	120.84	46231.77	1849.27	17.33		14	257.61	202.32	110723.59	3690.79	20.72
	11	168.90	132.65	50548.75	2021.95	17.29		15	275.54	216.41	118036.75	3934.55	20.69
	12	183.88	144.42	54811.88	2192.48	17.26		16	293.40	230.44	125272.54	4175.75	20.66
	13	198.79	156.13	59021.61	2360.86	17.22	630	9	175.50	137.83	84679.83	2688.25	21.96
	14	213.65	167.80	63178.39	2527.14	17.19		10	194.68	152.90	93639.59	2972.69	21.92
	15	228.44	179.41	67282.66	2691.31	17.15		11	213.80	167.92	102511.65	3254.34	21.89
	16	243.16	190.98	71334.87	2853.39	17.12		12	232.86	182.89	111296.59	3533.23	21.85
530	9	147.23	115.64	50009.99	1887.17	18.42		13	251.86	197.81	119994.98	3809.36	21.82
	10	163.28	128.24	55251.25	2084.95	18.39		14	270.79	212.68	128607.39	4082.77	21.78
	11	179.26	140.79	60431.21	2280.42	18.35		15	289.67	227.50	137134.39	4353.47	21.75
	12	195.18	153.30	65550.35	2473.60	18.32		16	308.47	242.27	145576.54	4621.48	21.72

注:热轧无缝钢管的通常长度为3~12m。

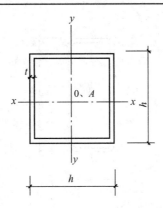

尺寸(mm)		截面面积	每米长质量	I_x	i_x	W_x
h	t	(cm^2)	(kg/m)	(cm^4)	(cm)	(cm^3)
25	1.5	1.31	1.03	1.16	0.94	0.92
30	1.5	1.61	1.27	2.11	1.14	1.40
40	1.5	2.21	1.74	5.33	1.55	2.67
40	2.0	2.87	2.25	6.66	1.52	3.33
50	1.5	2.81	2.21	10.82	1.96	4.33
50	2.0	3.67	2.88	13.71	1.93	5.48
60	2.0	4.47	3.51	24.51	2.34	8.17
60	2.5	5.48	4.30	29.36	2.31	9.79
80	2.0	6.07	4.76	60.58	3.16	15.15
80	2.5	7.48	5.87	73.40	3.13	18.35
100	2.5	9.48	7.44	147.91	3.05	29.58
100	3.0	11.25	8.83	173.12	3.92	34.62
120	2.5	11.48	9.01	260.88	4.77	43.48
120	3.0	13.65	10.72	306.71	4.74	51.12
140	3.0	16.05	12.60	495.68	5.56	70.81
140	3.5	18.58	14.59	568.22	5.53	81.17
140	4.0	21.07	16.44	637.97	5.50	91.14
160	3.0	18.45	14.49	749.64	6.37	93.71
160	3.5	21.38	16.77	861.34	6.35	107.67
160	4.0	24.27	19.05	969.35	6.32	121.17
160	4.5	27.12	21.05	1073.66	6.29	134.21
160	5.0	29.93	23.35	1174.44	6.26	146.81

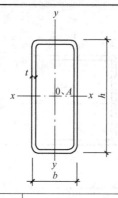

尺寸（mm）			截面面积 (cm²)	每米长质量 (kg/m)	x—x			y—y		
h	b	t			I_x (cm⁴)	i_x (cm)	W_x (cm³)	I_y (cm⁴)	i_y (cm)	W_y (cm³)
30	15	1.5	1.20	0.95	1.28	1.02	0.85	0.42	0.59	0.57
40	20	1.6	1.75	1.37	3.43	1.40	1.72	1.15	0.81	1.15
40	20	2.0	2.14	1.68	4.05	1.38	2.02	1.34	0.79	1.34
50	30	1.6	2.39	1.88	7.96	1.82	3.18	3.60	1.23	2.40
50	30	2.0	2.94	2.31	9.54	1.80	3.81	4.29	1.21	2.86
60	30	2.5	4.09	3.21	17.95	2.09	5.80	6.00	1.21	4.00
60	30	3.0	4.81	3.77	20.50	2.06	6.83	6.79	1.19	4.53
60	40	2.0	3.74	2.94	18.41	2.22	6.14	9.83	1.62	4.92
60	40	3.0	5.41	4.25	25.37	2.17	8.46	13.44	1.58	6.72
70	50	2.5	5.59	4.20	38.01	2.61	10.86	22.59	2.01	9.04
70	50	3.0	6.61	5.19	44.05	2.58	12.58	26.10	1.99	10.44
80	40	2.0	4.54	3.56	37.36	2.87	9.34	12.72	1.67	6.36
80	40	3.0	6.61	5.19	52.25	2.81	13.06	17.55	1.63	8.78
90	40	2.5	6.09	4.79	60.69	3.16	13.49	17.02	1.67	8.51
90	50	2.0	5.34	4.19	57.88	3.29	12.86	23.37	2.09	9.35
90	50	3.0	7.81	6.13	81.85	2.24	18.19	32.74	2.05	13.09
100	50	3.0	8.41	6.60	106.45	3.56	21.29	36.05	2.07	14.42
100	60	2.6	7.88	6.19	106.66	3.68	21.33	48.47	2.48	16.16
120	60	2.0	6.94	5.45	131.92	4.36	21.99	45.33	2.56	15.11
120	60	3.2	10.85	8.52	199.88	4.29	33.31	67.94	2.50	22.65
120	60	4.0	13.35	10.48	240.72	4.25	40.12	81.24	2.47	27.08
120	80	3.2	12.13	9.53	243.54	4.48	40.59	130.48	3.28	32.62
120	80	4.0	14.96	11.73	294.57	4.44	49.09	157.28	3.24	39.32
120	80	5.0	18.36	14.41	353.11	4.39	58.85	187.75	3.20	46.94
120	80	6.0	21.63	16.98	406.00	4.33	67.67	214.98	3.15	53.74
140	90	3.2	14.05	11.04	384.01	5.23	54.86	194.80	3.72	43.29
140	90	4.0	17.35	13.63	466.59	5.19	66.66	235.92	3.69	52.43
140	90	5.0	21.36	16.78	562.61	5.13	80.37	283.32	3.64	62.96
150	100	3.2	15.33	12.04	488.18	5.64	65.09	262.26	4.14	52.45

建筑结构用冷弯矩形钢管的规格及截面特性表（按 JG/T 178—2005）

冷 弯 方 形 钢 管

边长 (mm)	尺寸允许偏差 (mm)	壁 厚 (mm)	理论重量 (kg/m)	截面面积 (cm²)	惯性矩 (cm⁴)	惯性半径 (cm)	截面模数 (cm³)	扭转常数	
B	$\pm\Delta$	t	M	A	$I_x=I_y$	$r_x=r_y$	$W_{el,x}=W_{el,y}$	$I_t(cm^4)$	$C_t(cm^3)$
100	±0.80	4.0	11.7	11.9	226	3.9	45.3	361	68.1
		5.0	14.4	18.4	271	3.8	54.2	439	81.7
		6.0	17.0	21.6	311	3.8	62.3	511	94.1
		8.0	21.4	27.2	366	3.7	73.2	644	114
		10	25.5	32.6	411	3.5	82.2	750	130
110	±0.90	4.0	13.0	16.5	306	4.3	55.6	486	83.6
		5.0	16.0	20.4	368	4.3	66.9	593	100
		6.0	18.8	24.0	424	4.2	77.2	695	116
		8.0	23.9	30.4	505	4.1	91.9	879	143
		10	28.7	36.5	575	4.0	104.5	1032	164
120	±0.90	4.0	14.2	18.1	402	4.7	67.0	635	101
		5.0	17.5	22.4	485	4.6	80.9	776	122
		6.0	20.7	26.4	562	4.6	93.7	910	141
		8.0	26.8	34.2	696	4.5	116	1155	174
		10	31.8	40.6	777	4.4	129	1376	202
130	±1.00	4.0	15.5	19.8	517	5.1	79.5	815	119
		5.0	19.1	24.4	625	5.1	96.3	998	145
		6.0	22.6	28.8	726	5.0	112	1173	168
		8.0	28.9	36.8	883	4.9	136	1502	209
		10	35.0	44.6	1021	4.8	157	1788	245
		12	39.6	50.4	1075	4.6	165	1998	268
135	±1.00	4.0	16.1	20.5	582	5.3	86.2	915	129
		5.0	19.9	25.3	705	5.3	104	1122	157
		6.0	23.6	30.0	820	5.2	121	1320	183
		8.0	30.2	38.4	1000	5.0	148	1694	228
		10	36.6	46.6	1160	4.9	172	2021	267
		12	41.5	52.8	1230	4.8	182	2271	294
		13	44.1	56.2	1272	4.7	188	2382	307
140	±1.10	4.0	16.7	21.3	651	5.5	53.1	1022	140
		5.0	20.7	26.4	791	5.5	113	1253	170
		6.0	24.5	31.2	920	5.4	131	1475	198
		8.0	31.8	40.6	1154	5.3	165	1887	248
		10	38.1	48.6	1312	5.2	187	2274	291
		12	43.4	55.3	1398	5.0	200	2567	321
		13	46.1	58.8	1450	4.9	207	2698	336
150	±1.20	4.0	18.0	22.9	808	5.9	108	1265	162
		5.0	22.3	28.4	982	5.9	131	1554	197
		6.0	26.4	33.6	1146	5.8	153	1833	230
		8.0	33.9	43.2	1412	5.7	188	2364	289
		10	41.3	52.6	1652	5.6	220	2839	341
		12	47.1	60.1	1780	5.4	237	3230	380
		14	53.2	67.7	1915	5.3	255	3566	414

边长 (mm)	尺寸允许偏差 (mm)	壁 厚 (mm)	理论重量 (kg/m)	截面面积 (cm²)	惯性矩 (cm⁴)	惯性半径 (cm)	截面模数 (cm³)	扭转常数	
B	$\pm\Delta$	t	M	A	$I_x = I_y$	$r_x = r_y$	$W_{el,x} = W_{el,y}$	I_t (cm⁴)	C_t (cm³)
160	±1.20	4.0	19.3	24.5	987	6.3	123	1540	185
		5.0	23.8	30.4	1202	6.3	150	1894	226
		6.0	28.3	36.0	1405	6.2	176	2234	264
		8.0	36.9	47.0	1776	6.1	222	2877	333
		10	44.4	56.6	2047	6.0	256	3490	395
		12	50.9	64.8	2224	5.8	278	3997	443
		14	57.6	73.3	2409	5.7	301	4437	486
170	±1.30	4.0	20.5	26.1	1191	6.7	140	1856	210
		5.0	25.4	32.3	1453	6.7	171	2285	256
		6.0	30.1	38.4	1702	6.6	200	2701	300
		8.0	38.9	49.6	2118	6.5	249	3503	381
		10	47.5	60.5	2501	6.4	294	4233	453
		12	54.6	69.6	2737	6.3	322	4872	511
		14	62.0	78.9	2981	6.1	351	5435	563
180	±1.40	4.0	21.8	27.7	1422	7.2	158	2210	237
		5.0	27.0	34.4	1737	7.1	193	2724	290
		6.0	32.1	40.8	2037	7.0	226	3223	340
		8.0	41.5	52.8	2546	6.9	283	4189	432
		10	50.7	64.6	3017	6.8	335	5074	515
		12	58.4	74.5	3322	6.7	369	5865	584
		14	66.4	84.5	3635	6.6	404	6569	645
190	±1.50	4.0	23.0	29.3	1680	7.6	176	2607	265
		5.0	28.5	36.4	2055	7.5	216	3216	325
		6.0	33.9	43.2	2413	7.4	254	3807	381
		8.0	44.0	56.0	3208	7.3	319	4958	486
		10	53.8	68.6	3599	7.2	379	6018	581
		12	62.2	79.3	3985	7.1	419	6982	661
		14	70.8	90.2	4379	7.0	461	7847	733
200	±1.60	4.0	24.3	30.9	1968	8.0	197	3049	295
		5.0	30.1	38.4	2410	7.9	241	3763	362
		6.0	35.8	45.6	2833	7.8	283	4459	426
		8.0	46.5	59.2	3566	7.7	357	5815	544
		10	57.0	72.6	4251	7.6	425	7072	651
		12	66.0	84.1	4730	7.5	473	8230	743
		14	75.2	95.7	5217	7.4	522	9276	828
		16	83.8	107	5625	7.3	562	10210	900
220	±1.80	5.0	33.2	42.4	3238	8.7	294	5038	442
		6.0	39.6	50.4	3813	8.7	347	5976	521
		8.0	51.5	65.6	4828	8.6	439	7815	668
		10	63.2	80.6	5782	8.5	526	9533	804
		12	73.5	93.7	6487	8.3	590	11149	922
		14	83.9	107	7198	8.2	654	12625	1032
		16	93.9	119	7812	8.1	710	13971	1129

边长 (mm)	尺寸允许偏差 (mm)	壁 厚 (mm)	理论重量 (kg/m)	截面面积 (cm²)	惯性矩 (cm⁴)	惯性半径 (cm)	截面模数 (cm³)	扭转常数	
B	$\pm\Delta$	t	M	A	$I_x=I_y$	$r_x=r_y$	$W_{el,x}=W_{el,y}$	I_t (cm⁴)	C_t (cm³)
250	±2.00	5.0	38.0	48.4	4805	10.0	384	7443	577
		6.0	45.2	57.6	5672	9.9	454	8843	681
		8.0	59.1	75.2	7229	9.8	578	11598	878
		10	72.7	92.6	8707	9.7	697	14197	1062
		12	84.8	108	9859	9.6	789	16691	1226
		14	97.1	124	11018	9.4	881	18999	1380
		16	109	139	12047	9.3	964	21146	1520
280	±2.20	5.0	42.7	54.4	6810	11.2	486	10513	730
		6.0	50.9	64.8	8054	11.1	575	12504	863
		8.0	66.6	84.8	10317	11.0	737	16436	1117
		10	82.1	104	12479	10.9	891	20173	1356
		12	96.1	122	14232	10.8	1017	23804	1574
		14	110	140	15989	10.7	1142	27195	1779
		16	124	158	17580	10.5	1256	30393	1968
300	±2.40	6.0	54.7	69.6	9964	12.0	664	15434	997
		8.0	71.6	91.2	12801	11.8	853	20312	1293
		10	88.4	113	15519	11.7	1035	24966	1572
		12	104	132	17767	11.6	1184	29514	1829
		14	119	153	20017	11.5	1334	33783	2073
		16	135	172	22076	11.4	1472	37837	2299
		19	156	198	24813	11.2	1654	43491	2608
320	±2.60	6.0	58.4	74.4	12154	12.8	759	18789	1140
		8.0	76.6	97	15653	12.7	978	24753	1481
		10	94.6	120	19016	12.6	1188	30461	1804
		12	111	141	21843	12.4	1365	36066	2104
		14	128	163	24670	12.3	1542	41349	2389
		16	144	183	27276	12.2	1741	46393	2656
		19	167	213	30783	12.0	1924	53485	3022
350	±2.80	6.0	64.1	81.6	16008	14.0	915	24683	1372
		7.0	74.1	94.4	18329	13.9	1047	28684	1582
		8.0	84.2	108	20618	13.9	1182	32557	1787
		10	104	133	25189	13.8	1439	40127	2182
		12	124	156	29054	13.6	1660	47598	2552
		14	141	180	32916	13.5	1881	54679	2905
		16	159	203	36511	13.4	2086	61481	3238
		19	185	236	41414	13.2	2367	71137	3700
380	±3.00	8.0	91.7	117	26683	15.1	1404	41849	2122
		10	113	144	32570	15.0	1714	51645	2596
		12	134	170	37697	14.8	1984	61349	3043
		14	154	197	42818	14.7	2253	70586	3471
		16	174	222	47621	14.6	2506	79505	3878
		19	203	259	54240	14.5	2855	92254	4447
		22	231	294	60175	14.3	3167	104208	4968

边长 (mm)	尺寸允许偏差 (mm)	壁 厚 (mm)	理论重量 (kg/m)	截面面积 (cm²)	惯性矩 (cm⁴)	惯性半径 (cm)	截面模数 (cm³)	扭转常数	
B	$\pm\Delta$	t	M	A	$I_x=I_y$	$r_x=r_y$	$W_{el,x}=W_{el,y}$	$I_t(cm^4)$	$C_t(cm^3)$
400	±3.20	8.0	96.5	123	31269	15.9	1564	48934	2362
		9.0	108	138	34785	15.9	1739	54721	2630
		10	120	153	38216	15.8	1911	60431	2892
		12	141	180	44319	15.7	2216	71843	3395
		14	163	208	50414	15.6	2521	82735	3877
		16	184	235	56153	15.5	2808	93279	4336
		19	215	274	64111	15.3	3206	108410	4982
		22	245	312	71304	15.1	3565	122676	5578
450	±3.40	9.0	122	156	50087	17.9	2226	78384	3363
		10	135	173	55100	17.9	2449	86629	3702
		12	160	204	64164	17.7	2851	103150	4357
		14	185	236	73210	17.6	3254	119000	4989
		16	209	267	81802	17.5	3636	134431	5595
		19	245	312	93853	17.3	4171	156736	6454
		22	279	355	104919	17.2	4663	17791	7257
480	±3.50	9.0	130	166	61128	19.1	2547	95412	3845
		10	144	184	67289	19.1	2804	105488	4236
		12	171	218	78517	18.9	3272	125698	4993
		14	198	252	89722	18.8	3738	145143	5723
		16	224	285	100407	18.7	4184	164111	6426
		19	262	334	115475	18.6	4811	191630	7428
		22	300	382	129413	18.4	5392	217978	8369
500	±3.60	9.0	137	174	69324	19.9	2773	108034	4185
		10	151	193	76341	19.9	3054	119470	4612
		12	179	228	89187	19.8	3568	142420	5440
		14	207	264	102010	19.7	4080	164530	6241
		16	235	299	114260	19.6	4570	186140	7013
		19	275	350	131591	19.4	5264	217540	8116
		22	314	400	147690	19.2	5908	247690	9155

注:表中理论重量按钢密度7.85g/cm³计算。

冷弯长方形钢管外形尺寸、允许偏差及截面特性

边长 (mm)		尺寸允许偏差 (mm)	壁厚 (mm)	理论重量 (kg/m)	截面面积 (cm²)	惯性矩 (cm⁴)		惯性半径 (cm)		截面模数 (cm³)		扭转常数	
H	B	$\pm\Delta$	t	M	A	I_x	I_y	r_x	r_y	$W_{el,x}$	$W_{el,y}$	$I_t(cm^4)$	$C_t(cm^3)$
120	80	±0.90	4.0	11.7	11.9	294	157	4.4	3.2	49.1	39.3	330	64.9
			5.0	14.4	18.3	353	188	4.4	3.2	58.8	46.9	401	77.7
			6.0	16.9	21.6	106	215	4.3	3.1	67.7	53.7	166	83.4
			7.0	19.1	24.4	438	232	4.2	3.1	73.0	58.1	529	99.1
			8.0	21.4	27.2	476	252	4.1	3.0	79.3	62.9	584	108
140	80	±1.00	4.0	13.0	16.5	429	180	5.1	3.3	61.4	45.1	411	76.5
			5.0	15.9	20.4	517	216	5.0	3.2	73.8	53.9	499	91.8
			6.0	18.8	24.0	570	248	4.9	3.2	85.3	61.9	581	106
			8.0	23.9	30.4	708	293	4.8	3.1	101	73.3	731	129
150	100	±1.20	4.0	14.9	18.9	594	318	5.6	4.1	79.3	63.7	661	105
			5.0	18.3	23.3	719	384	5.5	4.0	95.9	79.8	807	127
			6.0	21.7	27.6	834	444	5.5	4.0	111	88.8	915	147
			8.0	28.1	35.8	1039	519	5.4	3.9	138	110	1148	182
			10	33.4	42.6	1161	614	5.2	3.8	155	123	1426	211
160	60	±1.20	4.0	13.0	16.5	500	106	5.5	2.5	62.5	35.4	294	63.8
			4.5	14.5	18.5	552	116	5.5	2.5	69.0	38.9	325	70.1
			6.0	18.9	24.0	693	144	5.4	2.4	86.7	48.0	410	87.0
160	80	±1.20	4.0	14.2	18.1	598	203	5.7	3.3	71.7	50.9	493	88.0
			5.0	17.5	22.4	722	214	5.7	3.3	90.2	61.0	599	106
			6.0	20.7	26.4	836	286	5.6	3.3	104	76.2	699	122
			8.0	26.8	33.6	1036	344	5.5	3.2	129	85.9	876	149
180	65	±1.20	4.0	14.5	18.5	709	142	6.2	2.8	78.8	43.8	396	79.0
			4.5	16.3	20.7	784	156	6.1	2.7	87.1	48.1	439	87.0
			6.0	21.2	27.0	992	194	6.0	2.7	110	59.8	557	108
180	100	±1.30	4.0	16.7	21.3	926	374	6.6	4.2	103	74.7	853	127
			5.0	20.7	26.3	1124	452	6.5	4.1	125	90.3	1012	154
			6.0	24.5	31.2	1309	524	6.4	4.1	145	104	1223	179
			8.0	31.5	40.4	1643	651	6.3	4.0	182	130	1554	222
			10	38.1	48.5	1859	736	6.2	3.9	206	147	1858	259
200			4.0	18.0	22.9	1200	410	7.2	4.2	120	82.2	984	142
			5.0	22.3	28.3	1459	497	7.2	4.2	146	99.4	1204	172
			6.0	26.1	33.6	1703	577	7.1	4.1	170	115	1413	200
			8.0	34.4	43.8	2146	719	7.0	4.0	215	144	1798	249
			10	41.2	52.6	2444	818	6.9	3.9	244	163	2154	292

边长 (mm)		尺寸允许偏差 (mm)	壁厚 (mm)	理论重量 (kg/m)	截面面积 (cm²)	惯性矩 (cm⁴)		惯性半径 (cm)		截面模数 (cm³)		扭转常数	
H	B	$\pm\Delta$	t	M	A	I_x	I_y	r_x	r_y	$W_{el.x}$	$W_{el.y}$	$I_t(cm^4)$	$C_t(cm^3)$
200	120	±1.40	4.0	19.3	24.5	1353	618	7.4	5.0	135	103	1345	172
			5.0	23.8	30.4	1649	750	7.4	5.0	165	125	1652	210
			6.0	28.3	36.0	1929	874	7.3	4.9	193	146	1947	245
			8.0	36.5	46.4	2386	1079	7.2	4.8	239	180	2507	308
			10	44.4	56.6	2806	1262	7.0	4.7	281	210	3007	364
200	150	±1.50	4.0	21.2	26.9	1584	1021	7.7	6.2	158	136	1942	219
			5.0	26.2	33.4	1935	1245	7.6	6.1	193	166	2391	267
			6.0	31.1	39.6	2268	1457	7.5	6.0	227	194	2826	312
200	150	±1.50	8.0	40.2	51.2	2892	1815	7.4	6.0	283	242	3664	396
			10	49.1	62.6	3348	2143	7.3	5.8	335	286	4428	471
			12	56.6	72.1	3668	2353	7.1	5.7	367	314	5099	532
			14	64.2	81.7	4004	2564	7.0	5.60	400	342	5691	586
220	140	±1.50	4.0	21.8	27.7	1892	948	8.3	5.8	172	135	1987	224
			5.0	27.0	34.4	2313	1155	8.2	5.8	210	165	2447	274
			6.0	32.1	40.8	2714	1352	8.1	5.7	247	193	2891	321
			8.0	41.5	52.8	3389	1685	8.0	5.6	308	241	3746	407
			10	50.7	64.6	4017	1989	7.8	5.5	365	284	4523	484
			12	58.5	74.5	4408	2187	7.7	5.4	401	312	5206	546
			13	62.5	79.6	4624	2292	7.6	5.4	420	327	5517	575
250	150	±1.60	4.0	24.3	30.9	2697	1234	9.3	6.3	216	165	2665	275
			5.0	30.1	38.4	3304	1508	9.3	6.3	264	201	3285	337
			6.0	35.8	45.6	3886	1768	9.2	6.2	311	236	3886	396
			8.0	46.5	59.2	4886	2219	9.1	6.1	391	296	5050	504
			10	57.0	72.6	5825	2634	9.0	6.0	466	351	6121	602
			12	66.0	84.1	6458	2925	8.8	5.9	517	390	7088	684
			14	75.2	95.7	7114	3214	8.6	5.8	569	429	7954	759
250	200	±1.70	5.0	34.0	43.4	4055	2885	9.7	8.2	324	289	5257	457
			6.0	40.5	51.6	4779	3397	9.6	8.1	382	340	6237	538
			8.0	52.8	67.2	6057	4304	9.5	8.0	485	430	8136	691
			10	64.8	82.6	7266	5154	9.4	7.9	581	515	9950	832
			12	75.4	96.1	8159	5792	9.2	7.8	653	579	11640	955
			14	86.1	110	9066	6430	9.1	7.6	725	643	13185	1069
			16	96.4	123	9853	6983	9.0	7.5	788	698	14596	1171
260	180	±1.80	5.0	33.2	42.4	4121	2350	9.9	7.5	317	261	4695	426
			6.0	39.6	50.4	4856	2763	9.8	7.4	374	307	5566	501
			8.0	51.5	65.6	6145	3493	9.7	7.3	473	388	7267	642
			10	63.2	80.6	7363	4174	9.5	7.2	566	646	8850	772
			12	73.5	93.7	8245	4679	9.4	7.1	634	520	10328	884
			14	84.0	107	9147	5182	9.3	7.0	703	576	11673	988

边长 (mm)		尺寸允许偏差 (mm)	壁厚 (mm)	理论重量 (kg/m)	截面面积 (cm²)	惯性矩 (cm⁴)		惯性半径 (cm)		截面模数 (cm³)		扭转常数	
H	B	$\pm\Delta$	t	M	A	I_x	I_y	r_x	r_y	$W_{el,x}$	$W_{el,y}$	$I_t(cm^4)$	$C_t(cm^3)$
300	200	±2.00	5.0	38.0	48.4	6241	3361	11.4	8.3	416	336	6836	552
			6.0	45.2	57.6	7370	3962	11.3	8.3	491	396	8115	651
			8.0	59.1	75.2	9389	5042	11.2	8.2	626	504	10627	838
			10	72.7	92.6	11313	6058	11.1	8.1	754	606	12987	1012
			12	84.8	108	12788	6854	10.9	8.0	853	685	15236	1167
			14	97.1	124	14287	7643	10.7	7.9	952	764	17307	1311
			16	109	139	15617	8340	10.6	7.8	1041	834	19223	1442
350	200	±2.10	5.0	41.9	53.4	9032	3836	13.0	8.5	516	384	8475	647
			6.0	49.9	63.6	10682	4527	12.9	8.4	610	453	10065	764
			8.0	65.3	83.2	13662	5779	12.8	8.3	781	578	13189	986
			10	80.5	102	16517	6961	12.7	8.2	944	696	16137	1193
			12	94.2	120	18768	7915	12.5	8.0	1072	792	18962	1379
			14	108	138	21055	8856	12.4	8.0	1203	886	21578	1554
			16	121	155	23114	9698	12.2	7.9	1321	970	24016	1713
350	250	±2.20	5.0	45.8	58.4	10520	6306	13.4	10.4	601	504	12234	817
			6.0	54.7	69.6	12457	7458	13.4	10.3	712	594	14554	967
			8.0	71.6	91.2	16001	9573	13.2	10.2	914	766	19136	1253
			10	88.4	113	19407	11588	13.1	10.1	1109	927	23500	1522
			12	104	132	22196	13261	12.9	10.0	1268	1060	27749	1770
			14	119	152	25008	14921	12.8	9.9	1429	1193	31729	2003
			16	134	171	27580	16434	12.7	9.8	1575	1315	35497	2220
350	300	±2.30	7.0	68.6	87.4	16270	12874	13.6	12.1	930	858	22599	1347
			8.0	77.9	99.2	18341	14506	13.6	12.1	1048	967	25633	1520
			10	96.2	122	22298	17623	13.5	12.0	1274	1175	31548	1852
			12	113	144	25625	20257	13.3	11.9	1464	1350	37358	2161
			14	130	166	28962	22883	13.2	11.7	1655	1526	42837	2454
			16	146	187	32046	25305	13.1	11.6	1831	1687	48072	2729
			19	170	217	36204	28569	12.9	11.5	2069	1904	55439	3107
400	200	±2.40	6.0	54.7	69.6	14789	5092	14.5	8.6	739	509	12069	877
			8.0	71.6	91.2	18974	6517	14.4	8.5	949	652	15820	1133
			10	88.4	113	23003	7864	14.3	8.4	1150	786	19368	1373
			12	104	132	26248	8977	14.1	8.2	1312	898	22782	1591
			14	119	152	29545	10069	13.9	8.1	1477	1007	25956	1796
			16	134	171	32546	11055	13.8	8.0	1627	1105	28928	1983
400	250	±2.50	5.0	49.7	63.4	14440	7056	15.1	10.6	722	565	14773	937
			6.0	59.4	75.6	17118	8352	15.0	10.5	856	668	17580	1110
			8.0	77.9	99.2	22048	10744	14.9	10.4	1102	830	23127	1440
			10	96.2	122	26806	13029	14.8	10.3	1340	1042	28423	1753
			12	113	144	30766	14926	14.6	10.2	1538	1197	33597	2042
			14	130	166	34762	16872	14.5	10.1	1738	1350	38460	2315
			16	146	187	38448	19628	14.3	10.0	1922	1490	43083	2570

边长(mm)		尺寸允许偏差(mm)	壁厚(mm)	理论重量(kg/m)	截面面积(cm²)	惯性矩(cm⁴)		惯性半径(cm)		截面模数(cm³)		扭转常数	
H	B	$\pm\Delta$	t	M	A	I_x	I_y	r_x	r_y	$W_{el,x}$	$W_{el,y}$	$I_t(cm^4)$	$C_t(cm^3)$
400	300	±2.60	7.0	74.1	94.4	22261	14376	15.4	12.3	1113	958	27477	1547
			8.0	84.2	107	25152	16212	15.3	12.3	1256	1081	31179	1747
			10	104	133	30609	19726	15.2	12.2	1530	1315	38407	2132
			12	122	156	35284	22747	15.0	12.1	1764	1516	45527	2492
			14	141	180	39979	25748	14.9	12.0	1999	1717	52267	2835
			16	159	203	44350	28535	14.8	11.9	2218	1902	58731	3159
			19	185	236	50309	32326	14.6	11.7	2515	2155	67883	3607
450	250	±2.70	6.0	64.1	81.6	22724	9245	16.7	10.6	1010	740	20687	1253
			8.0	84.2	107	29336	11916	16.5	10.5	1304	953	27222	1628
			10	104	133	35737	14470	16.4	10.4	1588	1158	33473	1983
			12	123	156	41137	16663	16.2	10.3	1828	1333	39591	2314
			14	141	180	46587	18824	16.1	10.2	2070	1506	45358	2627
			16	159	203	51651	20821	16.0	10.1	2295	1666	50857	2921
450	350	±2.80	7.0	85.1	108	32867	22448	17.4	14.4	1461	1283	41688	2053
			8.0	96.7	123	37151	25360	17.4	14.3	1651	1449	47354	2322
			10	120	153	45418	30971	17.3	14.2	2019	1770	58458	2842
			12	141	180	52650	35911	17.1	14.1	2340	2052	69468	3335
			14	163	208	59898	40823	17.0	14.0	2662	2333	79967	3807
			16	184	235	66727	45443	16.9	13.9	2966	2597	90121	4257
			19	215	274	76195	51834	16.7	13.8	3386	2962	104670	4889
450	400	±3.00	9.0	115	147	45711	38225	17.6	16.1	2032	1911	65371	2938
			10	127	163	50259	42019	17.6	16.1	2234	2101	72219	3272
			12	151	192	58407	48837	17.4	15.9	2596	2442	85923	3846
			14	174	222	66554	55631	17.3	15.8	2958	2782	99037	4398
			16	197	251	74264	62055	17.2	15.7	3301	3103	111766	4926
			19	230	293	85024	71012	17.0	15.6	3779	3551	130101	5971
			22	262	334	94835	79171	16.9	15.4	4215	3959	147482	6363
500	200	±3.10	9.0	94.2	120	36774	8847	17.5	8.6	1471	885	23642	1584
			10	104	133	40321	9671	17.4	8.5	1613	967	26005	1734
			12	123	156	46312	11101	17.2	8.4	1853	1110	30620	2016
			14	141	180	52390	12496	17.1	8.3	2095	1250	34934	2280
			16	159	203	58015	13771	16.9	8.2	2320	1377	38999	2526

边长 (mm)		尺 寸 允许偏差 (mm)	壁 厚 (mm)	理论 重量 (kg/m)	截面 面积 (cm²)	惯性矩 (cm⁴)		惯性半径 (cm)		截面模数 (cm³)		扭转常数	
H	B	$\pm\Delta$	t	M	A	I_x	I_y	r_x	r_y	$W_{el,x}$	$W_{el,y}$	$I_t(\text{cm}^4)$	$C_t(\text{cm}^3)$
500	250	±3.20	9.0	101	129	42199	14521	18.1	10.6	1688	1161	35044	2017
			10	112	143	46324	15911	18.0	10.6	1853	1273	38624	2214
			12	132	168	53457	18363	17.8	10.5	2138	1469	45701	2585
			14	152	194	60659	20776	17.7	10.4	2426	1662	58778	2939
			16	172	219	67389	23015	17.6	10.3	2696	1841	37358	3272
500	300	±3.30	10	120	153	52328	23933	18.5	12.5	2093	1596	52736	2693
			12	141	180	60604	27726	18.3	12.4	2424	1848	62581	3156
			14	163	208	68928	31478	18.2	12.3	2757	2099	71947	3599
			16	184	235	76763	34994	18.1	12.2	3071	2333	80972	4019
			19	215	274	87609	39838	17.9	12.1	3504	2656	93845	4606
500	400	±3.40	9.0	122	156	58474	41666	19.4	16.3	2339	2083	76740	3318
			10	135	173	64334	45823	19.3	16.3	2573	2291	84403	3653
			12	160	204	74895	53355	19.2	16.2	2996	2668	100471	4298
			14	185	236	85466	60848	19.0	16.1	3419	3042	115881	4919
			16	209	267	95510	67957	18.9	16.0	3820	3398	130866	5515
			19	245	312	109600	77913	18.7	15.8	4384	3896	152512	6360
			22	279	356	122539	87039	18.6	15.6	4902	4352	173112	7148
500	450	±3.50	10	143	183	70337	59941	19.6	18.1	2813	2664	101581	4132
			12	170	216	82040	69920	19.5	18.0	3282	3108	121022	4869
			14	196	250	93736	79865	19.4	17.9	3749	3550	139716	5580
			16	222	283	104884	89340	19.3	17.8	4195	3971	157943	6264
			19	260	331	120595	102683	19.1	17.6	4824	4564	184368	7238
			22	297	378	135115	115003	18.9	17.4	5405	5111	209643	8151
500	480	±3.60	10	148	189	73939	69499	19.8	19.2	2958	2896	112236	4420
			12	175	223	86328	81146	19.7	19.1	3453	3381	133767	5211
			14	203	258	98697	92763	19.6	19.0	3948	3865	154499	5977
			16	229	292	110508	103853	19.4	18.8	4420	4327	174736	6713
			19	269	342	127193	119515	19.3	18.7	5088	4980	204127	7765
			22	307	391	142660	134031	19.1	18.5	5706	5585	232306	8753

注:表中理论重量按钢密度 7.85g/cm³ 计算。

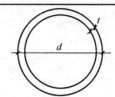

尺 寸（mm）		截面面积	每米长质量	I	i	W
d	t	（cm²）	（kg/m）	（cm⁴）	（cm）	（cm³）
25	1.5	1.11	0.87	0.77	0.83	0.61
30	1.5	1.34	1.05	1.37	1.01	0.91
30	2.0	1.76	1.38	1.73	0.99	1.16
40	1.5	1.81	1.42	3.37	1.36	1.68
40	2.0	2.39	1.88	4.32	1.35	2.16
51	2.0	3.08	2.42	9.26	1.73	3.63
57	2.0	3.46	2.71	13.08	1.95	4.59
60	2.0	3.64	2.86	15.34	2.05	5.10
70	2.0	4.27	3.35	24.72	2.41	7.06
76	2.0	4.65	3.65	31.85	2.62	8.38
83	2.0	5.09	4.00	41.76	2.87	10.06
83	2.5	6.32	4.96	51.26	2.85	12.35
89	2.0	5.47	4.29	51.74	3.08	11.63
89	2.5	6.79	5.33	63.59	3.06	14.29
95	2.0	5.84	4.59	63.20	3.29	13.31
95	2.5	7.26	5.70	77.76	3.27	16.37
102	2.0	6.28	4.93	78.55	3.54	15.40
102	2.5	7.81	6.14	96.76	3.52	18.97
102	3.0	9.33	7.33	114.40	3.50	22.43
108	2.0	6.66	5.23	93.6	3.75	17.33
108	2.5	8.29	6.51	115.4	3.73	21.37
108	3.0	9.90	7.77	136.5	3.72	25.28
114	2.0	7.04	5.52	110.4	3.96	19.37
114	2.5	8.76	6.87	136.2	3.94	23.89
114	3.0	10.46	8.21	161.3	3.93	28.30
121	2.0	7.48	5.87	132.4	4.21	21.88
121	2.5	9.31	7.31	163.5	4.19	27.02

尺　寸（mm）		截面面积	每米长质量	I	i	W
d	t	（cm²）	（kg/m）	（cm⁴）	（cm）	（cm³）
121	3.0	11.12	8.73	193.7	4.17	32.02
127	2.0	7.85	6.17	153.4	4.42	24.16
127	2.5	9.78	7.68	189.5	4.40	29.84
127	3.0	11.69	9.18	224.7	4.39	35.39
133	2.5	10.25	8.05	218.2	4.62	32.81
133	3.0	12.25	9.62	259.0	4.60	38.95
133	3.5	14.24	11.18	298.7	4.58	44.92
140	2.5	10.80	8.48	255.3	4.86	36.47
140	3.0	12.91	10.13	303.1	4.85	43.29
140	3.5	15.01	11.78	349.8	4.83	49.97
152	3.0	14.04	11.02	389.9	5.27	51.30
152	3.5	16.33	12.82	450.3	5.25	59.25
152	4.0	18.60	14.60	509.6	5.24	67.05
159	3.0	14.70	11.54	447.4	5.52	56.27
159	3.5	17.10	13.42	517.0	5.50	65.02
159	4.0	19.48	15.29	585.3	5.48	73.62
168	3.0	15.55	12.21	529.4	5.84	63.02
168	3.5	18.09	14.20	612.1	5.82	72.87
168	4.0	20.61	16.18	693.3	5.80	82.53
180	3.0	16.68	13.09	653.5	6.26	72.61
180	3.5	19.41	15.24	756.0	6.24	84.00
180	4.0	22.12	17.36	856.8	6.22	95.20
194	3.0	18.00	14.13	821.1	6.75	84.64
194	3.5	20.95	16.45	950.5	6.74	97.99
194	4.0	23.88	18.75	1078	6.72	111.1
203	3.0	18.85	15.00	943	7.07	92.87
203	3.5	21.94	17.22	1092	7.06	107.55
203	4.0	25.01	19.63	1238	7.04	122.01
219	3.0	20.36	15.98	1187	7.64	108.44
219	3.5	23.70	18.61	1376	7.62	125.65
219	4.0	27.02	21.81	1562	7.60	142.62
245	3.0	22.81	17.91	1670	8.56	136.3
245	3.5	26.55	20.84	1936	8.54	158.1
245	4.0	30.28	23.77	2199	8.52	179.5

冷弯薄壁等边角钢的规格及截面特性表

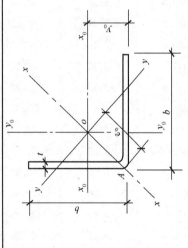

尺寸 (mm)		截面面积 (cm²)	每米长质量 (kg/m)	y_0 (cm)	x_0-x_0				$x-x$		$y-y$		x_1-x_1	e_0 (cm)	I_t (cm⁴)	U_y (cm⁵)
b	t				I_{x0} (cm⁴)	i_{x0} (cm)	W_{x0max} (cm³)	W_{x0min} (cm³)	I_x (cm⁴)	i_x (cm)	I_y (cm⁴)	i_y (cm)	I_{x1} (cm⁴)			
30	1.5	0.85	0.67	0.828	0.77	0.95	0.93	0.35	1.25	1.21	0.29	0.58	1.35	1.07	0.0064	0.613
30	2.0	1.12	0.88	0.855	0.99	0.94	1.16	0.46	1.63	1.21	0.36	0.57	1.81	1.07	0.0149	0.775
40	2.0	1.52	1.19	1.105	2.43	1.27	2.20	0.84	3.95	1.61	0.90	0.77	4.28	1.42	0.0208	2.585
40	2.5	1.87	1.47	1.132	2.96	1.26	2.62	1.03	4.85	1.61	1.07	0.76	5.36	1.42	0.0390	3.104
50	2.5	2.37	1.86	1.381	5.93	1.58	4.29	1.64	9.65	2.02	2.20	0.96	10.44	1.78	0.0494	7.890
50	3.0	2.81	2.21	1.408	6.97	1.57	4.95	1.94	11.40	2.01	2.54	0.95	12.55	1.78	0.0843	9.169
60	2.5	2.87	2.25	1.630	10.41	1.90	6.38	2.38	16.90	2.43	3.91	1.17	18.03	2.13	0.0598	16.80
60	3.0	3.41	2.68	1.657	12.29	1.90	7.42	2.83	20.02	2.42	4.56	1.16	21.66	2.13	0.1023	19.63
75	2.5	3.62	2.84	2.005	20.65	2.39	10.30	3.76	33.43	3.04	7.87	1.48	35.20	2.66	0.0755	42.09
75	3.0	4.31	3.39	2.031	24.47	2.38	12.05	4.47	39.70	3.03	9.23	1.46	42.26	2.66	0.1293	49.47

冷弯薄壁卷边等边角钢的规格及截面特性表

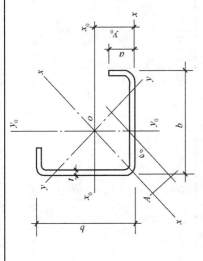

尺寸 (mm)			截面面积 (cm²)	每米长质量 (kg/m)	y_0 (cm)	$x_0 - x_0$				$x - x$		$y - y$		$x_1 - x_1$	e_0 (cm)	I_t (cm⁴)	I_ω (cm⁶)	U_y (cm⁵)
b	a	t				I_{x0} (cm⁴)	i_{x0} (cm)	W_{x0max} (cm³)	W_{x0min} (cm³)	I_x (cm⁴)	i_x (cm)	I_y (cm⁴)	i_y (cm)	I_{x1} (cm⁴)				
40	15	2.0	1.95	1.53	1.404	3.93	1.42	2.80	1.51	5.74	1.72	2.12	1.01	7.78	2.37	0.0260	3.88	3.747
60	20	2.0	2.95	2.32	2.026	13.83	2.17	6.83	3.48	20.56	2.64	7.11	1.55	25.94	3.38	0.0394	22.64	21.01
75	20	2.0	3.55	2.79	2.396	25.60	2.69	10.68	5.02	39.01	3.31	12.19	1.85	45.99	3.82	0.0473	36.55	51.84
75	20	2.5	4.36	3.42	2.401	30.76	2.66	12.81	6.03	46.91	3.28	14.60	1.83	55.90	3.80	0.0909	43.33	61.93

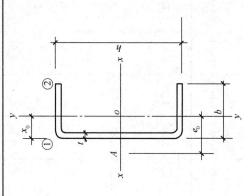

冷弯薄壁槽钢的规格及截面特性表

尺寸(mm)			截面面积 (cm²)	每米长质量 (kg/m)	x_0 (cm)	$x-x$			$y-y$				$y1-y1$	e_0 (cm)	I_t (cm⁴)	I_ω (cm⁶)	k (cm⁻¹)	$W_{\omega1}$ (cm⁴)	$W_{\omega2}$ (cm⁴)	U_y (cm⁵)
h	b	t				I_x (cm⁴)	i_x (cm)	W_x (cm³)	I_y (cm⁴)	i_y (cm)	W_{ymax} (cm³)	W_{ymin} (cm³)	I_{y1} (cm⁴)							
40	20	2.5	1.763	1.384	0.629	3.914	1.489	1.957	0.651	0.607	1.034	0.475	1.350	1.255	0.0367	1.332	0.10295	1.360	0.671	1.440
50	30	2.5	2.513	1.972	0.951	9.574	1.951	3.829	2.245	0.945	2.359	1.096	4.521	2.013	0.0523	7.945	0.05034	3.550	2.045	5.259
60	30	2.5	2.74	2.15	0.883	14.38	2.31	4.89	2.40	0.94	2.71	1.13	4.53	1.88	0.0571	12.21	0.0425	4.72	2.51	7.942
70	40	2.5	3.496	2.74	1.202	26.703	2.763	7.629	5.639	1.269	4.688	2.015	10.697	2.653	0.0728	413.05	0.02604	9.499	5.439	19.429
80	40	2.5	3.74	2.94	1.132	36.70	3.13	9.18	5.92	1.26	5.23	2.06	10.71	2.51	0.0779	57.36	0.0229	11.61	6.37	26.089
80	40	3.0	4.43	3.48	1.159	42.66	3.10	10.67	6.93	1.25	5.98	2.44	12.87	2.51	0.1328	64.58	0.0282	13.64	7.34	30.575
100	40	2.5	4.24	3.33	1.013	62.07	3.83	12.41	6.37	1.23	6.29	2.13	10.72	2.30	0.0884	99.70	0.0185	17.07	8.44	42.672

尺寸 (mm)			截面面积 (cm²)	每米长质量 (kg/m)	x_0 (cm)	$x-x$			$y-y$				y_1-y_1	e_0 (cm)	I_t (cm⁴)	I_ω (cm⁶)	k (cm⁻¹)	$W_{\omega1}$ (cm⁴)	$W_{\omega2}$ (cm⁴)	U_y (cm⁵)
h	b	t				I_x (cm⁴)	i_x (cm)	W_x (cm³)	I_y (cm⁴)	i_y (cm)	W_{ymax} (cm³)	W_{ymin} (cm³)	I_{y1} (cm⁴)							
100	40	3.0	5.03	3.95	1.039	72.44	3.80	14.49	7.47	1.22	7.19	2.52	12.89	2.30	0.1508	113.23	0.0227	20.20	9.79	50.247
120	40	2.5	4.74	3.72	0.919	95.92	4.50	15.99	6.72	1.19	7.32	2.18	10.73	2.13	0.0988	156.19	0.0156	23.62	10.59	63.644
120	40	3.0	5.63	4.42	0.944	112.28	4.47	18.71	7.90	1.19	8.37	2.58	12.91	2.12	0.1688	178.49	0.0191	28.13	12.33	75.140
140	50	3.0	6.83	5.36	1.187	191.53	5.30	27.36	15.52	1.51	13.08	4.07	25.13	2.75	0.2048	487.60	0.0128	48.99	22.93	160.572
140	50	3.5	7.89	6.20	1.211	218.88	5.27	31.27	17.79	1.50	14.69	4.70	29.37	2.74	0.3223	546.44	0.0151	56.72	26.09	184.730
160	60	3.0	8.03	6.30	1.432	300.87	6.12	37.61	26.90	1.83	18.79	5.89	43.35	3.37	0.2408	1119.78	0.0091	78.25	38.21	303.617
160	60	3.5	9.29	7.29	1.456	344.94	6.09	43.12	30.92	1.82	21.23	6.81	50.63	3.37	0.3794	1264.16	0.0108	90.71	43.68	349.963
180	60	4.0	11.350	8.910	1.390	510.374	6.705	56.708	35.956	1.779	25.856	7.800	57.908	3.217	0.6053	1872.165	0.01115	135.194	57.111	511.702
180	60	5.0	13.985	10.978	1.440	616.044	6.636	68.449	43.601	1.765	30.274	9.562	72.611	3.217	1.1654	2190.181	0.01430	170.048	68.632	625.549
200	60	4.0	12.150	9.538	1.312	658.605	7.362	65.860	37.016	1.745	28.208	7.896	57.940	3.062	0.6480	2424.951	0.01013	165.206	65.012	644.574
200	60	5.0	14.985	11.763	1.360	796.658	7.291	79.665	44.923	1.731	33.012	9.683	72.674	3.062	1.2488	2849.111	0.01298	209.464	78.322	789.191

冷弯薄壁卷边槽钢的规格及截面特性表

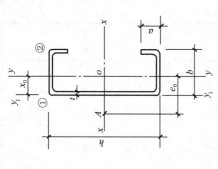

截面尺寸 (mm)				截面面积 A (cm²)	质量 g (kg/m)	x_0 (cm)	$x-x$			$y-y$				y_1-y_1	e_0 (cm)	I_t (cm⁴)	I_ω (cm⁶)	k (cm⁻¹)	$W_{\omega 1}$ (cm⁴)	$W_{\omega 2}$ (cm⁴)
h	b	a	t				I_x (cm⁴)	i_x (cm)	W_x (cm³)	I_y (cm⁴)	i_y (cm)	$W_{y\max}$ (cm³)	$W_{y\min}$ (cm³)	I_{y1} (cm⁴)						
80	40	15	2.0	3.47	2.72	1.452	34.16	3.14	8.54	7.79	1.50	5.36	3.06	15.10	3.36	0.0462	112.9	0.0126	16.03	15.74
100	50	15	2.5	5.23	4.11	1.706	81.34	3.94	16.27	17.19	1.81	10.08	5.22	32.41	3.94	0.1090	352.8	0.0109	34.47	29.41
120	50	20	2.5	5.98	4.70	1.706	129.40	4.65	21.57	20.96	1.87	12.28	6.36	38.36	4.03	0.1246	660.9	0.0085	51.04	48.36
120	60	20	3.0	7.65	6.01	2.106	170.68	4.72	28.45	37.36	2.21	17.74	9.59	71.31	4.87	0.2296	1153.2	0.0087	75.68	68.84
140	50	20	2.0	5.27	4.14	1.59	154.03	5.41	22.00	18.56	1.88	11.68	5.44	31.86	3.87	0.0703	794.79	0.0058	51.34	52.22
140	50	20	2.2	5.76	4.52	1.59	167.40	5.39	23.91	20.03	1.87	12.62	5.87	34.53	3.84	0.0929	852.46	0.0065	55.98	56.84
140	50	20	2.5	6.48	5.09	1.58	186.78	5.39	26.68	22.11	1.85	13.96	6.47	38.38	3.80	0.1351	931.89	0.0075	62.56	63.56
140	60	20	3.0	8.25	6.48	1.964	245.42	5.45	35.06	39.49	2.19	20.11	9.79	71.33	4.61	0.2476	1589.8	0.0078	92.69	79.00

截面尺寸 (mm)				截面面积 A (cm²)	质量 g (kg/m)	x_0 (cm)	$x-x$			$y-y$				y_1-y_1	e_0 (cm)	I_t (cm⁴)	I_ω (cm⁶)	k (cm⁻¹)	$W_{\omega 1}$ (cm⁴)	$W_{\omega 2}$ (cm⁴)
h	b	a	t				I_x (cm⁴)	i_x (cm)	W_x (cm³)	I_y (cm⁴)	i_y (cm)	W_{ymax} (cm³)	W_{ymin} (cm³)	I_{y1} (cm⁴)						
160	60	20	2.0	6.07	4.76	1.85	236.59	6.24	29.57	29.99	2.22	16.19	7.23	50.83	4.52	0.0809	1596.28	0.0044	76.92	71.30
160	60	20	2.2	6.64	5.21	1.85	257.57	6.23	32.20	32.45	2.21	17.53	7.82	55.19	4.50	0.1071	1717.82	0.0049	83.82	77.55
160	60	20	2.5	7.48	5.87	1.85	288.13	6.21	36.02	35.96	2.19	19.47	8.66	61.49	4.45	0.1559	1887.71	0.0056	93.87	86.63
160	60	20	3.0	9.45	7.42	2.224	373.64	6.29	46.71	60.42	2.53	27.17	12.65	107.20	5.25	0.2836	3070.5	0.0060	135.49	109.92
180	70	20	2.0	6.87	5.39	2.11	343.93	7.08	38.21	45.18	2.57	21.37	9.25	75.87	5.17	0.0916	2934.34	0.0035	109.50	95.22
180	70	20	2.2	7.52	5.90	2.11	374.90	7.06	41.66	48.97	2.55	23.19	10.02	82.49	5.14	0.1213	3165.62	0.0038	119.44	103.58
180	70	20	2.5	8.48	6.66	2.11	420.20	7.04	46.69	54.42	2.53	25.82	11.12	92.06	5.10	0.1767	3492.15	0.0044	133.99	115.73
200	70	20	2.0	7.27	5.71	2.00	440.04	7.78	44.00	46.71	2.54	23.32	9.35	75.88	4.96	0.0969	3672.33	0.0032	126.74	106.15
200	70	20	2.2	7.96	6.25	2.00	479.87	7.77	47.99	50.64	2.52	25.31	10.13	82.49	4.93	0.1284	3963.82	0.0035	138.26	115.74
200	70	20	2.5	8.98	7.05	2.00	538.21	7.74	53.82	56.27	2.50	28.18	11.25	92.09	4.89	0.1871	4376.18	0.0041	155.14	129.75
220	75	20	2.0	7.87	6.18	2.08	574.45	8.54	52.22	56.88	2.69	27.35	10.50	90.93	5.18	0.1049	5313.52	0.0028	158.43	127.32
220	75	20	2.2	8.62	6.77	2.08	626.85	8.53	56.99	61.71	2.68	29.70	11.38	98.91	5.15	0.1391	5742.07	0.0031	172.92	138.93
220	75	20	2.5	9.73	7.64	2.07	703.76	8.50	63.98	68.66	2.66	33.11	12.65	110.51	5.11	0.2028	6351.05	0.0035	194.18	155.94

冷弯薄壁卷边 Z 形钢的规格及截面特性表

附表 4-20

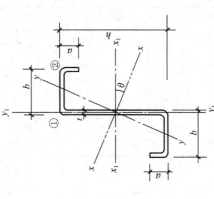

尺寸 (mm) h	b	a	t	截面面积 (cm²)	每米长质量 (kg/m)	θ	I_{x1} (cm⁴)	i_{x1} (cm)	W_{x1} (cm³)	I_{y1} (cm⁴)	i_{y1} (cm)	W_{y1} (cm³)	I_x (cm⁴)	i_x (cm)	W_{x1} (cm³)	W_{x2} (cm³)	I_y (cm⁴)	i_y (cm)	W_{y1} (cm³)	W_{y2} (cm³)	I_{x1y1} (cm⁴)	I_t (cm⁴)	I_ω (cm⁶)	k (cm⁻¹)	$W_{\omega 1}$ (cm⁴)	$W_{\omega 2}$ (cm⁴)
										x_1-x_1			$x-x$				$y-y$									
100	40	20	2.0	4.07	3.19	24°1′	60.04	3.84	12.01	17.02	2.05	4.36	70.70	4.17	15.93	11.94	6.36	1.25	3.36	4.42	23.93	0.0542	325.0	0.0081	49.97	29.16
100	40	20	2.5	4.98	3.91	23°46′	72.10	3.80	14.42	20.02	2.00	5.17	84.63	4.12	19.18	14.47	7.49	1.23	4.07	5.28	28.45	0.1038	381.9	0.0102	62.25	35.03
120	50	20	2.0	4.87	3.82	24°3′	106.97	4.69	17.83	30.23	2.49	6.17	126.06	5.09	23.55	17.40	11.14	1.51	4.83	5.74	42.77	0.0649	785.2	0.0057	84.05	43.96
120	50	20	2.5	5.98	4.70	23°50′	129.39	4.65	21.57	35.91	2.45	7.37	152.05	5.04	28.55	21.21	13.25	1.49	5.89	6.89	51.30	0.1246	930.9	0.0072	104.68	52.94
120	50	20	3.0	7.05	5.54	23°36′	150.14	4.61	25.02	40.88	2.41	8.43	175.92	4.99	33.18	24.80	15.11	1.46	6.89	7.92	58.99	0.2116	1058.9	0.0087	125.37	61.22
140	50	20	2.5	6.48	5.09	19°25′	186.77	5.37	26.68	35.91	2.35	7.37	209.19	5.67	32.55	26.34	14.48	1.49	6.69	6.78	60.75	0.1350	1289.0	0.0064	137.04	60.03
140	50	20	3.0	7.65	6.01	19°12′	217.26	5.33	31.04	40.83	2.31	8.43	241.62	5.62	37.76	30.70	16.52	1.47	7.84	7.81	69.93	0.2296	1458.2	0.0077	164.94	69.51
160	60	20	2.5	7.48	5.87	19°59′	288.12	6.21	36.01	58.15	2.79	9.90	323.13	6.57	44.00	34.95	23.14	1.76	9.00	8.71	96.32	0.1559	2634.3	0.0048	205.98	86.28
160	60	20	3.0	8.85	6.95	19°47′	336.66	6.17	42.08	66.66	2.74	11.39	376.76	6.52	51.48	41.08	26.56	1.73	10.58	10.07	111.51	0.2656	3019.4	0.0058	247.41	100.15
160	70	20	2.5	7.98	6.27	23°46′	319.13	6.32	39.89	87.74	3.32	12.76	374.76	6.85	52.35	38.23	32.11	2.01	10.53	10.86	126.37	0.1663	3793.3	0.0041	238.87	106.91
160	70	20	3.0	9.45	7.42	23°34′	373.64	6.29	46.71	101.10	3.27	14.76	437.72	6.80	61.33	45.01	37.03	1.98	12.39	12.58	146.86	0.2836	4365.0	0.0050	285.78	124.26
180	70	20	2.5	8.48	6.66	20°22′	420.18	7.04	46.69	87.74	3.22	12.76	473.34	7.47	57.27	44.88	34.58	2.02	11.66	10.86	143.18	0.1767	4907.9	0.0037	294.53	119.41
180	70	20	3.0	10.05	7.89	20°11′	492.61	7.00	54.73	101.11	3.17	14.76	553.83	7.42	67.22	54.89	39.89	1.99	13.72	12.59	166.47	0.3016	5652.2	0.0045	353.32	138.92

冷弯薄壁斜卷边 Z 形钢的规格及截面特性表

附表 4-21

尺寸(mm)				截面面积(cm²)	每米长质量(kg/m)	θ(°)	x1—x1			y1—y1			x—x				y—y				Ix1y1(cm⁴)	It(cm⁴)	Iω(cm⁶)	k(cm⁻¹)	Wω1(cm⁴)	Wω2(cm⁴)
h	b	a	t				Ix1(cm⁴)	ix1(cm)	Wx1(cm³)	Iy1(cm⁴)	iy1(cm)	Wy1(cm³)	Ix(cm⁴)	ix(cm)	Wx1(cm³)	Wx2(cm³)	Iy(cm⁴)	iy(cm)	Wy1(cm³)	Wy2(cm³)						
140	50	20	2.0	5.392	4.233	21.986	162.065	5.482	23.152	39.363	2.702	6.234	185.962	5.872	30.377	22.470	15.466	1.694	6.107	8.067	59.189	0.0719	1298.621	0.0046	118.281	59.185
140	50	20	2.2	5.909	4.638	21.998	176.813	5.470	25.259	42.928	2.695	6.809	202.926	5.860	33.352	24.544	16.814	1.687	6.659	8.823	64.638	0.0953	1407.575	0.0051	130.014	64.382
140	50	20	2.5	6.676	5.240	22.018	198.446	5.452	28.349	48.154	2.686	7.657	227.828	5.842	37.792	27.598	18.771	1.667	7.468	9.941	72.659	0.1391	1563.520	0.0058	147.558	71.926
160	60	20	2.0	6.192	4.861	22.104	246.830	6.313	30.854	60.271	3.120	8.240	283.680	6.768	40.271	29.603	23.422	1.945	8.018	9.554	90.733	0.0826	2559.036	0.0035	175.940	82.223
160	60	20	2.2	6.789	5.329	22.113	269.592	6.302	33.699	65.802	3.113	9.009	309.891	6.756	44.225	32.367	25.503	1.938	8.753	10.450	99.179	0.1095	2779.796	0.0039	193.430	89.569
160	60	20	2.5	7.676	6.025	22.128	303.090	6.284	37.886	73.935	3.104	10.143	348.487	6.738	50.132	36.445	28.537	1.928	9.834	11.775	111.642	0.1599	3098.400	0.0044	219.605	100.26
180	70	20	2.0	6.992	5.489	22.185	356.620	7.141	39.624	87.417	3.536	10.514	410.315	7.660	51.502	37.679	33.722	2.196	10.191	11.289	131.674	0.0932	4643.994	0.0028	249.609	111.10
180	70	20	2.2	7.669	6.020	22.193	389.835	7.130	43.315	95.518	3.529	11.502	448.592	7.648	56.570	41.226	36.761	2.189	11.136	12.351	144.034	0.1237	5052.769	0.0031	274.455	121.13
180	70	20	2.5	8.676	6.810	22.205	438.835	7.112	48.759	107.460	3.519	12.964	505.087	7.630	64.143	46.471	41.208	2.179	12.528	13.923	162.307	0.1807	5654.157	0.0035	311.661	135.81
200	70	20	2.0	7.392	5.803	19.305	455.430	7.849	45.543	87.418	3.439	10.514	506.903	8.281	56.094	43.435	35.944	2.205	11.109	11.339	146.944	0.0986	5882.294	0.0025	302.430	123.44
200	70	20	2.2	8.109	6.365	19.309	498.023	7.837	49.802	95.520	3.432	11.503	554.346	8.268	61.618	47.533	39.197	2.200	12.138	12.419	160.756	0.1308	6403.010	0.0028	332.826	134.66
200	70	20	2.5	9.176	7.203	19.314	560.921	7.819	56.092	107.462	3.422	12.964	624.421	8.249	69.876	53.596	43.962	2.189	13.654	14.021	181.182	0.1912	7160.113	0.0032	378.452	151.08
220	75	20	2.0	7.992	6.274	18.300	592.787	8.612	53.890	103.580	3.600	11.751	652.866	9.038	65.085	51.328	43.500	2.333	12.829	12.343	181.661	0.1066	8483.845	0.0022	383.110	148.38
220	75	20	2.2	8.769	6.884	18.302	648.520	8.600	58.956	113.220	3.593	12.860	714.276	9.025	71.501	56.190	47.465	2.327	14.023	13.524	198.803	0.1415	9242.136	0.0024	421.750	161.95
220	75	20	2.5	9.926	7.792	18.305	730.926	8.581	66.448	127.443	3.583	14.500	805.086	9.006	81.096	63.392	53.283	2.317	15.783	15.278	224.175	0.2068	10347.65	0.0028	479.804	181.87
250	75	20	2.0	8.592	6.745	15.389	799.640	9.647	63.791	103.580	3.472	11.752	856.690	9.985	71.976	61.841	46.532	2.327	14.553	12.090	207.280	0.1146	11298.92	0.0020	485.919	169.98
250	75	20	2.2	9.429	7.402	15.387	875.145	9.634	70.012	113.223	3.465	12.860	937.579	9.972	78.870	67.773	50.789	2.321	15.946	14.211	226.864	0.1521	12314.34	0.0022	535.491	184.53
250	75	20	2.5	10.676	8.380	15.385	986.898	9.615	78.952	127.447	3.455	14.500	1057.30	9.952	89.108	76.584	57.044	2.312	18.014	16.169	255.870	0.2224	13797.02	0.0025	610.188	207.38

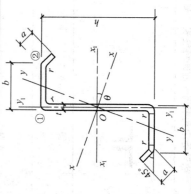

热轧等边边角钢组合截面特性表（按 GB 9787—88 计算）

角钢型号	两个角钢的截面面积 (cm²)	两个角钢的重量 (kg/m)	i_{y0}	i_{x0}	i_x	回转半径 (cm) i_y 当角钢背间距离 a 为 (mm)						
						0	4	6	8	10	12	14
20×3	2.264	1.778	0.39	0.75	0.59	0.85	1.00	1.08	1.17	1.25	1.34	1.43
4	2.918	2.290	0.38	0.73	0.58	0.87	1.02	1.11	1.19	1.28	1.37	1.46
25×3	2.864	2.248	0.49	0.95	0.76	1.05	1.20	1.27	1.36	1.44	1.53	1.61
4	3.718	2.918	0.48	0.93	0.74	1.07	1.22	1.30	1.38	1.47	1.55	1.64
30×3	3.498	2.746	0.59	1.15	0.91	1.25	1.39	1.47	1.55	1.63	1.71	1.80
4	4.552	3.574	0.58	1.13	0.90	1.26	1.41	1.49	1.57	1.65	1.74	1.82
36×3	4.218	3.312	0.71	1.39	1.11	1.49	1.63	1.70	1.78	1.86	1.94	2.03
4	5.512	4.326	0.70	1.38	1.09	1.51	1.65	1.73	1.80	1.89	1.97	2.05
5	6.764	5.310	0.70	1.36	1.08	1.52	1.67	1.75	1.83	1.91	1.99	2.08
40×3	4.718	3.704	0.79	1.55	1.23	1.65	1.79	1.86	1.94	2.01	2.09	2.18
4	6.172	4.846	0.79	1.54	1.22	1.67	1.81	1.88	1.96	2.04	2.12	2.20
5	7.584	5.954	0.78	1.52	1.21	1.68	1.83	1.90	1.98	2.06	2.14	2.23
45×3	5.318	4.176	0.90	1.76	1.39	1.85	1.99	2.06	2.14	2.21	2.29	2.37
4	6.972	5.474	0.89	1.74	1.38	1.87	2.01	2.08	2.16	2.24	2.32	2.40
5	8.584	6.738	0.88	1.72	1.37	1.89	2.03	2.10	2.18	2.26	2.34	2.42
6	10.152	7.970	0.88	1.71	1.36	1.90	2.05	2.12	2.20	2.28	2.36	2.44
50×3	5.942	4.664	1.00	1.96	1.55	2.05	2.19	2.26	2.33	2.41	2.48	2.56
4	7.794	6.118	0.99	1.94	1.54	2.07	2.21	2.28	2.36	2.43	2.51	2.59
5	9.606	7.540	0.98	1.92	1.53	2.09	2.23	2.30	2.38	2.45	2.53	2.61
6	11.376	8.930	0.98	1.91	1.51	2.10	2.25	2.32	2.40	2.48	2.56	2.64

角钢型号	两个角钢的截面面积 (cm²)	两个角钢的重量 (kg/m)	i_{y0}	i_{x0}	i_x	回转半径 (cm)						
						i_y 当角钢背间距离 a 为 (mm)						
						0	4	6	8	10	12	14
56×3	6.686	5.248	1.13	2.20	1.75	2.29	2.43	2.50	2.57	2.64	2.72	2.80
4	8.780	6.892	1.11	2.18	1.73	2.31	2.45	2.52	2.59	2.67	2.74	2.82
5	10.830	8.502	1.10	2.17	1.72	2.33	2.47	2.54	2.61	2.69	2.77	2.85
8	16.734	13.136	1.09	2.11	1.68	2.38	2.52	2.60	2.67	2.75	2.83	2.91
63×4	9.956	7.814	1.26	2.46	1.96	2.59	2.72	2.79	2.87	2.94	3.02	3.09
5	12.286	9.644	1.25	2.45	1.94	2.61	2.74	2.82	2.89	2.96	3.04	3.12
6	14.576	11.442	1.24	2.43	1.93	2.62	2.76	2.83	2.91	2.98	3.06	3.14
8	19.030	14.938	1.23	2.39	1.90	2.66	2.80	2.87	2.95	3.03	3.10	3.18
10	23.314	18.302	1.22	2.36	1.88	2.69	2.84	2.91	2.99	3.07	3.15	3.23
70×4	11.140	8.744	1.40	2.74	2.18	2.87	3.00	3.07	3.14	3.21	3.29	3.36
5	13.750	10.794	1.39	2.73	2.16	2.88	3.02	3.09	3.16	3.24	3.31	3.39
6	16.320	12.812	1.38	2.71	2.15	2.90	3.04	3.11	3.18	3.26	3.33	3.41
7	18.848	14.796	1.38	2.69	2.14	2.92	3.06	3.13	3.20	3.28	3.36	3.43
8	21.334	16.746	1.37	2.68	2.13	2.94	3.08	3.15	3.22	3.30	3.38	3.46
75×5	14.824	11.636	1.50	2.92	2.32	3.08	3.22	3.29	3.36	3.43	3.50	3.58
6	17.594	13.810	1.49	2.91	2.31	3.10	3.24	3.31	3.38	3.45	3.53	3.60
7	20.320	15.952	1.48	2.89	2.30	3.12	3.26	3.33	3.40	3.47	3.55	3.63
8	23.006	18.060	1.47	2.87	2.28	3.13	3.27	3.35	3.42	3.50	3.57	3.65
10	28.252	22.178	1.46	2.84	2.26	3.17	3.31	3.38	3.46	3.54	3.61	3.69

角钢型号	两个角钢的截面面积 (cm²)	两个角钢的重量 (kg/m)	i_{y0}	i_{x0}	i_x	回转半径 (cm) i_y 当角钢背间距离 a 为 (mm)						
						0	4	6	8	10	12	14
80×5	15.824	12.422	1.60	3.13	2.48	3.28	3.42	3.49	3.56	3.63	3.71	3.78
6	18.794	14.752	1.59	3.11	2.47	3.30	3.44	3.51	3.58	3.65	3.73	3.80
7	21.720	17.050	1.58	3.10	2.46	3.32	3.46	3.53	3.60	3.67	3.75	3.83
8	24.606	19.316	1.57	3.08	2.44	3.34	3.48	3.55	3.62	3.70	3.77	3.85
10	30.252	23.748	1.56	3.04	2.42	3.37	3.51	3.58	3.66	3.74	3.81	3.89
90×6	21.274	16.700	1.80	3.51	2.79	3.70	3.84	3.91	3.98	4.05	4.12	4.20
7	24.602	19.312	1.78	3.50	2.78	3.72	3.86	3.93	4.00	4.07	4.14	4.22
8	27.888	21.892	1.78	3.48	2.76	3.74	3.88	3.95	4.02	4.09	4.17	4.24
10	34.334	26.952	1.76	3.45	2.74	3.77	3.91	3.98	4.06	4.13	4.21	4.28
12	40.612	31.880	1.75	3.41	2.71	3.80	3.95	4.02	4.00	4.17	4.25	4.32
100×6	23.864	18.734	2.00	3.91	3.10	4.09	4.23	4.30	4.37	4.44	4.51	4.58
7	27.592	21.660	1.99	3.89	3.09	4.11	4.25	4.32	4.39	4.46	4.53	4.61
8	31.278	24.552	1.98	3.88	3.08	4.13	4.27	4.34	4.41	4.48	4.55	4.63
10	38.522	30.240	1.96	3.84	3.05	4.17	4.31	4.38	4.45	4.52	4.60	4.67
12	45.600	35.796	1.95	3.81	3.03	4.20	4.34	4.41	4.49	4.56	4.64	4.71
14	52.512	41.222	1.94	3.77	3.00	4.23	4.38	4.45	4.53	4.60	4.68	4.75
16	59.254	46.514	1.93	3.74	2.98	4.27	4.41	4.49	4.56	4.64	4.72	4.80
110×7	30.392	23.858	2.20	4.30	3.41	4.52	4.65	4.72	4.79	4.86	4.94	5.01
8	34.478	27.064	2.19	4.28	3.40	4.54	4.67	4.74	4.81	4.88	4.96	5.03
10	42.522	33.380	2.17	4.25	3.38	4.57	4.71	4.78	4.85	4.92	5.00	5.07
12	50.400	39.564	2.15	4.22	3.35	4.61	4.75	4.82	4.89	4.96	5.04	5.11
14	58.112	45.618	2.14	4.18	3.32	4.64	4.78	4.85	4.93	5.00	5.08	5.15

角钢型号	两个角钢的截面面积 (cm²)	两个角钢的重量 (kg/m)	回转半径 (cm)									
			i_{y0}	i_{x0}	i_x	当角钢背间距离 a 为 (mm) i_y						
						0	4	6	8	10	12	14
125×8	39.500	31.008	2.50	4.88	3.88	5.14	5.27	5.34	5.41	5.48	5.55	5.62
10	48.746	38.266	2.48	4.85	3.85	5.17	5.31	5.38	5.45	5.52	5.59	5.66
12	57.824	45.392	2.46	4.82	3.83	5.21	5.34	5.41	56.48	5.56	5.63	5.70
14	66.734	52.386	2.45	4.78	3.80	5.24	5.38	5.45	5.52	5.59	5.67	5.74
140×10	54.746	42.976	2.78	5.46	4.34	5.78	5.92	5.98	6.05	6.12	6.20	6.27
12	65.024	51.044	2.77	5.43	4.31	5.81	5.95	6.02	6.09	6.16	6.23	6.31
14	75.134	58.980	2.75	5.40	4.28	5.85	5.08	6.06	6.13	6.20	6.27	6.34
16	85.078	66.786	2.74	5.36	4.26	5.88	6.02	6.09	6.16	6.23	6.31	6.38
160×10	63.004	49.458	3.20	6.27	4.97	6.58	6.72	6.78	6.85	6.92	6.99	7.06
12	74.882	58.782	3.18	6.24	4.95	6.62	6.75	6.82	6.89	6.96	7.03	7.10
14	86.592	67.974	3.16	6.20	4.92	6.65	6.79	6.86	6.93	7.00	7.07	7.14
16	98.134	77.036	3.14	6.17	4.89	6.68	6.82	6.89	6.96	7.03	7.10	7.18
180×12	84.482	66.318	3.58	7.05	5.59	7.43	7.65	7.63	7.70	7.77	7.84	7.91
14	97.792	76.766	3.57	7.02	5.57	7.46	7.60	7.67	7.74	7.81	7.88	7.95
16	110.934	87.084	3.55	6.98	5.54	7.49	7.63	7.70	7.77	7.84	7.91	7.98
18	123.910	97.270	3.53	6.94	5.51	7.53	7.66	7.73	7.80	7.87	7.95	8.02
200×14	109.284	85.788	3.98	7.82	6.20	8.27	8.40	8.47	8.54	8.61	8.67	8.75
16	124.026	97.360	3.96	7.79	6.18	8.30	8.43	8.50	8.57	8.64	8.71	8.78
18	138.602	108.802	3.94	7.75	6.15	8.33	8.47	8.53	8.60	8.67	8.75	8.82
20	153.010	120.112	3.93	7.72	6.12	8.36	8.50	8.57	8.64	8.71	8.78	8.85
24	181.322	142.336	3.90	7.64	6.07	8.42	8.56	8.63	8.71	8.78	8.85	8.92

热轧不等边角钢组合截面特性表（按 GB 9788—88 计算）

回 转 半 径 （cm）

角钢型号	两个角钢的截面面积 (cm²)	两个角钢的重量 (kg/m)	i_x	i_y 当角钢背间距离 a 为 (mm)							i_x	i_y 当角钢背间距离 a 为 (mm)						
				0	4	6	8	10	12	14		0	4	6	8	10	12	14
25×16×3	2.324	1.824	0.78	0.61	0.76	0.84	0.93	1.02	1.11	1.20	0.44	1.16	1.32	1.40	1.48	1.57	1.66	1.74
25×16×4	2.998	2.352	0.77	0.63	0.78	0.87	0.96	1.05	1.14	1.23	0.43	1.18	1.34	1.42	1.51	1.60	1.68	1.77
32×20×3	2.984	2.342	1.01	0.74	0.89	0.97	1.05	1.14	1.23	1.32	0.55	1.48	1.63	1.71	1.79	1.88	1.96	2.05
32×20×4	3.878	3.044	1.00	0.76	0.91	0.99	1.08	1.16	1.25	1.34	0.54	1.50	1.66	1.74	1.82	1.90	1.99	2.08
40×25×3	3.780	2.968	1.28	0.92	1.06	1.13	1.21	1.30	1.38	1.47	0.70	1.84	1.99	2.07	2.14	2.23	2.31	2.39
40×25×4	4.934	3.872	1.26	0.93	1.08	1.16	1.24	1.32	1.41	1.50	0.69	1.86	2.01	2.09	2.17	2.25	2.34	2.42
45×28×3	4.298	3.374	1.44	1.02	1.15	1.23	1.31	1.39	1.47	1.56	0.79	2.06	2.21	2.28	2.36	2.44	2.52	2.60
45×28×4	5.612	4.406	1.43	1.03	1.18	1.25	1.33	1.41	1.50	1.59	0.78	2.08	2.23	2.31	2.39	2.47	2.55	2.63
50×32×3	4.862	3.816	1.60	1.17	1.30	1.37	1.45	1.53	1.61	1.69	0.91	2.27	2.41	2.49	2.56	2.64	2.72	2.81
50×32×4	6.354	4.988	1.59	1.18	1.32	1.40	1.47	1.55	1.64	1.72	0.90	2.29	2.44	2.51	2.59	2.67	2.75	2.84
56×36×3	5.486	4.306	1.80	1.31	1.44	1.51	1.59	1.66	1.74	1.83	1.03	2.53	2.67	2.75	2.82	2.90	2.98	3.06
56×36×4	7.180	5.636	1.79	1.33	1.46	1.53	1.61	1.69	1.77	1.85	1.02	2.55	2.70	2.77	2.85	2.93	3.01	3.09
56×36×5	8.830	6.932	1.77	1.34	1.48	1.56	1.63	1.71	1.79	1.88	1.01	2.57	2.72	2.80	2.88	2.96	3.04	3.12
63×40×4	8.116	6.370	2.02	1.46	1.59	1.66	1.74	1.81	1.89	1.97	1.14	2.86	3.01	3.08	3.16	3.24	3.32	3.40
63×40×5	9.986	7.840	2.00	1.47	1.61	1.68	1.76	1.84	1.92	2.00	1.12	2.89	3.03	3.11	3.19	3.27	3.35	3.43
63×40×6	11.816	9.276	1.99	1.49	1.63	1.71	1.78	1.86	1.94	2.03	1.11	2.91	3.06	3.13	3.21	3.29	3.37	3.45
63×40×7	13.604	10.678	1.97	1.51	1.65	1.73	1.81	1.89	1.97	2.05	1.10	2.93	3.08	3.16	3.24	3.32	3.40	3.48

附表 4-23

角钢型号	两个角钢的截面面积 (cm²)	两个角钢的重量 (kg/m)	回转半径 (cm)														
			i_x	i_y 当角钢背间距离 a 为 (mm)							i_x	i_y 当角钢背间距离 a 为 (mm)					
				0	4	6	8	10	12	14		0	4	6	8	10	12	14
70×45×4	9.094	7.140	2.25	1.64	1.77	1.84	1.91	1.99	2.07	2.15	1.29	3.17	3.31	3.39	3.46	3.54	3.62	3.69
5	11.218	8.806	2.23	1.66	1.79	1.86	1.94	2.01	2.09	2.17	1.28	3.19	3.34	3.41	3.49	3.57	3.64	3.72
6	13.288	10.430	2.22	1.67	1.81	1.88	1.96	2.04	2.11	2.20	1.26	3.21	3.36	3.44	3.51	3.59	3.67	3.75
7	15.314	12.022	2.20	1.69	1.83	1.90	1.98	2.06	2.14	2.22	1.25	3.23	3.38	3.46	3.54	3.61	3.69	3.77
75×50×5	12.250	9.616	2.39	1.85	1.99	2.06	2.13	2.20	2.28	2.36	1.43	3.39	3.53	3.60	3.68	3.76	3.83	3.91
6	14.520	11.398	2.38	1.87	2.00	2.08	2.15	2.23	2.30	2.38	1.42	3.41	3.55	3.63	3.70	3.78	3.86	3.94
8	18.934	14.862	2.35	1.90	2.04	2.12	2.19	2.27	2.35	2.43	1.40	3.45	3.60	3.67	3.75	3.83	3.91	3.99
10	23.180	18.196	2.33	1.94	2.08	2.16	2.24	2.31	2.40	2.48	1.38	3.49	3.64	3.71	3.79	3.87	3.95	4.03
80×50×5	12.750	10.010	2.57	1.82	1.95	2.02	2.09	2.17	2.24	2.32	1.42	3.66	3.80	3.88	3.95	4.03	4.10	4.18
6	15.120	11.870	2.55	1.83	1.97	2.04	2.11	2.19	2.27	2.34	1.41	3.68	3.82	3.90	3.98	4.05	4.13	4.21
7	17.448	13.696	2.54	1.85	1.99	2.06	2.13	2.21	2.29	2.37	1.39	3.70	3.85	3.92	4.00	4.08	4.16	4.23
8	19.734	15.490	2.52	1.86	2.00	2.08	2.15	2.23	2.31	2.39	1.38	3.72	3.87	3.94	4.02	4.10	4.18	4.26
90×56×5	14.424	11.322	2.90	2.02	2.15	2.22	2.29	2.36	2.44	2.52	1.59	4.10	4.25	4.32	4.39	4.47	4.55	4.62
6	17.114	13.434	2.88	2.04	2.17	2.24	2.31	2.39	2.46	2.54	1.58	4.12	4.27	4.34	4.42	4.50	4.57	4.65
7	19.760	15.512	2.87	2.05	2.19	2.26	2.33	2.41	2.48	2.56	1.57	4.15	4.29	4.37	4.44	4.52	4.60	4.68
8	22.366	17.558	2.85	2.07	2.21	2.28	2.35	2.43	2.51	2.59	1.56	4.17	4.31	4.39	4.47	4.54	4.62	4.70

续表

角钢型号	两个角钢的截面面积 (cm²)	两个角钢的重量 (kg/m)	i_x	i_y a=0	4	6	8	10	12	14	i_x	i_y a=0	4	6	8	10	12	14
100×63×6	19.234	15.100	3.21	2.29	2.42	2.49	2.56	2.63	2.71	2.78	1.79	4.56	4.70	4.77	4.85	4.92	5.00	5.08
7	22.222	17.444	3.20	2.31	2.44	2.51	2.58	2.65	2.73	2.80	1.78	4.58	4.72	4.80	4.87	4.95	5.03	5.10
8	25.168	19.756	3.18	2.32	2.46	2.53	2.60	2.67	2.75	2.83	1.77	4.60	4.75	4.82	4.90	4.97	5.05	5.13
10	30.934	24.284	3.15	2.35	2.49	2.57	2.64	2.72	2.79	2.87	1.75	4.64	4.79	4.86	4.94	5.02	5.10	5.18
100×80×6	21.274	16.700	3.17	3.11	3.24	3.31	3.38	3.45	3.52	3.59	2.40	4.33	4.47	4.54	4.62	4.69	4.76	4.84
7	24.602	19.312	3.16	3.12	3.26	3.32	3.39	3.47	3.54	3.61	2.39	4.35	4.49	4.57	4.64	4.71	4.79	4.86
8	27.888	21.892	3.15	3.14	3.27	3.34	3.41	3.49	3.56	3.64	2.37	4.37	4.51	4.59	4.66	4.73	4.81	4.88
10	34.334	26.952	3.12	3.17	3.31	3.38	3.45	3.53	3.60	3.68	2.35	4.41	4.55	4.63	4.70	4.78	4.85	4.93
110×70×6	21.274	16.700	3.54	2.55	2.68	2.74	2.81	2.88	2.96	3.03	2.01	5.00	5.14	5.21	5.29	5.36	5.44	5.51
7	24.602	19.312	3.53	2.56	2.69	2.76	2.83	2.90	2.98	3.05	2.00	5.02	5.16	5.24	5.31	5.39	5.46	5.54
8	27.888	21.892	3.51	2.58	2.71	2.78	2.85	2.92	3.00	3.07	1.98	5.04	5.19	5.26	5.34	5.41	5.49	5.56
10	34.334	26.952	3.48	2.61	2.74	2.82	2.89	2.96	3.04	3.12	1.96	5.08	5.23	5.30	5.38	5.46	5.53	5.61
125×80×7	28.192	22.132	4.02	2.92	3.05	3.12	3.18	3.25	3.33	3.40	2.30	5.68	5.82	5.90	5.97	6.04	6.12	6.20
8	31.978	25.102	4.01	2.94	3.07	3.13	3.20	3.27	3.35	3.42	2.29	5.70	5.85	5.92	5.99	6.07	6.14	6.22
10	39.424	30.948	3.98	2.97	3.10	3.17	3.24	3.31	3.39	3.46	2.26	5.74	5.89	5.96	6.04	6.11	6.19	6.27
12	46.702	36.660	3.95	3.00	3.13	3.20	3.28	3.35	3.43	3.50	2.24	5.78	5.93	6.00	6.08	6.16	6.23	6.31

角钢型号	两个角钢的截面面积 (cm²)	两个角钢的重量 (kg/m)	i_x	i_y 当角钢背间距离 a 为 (mm) 0	4	6	8	10	12	14	i_x	i_y 当角钢背间距离 a 为 (mm) 0	4	6	8	10	12	14
140×90×8	36.078	28.320	4.50	3.29	3.42	3.49	3.56	3.63	3.70	3.77	2.59	6.36	6.51	6.58	6.65	6.73	6.80	6.88
10	44.522	34.950	4.47	3.32	3.45	3.52	3.59	3.66	3.73	3.81	2.56	6.40	6.55	6.62	6.70	6.77	6.85	6.92
12	52.800	41.448	4.44	3.35	3.49	3.56	3.63	3.70	3.77	3.85	2.54	6.44	6.59	6.66	6.74	6.81	6.89	6.97
14	60.912	47.816	4.42	3.38	3.52	3.59	3.66	3.74	3.81	3.89	2.51	6.48	6.63	6.70	6.78	6.86	6.93	7.01
160×100×10	50.630	39.744	5.14	3.65	3.77	3.84	3.91	3.98	4.05	4.12	2.85	7.34	7.48	7.55	7.63	7.70	7.78	7.85
12	60.108	47.184	5.11	3.68	3.81	3.87	3.94	4.01	4.09	4.16	2.82	7.38	7.52	7.60	7.67	7.75	7.82	7.90
14	69.418	54.494	5.08	3.70	3.84	3.91	3.98	4.05	4.12	4.20	2.80	7.42	7.56	7.64	7.71	7.79	7.86	7.94
16	78.562	61.670	5.05	3.74	3.87	3.94	4.02	4.09	4.16	4.24	2.77	7.45	7.60	7.68	7.75	7.83	7.90	7.98
180×110×10	56.746	44.546	5.81	3.97	4.10	4.16	4.23	4.30	4.36	4.44	3.13	8.27	8.41	8.49	8.56	8.63	8.71	8.78
12	67.424	52.928	5.78	4.00	4.13	4.19	4.26	4.33	4.40	4.47	3.10	8.31	8.46	8.53	8.60	8.68	8.75	8.83
14	77.934	61.178	5.75	4.03	4.16	4.23	4.30	4.37	4.44	4.51	3.08	8.35	8.50	8.57	8.64	8.72	8.79	8.87
16	88.278	69.298	5.72	4.06	4.19	4.26	4.33	4.40	4.47	4.55	3.05	8.39	8.53	8.61	8.68	8.76	8.84	8.91
200×125×12	75.824	59.522	6.44	4.56	4.69	4.75	4.82	4.88	4.95	5.02	3.57	9.18	9.32	9.39	9.47	9.54	9.62	9.69
14	87.734	68.872	6.41	4.59	4.72	4.78	4.85	4.92	4.99	5.06	3.54	9.22	9.36	9.43	9.51	9.58	9.66	9.73
16	99.478	78.090	6.38	4.61	4.75	4.81	4.88	4.95	5.02	5.09	3.52	9.25	9.40	9.47	9.55	9.62	9.70	9.77
18	111.052	87.176	6.35	4.64	4.78	4.85	4.92	4.99	5.06	5.13	3.49	9.29	9.44	9.51	9.59	9.66	9.74	9.81

回 转 半 径 (cm)

附录 5　　　　　　　　　　螺栓和锚栓规格

螺栓直径 d (mm)	螺距 p (mm)	螺栓有效直径 d_e (mm)	螺栓有效面积 A_e (mm²)	注
16	2	14.12	156.7	
18	2.5	15.65	192.5	
20	2.5	17.65	244.8	
22	2.5	19.65	303.4	
24	3	21.19	352.5	
27	3	24.19	459.4	
30	3.5	26.72	560.6	
33	3.5	29.72	693.6	螺栓有效面积 A_e 按下式算得：$A_e = \frac{\pi}{4}\left(d - \frac{13}{24}\sqrt{3}p\right)^2$
36	4	32.25	816.7	
39	4	35.25	975.8	
42	4.5	37.78	1121.0	
45	4.5	40.78	1306.0	
48	5	43.31	1473.0	
52	5	47.31	1758.0	
56	5.5	50.84	2030.0	
60	5.5	54.84	2362.0	

锚 栓 规 格　　　　　　　　　　　　附表 5-2

型　式	I				II			III			
锚栓直径 d (mm)	20	24	30	36	42	48	56	64	72	80	90
计算净截面积 (cm²)	2.45	3.53	5.61	8.17	11.20	14.70	20.30	26.80	34.60	44.44	55.91
III 型锚栓 锚板宽度 c (mm)					140	200	200	240	280	350	400
锚板厚度 δ (mm)					20	20	20	25	30	40	40

参 考 文 献

［1］ 钢结构设计标准 GB 50017—2017. 北京：中国建筑工业出版社，2018
［2］ 建筑结构荷载规范 GB 50009—2012. 北京：中国建筑工业出版社，2012
［3］ 建筑结构可靠性设计统一标准 GB 50068—2018. 北京：中国建筑工业出版社，2019
［4］ 建筑抗震设计规范 GB 50011—2010. 北京：中国建筑工业出版社，2016
［5］ 建筑地基基础设计规范 GB 50007—2011. 北京：中国建筑工业出版社，2012
［6］ 冷弯薄壁型钢结构技术规范 GB 50018—2002. 北京：中国计划出版社，2002
［7］ 门式刚架轻型房屋钢结构技术规范 GB 51022—2015. 北京：中国建筑工业出版社，2016
［8］ 钢结构工程施工质量验收规范 GB 50205—2001. 北京：中国计划出版社，2002
［9］ 钢结构焊接规范 GB 50661—2011. 北京：中国建筑工业出版社，2012
［10］ 钢结构高强螺栓连接技术规程 JGJ 82—2011. 北京：中国建筑工业出版社，2011
［11］ 组合楼板设计与施工规程 CECS 273：2010. 北京：中国计划出版社，2011
［12］ 高层民用建筑钢结构设计规程 JGJ 99—2015. 北京：中国建筑工业出版社，2015
［13］ 但泽义，柴昶，李国强，童根树. 钢结构设计手册. 北京：中国建筑工业出版社，2019
［14］ 《钢多高层结构设计手册》编委会. 钢多高层结构设计手册. 北京：中国计划出版社，2018
［15］ 沈祖炎，陈以一，陈扬骥. 房屋钢结构设计. 北京：中国建筑工业出版社，2008
［16］ 李国强. 多高层建筑钢结构设计. 北京：中国建筑工业出版社，2004
［17］ 陈绍蕃，顾强. 钢结构（上册）钢结构基础. 北京：中国建筑工业出版社，2018
［18］ 陈绍蕃，郭成喜. 钢结构（下册）房屋建筑钢结构设计．北京：中国建筑工业出版社，2018